**教育部高等学校电子信息类专业教学指导委员会规划教材**

高等学校电子信息类专业系列教材

Principles and Applications of Semiconductor Sensors

# 半导体传感器原理与应用

李新　魏广芬　吕品　编著
Li Xin　　Wei Guangfen　　Lü Pin

清华大学出版社

北京

## 内容简介

本书系统介绍了气敏、湿敏、热敏、磁敏、力敏、光敏和离子敏等半导体敏感元件与传感器的工作原理、制作工艺、特性参数及其应用举例,并介绍了半导体传感器技术的新发展。全书内容丰富,特色鲜明,各章后配有习题。

本书适合用作高等学校电子科学与技术、电子信息科学与技术、微电子学等专业相关课程的教材,也可供从事半导体传感器技术、微电子技术研究的工程人员参考。

**图书在版编目(CIP)数据**

半导体传感器原理与应用/李新,魏广芬,吕品编著.—北京:清华大学出版社,2018(2023.7重印)
(高等学校电子信息类专业系列教材)
ISBN 978-7-302-50304-0

Ⅰ.①半… Ⅱ.①李… ②魏… ③吕… Ⅲ.①传感器—高等学校—教材 Ⅳ.①TP212

中国版本图书馆 CIP 数据核字(2018)第 112245 号

责任编辑:曾 珊
封面设计:李召霞
责任校对:梁 毅
责任印制:刘海龙

出版发行:清华大学出版社
     网 址:http://www.tup.com.cn,http://www.wqbook.com
     地 址:北京清华大学学研大厦 A 座 邮 编:100084
     社 总 机:010-83470000 邮 购:010-62786544
     投稿与读者服务:010-62776969,c-service@tup.tsinghua.edu.cn
     质 量 反 馈:010-62772015,zhiliang@tup.tsinghua.edu.cn
     课件下载:http://www.tup.com.cn,010-83470236
印 装 者:三河市龙大印装有限公司
经 销:全国新华书店
开 本:185mm×260mm 印 张:20.5 字 数:496 千字
版 次:2018 年 10 月第 1 版 印 次:2023 年 7 月第 5 次印刷
定 价:59.00 元

产品编号:076825-01

# 序
## FOREWORD

我国电子信息产业销售收入总规模在 2013 年已经突破 12 万亿元,行业收入占工业总体比重已经超过 9%。电子信息产业在工业经济中的支撑作用凸显,更加促进了信息化和工业化的高层次深度融合。随着移动互联网、云计算、物联网、大数据和石墨烯等新兴产业的爆发式增长,电子信息产业的发展呈现了新的特点,电子信息产业的人才培养面临着新的挑战。

(1) 随着控制、通信、人机交互和网络互联等新兴电子信息技术的不断发展,传统工业设备融合了大量最新的电子信息技术,它们一起构成了庞大而复杂的系统,派生出大量新兴的电子信息技术应用需求。这些"系统级"的应用需求,迫切要求具有系统级设计能力的电子信息技术人才。

(2) 电子信息系统设备的功能越来越复杂,系统的集成度越来越高。因此,要求未来的设计者应该具备更扎实的理论基础知识和更宽广的专业视野。未来电子信息系统的设计越来越要求软件和硬件的协同规划、协同设计和协同调试。

(3) 新兴电子信息技术的发展依赖于半导体产业的不断推动,半导体厂商为设计者提供了越来越丰富的生态资源,系统集成厂商的全方位配合又加速了这种生态资源的进一步完善。半导体厂商和系统集成厂商所建立的这种生态系统,为未来的设计者提供了更加便捷却又必须依赖的设计资源。

教育部 2012 年颁布了新版《高等学校本科专业目录》,将电子信息类专业进行了整合,为各高校建立系统化的人才培养体系,培养具有扎实理论基础和宽广专业技能的、兼顾"基础"和"系统"的高层次电子信息人才给出了指引。

传统的电子信息学科专业课程体系呈现"自底向上"的特点,这种课程体系偏重对底层元器件的分析与设计,较少涉及系统级的集成与设计。近年来,国内很多高校对电子信息类专业课程体系进行了大力度的改革,这些改革顺应时代潮流,从系统集成的角度,更加科学合理地构建了课程体系。

为了进一步提高普通高校电子信息类专业教育与教学质量,贯彻落实《国家中长期教育改革和发展规划纲要(2010—2020 年)》和《教育部关于全面提高高等教育质量若干意见》(教高〔2012〕4 号)的精神,教育部高等学校电子信息类专业教学指导委员会开展了"高等学校电子信息类专业课程体系"的立项研究工作,并于 2014 年 5 月启动了《高等学校电子信息类专业系列教材》(教育部高等学校电子信息类专业教学指导委员会规划教材)的建设工作。其目的是为推进高等教育内涵式发展,提高教学水平,满足高等学校对电子信息类专业人才培养、教学改革与课程改革的需要。

本系列教材定位于高等学校电子信息类专业的专业课程,适用于电子信息类的电子信息工程、电子科学与技术、通信工程、微电子科学与工程、光电信息科学与工程、信息工程及其相近专业。经过编审委员会与众多高校多次沟通，初步拟定分批次(2014—2017 年)建设约 100 门课程教材。本系列教材将力求在保证基础的前提下，突出技术的先进性和科学的前沿性，体现创新教学和工程实践教学；将重视系统集成思想在教学中的体现，鼓励推陈出新，采用"自顶向下"的方法编写教材；将注重反映优秀的教学改革成果，推广优秀的教学经验与理念。

为了保证本系列教材的科学性、系统性及编写质量，本系列教材设立顾问委员会及编审委员会。顾问委员会由教指委高级顾问、特约高级顾问和国家级教学名师担任，编审委员会由教育部高等学校电子信息类专业教学指导委员会委员和一线教学名师组成。同时，清华大学出版社为本系列教材配置优秀的编辑团队，力求高水准出版。本系列教材的建设，不仅有众多高校教师参与，也有大量知名的电子信息类企业支持。在此，谨向参与本系列教材策划、组织、编写与出版的广大教师、企业代表及出版人员致以诚挚的感谢，并殷切希望本系列教材在我国高等学校电子信息类专业人才培养与课程体系建设中发挥切实的作用。

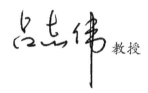 教授

# 前言
## PREFACE

随着科学技术的不断进步,传感器逐渐向集成化、多功能化和智能化方向发展。半导体传感器是利用半导体材料的各种物理、化学和生物学特性制成的传感器,具有体积小、响应快和灵敏度高等优点,便于实现集成化、多功能化和智能化。因此,半导体敏感元件与传感器受到人们的普遍重视。目前,传感器相关教材很多,但全面、深入地介绍半导体敏感元件与传感器的教材较少,不能满足高等学校电子科学与技术、电子信息科学与技术、微电子学等专业教学的需要。为此,编者编写了本书,以满足大家学习半导体传感器技术的愿望。

全书共分为9章。第1章介绍传感器的基础知识,第2章介绍半导体传感器常用的敏感材料及典型工艺,第3～9章依次系统阐述气敏、湿敏、热敏、磁敏、力敏、光敏和离子敏等半导体敏感元件与传感器的工作原理、制作工艺及应用。

本书第1、2、5、7、9章由李新编写,第3、4章由魏广芬编写,第6、8章由吕品编写,全书由李新统稿。

本书在编写和出版过程中,得到了清华大学出版社的支持,在此表示真挚的感谢。同时,对本书参考的文献资料的作者致以诚挚的谢意。由于编者水平有限,书中难免有不当和错误之处,敬请读者批评指正。

编 者<br>2018 年 3 月

# 教学建议
## TEACHING ADVICE

**本书定位**

本书适合用作高等学校电子科学与技术、电子信息科学与技术、微电子学等专业相关课程的教材,也可供其他相关专业本科生、研究生和从事半导体传感器研究的工程技术人员参考。

**建议授课学时**

如果将本书作为教材使用,建议课程分为课堂讲授和实验两部分。课堂讲授建议40学时。实验学时根据学校实验条件制定。

**教学内容、重点和难点提示,课时分配**

| 序号 | 教学内容 | 教学重点 | 教学难点 | 课时分配 |
|---|---|---|---|---|
| 第1章 | 传感器的基础知识 | 介绍传感器的组成及分类、静态特性和动态特性、参数标定、提高传感器性能的方法 | 传感器动态特性 | 4学时 |
| 第2章 | 半导体传感器敏感材料及典型工艺 | 介绍半导体传感器敏感材料及其常用加工技术 | 常用加工技术 | 2学时 |
| 第3章 | 半导体气敏元件与传感器 | 介绍金属氧化物的半导体化、半导体气敏元件与传感器的原理、工艺及应用 | 半导体气敏元件与传感器的原理 | 4学时 |
| 第4章 | 半导体湿敏元件与传感器 | 介绍湿度的表示方法、湿敏元件的特性参数、半导体湿敏元件感湿机理、特性参数、制造工艺、湿敏元件的标定方法、线性化 | 半导体湿敏元件感湿机理、制造工艺 | 4学时 |
| 第5章 | 半导体热敏元件与温度传感器 | 介绍热电阻、热敏二极管、热敏晶体管、集成温度传感器、热电偶的测温原理、制作及应用 | 集成温度传感器、热电偶的测温原理 | 6学时 |
| 第6章 | 半导体磁敏元件与传感器 | 介绍霍尔效应与磁阻效应、霍尔元件和磁阻元件、磁敏二极管与磁敏三极管、磁敏集成传感器原理与工艺 | 磁敏集成传感器原理与工艺 | 6学时 |
| 第7章 | 半导体力敏元件与传感器 | 介绍电阻应变片、压阻式、电容式和压电式力敏元件和传感器原理、结构设计、制造工艺、测量电路和温漂补偿技术等 | 压阻式传感器的设计与测量电路、电容式传感器测量电路、压电效应原理及测试电路 | 8学时 |
| 第8章 | 半导体光敏元件与传感器 | 介绍半导体的光吸收理论、光电效应理论、光电管、光敏电阻器、光电二极管、光电池、电荷耦合器件、光电位置敏感器件、光控晶闸管与光耦合器件等相关内容 | 半导体的光吸收、光电二极管原理 | 4学时 |
| 第9章 | 半导体离子敏传感器与生物传感器 | 半导体离子敏传感器与生物传感器的原理及工艺 | 离子敏传感器选择性系数 | 2学时 |

# 目 录
## CONTENTS

# 第1章

CHAPTER 1

# 传感器的基础知识

信息技术已经成为当今全球性的战略技术,由信息采集、信息传输和信息处理三部分组成。信息采集主要是利用传感技术将非电量(例如,压力、力矩、位移、速度、加速度、温度、湿度、磁场、光照等)的信息转变为电信号进行采集;信息的传输主要采用通信技术,这犹如人的神经系统;信息处理主要利用计算机技术对信息进行加工处理,计算机被比作人的大脑。传感技术已经成为现代科学技术各个领域,特别是自动检测、自动控制系统中不可缺少的部分,传感技术是衡量一个国家信息化程度的重要标志。

传感器是实现自动检测和自动控制的首要环节。如果没有传感器对原始信息进行精确可靠的捕捉和转换,那么一切的测量和控制都不可能实现。人们往往把传感器比作人的"五官"和"四肢",直接感受外部世界的信息。显然,没有传感器也就没有现代化的测量和控制系统,没有传感器也就没有现代科学技术的迅速发展。

## 1.1 传感器的基本概念

依据《传感器通用术语》(GB/T 7665—2005),传感器是指能感受规定的被测量并按照一定规律转换成可用输出信号的器件或装置。传感器有时也被称为变送器、换能器或探测器。传感器一般是由敏感元件、转换元件、信号调理电路及辅助电路组成的,如图 1-1 所示。

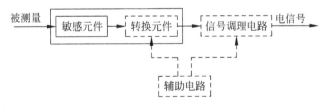

图 1-1 传感器的组成

敏感元件是可以直接感受被测非电量的"探头",并把这种非电量按照一定的规律转换成与之有确定关系且易于变换成电量的其他量(通常情况仍为非电量)。转换元件将敏感元件感受的非电量转换成适合传输和测量的电量。例如,应变式压力传感器由弹性膜片和电阻应变片构成,其中弹性膜片就是敏感元件,它能将压力转换成弹性膜片的应变;弹性膜片的应变施加在电阻应变片上,电阻应变片再将其应变量转换成电阻的变化量,电阻应变片就是转换元件。但并不是所有的传感器都明显区分为敏感元件和转换元件两部分,有的是二者合为一体。例如,热电偶、热敏电阻和压电晶体等,它们一般都是将感受到的被测量直接转换为电信号,没有中间环节。敏感元件与转换元件合二为一的传感器很多。

信号调理电路把转换元件输出的电信号转换为便于测量、显示、记录、处理和控制的有用信号。传感器的种类不同,采用的信号调理电路也不同。常用的信号调理电路有振荡器、电桥、放大器和变换器等。辅助电路通常指电源电路。在测量仪器中,有时把敏感元件部分称为一次仪表,而测量电路和输出部分称为二次仪表。

传感器技术包括传感器材料的研究、敏感元件的设计、制造工艺、传感器的性能测试及传感器的开发和应用等多项综合技术,涉及物理学、数学、化学、材料学、工艺学、统计学以及多种现代科学技术。

早期出现的传感器,多是利用构件的移动、伸缩等位置或几何尺寸的变化测量物理量。例如,利用毛发、肠衣的伸缩来感知湿度的变化,进一步用以移动衔铁改变电感而获得电磁信号,这类传感器被称为结构型传感器。随着半导体材料及有机高分子功能材料的不断开发,传感器技术也有了变化,这些功能材料可以直接感知某些非电的物理量、化学量或生物量,并将其转换为电信号。这些材料的敏感特性并不是通过其结构改变,而是通过某种物性的变化来实现。这类传感器常称为物性型传感器,目前这类传感器发展势头方兴未艾,前景广阔。

随着半导体集成电路技术的发展,可以把敏感元件、转换元件与信号调理电路集成到一块芯片上,构成集成化的传感器。如果把微处理器也集成到同一个芯片上,就成为智能型传感器。传感器的种类很多,原理各异,检测对象门类繁多,一般可按以下几种方法分类:

(1) 按传感器的工作机理及转换形式分类,分为结构型、物性型、数字(频率)型、量子型、信息型和智能型等。

(2) 按敏感材料分类,分为半导体型、功能陶瓷型和功能高聚物型等。

(3) 按测量对象的参数分类,分为光传感器、湿度传感器、气体传感器、温度传感器、磁传感器、压力(压强)传感器、振动传感器和超声波传感器等。

(4) 按应用领域分类,分为机器人传感器、汽车传感器、医用(生物)传感器、环保传感器以及各种过程检测传感器等。

本书按照第三种分类方法论述各种传感器的工作原理、制造工艺、信号处理电路及典型应用。

## 1.2　传感器的一般特性

传感器的特性主要是指传感器的输入量与输出量间的对应关系。传感器所测量的非电量一般有两种形式:一种稳定,即不随时间变化或变化很缓慢的量,称为静态信号;另一种是随时间变化而变化的量,称为动态信号。依据输入量的状态不同,传感器的特性通常分为静态特性和动态特性。传感器的静态特性是指其输入信号不随时间变化,即输入量各个值处于不同稳定状态的情况下,传感器输出量与输入量之间的关系。传感器的动态特性是指传感器在随时间变化而变化的输入量作用下,输出量与输入量之间的关系。

### 1.2.1 传感器的静态特性

人们总是希望传感器的输出与输入具有确定的对应关系,最好是线性关系。但实际上,一般情况下,输出与输入不会是线性关系。同时存在着迟滞、蠕变、摩擦和松动等因素的影响,以及受到外界各种因素(冲振、温度、电磁场和温度等)的影响,使得传感器的输出与输入关系的唯一确定性不能保证。传感器输出—输入特性关系如图 1-2 所示。外界因素的影响可以通过传感器自身或其他一些措施加以抑制。

描述传感器静态特性的参数主要有线性度、灵敏度、重复性和迟滞特性等。

**1. 线性度**

传感器如果没有迟滞和蠕变效应,其静态特性可用多项式代数方程来表示如下:

$$y = a_0 + a_1 x + a_2 x^2 + \cdots + a_n x^n \tag{1-1}$$

式中,$x$ 为输入量(被测量);$y$ 为输出量;$a_0$、$a_1$、$a_2$、$\cdots$、$a_n$ 为常数;$a_0$ 为零位输出(零偏);$a_1$ 为传感器的灵敏度,常用 $k$ 来表示;$a_2$,$a_3$,$\cdots$,$a_n$ 为非线性待定常数。

在实际应用中,如果非线性项的方次不高,则在输入量变化不大的范围内,可以用切线或割线来代替实际曲线的某一段,使传感器的输出—输入特性近似于线性关系。对于一个传感器来说,输入量 $x$ 总是有高次项存在,所以 $y$ 与 $x$ 一般是非线性关系。为了表示这种非线性关系,习惯上用线性度来表征,又称非线性误差。传感器的线性度是指传感器的输出量与输入量之间的关系曲线偏离某一规定直线的程度,通常用其实际特性曲线与规定的拟合直线之间最大偏差与传感器的满量程输出之比的百分数来表示,即

$$\gamma_L = \pm \frac{\Delta L_{\max}}{y_{\text{FS}}} \times 100\% \tag{1-2}$$

式中,$\Delta L_{\max}$ 为传感器实际曲线与拟合直线之间的最大偏差;$y_{\text{FS}}$ 为传感器输出满量程值。

由此可见,非线性误差大小以一定的拟合直线为基准计算出来。因此,拟合直线的选择不同,所得到的线性度也不一样。一般并不要求拟合直线必须通过所有检测点,而只要求找到一条能反映校准数据趋势的直线。下面介绍两种常用的拟合直线方法。

1) 端点线性度

把传感器校准数据的零点输出平均值 $a_0$ 和满量程输出平均值 $b_0$ 连成的直线 $a_0 b_0$ 作为传感器特性拟合直线,端点线性度拟合直线如图 1-3 所示。

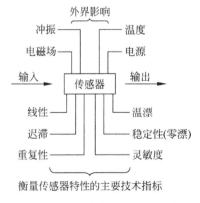

图 1-2 传感器输出—输入特性关系

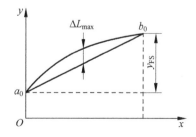

图 1-3 端点线性度拟合直线(纵坐标:$y$,$a_0$,$b_0$,$y_{\text{FS}}$)

其方程式为

$$y = a_0 + kx \tag{1-3}$$

按式(1-3)可计算出端点线性度。这种拟合方法简单直观,但是未考虑所有校准点数据的分布,一般用于特性曲线线性度较小的情况。

2) 最小二乘法线性度

最小二乘法线性度的拟合直线方程形式仍为 $y = kx + b$。设实际测试点为 $n$ 个,第 $i$ 个测试点的实际测试值为 $y_i$,与拟合直线上相应值之间的残差 $\Delta_i$ 为

$$\Delta_i = y_i - (kx_i + b) \tag{1-4}$$

最小二乘法拟合直线的拟合原则就是使 $\sum_{i=1}^{n} \Delta_i^2$ 为最小值,也就是说,使 $\sum_{i=1}^{n} \Delta_i^2$ 对 $k$ 和 $b$ 的一阶偏导数等于零,求出 $k$ 和 $b$ 的表达式,即

$$\frac{\partial}{\partial k} \sum_{i=1}^{n} \Delta_i^2 = 2 \sum_{i=1}^{n} (y_i - kx_i - b)(-x_i) = 0 \tag{1-5}$$

$$\frac{\partial}{\partial b} \sum_{i=1}^{n} \Delta_i^2 = 2 \sum_{i=1}^{n} (y_i - kx_i - b)(-1) = 0 \tag{1-6}$$

由以上二式求出的 $k$ 和 $b$ 为

$$k = \frac{n \sum x_i y_i - \sum x_i \sum y_i}{n \sum x_i^2 - \left( \sum x_i \right)^2} \tag{1-7}$$

$$b = \frac{\sum x_i^2 \sum y_i - \sum x_i \sum x_i y_i}{n \sum x_i^2 - \left( \sum x_i \right)^2} \tag{1-8}$$

将上述 $k$ 和 $b$ 值代入方程 $y = kx + b$ 中,可得最小二乘法拟合直线方程为

$$y = \frac{n \sum x_i y_i - \sum x_i \sum y_i}{n \sum x_i^2 - \left( \sum x_i \right)^2} x + \frac{\sum x_i^2 \sum y_i - \sum x_i \sum x_i y_i}{n \sum x_i^2 - \left( \sum x_i \right)^2} \tag{1-9}$$

将 $n$ 个测试点的输入值 $x_i$ 代入式(1-9),求出理论拟合直线的各点输出值,然后找出输出—输入实际测试的各点与拟合直线相应点数值之间的最大偏差 $\pm \Delta_{max}$,根据式(1-2)便可求出非线性误差 $\gamma_L$。

**2. 灵敏度**

传感器的灵敏度是指传感器的输出变化量与相应的输入(被测量)变化量之比,用 $k$ 来表示,即

$$k = \frac{\mathrm{d}y}{\mathrm{d}x} = \frac{输出变化量}{输入变化量} \tag{1-10}$$

由此可见,传感器输出曲线的斜率就是其灵敏度。对具有线性特性的传感器,其特性曲线的斜率处处相同,灵敏度 $k$ 是一常数,与输入量大小无关。而非线性传感器的灵敏度是变量,用 $\mathrm{d}y/\mathrm{d}x$ 表示某一点的灵敏度。灵敏度示意图如图 1-4 所示。

**3. 迟滞**

迟滞特性表明传感器在正(输入量增大)、反(输入量减小)行程期间输出—输入特性曲线不重合的程度,又称"回差"。也就是说,对应于同一大小的输入信号,传感器正、反行程的

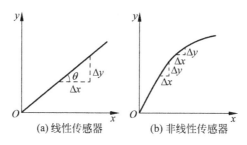

图 1-4　灵敏度示意图

输出信号大小不相等。迟滞特性曲线如图 1-5 所示。迟滞反映了传感器机械部分不可避免的缺陷及传感器内部存在的电气损耗等。迟滞的大小一般由实验确定,其值用输出最大差值 $\Delta_{max}$ 与满量程输出 $y_{FS}$ 的百分比来表示,即

$$\gamma_H = \pm \frac{\Delta_{max}}{y_{FS}} \times 100\% \tag{1-11}$$

式中,$\Delta_{max}$ 为输出值在正、反行程间的最大差值;$y_{FS}$ 为传感器的满量程输出值。

**4. 重复性**

重复性表示传感器在输入量按同一方向作全量程连续多次变化所得的特性曲线不一致的程度,重复性特性曲线如图 1-6 所示。若特性曲线一致好,重复性就好,误差也小。重复性特性与许多随机因素有关。重复性一般可用测试数据与相应行程输出平均值之间的最大偏差与满量程输出值的百分比来表示。这时要求求出正行程多次测量的各个测试点输出值之间的最大偏差 $\Delta m_2$ 以及反行程多次测量的各个测试点输出值之间的最大偏差 $\Delta m_1$,再取 $\Delta m_1$ 与 $\Delta m_2$ 中较大者为 $\Delta_{max}$。这样,重复性的数学表达式为

$$\gamma_R = \pm \frac{\Delta_{max}}{y_{FS}} \times 100\% \tag{1-12}$$

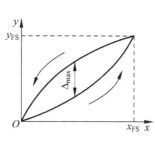

图 1-5　迟滞特性曲线

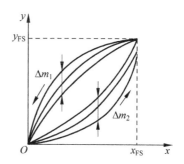

图 1-6　重复性特性曲线

重复性误差属于随机误差,根据标准偏差来计算重复性指标。重复性误差可表示为

$$\gamma_R = \pm \frac{(2 \sim 3)\sigma}{y_{FS}} \times 100\% \tag{1-13}$$

式中,$\sigma$ 为标准偏差,可以根据贝赛尔公式来计算,即

$$\sigma = \sqrt{\frac{\sum_{i=1}^{n}(y_i - \bar{y})^2}{n-1}} \tag{1-14}$$

式中，$y_i$ 为测量值；$\bar{y}$ 为测量平均值；$n$ 为测量次数。

**5. 稳定性**

稳定性是指传感器的特性参数随时间或外界条件的变化程度。由于传感器及其构件随着时间的流逝产生失效变化，因此，对于同一输入量，即使环境条件不变，其输出量也随时间变化；即使传感器不使用，失效变化也会发生。当然，使用越频繁，失效越快。如果在传感器使用过程中，环境条件(例如温度)发生变化，其特性也将发生变化。

**6. 漂移**

传感器在输入量一定时，输出量发生一定方向的偏离称为漂移。漂移又可分为时间零漂和温度漂移。

1) 时间零漂

时间零漂是指在规定的时间内，环境条件不变的情况下，零点输出值的变化。

2) 温度漂移

温度漂移包括零点温漂和灵敏度温漂。在规定的工作条件下，环境工作温度每变化 $1℃$，零点输出的变化值与满量程输出之比为零点温漂；在规定的工作条件下，环境工作温度每变化 $1℃$，灵敏度变化值与满量程输出之比为灵敏度温漂。

**7. 分辨率与阈值**

分辨率是指传感器能检测到的最小输入增量。有些传感器，当输入量连续变化时，输出量只做阶梯变化，则分辨率就是输出量的每个"阶梯"所代表的输入量的大小。在传感器输入零点附近的分辨率称为阈值。

**8. 精度**

精度是指传感器在其全量程内任意一点的输出值与其理论输出值的偏离程度，是评价传感器性能优劣的综合性指标。精度基本上包括了前面叙述的非线性误差，迟滞误差、重复性误差和灵敏度误差，所以也可以利用均方根法或代数和法综合这几项单项误差得到精度值，即

$$\gamma = \sqrt{\gamma_L^2 + \gamma_H^2 + \gamma_R^2 + \cdots} \tag{1-15}$$

$$\gamma = |\gamma_L| + |\gamma_H| + |\gamma_R| + \cdots \tag{1-16}$$

采用均方根法计算的精度偏小，而采用代数和法计算结果精度偏大。通常采用均方根法。

## 1.2.2　传感器的动态特性

传感器的动态特性是指传感器对于随时间变化输入量的响应特性。一个具有良好静态特性的传感器，未必具有良好的动态特性。这是由于在动态(快速变化)输入信号情况下，不仅要求传感器能精确地测量信号的幅值大小，而且要能测量出信号变化过程的波形，即要求传感器能迅速、准确地响应信号幅值变化和无失真地再现输入信号随时间变化的波形。实际的被测信号随时间变化的形式各种各样，在研究传感器的动态特性时，通常从时域和频域两个方面用时间响应法和频率响应法来分析。在时域内通常用阶跃函数研究传感器的时间响应特性；在频域内通常用正弦函数研究传感器的频率响应特性。传感器的动态特性分析和动态参数的标定都以这两种标准输入状态为依据。

对于任意一种传感器,只要其输入量是时间的函数,则其输出量也是时间的函数。

**1. 动态特性的数学模型**

传感器是信息(能量)转换和传递的通道,在静态情况下,其输出量(响应)与输入量(激励)的关系符合多项式方程,即式(1-1)。在动态情况下,输入量随时间变化,如果输出量能立即随输入量无失真地变化,则这样的传感器可以看作理想。但实际上,传感器输出量 $y$ 不仅与输入量 $x$ 有关,而且还与输入量的变化速度 $\mathrm{d}y/\mathrm{d}t$、加速度 $\mathrm{d}^2 x/\mathrm{d}t^2$ 等有关。在研究传感器动态响应时,一般都忽略传感器的非线性和随机变化等复杂因素,把传感器看成是线性的,并且看成一个集总参数系统,因而用常系数的线性微分方程来描述其输出—输入关系,即

$$a_n \frac{\mathrm{d}^n y}{\mathrm{d}t^n} = a_{n-1} \frac{\mathrm{d}^{n-1} y}{\mathrm{d}t^{n-1}} + \cdots + a_1 \frac{\mathrm{d}y}{\mathrm{d}t} + a_0 y +$$

$$b_m \frac{\mathrm{d}^m x}{\mathrm{d}t^m} + b_{m-1} \frac{\mathrm{d}^{m-1} x}{\mathrm{d}t^{m-1}} + \cdots + b_1 \frac{\mathrm{d}x}{\mathrm{d}t} + b_0 x \tag{1-17}$$

式中,$a_n, a_{n-1}, \cdots, a_0$ 和 $b_m, b_{m-1}, \cdots, b_0$ 均为与系统结构有关的常数;$x = x(t)$ 为输入信号;$y = y(t)$ 为输出信号。

对于传感器而言,除 $b_0 \neq 0$ 外,一般 $b_1 = b_2 = \cdots = b_m = 0$,这样,式(1-17)变为

$$a_n \frac{\mathrm{d}^n y}{\mathrm{d}t^n} + a_{n-1} \frac{\mathrm{d}^{n-1} y}{\mathrm{d}t^{n-1}} + \cdots + a_1 \frac{\mathrm{d}y}{\mathrm{d}t} + a_0 y = b_0 x \tag{1-18}$$

式(1-18)是一般情况,对于常见的传感器,通常可分别用零阶、一阶、二阶和高阶常微分方程来描述其动态特性。

零阶传感器 $\qquad\qquad\qquad\quad a_0 y = b_0 x \tag{1-19}$

一阶传感器 $\qquad\qquad\qquad\quad a_1 \dfrac{\mathrm{d}y}{\mathrm{d}t} + a_0 y = b_0 x \tag{1-20}$

二阶传感器 $\qquad\qquad\qquad\quad a_2 \dfrac{\mathrm{d}^2 y}{\mathrm{d}t^2} + a_1 \dfrac{\mathrm{d}y}{\mathrm{d}t} + a_0 y = b_0 x \tag{1-21}$

**2. 传递函数**

在分析、设计和应用传感器时,传递函数的概念十分有用。传递函数是输出量和输入量之间关系的数学表示,如果传递函数已知,那么由任一输入量就可求出相应输出量。传递函数以代数式的形式表征系统本身的传输和转换特性,而与激励系统的初始状态无关。

在上述微分方程中,$t \leqslant 0$ 时,$y(t) = 0$,则 $y(t)$ 的拉普拉斯变换定义为

$$y(s) = \int_0^\infty y(t) \mathrm{e}^{-st} \mathrm{d}t \tag{1-22}$$

式中,$s = \delta + \mathrm{j}\omega, \delta > 0$。

对式(1-17)两边取拉普拉斯变换,则得

$$(a_n s^n + a_{n-1} s^{n-1} + \cdots + a_1 s + a_0) y(s) = (b_m s^m + b_{m-1} s^{m-1} + \cdots + b_1 s + b_0) x(s) \tag{1-23}$$

输出函数 $y(t)$ 的拉普拉斯变换式 $y(s)$ 与输入函数 $x(t)$ 的拉普拉斯变换 $x(s)$ 之比称为该传感器的传递函数 $H(s)$,即

$$H(s) = \frac{y(s)}{x(s)} = \frac{b_m s^m + b_{m-1} s^{m-1} + \cdots + b_1 s + b_0}{a_n s^n + a_{n-1} s^{n-1} + \cdots + a_1 s + a_0} \tag{1-24}$$

对于 $y(t)$ 进行拉普拉斯变换的初始条件是 $t \leqslant 0$ 时，$y(t) = 0$，这对于传感器被激励之前的所有储能元件均可满足上述条件。

从式(1-24)可知传感器的传递函数 $H(s)$ 与输入量 $x(t)$ 无关，只与系统结构参数 $a_i$、$b_i$ 有关。因此，$H(s)$ 可以简单而恰当地描述传感器的输出—输入关系。只要知道 $y(s)$、$x(s)$、$H(s)$ 三者中任意两者，第三者便可方便地求出。由此可见，无须了解复杂系统的具体内容，只要给系统一个激励信号 $x(t)$，便可得到系统的响应 $y(t)$，系统的特性就可确定。

**3. 频率响应**

当传感器输入的信号为一个正弦波信号 $x(t) = A\sin\omega t$ 时，由于存在瞬态响应，开始输出不是正弦波。随时间的增长，瞬态响应逐渐衰减直至消失时，开始出现正弦波，正弦输入的瞬态响应如图 1-7 所示。

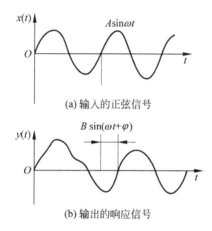

(a) 输入的正弦信号

(b) 输出的响应信号

图 1-7　正弦输入的瞬态响应

输出量与输入量的频率相同，但幅值不等，并且有相位差。输出正弦波为 $y(t) = B\sin(\omega t + \varphi)$。拉普拉斯变换是广义的傅里叶变换，取 $s = \sigma + j\omega$，$\sigma = 0$，则 $s = j\omega$ 即将拉普拉斯变换局限于 $s$ 平面的虚轴，从而得到傅里叶变换，则式(1-24)变换为

$$H(j\omega) = \frac{y(j\omega)}{x(j\omega)} = \frac{b_m (j\omega)^m + b_{m-1} (j\omega)^{m-1} + \cdots + b_1 (j\omega) + b_0}{a_n (j\omega)^n + a_{n-1} (j\omega)^{n-1} + \cdots + a_1 (j\omega) + a_0} \qquad (1-25)$$

$H(j\omega)$ 称为传感器的频率响应函数(频响)。频率响应函数 $H(j\omega)$ 是复函数，它可以用指数形式表示，即

$$H(j\omega) = \frac{y(j\omega)}{x(j\omega)} = \frac{y}{x} e^{j\varphi} = k(\omega) e^{j\varphi} \qquad (1-26)$$

式中，$k(\omega) = |H(j\omega)| = y/x$，即 $k(\omega) = \sqrt{[H_R(\omega)]^2 + [H_I(\omega)]^2}$，其中 $H_R(\omega)$ 为 $H(j\omega)$ 的实部，$H_I(\omega)$ 为 $H(j\omega)$ 的虚部；$k(\omega)$ 称为传感器的幅频特性，也称为传感器的动态灵敏度，它表示传感器的输出与输入幅度之比随频率而变化的关系。

式(1-26)中，角度 $\varphi(\omega) = \arctan[H_I(\omega)/H_R(\omega)]$ 称为传感器的相频特性。对于传感器而言，$\varphi(\omega)$ 通常为负角，表示传感器输出滞后于输入的相位角度，而且 $\varphi$ 随频率变化而变化。传感器的幅频特性和相频特性之间有一定的内在关系，在研究传感器的频率特性时一般主要研究其幅频特性。

一阶传感器的微分方程由式(1-20)表示，它可以改写为

$$\frac{a_1}{a_0}\frac{\mathrm{d}y}{\mathrm{d}t} + y = \frac{b_0}{a_0}x \tag{1-27}$$

式中，$a_1/a_0$ 具有时间量纲，为传感器的时间常数 $\tau$，即 $\tau = a_1/a_0$。传感器的静态灵敏度 $k = b_0/a_0$，则式(1-27)变换为

$$\tau\frac{\mathrm{d}y}{\mathrm{d}t} + y = kx \tag{1-28}$$

对式(1-28)作拉普拉斯变换，可得其传递函数为

$$H(s) = \frac{y(s)}{x(s)} = \frac{k}{\tau s + 1} = \frac{k/\tau}{s + 1/\tau} \tag{1-29}$$

当传感器输入信号为 $x(t) = A\sin\omega t$ 时，其传递函数 $H(\mathrm{j}\omega)$、幅频特性 $k(\omega)$ 和相频特性 $\varphi(\omega)$ 分别为

$$H(\mathrm{j}\omega) = \frac{k}{\mathrm{j}\omega\tau + 1} \tag{1-30}$$

$$k(\omega) = \frac{k}{\sqrt{1 + (\omega\tau)^2}} \tag{1-31}$$

$$\varphi(\omega) = -\arctan\omega\tau \tag{1-32}$$

当 $\omega\tau \ll 1$ 时，$k(\omega) = k$，$\varphi(\omega) \approx 0$，表明传感器输出与输入成线性关系，且相位差也很小，输出 $y(t)$ 比较真实地反映了输入 $x(t)$ 的变化规律。因此，减小 $\tau$ 可改善传感器的频率特性。当 $\omega\tau = 1$ 时，$k(\omega) = 0.707k$。即传感器的灵敏度下降了 3dB，此时的频率定义为工作频率的上限频率 $\omega_p$，$\omega_p = 1/\tau$。由此可见，$\tau$ 越小，工作频率越高。当 $\varphi(\omega)$ 很小时，$\varphi(\omega) \approx \omega\tau$，相位差 $\varphi(\omega)$ 与 $\omega$ 成线性关系，这时保证测试不失真，$y(t)$ 能真实地反映输入 $x(t)$ 的变化规律。

对于二阶传感器，对其时域微分方程式(1-21)作拉普拉斯变换，可得其传递函数为

$$H(s) = \frac{y(s)}{x(s)} = \frac{k}{\tau^2 s^2 + 2\xi\tau s + 1} \tag{1-33}$$

式中，$\tau$ 为时间常数，$\tau = \sqrt{a_2/a_0}$；$\xi$ 为阻尼比，$\xi = a_1/(2\sqrt{a_2 a_0})$；$k$ 为静态灵敏度，$k = b_0/a_0$。
频率传递函数为

$$H(\mathrm{j}\omega) = \frac{y}{x}(\mathrm{j}\omega) = \frac{k}{\dfrac{(\mathrm{j}\omega)^2}{\omega_0^2} + \dfrac{2\xi\mathrm{j}\omega}{\omega_0} + 1} \tag{1-34}$$

式中，$\omega_0$ 为自振角频率，$\omega_0 = 1/\tau$。
幅频特性为

$$k(\omega) = \frac{k}{\sqrt{\left[1 - \left(\dfrac{\omega}{\omega_0}\right)^2\right]^2 + 4\xi^2\left(\dfrac{\omega}{\omega_0}\right)^2}} \tag{1-35}$$

相频特性为

$$\varphi(\omega) = -\arctan\frac{2\xi\left(\dfrac{\omega}{\omega_0}\right)}{1 - \left(\dfrac{\omega}{\omega_0}\right)^2} \tag{1-36}$$

二阶传感器的频率特性如图 1-8 所示。从式(1-35)可知，幅频特性随频率比 $\omega/\omega_0$ 和阻尼比 $\xi$ 变化而变化。在一定 $\xi$ 值下，$k(\omega)/k$ 与 $\omega/\omega_0$ 之间的关系如图 1-8(a)所示，可以看出，当 $\omega/\omega_0 \ll 1$ 时，测量动态参数和静态参数是一致的；当 $\omega/\omega_0 \gg 1$ 时，$|k(\omega)|$ 接近于 0，而

$\varphi(\omega)$ 接近 $180°$,即被测参数的频率远高于其固有频率时,传感器没有响应;当 $\omega/\omega_0 = 1$ 时,且 $\xi$ 趋近于 0 时,传感器出现谐振,使输出信号波形的幅值与响应相位都严重失真。阻尼比 $\xi$ 对频率特性有很大影响,阻尼比增大,幅频特性的最大值逐渐减小。当 $\xi>1$ 时,幅频特性曲线是一条递减的曲线,不再有凸峰出现。由此可见,幅频特性平直段的宽度与阻尼比关系密切,当 $\xi\approx0.7$ 时,幅频特性的平直段最宽。

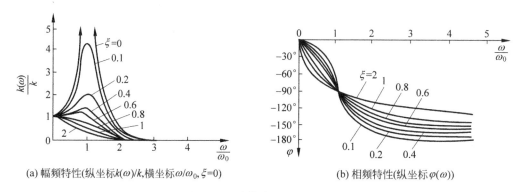

(a) 幅频特性(纵坐标 $k(\omega)/k$,横坐标 $\omega/\omega_0$,$\xi=0$)　　(b) 相频特性(纵坐标 $\varphi(\omega)$)

图 1-8　二阶传感器的频率特性

### 4. 阶跃输入时的阶跃响应

研究传感器的时间响应特性,以阶跃信号为输入信号。当给静止的传感器输入一个单位阶跃信号 $x(t)=\begin{cases} 0 & (t<0) \\ A & (t\geq0) \end{cases}$ 时,其输出特性称为时间响应特性或阶跃响应特性。

1) 零阶传感器

零阶传感器的微分方程为

$$y = (b_0/a_0)x = kx \tag{1-37}$$

式中,$k$ 为静态灵敏度。

式(1-37)表明,零阶传感器的输入量无论随时间如何变化,输出量幅值总是与输入量成确定比例关系,在时间上也无滞后。例如电位器式传感器,忽略寄生电感和电容的影响,就是零阶传感器。

2) 一阶传感器

对于一阶传感器,当输入为阶跃函数时,依据式(1-20),可得

$$y(t) = kA(1 - e^{-t/\tau}) \tag{1-38}$$

一阶传感器的阶跃响应如图 1-9 所示。输出的初值为零,随着时间的推移,$y$ 接近 $kA$,当 $t=\tau$ 时,$y=0.63kA$。在一阶惯性系统中,时间常数 $\tau$ 是决定响应速度的重要参数。一阶传感器的实例,如某些气体传感器。

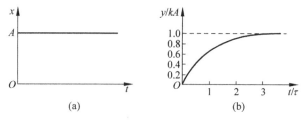

(a)　　　　　　　　　　(b)

图 1-9　一阶传感器的阶跃响应

3) 二阶传感器

为求得二阶传感器的阶跃响应,需要在输入阶跃量 $x=A$ 的情况下,求下面方程的解:

$$\tau^2 \frac{d^2 y}{dt^2} + 2\xi\tau \frac{dy}{dt} + y = kA \tag{1-39}$$

特征方程为

$$\tau^2 s^2 + 2\xi\tau s + 1 = 0 \tag{1-40}$$

(1) $0<\xi<1$(欠阻尼),该特征方程具有共轭复数根

$$\lambda_{1,2} = -(\xi \pm j\sqrt{1-\xi^2})/\tau \tag{1-41}$$

方程的通解为

$$y(t) = e^{-\xi t/\tau} \left[ A_1 \cos \frac{\sqrt{1-\xi^2}}{\tau}t + A_2 \sin \frac{\sqrt{1-\xi^2}}{\tau}t \right] + A_3 \tag{1-42}$$

根据 $t \to \infty, y \to kA$,求出 $A_3$,根据初始条件 $t=0, y(0)=0, dy/dt(t=0)=0$,求出 $A_1$、$A_2$,可得

$$y(t) = kA \left[ 1 - \frac{e^{-\xi t/\tau}}{\sqrt{1-\xi^2}} \sin\left( \frac{\sqrt{1-\xi^2}}{\tau}t + \arctan \frac{\sqrt{1-\xi^2}}{\xi} \right) \right] \tag{1-43}$$

二阶传感器欠阻尼情况的阶跃响应如图 1-10 所示,这是一个衰减振荡过程,$\xi$ 越小,振荡频率越高,衰减越慢。由式(1-43)还可以求得稳定时间 $t_w$、过冲量 $\delta_m$ 与其发生的时间 $t_m$。$t_w = 4\tau/\xi$(设允许相对误差为 0.02),$\delta_m = e^{-\xi t_m/\tau}$,$t_m = \tau\pi/\sqrt{1-\xi^2}$。

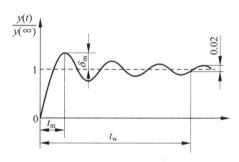

图 1-10 二阶传感器欠阻尼情况的阶跃响应

(2) $\xi=0$(零阻尼),输出变成等幅振荡,即

$$y(t) = kA[1 - \sin(t/\tau + \varphi_0)] \tag{1-44}$$

其中,$\varphi_0$ 由初始条件确定。

(3) $\xi=1$(临界阻尼),特征方程具有重根 $-1/\tau$,阶跃响应为

$$y(t) = kA\left(1 - e^{-t/\tau} - \frac{t}{\tau}e^{-t/\tau}\right) \tag{1-45}$$

(4) $\xi>1$(过阻尼),特征方程具有两个不同的实根,即

$$\lambda_{1,2} = -\xi \pm \sqrt{\xi^2-1}/\tau \tag{1-46}$$

阶跃响应为

$$y(t) = kA\left[ 1 + \frac{\xi - \sqrt{\xi^2-1}}{2\sqrt{\xi^2-1}} e^{\left(\frac{-\xi - \sqrt{\xi^2-1}}{\tau}t\right)} - \frac{\xi + \sqrt{\xi^2-1}}{2\sqrt{\xi^2-1}} e^{\left(\frac{-\xi + \sqrt{\xi^2-1}}{\tau}t\right)} \right] \tag{1-47}$$

式(1-45)和式(1-47)表明,当 $\xi \geq 1$ 时,该系统不再振荡,而是由两个一阶阻尼环节组

成,前者两个时间常数相同,后者两个时间常数不同。

对于实际传感器,$\xi$值一般可以适当设计,兼顾过冲量$\delta_m$不要太大,稳定时间$t_w$不要过长的要求。在$\xi=0.6\sim0.7$范围内,可以获得较为合适的综合特性。对于正弦输入,当$\xi=0.6\sim0.7$时,幅值比$k(\omega)/k$在比较宽的范围内变化较小。计算表明,在$\omega\tau=0\sim0.58$范围内,幅值比变化不超过5%,相频特性与$\varphi(\omega)$近似呈线性关系。

4) 高阶传感器

对于可写出运动方程的传感器,可以写出其传递函数和频率特性等。对于特征方程可求出若干个共轭复根或实根的情况,可分解为若干个二阶环节或一阶环节来研究其阶跃响应函数。对于一些高阶传感器系统,进行计算比较困难或难于写出运动方程,可通过输入不同频率的周期信号与阶跃信号,以获得其幅频特性、相频特性与阶跃响应等。

## 1.3　传感器的标定

传感器的标定是指利用标准设备产生已知的非电量(如标准力、位移、压力等),作为输入量输入到待标定的传感器,建立传感器输出与输入之间的关系,并根据试验数据确定传感器的性能指标,实际上也是确定传感器测量精度的过程。例如,活塞式压力计$\xrightarrow{\text{产生}}$标准压力$\xleftarrow{\text{测量}}$待标定传感器。传感器的标定应该依据国家和地方计量部门的有关检定规程或标准,选择正确的标定条件和适当的仪器设备,并按照一定的程序进行。

任何传感器制造、装配完毕,都必须进行标定试验,进而得到传感器的各项性能指标。同时,标定数据又可作为改进传感器设计的重要依据。传感器经使用、储存一段时间后,也必须对其主要技术指标进行复测,称为校准(校准和标定本质上是一样的),以确保其性能指标达到要求。对出现故障的传感器,若经修理还可继续使用,修理后也必须再次进行标定试验,因为传感器的某些指标可能发生了变化。

传感器的标定分为静态标定和动态标定两种。通过静态标定,确定传感器静态特性指标,如线性度、灵敏度、滞后、重复性和精度等。通过动态标定,确定传感器的动态特性参数,如频率响应、时间常数、固有频率和阻尼比等。根据实际需要,有时要对温度响应、环境影响等进行标定。

### 1.3.1　传感器的静态标定

传感器的静态特性在静态标准条件下进行标定。静态标准条件主要包括没有加速度、振动、冲击(除非这些参数本身就是被测量)及环境温度一般为室温、相对湿度不大于85%、气压为常压($1.01\times10^5$ Pa)等条件。在标定传感器时,所用测量仪器的精度至少要比被标定的传感器的精度高一个等级。这样,标定的传感器的静态性能指标才可靠,所确定的精度才可信。

压阻式压力传感器静态标定时,常采用的活塞式压力计如图1-11所示。压力传感器标定时,首先,将压力传感器、测试仪表连接好;然后将压力传感器全量程分成若干等分点,用砝码依次均匀加载(正程),记录标定传感器的输出值,加载到满量程后,依次均匀卸载(反程),记录输出值,直至卸下全部砝码。按上述过程,对传感器多次重复循环测试,得到输

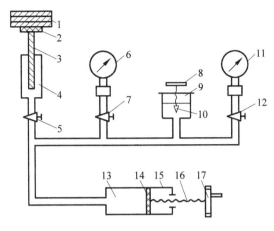

图 1-11　活塞式压力计示意图

1—砝码；2—砝码托盘；3—测量活塞；4—活塞筒；5,7,12—切断阀；6—标准压力表；

8—进油阀手轮；9—油杯；10—进油阀；11—被校压力表；13—工作液；14—工作活塞；

15—手摇泵；16—丝杠；17—加压手轮

出—输入测试数据,用表格列出。最后,对数据进行处理,得到传感器的灵敏度、线性度、重复性、迟滞等静态性能。借助于恒温箱,还可以标定温度对传感器性能的影响。

对于不同原理的压力传感器静态特性标定方法基本相同,只是不同原理的传感器,使用的测试仪表有所不同。大规模生产多采用自动标定系统完成传感器的标定。

## 1.3.2　传感器的动态标定

一些传感器除了静态特性满足要求外,根据使用要求,其动态特性也要满足要求。传感器进行动态标定时,需要标准信号对它进行激励,常用的标准信号常常因为传感器的形式(如电的、机械的、气动的等)不同而不完全一样,但从原理上一般可分为阶跃信号响应法、正弦信号响应法、随机信号响应法和脉冲信号响应法等。

压力传感器动态标定装置可选用激波管、快开阀、正弦压力发生器等动态压力发生装置。其中激波管应用最多,激波管产生的前沿压力很陡,接近理想的阶跃函数。激波管标定系统原理图如图 1-12 所示。

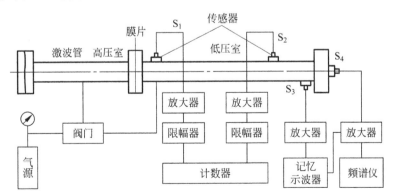

图 1-12　激波管标定系统原理图

激波管是产生平面激波的核心部件,激波管通常中间用膜片分隔为高压室和低压室,中间的膜片材料随压力范围而定,低压用纸,中压用塑料,高压则用钢、铝等金属材料。有的激波管被分为高、中、低三个压力室,以便得到更高的激波压力。对于两室型激波管,标定时用压缩空气仅给高压室充以高压气体,而低压室一般为 1 个大气压。当压缩气体经减压阀、控制阀进入激波管的高压室后,在一定的压力下隔离膜片突然破裂,高压气体冲入低压室形成激波。该激波的波振面压力恒定相当于理想的阶跃波,并以超声速冲向被标定的传感器 $S_1$,$S_1$ 输出的信号经放大器、限幅器后送至计数器计数,激波经传感器 $S_2$ 后,$S_2$ 输出的信号使计数器停止计数,这样便可以求得入射激波的波速。触发传感器 $S_3$ 受到信号作用后,经放大后送至记忆示波器,启动后者扫描,紧接着被标定传感器 $S_4$ 受激励,其输出信号被示波器记录,频谱分析仪测出 $S_4$ 的固有频率。激波的压力可认为是理想的阶跃压力波,标定压力传感器的输出波形如图 1-13 所示。

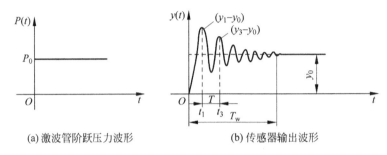

(a) 激波管阶跃压力波形　　　　(b) 传感器输出波形

图 1-13　标定压力传感器的输出波形

其中图 1-13(a)的解析表达式为

$$P(t) = \begin{cases} 0, & t < 0 \\ P_0, & t \geqslant 0 \end{cases} \tag{1-48}$$

由图 1-13(b)可以看出,传感器的输出波形按自振频率 $\omega_0$ 变化,而振幅随时间 $t$ 衰减,最后稳定于 $y_0$。依据式(1-43),因 $\omega_0 = 1/\tau$,故可得

$$y(t) = kA\left[1 - \frac{\mathrm{e}^{-\xi\omega_0 t}}{\sqrt{1-\xi^2}}\sin\left(\omega_0\sqrt{1-\xi^2}\,t + \arctan\frac{\sqrt{1-\xi^2}}{\xi}\right)\right] \tag{1-49}$$

传感器输出波形由两部分组成,第一部分是常值 $y_0 = kA$,即输出稳定值;第二部分是以有阻尼时的自振角频率 $\omega_0\sqrt{1-\xi^2}$ 变化的正弦衰减部分,这是过渡过程部分,其振幅衰减率为 $\exp(-\xi\omega_0 t)$。

根据图 1-13 可知,$t = t_1$ 时,振幅变化为

$$y_1 - y_0 = -\frac{y_0}{\sqrt{1-\xi^2}}\mathrm{e}^{-\xi\omega_0 t_1} \tag{1-50}$$

$t = t_3$ 时,振幅变化为

$$y_3 - y_0 = -\frac{y_0}{\sqrt{1-\xi^2}}\mathrm{e}^{-\xi\omega_0 t_3} = -\frac{y_0}{\sqrt{1-\xi^2}}\mathrm{e}^{-\xi\omega_0(t_1+T)} \tag{1-51}$$

式中,$T$ 为自振周期。

依据式(1-50)和式(1-51),可得

$$\frac{y_1 - y_0}{y_3 - y_0} = \mathrm{e}^{\xi\omega_0 T}, \quad \ln\left(\frac{y_1 - y_0}{y_3 - y_0}\right) = \xi\omega_0 T = a \tag{1-52}$$

式中,$a$ 为衰减率,可以根据图 1-13(b)的输出波形求出。

依据图 1-13(b),可求得

$$\omega_0 \sqrt{1-\xi^2}\, T = 2\pi, \qquad \omega_0 = \frac{2\pi}{T\sqrt{1-\xi^2}} \qquad (1\text{-}53)$$

把式(1-52)代入式(1-53),则得到阻尼比为

$$\xi = \frac{a}{\sqrt{4\pi^2 + a^2}} \qquad (1\text{-}54)$$

从而可求得自振动角频率 $\omega_0$。

传感器的动态灵敏度为

$$k = y_0/P_0 \qquad (1\text{-}55)$$

式中,$P_0$ 为激波管的阶跃压力。

## 1.4 提高传感器性能的方法

**1. 差动技术**

差动技术可显著地减小温度变化、电源波动、外界干扰等对传感器精度的影响。在传感器设计或应用过程中,应用差动技术不仅可以抵消共模误差、减小非线性误差等,而且可以提高传感器的灵敏度。

**2. 平均技术**

在传感器中采用平均技术可产生平均效应,其原理是利用若干传感器单元同时感受被测量,其输出将是这些单元输出的总和。若将每个单元可能带来的误差 $\delta$ 均看作随机误差且服从正态分布,根据误差理论,总的误差将减小为

$$\delta_z = \pm \delta/\sqrt{n} \qquad (1\text{-}56)$$

式中,$n$ 为传感器单元数。

可见,利用平均技术可使传感器的误差减小,且可增大信号量。

**3. 补偿与修订技术**

补偿与修正技术在传感器中得到了广泛的应用,这种技术的运用大致是针对下列两种情况:①针对传感器本身特性,包括静态特性和动态特性的补偿和修正;②针对传感器的工作条件或外界环境的补偿。针对传感器工作环境进行误差补偿,也是提高传感器精度的有力技术措施。不少传感器对温度敏感,由于温度变化引起的误差十分可观,为了解决这个问题,必要时可以控制温度,采用恒温装置,但往往费用太高,或使用现场不允许。而在传感器内部引入温度误差补偿通常可行。补偿与修正可以利用电子线路(硬件)解决,也可以采用软件实现。

**4. 屏蔽、隔离与干扰抑制**

传感器使用的现场条件往往不可预料,有时极其恶劣。各种外界因素会影响传感器的精度与性能,而且影响规律往往未知。为了减小测量误差,应设法削弱或消除外界因素对传感器的影响。对于电磁干扰,可以采用屏蔽、隔离措施,也可用滤波等方法抑制。对于温度、湿度、机械振动、气压、声压、辐射,甚至气流等干扰,可采用相应的隔离措施,如隔热、密封、隔振等,或者在变换成为电学量后对干扰信号进行分离或抑制,减小其影响。

### 5. 稳定性处理

传感器作为长期测量或反复使用的器件,其稳定性显得特别重要。随着时间的推移或环境条件的变化,构成传感器的各种材料与元器件性能将发生变化。为了提高传感器性能的稳定性,应该对材料、元器件或传感器整体进行必要的稳定性处理,如结构材料的时效处理、永磁材料的时间老化、温度老化、机械老化及电气元件的老化与筛选等。使用传感器时,若测量要求较高,必要时也应对后续电路的关键元器件进行老化处理。

## 小结

本章从传感器的基本概念入手,依次介绍了传感器的组成及分类。从静态特性和动态特性两个方面,着重介绍了传感器输出—输入的特性关系。传感器的静态特性参数主要有线性度、灵敏度、迟滞、重复性、稳定性、分辨率等。动态特性主要包括时域特性和频域特性,介绍了传递函数、频率响应以及阶跃响应。简要介绍了利用静态和动态标定方法实现相应性能参数的标定。同时给出了提高传感器性能的方法,主要有差动技术、平均技术、补偿与修订技术、屏蔽、隔离与干扰抑制等。

## 习题

1. 填空题

(1) 传感器的输出量—输入量间的关系曲线偏离某一规定直线(拟合直线)的程度称为_____。

(2) 传感器在正(输入量增大)、反(输出量减小)行程中,输出—输入曲线不重合,称为_____;传感器在输入按同一方向作全量程连续多次变动时,所得曲线不一致的程度称为_____。

(3) 在分析传感器动态特性时,采用_____函数研究传感器的时间响应特性,采用_____函数研究传感器的频率响应特性。

(4) 传感器的频率响应特性通常由_____和相频特性组成。

(5) 传感器是能感受规定的被测量,并按照一定的规律转换成可用信号的器件或装置,一般由_____、_____和_____组成。

(6) 制作传感器时,总是期望其输出特性接近_____阶传感器。

2. 选择题

(1) 传感器的下列指标全部属于动态特性的是(    )。

    A. 迟滞、灵敏度、阻尼系数        B. 幅频特性、相频特性

    C. 重复性、漂移               D. 精度、时间常数、重复性

(2) 属于传感器静态特性指标的是(    )。

    A. 灵敏度        B. 阻尼比        C. 临界频率        D. 固有频率

(3) 有一只温度传感器,其微分方程为 $30\mathrm{d}y/\mathrm{d}x + 3y = 0.15x$,式中,$y$ 为输出电压(单位 mV),$x$ 为输入温度(单位℃)。则该传感器的时间常数为(    )。

    A. 5s           B. 8s           C. 15s           D. 10s

（4）传感器能感知的输入变化量越小,表示传感器的（　　）。

    A.线性度越好　　　　　B. 迟滞越小　　　　　C. 重复性越好　　　　　D. 分辨率越高

（5）有一只温度传感器,其微分方程为 $30\mathrm{d}y/\mathrm{d}x+3y=0.15x$,式中,$y$ 为输出电压（单位 mV）,$x$ 为输入温度（单位℃）。则该传感器的灵敏度 $S$ 为（　　）。

    A. 0.5s　　　　　B. 0.05mV/℃　　　　　C. 15s　　　　　D. 0.15mV/℃

（6）下列传感器中属于物性型传感器的是（　　）。

    A. 扩散硅压阻式压力传感器　　　　　B. 线绕电位器式传感器

    C. 应变片式压力传感器　　　　　D. 金属丝式传感器

（7）为了获得较好的动态特性,在二阶传感器设计时,一般选择阻尼比 $\xi$（　　）。

    A. $\xi>1$　　　　　B. $\xi=1$　　　　　C. $\xi=0.6\sim0.7$　　　　　D. $\xi=0$

3. 某压力传感器的静态特性测试结果如表 1-1 所列,试求：①端点连线平移线性度；②最小二乘法线性度；③重复性；④迟滞误差；⑤总精度。

表 1-1　静态特性测试结果

| 压力/kPa | 输出/mV | | | | | |
|---|---|---|---|---|---|---|
| | 正行程 | 反行程 | 正行程 | 反行程 | 正行程 | 反行程 |
| 0.0 | 2.0 | 201.5 | 400.5 | 600.0 | 799.5 | 1000.0 |
| 1.0 | 3.0 | 202.0 | 402.0 | 601.0 | 800.5 | 1000.0 |
| 2.0 | 2.5 | 202.0 | 401.0 | 600.0 | 798.5 | 999.5 |
| 3.0 | 3.5 | 203.0 | 402.0 | 601.5 | 800.5 | 999.5 |
| 4.0 | 3.5 | 202.0 | 401.0 | 600.0 | 799.5 | 999.0 |
| 5.0 | 4.0 | 203.0 | 402.0 | 601.0 | 800.5 | 999.0 |

4. 某一阶传感器系统的时间常数为 2ms,试求相应于 $\omega\tau=1$ 时的频率,并概略计算在此频率处幅值的百分误差。

5. 某二阶传感器系统的自振频率 $f_0=1000\mathrm{Hz}$,阻尼比 $\xi=0.7$,试求采用它测量频率分别为 600Hz、400Hz 的正弦交变力时,其输出与输入幅值比 $k(\omega)$ 和相位差 $\phi(\omega)$ 各为多少?

# 第 2 章

# 半导体传感器敏感材料及典型工艺

敏感材料是构成传感器的核心部分,性能优越的敏感材料是高性能半导体传感器的基础,敏感材料的选用是传感器设计与制造的关键。选用传感器敏感材料时,除注意其敏感特性外,还应对其工作可靠性、可加工性和经济性等方面进行综合的考虑。敏感性包括灵敏系数高、响应速度快、检测范围宽、检测精度高等;工作可靠性包括耐热、耐磨损、耐腐蚀、耐振动、耐过载等;可加工性包括易成型、尺寸稳定、互换性好;经济性包括成本低、成品率高、性价比高。利用物理学的最新进展,发现新现象、新效应,开发新型的敏感材料是发展传感技术的关键途径。

敏感材料种类繁多,其分类方法也有多种。依据其工作原理,敏感材料可分为结构型、物性型和复合型。敏感材料按其功能分为热敏、湿敏、气敏、力敏、磁敏、光敏、离子敏和生物敏等类型。依据材料科学的一般分类方法,敏感材料分为半导体敏感材料、陶瓷敏感材料、有机敏感材料和金属材料等,本章根据这种分类方法对敏感材料进行介绍。

## 2.1 半导体材料

以硅为代表的半导体材料是应用最为广泛的传感器材料,这与半导体理论完善、微电子的工艺技术成熟密不可分。用于敏感元件的半导体材料主要是无机物,有机物中也有显示半导体性质的,且可望作为未来的敏感材料。常用的无机半导体材料除元素半导体 Si、Ge、Se 以外,还有由两种或两种以上元素构成的化合物半导体材料。从结构上来讲,单晶和多晶作为敏感材料最为常用。随着薄膜技术的不断进步,非晶 Si($\alpha$-Si)作为敏感材料受到了普遍重视。

## 2.1.1 硅材料特性

硅材料除了具有良好的半导体性能,还具有许多良好的力学性能:①力学性能稳定,可制作集成到相同衬底的电子器件;②硅几乎是理想的结构材料,具有几乎与钢相同的杨氏模量,密度却几乎与铝一样小;③密度为不锈钢的 1/3,弯曲强度为不锈钢的 3.5 倍;④熔点为 1400℃,约为铝的 2 倍,高熔点可使硅即使在高温下也能保持尺寸的稳定;⑤热膨胀系数仅是钢的 1/8、是铝的 1/10;⑥单晶硅具有优良的力学、物理性质,其机械品质因数可高达 $10^6$ 数量级,滞后和蠕变极小,几乎为零,机械稳定性好。但实际的力学性能取决于制成器件后硅的结晶取向、几何尺寸、缺陷以及在生长、抛光、后处理过程中积累的应力情况。设计得当的微活动结构,能达到极小的迟滞、蠕变、高重复性和长期稳定性。硅材料作为传感器衬底材料,在传感器的设计和制造中具有很大的灵活性。

单晶是指整个晶体内原子都是周期性的规则排列;而多晶是指在晶体内各个局部区域里原子是周期性的规则排列,但不同局部区域之间原子的排列方向并不相同。因此多晶体看作由许多取向不同的小单晶体组成,多晶硅薄膜具有与单晶硅相近的敏感特性、力学特性,在微机械加工技术中多用于作为中间加工层材料。多晶硅薄膜采用低压化学气相沉积(Low Pressure Chemical Vapor Deposition,LPCVD)或等离子体增强化学气相沉积(Plasma Enhanced Chemical Vapor Deposition,PECVD)技术进行制备,在工艺上既可与单晶硅工艺兼容,又能进行精细加工,还可以根据器件的需要,随时准备充当绝缘体、导体和半导体。

电场、磁场、温度、机械外力以及光照和放射线照射都会影响半导体材料的电学特性。硅晶体具有多种敏感特性,如表 2-1 所列。硅材料是传感器的首选材料之一,采用硅材料制作传感器有利于解决长期困扰传感器领域的 3 个难题,即迟滞、重复性和长期漂移。

表 2-1　硅晶体的敏感特性

| 物　理　量 | 信号变换效应 |
|---|---|
| 光、辐射 | 光电效应、光电子效应、光电导效应、光磁电子效应 |
| 应力 | 压阻效应 |
| 热、温度 | 赛贝克效应、热阻效应、PN 结 |
| 磁性 | 霍尔效应、磁阻效应 |
| 离子 | 离子感应电场效应 |

## 2.1.2　主要的硅化合物

二氧化硅($SiO_2$)、碳化硅($SiC$)和氮化硅($Si_3N_4$)是常用的 3 种硅化合物。

### 1. 二氧化硅

二氧化硅($SiO_2$)是硅基半导体传感器最常用的介质材料,可以采用氧化生长或淀积方法制备。$SiO_2$ 通常用来作为器件间或多层金属间的绝缘层、腐蚀掩膜层、离子注入或扩散杂质的掩膜层、器件表面的保护或钝化层。由于 $SiO_2$ 在较大波长范围内具有光的通透性,使得 $SiO_2$ 作为保护层在很多光学器件上得以广泛使用。另外,$SiO_2$ 也常作为表面微机械加工的牺牲层。

### 2. 氮化硅

氮化硅具有很多突出特性:①有效阻挡水和离子(如钠离子)的扩散;②超强的抗氧化和抗腐蚀能力使其适于作深层刻蚀的掩膜;③可用作光波导以及防止水和其他有毒流体进入衬底的密封材料;④用作高强度电子绝缘层和离子注入掩膜。氮化硅广泛适用于半导体器件表面钝化层、电容介质或特殊应用。

### 3. 碳化硅

$SiC$ 由于具有良好的力学性能和电性能而受到关注。$SiC$ 具有高强度、大刚度、内部残余应力低、耐高温和耐腐蚀性等优点,能克服硅基材料不适合在恶劣环境下工作的缺点。这些特性使 SiC 适合制造高温、大功率及高频电子器件、高温半导体压力传感器。目前已经开发出碳化硅高温温度、气体、压力传感器。开发的高温温度传感器有刚玉基片上的 SiC 热敏电阻和硅衬底上的 SiC 热敏电阻两种。高温气体传感器是以 6H-SiC 为主要材料,1993 年制备出的第一批 SiC 气体传感器可在 450℃下检测浓度<0.6% 的甲烷、乙烷、丙烷、丁烷气体。高温压力传感器是用 P 型 6H-SiC 膜上的 N 型 6H-SiC 制作的力敏电阻,能在 500℃下稳定工作。碳化硅膜可以采用多种沉积技术制备,采用 Al 掩膜的干法腐蚀可以很容易实现碳化硅膜的图形化。

半导体材料在敏感技术中具有绝对的技术优势,在今后仍将占据主要地位。

## 2.2　电子陶瓷

电子陶瓷是以化学合成物质为原料,经过精密的成型烧结而成。通过控制其中的组分比,便可以制备适合不同用途的敏感陶瓷材料。用于敏感元件的陶瓷材料主要有 $SnO_2$、$ZnO$、$Fe_2O_3$、$Cr_2O_3$、$TiO_2$、$ZrO_2$ 等金属氧化物,此外还可使用 $ZnS$、$CaF_2$ 之类的化合物。同其他无机化合物相比,金属氧化物的化学稳定性好,因此成为主要的敏感陶瓷材料。

### 2.2.1　电子陶瓷的特性

(1) 结合键主要为离子键和共价键,化学稳定性好,具有耐热性、耐腐蚀性、坚硬性等优良性能。

(2) 金属元素具有容易放出电子而变成阳离子的特性,此时两个价态(例如 $Fe^{2+}$ 和 $Fe^{3+}$)间的能量差小,这类易于变价的金属称为过渡金属。

(3) 过渡金属氧化物的组成可分为金属不足型和氧不足型两种,前者称为 P 型半导体,而后者称为 N 型半导体。

### 2.2.2　电子陶瓷的制备工艺

电子陶瓷块体材料的常规制备工艺主要包括制粉、成型、烧结工艺,电子陶瓷材料制备工艺如图 2-1 所示。根据实际应用需求,还可以采用热压烧结工艺或填充烧结工艺制备无气孔的透明陶瓷或气孔率很高的多孔陶瓷。其他电子陶瓷薄膜的制备工艺主要有射频磁控溅射、溶胶—凝胶法、脉冲激光沉积、金属氧化物气相沉积等。

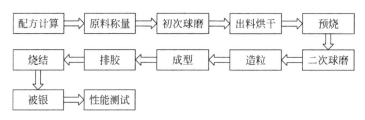

图 2-1　电子陶瓷材料制备工艺

电子陶瓷特殊效能的开发主要来源于对复杂多元氧化物的化学组成、物相结构、工艺、性能和使用效应之间相互关系的系统研究,其性能的调节和优化可借助离子置换、掺杂改性及工艺控制手段来实现。

## 2.2.3 电子陶瓷的应用

**1. 基板材料**

用作基板的陶瓷材料主要是氧化铝陶瓷,它是厚膜混合电路的基础,在基板上采用厚膜技术、薄膜技术、键合技术和粘连技术来制造微电子电路和半导体传感器。除化学惰性、机械稳定性、表面质量外,基板材料的热传导性和热膨胀系数也起着决定性的作用。

**2. 微致动器材料**

微致动器所用的陶瓷材料主要是压电陶瓷材料。压电陶瓷是一种电致伸缩材料,同时兼有正压电效应和逆压电效应。若对其施加作用力,则在它确定的两个表面上产生等量异号电荷;反之,当对它施加外电压时,便会产生机械变形。常用压电陶瓷材料有钛酸钡、锆钛酸铅(Piezoelectric Lead Zirconate Titanate,PZT)、改性锆钛酸铅、铌酸铅钡锂、改性钛酸铅等。

**3. 敏感材料**

1) 化学敏感元件用陶瓷材料

化学敏感元件通过获取被测对象的化学特性,将其转换为电信号或光信号加以检测。以敏感元件本身为物质的一方,外界物质为另一方,其间进行电子授受的结果使敏感元件的电性质发生变化。通过敏感元件检测就可知道此化学物质是什么,浓度是多少,并且还可与显示器、记录仪、监测器、报警、控制装置等联合使用。化学敏感元件的分类方法很多。依据检测对象,分为气敏元件(如 $SnO_2$、$ZnO$、$Fe_2O_3$、$TiO_2$、$ZrO_2$ 等)、湿敏元件(如 $MgCr_2O_4$-$TiO_2$、$ZrO_2$-$Y_2O_3$、$ZnO$-$Li_2O$-$V_2O_5$ 等)和生物敏元件等。根据气体分子与敏感材料的关系,化学敏感元件的作用机制包括以下 5 种类型:

(1) 气体分子的物理吸附。例如,湿敏元件工作时,水物理吸附于多孔介质表面,由于水的质子传导、电荷移动,使多孔介质电导率变化,或者由于吸附水的极化,电容值发生变化。

(2) 气体分子的化学吸附。气体分子吸附于敏感材料表面,与表面产生电子授受,使敏感材料的电子浓度发生变化,从而改变其电导率。

(3) 化学反应。以基于可燃性气体的氧化催化反应的化学传感器为例,在氧化活性最高的铂催化剂与可燃性气体的氧化催化反应过程中,氧化反应的进行与可燃性气体的浓度相对应,且使铂/氧化铝催化剂的温度上升,利用埋入催化剂中的铂丝电阻的增加检测气体浓度。

(4) 气体成分分子深入敏感体中,因为氧化物中的氧离子与气相氧处于平衡状态,所以氧缺陷浓度随气相氧分压而变,电子或空穴浓度随缺陷浓度增加,使氧化物的电导率发生变化。

(5) 气体分子选择性透过固体,固体电解质两侧的气氛不同,固体中的特定离子就由浓度高的一侧向浓度低的一侧移动,出现浓差电动势。由于此电动势依赖于电解质两侧气氛的浓度比,根据电动势的值可选择性地测定被测气体的浓度。

2) 物理敏感元件用陶瓷材料

物理敏感陶瓷材料主要包括光敏陶瓷,如 CdS、CdSe 等;热敏陶瓷,如 PTC 陶瓷、NTC

和 CTR 热敏陶瓷等；磁敏陶瓷，如 InSb. InAs、GaAs 等；声敏陶瓷，如罗息盐、水晶、BaTiO₃、PZT 等；压敏陶瓷，如 ZnO、SiC 等；力敏陶瓷，如 PbTiO₃、PZT 等。

## 2.3 有机敏感材料

制作传感器所用敏感材料主要以无机敏感材料为主。随着有机材料技术的不断发展，加之其自身的优点，使得基于有机敏感材料的传感器得到了快速发展。有机敏感材料具有以下几方面优点：①容易加工，容易做成均匀大面积材料；②设计、合成新结构分子的自由度大，带来了敏感材料的多样性；③可实现在无机敏感材料中难以达到的识别功能。应该指出，有机敏感材料中有高分子材料，也有低分子结构的有机材料，比如液晶就是低分子材料。在化学敏感元件和生物传感器中，有效利用了有机敏感材料的高分子识别功能，使高选择性的实现成为可能。

有机敏感材料和无机敏感材料没有竞争关系，两者关系互补。无机敏感材料难以实现的某些功能可寄希望于有机敏感材料，无机、有机复合敏感材料的发展将扩大敏感材料的应用范围。按照敏感元件信息转换功能分类，有机敏感材料应用如表 2-2 所列，这些敏感元件基于将有机敏感材料的物理响应或化学响应转换为电信号。

**表 2-2　利用有机材料的敏感元件**

| 敏 感 元 件 | | 利用的效应 | 敏 感 材 料 |
|---|---|---|---|
| 温敏元件 | NTC 热敏电阻 | 离子传导型 | PVC/NMQB 等 |
| | | 电子传导型 | PVC/NaTCNQ 等 |
| | | 介电传导型 | 尼龙系等 |
| | PTC 热敏电阻 | 软化点 | 导电性微粒聚合物 |
| | 热释电型红外敏感元件 | 热释电效应 | PVDF、PZT 微粒分散聚合物 |
| | 液晶热敏元件 | 透过率的温度变化 | 液晶 |
| | | 反射/透过光波长的变化 | 胆甾醇液晶 |
| 力学量敏感元件 | 压力敏感元件 | 压电效应 | PVDF、PZT 微粒分散聚合物 |
| | | 加压导电性 | 导电性微粒分散于橡胶 |
| | | 显微调色剂薄膜破坏 | 将含有显微调色剂薄膜的发色剂分散于聚合物 |
| | 超声波敏感元件 | 压电效应 | PVDF、P(VDCN/VAC) |
| | | 分子排列变化 | 向列液晶 |
| | 加速度敏感元件 | 分子排列变化 | 向列液晶 |
| 湿敏元件 | 高分子电解质湿敏元件 | 吸湿引起电阻变化 | 铵盐、磺酸盐的聚合物 |
| | 高分子电介质湿敏元件 | 吸湿引起介电常数变化 | 醋酸纤维素 |
| | 结露敏感元件 | 吸湿引起电阻急剧变化 | 分散有导电性微粒的聚合物 |
| | 压电湿敏元件 | 振子的负载变化 | 石英晶体振子+聚酰胺 |
| | FET 湿敏元件 | 晶体管特性变化 | 吸湿性高分子/FET |
| 气敏元件 | 半导体气敏元件 | 电导率变化 | 有机半导体 |
| | 压电气敏元件 | 振子的负载变化 | 石英晶体振子+聚酰胺 |
| | 表面电位型气敏元件 | 表面电位变化 | 聚吡咯/FET |
| | 电化学气敏元件 | 电解电流、电池电流 | 气体透过性高分子膜/电极 |

## 2.4　金属敏感材料

金属向来是材料领域中不可或缺的,可以说是最早使用的敏感材料。早期结构型传感器大多采用金属材料,这主要得益于金属材料具有良好的导电特性、磁学特性、热传导特性和热胀冷缩特性。金属敏感材料主要用于热敏传感器方面,有利用金属热胀冷缩特性的双金属片感温器件、温度—形状记忆合金器件,也有利用输出电量变化的热电阻、热电偶,还有利用金属材料电磁特性开发和应用的霍尔元件、磁阻器件和磁记录器件等。虽然因为半导体材料和电子陶瓷材料的发展,使某些金属材料的传感器被取代,但在许多领域由于金属传感器性能稳定、使用可靠而仍被广泛使用。

## 2.5　常用加工技术

半导体传感器制作工艺与集成电路工艺密不可分,已经成为集成电路工艺的扩展和延伸,包括光刻、腐蚀、淀积、键合和封装技术等。利用这些技术就可以制作出精密的、以硅(或石英、陶瓷等其他材料)为衬底的、层与层之间有很大差别的三维结构,如控制位移的活动件(膜片、弹性梁,树状叉指等),固定结构(如空腔、毛细孔和沟槽等)。这些微结构与特殊用途的薄膜和高性能的电子线路相结合,已经成功地制作了多种传感器,实现测量压力、加速度、角速度、流量、磁场、光、气体成分及浓度、离子成分及浓度等。

### 2.5.1　光刻工艺

光刻技术是指在光照作用下,借助光刻胶将掩膜版上的图形转移到基片上的技术。其主要过程为:紫外光通过掩膜版照射到覆有一层光刻胶薄膜的基片表面,引起曝光区域的光刻胶发生化学反应;再通过显影技术溶解去除曝光区域或未曝光区域的光刻胶(前者称正性光刻胶,后者称负性光刻胶),使掩膜版上的图形被复制到光刻胶薄膜上;最后利用刻蚀技术将图形转移到基片上。传感器制作工艺中,常采用双面光刻工艺,这与集成电路光刻工艺相区别。光刻工艺基本流程如图 2-2 所示。

**1. 基片前处理**

涂胶前的硅片需要处理,以便光刻胶能更好地附着在上面。由于光刻胶的疏水性,硅片首先需要脱水烘焙去除水分。然后使用 HMDS(Hexamethy-ldisila-zane,六甲基乙硅氮烷)或 TMSDEA(Trimethyl-silyl-diethylamine,三基甲硅烷基二乙胺)作增黏处理。

**2. 涂光刻胶**

在硅片表面形成厚度均匀、附着性强,并且没有缺陷的光刻胶薄膜。涂胶作为光刻工艺的第一步,涂胶的好坏直接决定之后光刻能否正常进行。若胶膜太薄,则会导致针孔多,抗腐蚀性差;若太厚,则分辨率低。涂胶的方式有浸涂、喷涂和旋涂,其中旋涂工艺最为常用。首先将光刻胶溶液喷洒到硅片表面上;加速旋转托盘(硅片),直至达到需要的旋转速度;达到所需的旋转速度后,保持一定时间的旋转(甩胶)。

**3. 前烘(软烘焙)**

液态的光刻胶溶剂成分占 $65\%\sim85\%$,甩胶后光刻胶变成固态薄膜,但仍含有 $10\%\sim$

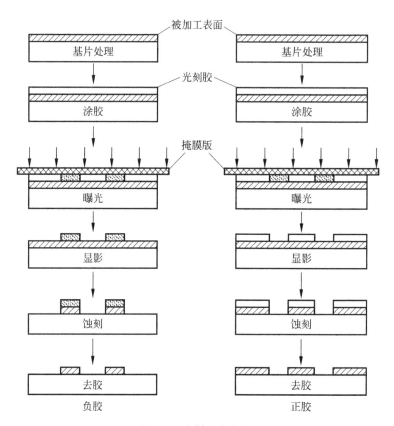

图 2-2　光刻工艺流程

30％的溶剂,容易沾染灰尘。涂胶以后的硅片,在一定的温度下进行烘烤,称为前烘,目的是促进胶膜内溶剂充分挥发,使胶膜干燥,增加胶膜与 $SiO_2$（Al 膜等）的黏附性及耐磨性。前烘的方式分为烘箱对流加热、红外线辐射加热和热板传导加热。常用的前烘方法是真空热平板烘烤。

**4. 对准和曝光（A&E）**

保证器件和电路正常工作的决定性因素是图形的准确对准,以及光刻胶上精确的图形尺寸的形成。因此,涂好光刻胶后,第一步是把所需图形在晶圆表面上准确定位或对准,第二步是通过曝光将图形转移到光刻胶涂层上。曝光方式分为接触式、接近式和投影式。常见的曝光有光学曝光（紫外线、深紫外线）、X 射线曝光和电子束直写式曝光。

**5. 显影**

曝光之后需要进行后烘,短时间的后烘可以促进光刻胶的关键化学反应,提高光刻胶的黏附性并减少驻波,然后就可以进行显影。显影是将未感光的负胶或感光的正胶溶解去除,显现出所需的图形。正胶显影液是含水的碱性显影液,如 TMAH（Tetra-methyl-ammonium-hydroxide,四甲基氢氧化铵水溶液）。负胶显影液是有机溶剂,如丙酮、甲苯等。进行显影的方式有很多种,如浸入式显影、混凝显影、喷洒显影等。应用最广泛的是喷洒方法,分为三步：①硅片被置于旋转台上,并且在硅片表面上喷洒显影液；②硅片将在静止的状态下进行显影；③显影完成后,需要经过漂洗,之后再旋干。漂洗和旋干是为了去除残留在硅片上的显影液。

**6. 后烘（坚膜）**

硅片经过显影之后，需要经历一个高温处理过程，简称坚膜，主要作用是去除光刻胶中剩余的溶剂，增强光刻胶对硅片表面的附着力，同时提高光刻胶在刻蚀和离子注入过程中的抗蚀性和保护能力。坚膜的方法包括恒温烘箱法（180～200℃，30min左右）和红外灯照射（照射10min，距离6cm）。在坚膜之后需要对光刻胶进行光学稳定，通过紫外光辐照和加热完成。通过光学稳定，使光刻胶在干法刻蚀过程中的抗腐蚀性得到增强，提高刻蚀工艺的选择性；还可以减少在注入过程中从光刻胶中逸出的气体，防止在光刻胶层中形成气泡。

**7. 刻蚀**

在微电子制造工艺中，光刻图形要最终转移到光刻胶下面的薄膜层上，图形的转移采用刻蚀工艺完成。刻蚀工艺分为两大类：湿法和干法刻蚀。

**8. 去除光刻胶**

刻蚀之后，图案成为晶圆最表层的一部分。作为刻蚀阻挡层的光刻胶层需从表面去掉，这一步骤称为去胶。去胶的方法包括湿法去胶和干法去胶，湿法去胶中又分为有机溶液去胶和无机溶液去胶。有机溶液去胶使用与光刻胶互溶的丙酮和芳香族的有机溶剂。无机溶液去胶是利用光刻胶本身也是有机物的特点，把光刻胶从硅片的表面除去。不过无机溶液会腐蚀Al，去除Al上的光刻胶必须使用有机溶剂。干法去胶则是采用等离子体将光刻胶去除。

对于难刻蚀的材料，采用剥离工艺（Lift-Off）实现图形化，如图2-3所示。首先得到光刻胶图形，然后淀积难刻蚀材料，通过溶剂软化光刻胶，去除光刻胶，得到难刻蚀材料的图形。

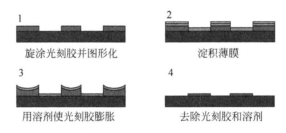

| 1 | 2 |
|---|---|
| 旋涂光刻胶并图形化 | 淀积薄膜 |
| 3 | 4 |
| 用溶剂使光刻胶膨胀 | 去除光刻胶和溶剂 |

图2-3　剥离工艺

在半导体传感器工艺中，还通常使用如下图形化技术完成光刻。

1）丝网印刷技术

丝网印刷是一门古老的技术，它利用丝网模版的网孔透过油墨，漏印至材料表面；模版上其余部分不能透过油墨，在材料表面形成空白，从而在材料表面形成相应图形。丝网印刷工艺如图2-4所示。丝网印刷是制作厚膜混合集成电路极其重要的工序，它是把导电浆料、电阻浆料等通过丝网乳胶版印刷到基片上形成各种导电带和电阻带，外贴各种元件形成功能电路。丝网印刷还可用于制作厚膜传感元件，如厚膜铂电阻、厚膜热敏电阻和厚膜力敏元件等。

2）微接触印刷

微接触印刷是用能在基片上形成分子自组装膜的有机

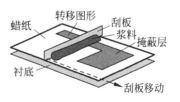

图2-4　丝网印刷工艺

分子作为墨水,通过简单的盖印过程,将弹性印章上的微图案转移到基片上的一类技术。微接触印刷流程如图 2-5 所示,大致过程是在弹性印章表面涂一层活性有机分子的稀溶液,待溶剂挥发后,将弹性印章与基片表面紧密贴合,这样在两者接触的部分,有机分子在基片表面由于化学反应形成自组装单分子膜(Self-Assembled Mono-layer,SAM),移去弹性印章后,在基片表面就留下了由自组装分子组成的分子图形,与印章上的阳图形相对应,从而实现图形的复制。

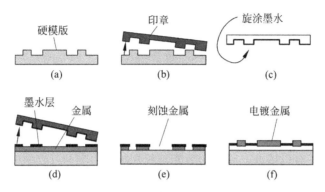

图 2-5  微接触印刷流程

3)电子束刻画

与传统意义的光刻(区域曝光)加工不同,它是利用电子束在涂有电子抗蚀剂的晶片上直接描画复印图形的技术,如图 2-6 所示。电子束刻画设备与扫描电子显微镜(Scanning Electron Microscope,SEM)的原理基本相同,电子束被电磁场聚焦成微细束照到电子抗蚀剂(感光胶)上,由于电子束可以

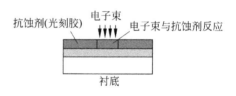

图 2-6  电子束刻画

方便地由电磁场控制进行偏转扫描,复杂的图形可以直接写到感光胶上而无须使用掩膜版。电子束刻画的精度可以达到纳米量级,为制作纳米线提供了很有用的工具。电子束曝光需要的时间长是它的一个主要缺点。为了解决这个问题,纳米压印术应运而生。

4)纳米压印技术

纳米压印是一种全新的纳米图形复制方法,实质上是将传统的模具复型原理应用到微观制造领域。它是利用不同材料(即模具材料和预加工材料)之间的杨氏模量差,使两种材料之间相互作用来完成图形的复制转移。纳米压印光刻流程如图 2-7 所示,纳米打印图型转移是通过模下下压使抗蚀剂流动并填充到模具表面特征图形的腔体结构中,完成填充后,在压力作用下使抗蚀剂继续减薄到后续工艺允许范围内(设定的留膜厚度),停止下压并固化抗蚀剂,完成光刻过程。

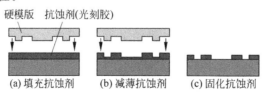

图 2-7  纳米压印光刻

### 2.5.2 腐蚀工艺

腐蚀是指一种材料在所处的环境中,由于另一种材料的作用而造成的缓慢损害现象。然而,在不同的科学领域对腐蚀这一概念则有完全不同的理解方式。在微加工工艺中,腐蚀工艺是用来"可控性"地"去除"材料的工艺。

大部分的微加工工艺基于 Top-Down 的加工思想,通过去掉多余材料的方法,实现结构的加工(雕刻—泥人)。作为实现"去除"步骤的腐蚀工艺是形成特定平面及三维结构过程中最为关键的一步。腐蚀工艺常用于掩膜图形生成、台阶结构生成、衬底去除、牺牲层去除、清洁表面等过程。常见的腐蚀方法分为湿法腐蚀和干法腐蚀。

**1. 湿法腐蚀**

湿法腐蚀顾名思义体现在"湿"上,其核心概念就是腐蚀的全部过程在腐蚀溶液中完成。工艺特点:设备简单,操作简便,成本低,可控参数多,适于研发;不过受外界环境影响大,有些材料难以腐蚀。影响腐蚀质量的因素包括晶方、腐蚀液的选择、腐蚀液的浓度、腐蚀时间、操作温度以及搅拌方式等。

湿法腐蚀的化学物理机制包括三个基本步骤,如图 2-8 所示:①反应扩散到腐蚀表面;②反应物与腐蚀表面发生化学反应;③反应物的生成物扩散到溶液中去。

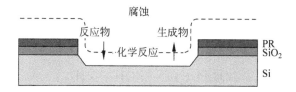

图 2-8　湿法腐蚀机理简图

湿法腐蚀分为使用各向同性腐蚀剂和各向异性腐蚀剂。各向同性腐蚀剂在各个方向上的腐蚀速率几乎相同(有时甚至完全相同)。湿法各向同性腐蚀工艺通常在以下几方面应用:①清除硅表面上的污染物或修饰被划伤了的硅表面;②形成单晶硅平膜片;③形成单晶硅或多晶硅薄膜上的图形,以及圆形或椭圆形截面的腔或槽等。化学物质的转移问题常常使得腐蚀剂不能很好地表现出各向同性特性,搅拌的作用是为了加速反应物和生成物的转移,保证转移在各个方向的一致性。各向同性腐蚀截面示意图如图 2-9 所示。

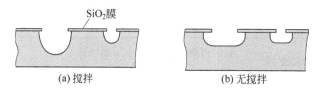

(a) 搅拌　　　　　　　　　　(b) 无搅拌

图 2-9　各向同性腐蚀截面示意图

最常见的各向同性硅腐蚀剂是 HNA,它是一种氢氟酸(HF)、硝酸($HNO_3$)和乙酸($CH_3COOH$)的混合物。硝酸作为氧化剂促使硅材料发生氧化,然后氧化的硅离子与氢氟酸中的氟离子形成可溶性的硅化合物($H_2SiF_6$)。

各向异性(或"方向相关")腐蚀剂在某个方向上的腐蚀远快于另一个方向。对于硅的各晶面来说,〈111〉晶面的腐蚀速度最慢。这类腐蚀剂可以通过掺杂或用电化学方法来调制,但不管如何,在〈111〉晶面总是最慢。通常,在腐蚀加工过程中暴露出来的总是腐蚀最慢的晶面,如图 2-10 所示。

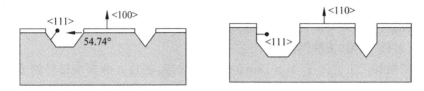

图 2-10 硅〈100〉和〈110〉晶面各向异性腐蚀示意图(54.74°)

一般认为各向异性腐蚀在特定晶面停止的现象是由于这个晶面的原子面密度最小,但这个理论并不能解释所观察到的全部现象。至今还没有一个权威的理论能直接预测腐蚀行为,通常需要从文献或实验来获得腐蚀速率与特性。

1) 碱性氢氧化物各向异性腐蚀

碱性金属的氢氧化物(如 KOH、NaOH、CeOH、RbOH 等)可用作硅的各向异性腐蚀剂,尽管化学界还有些争论,但其基本反应为

$$硅 + 水 + 氢氧根离子 \rightarrow 硅酸盐 + 氢气 \quad (2\text{-}1)$$

其准确的反应过程尚不清楚,但这并不影响这种腐蚀剂的实际使用。下面对其反应顺序做进一步说明,硅表面的原子与氢氧根离子的反应,硅被氧化:

$$Si + 2OH^{-1} \rightarrow [Si(OH)_2]^{2+} + 4e^{-} \quad (2\text{-}2)$$

同时水减少,产生氢气:

$$4H_2O + 4e^{-} \rightarrow 4OH^{-} + 2H_2 \quad (2\text{-}3)$$

硅的络合物 $[Si(OH)_2]^{2+}$ 继续与氢氧根离子反应形成可溶性的硅络合物和水:

$$[Si(OH)_2]^{2+} + 4OH^{-1} \rightarrow [SiO_2(OH)_2]^{2-} + 2H_2O \quad (2\text{-}4)$$

全部反应为

$$Si + 2OH^{-1} + 2H_2O \rightarrow [SiO_2(OH)_2]^{2-} + 2H_2 \quad (2\text{-}5)$$

KOH 腐蚀剂价格低廉,溶液配制简单,对硅〈100〉刻蚀速率较其他的腐蚀剂快,而且无毒性、可观察刻蚀反应的情况,因此是最常用的各向异性腐蚀剂。有时添加 $(CH_3)_2CHOH$(异丙醇,缩写为 IPA),以提高〈100〉和〈111〉晶面腐蚀速率比。腐蚀系统成分配比不同时,腐蚀特性(如速率、形貌)均将不同。两种 KOH 腐蚀系统腐蚀剂配比如表 2-3 所列。

表 2-3 两种 KOH 腐蚀系统腐蚀剂配比

| 腐蚀剂 | 配比 | 温度/℃ | 〈100〉面腐蚀速率/ $(\mu m/min)$ | 腐蚀速率比 〈100〉/〈111〉 | 掩蔽膜 (腐蚀速率) |
|---|---|---|---|---|---|
| KOH 水 | 44g 100mL | 85 | 1.4 | 400 : 1 | $SiO_2$(1.4nm/min) $Si_3N_4$(可忽略) |
| KOH 水 | 50g 100mL | 50 | 1.0 | 400 : 1 | $SiO_2$(1.4nm/min) $Si_3N_4$(可忽略) |

从表中可以看出,KOH + $H_2O$ 腐蚀系统对 $SiO_2$ 掩蔽膜有一定的腐蚀速率,需要长时间腐蚀时,若选用 $SiO_2$ 掩蔽膜,应根据对硅〈100〉晶向和 $SiO_2$ 的腐蚀速率,以及预期的腐蚀

深度,确定掩蔽膜的最小厚度。$Si_3N_4$ 膜可以起到很好的掩蔽作用,不过,$Si_3N_4$ 与 Si 的热膨胀系数相差较大,$Si_3N_4$ 膜在 Si 片上容易出现裂纹甚至脱落,不能起到掩膜层的作用。需以 $SiO_2$ 层为中间层,再沉积 $Si_3N_4$ 膜,这样就能保证 $Si_3N_4$ 掩膜在刻蚀液中牢固可靠。利用 $Si_3N_4$ 掩膜需要 $SiO_2$ 做过渡,增加了工艺的复杂性。目前,仍然在寻找既经济又便捷的掩膜材料。

由于 KOH 属于碱金属强碱腐蚀剂,其内含的金属碱性离子会严重影响传感器或集成电路器件上金属氧化物(MOS)器件的氧化层电特性,因此,KOH 各向异性腐蚀应避免在集成电路制造工艺中使用。

2)四甲基氢氧化铵(TMAH)腐蚀

TMAH 是一种非常有用的硅湿法化学腐蚀剂,通过调节添加剂能够使它不腐蚀铝。特点:无毒,有机溶剂,IC 兼容性好。浓度:10%～40%,温度:60～90℃。TMAH 对〈100〉∶〈111〉晶面的腐蚀速率比为 10～35。缺点:腐蚀速度较慢,腐蚀获得的表面形态与其他腐蚀剂相比仍比较粗糙。

**2. 干法腐蚀**

干法腐蚀主要指利用专用设备采用气体形成的等离子体对材料形成纯化学、纯物理或化学物理混合反应而完成的材料去除加工。干法腐蚀采用主动式等离子体轰击、反应或轰击反应相结合的物理、化学手段进行的“轰击—剥离——排放”或“反应—剥离—排放”或“轰击—反应—剥离—排放”周期循环过程,具有刻蚀速率高、分辨率高、各向异性腐蚀能力强、腐蚀方向选择比大和易于操控等优点。干法腐蚀与湿法腐蚀对比见表 2-4。

表 2-4　干法腐蚀与湿法腐蚀对比

| 参　　数 | 干　法　腐　蚀 | 湿　法　腐　蚀 |
| --- | --- | --- |
| 方向性 | 对大多数材料好 | 仅对单晶材料(深宽比高达 100)好 |
| 生产自动化程度 | 好 | 差 |
| 环境影响 | 低 | 高 |
| 掩膜层黏附特性 | 不是关键因素 | 非常关键 |
| 选择性 | 相对差 | 非常好 |
| 待腐蚀材料 | 仅特定材料 | 所有 |
| 工艺规模扩大 | 困难 | 容易 |
| 清洁度 | 有条件的清洁 | 非常好 |
| 临界尺寸控制 | 非常好($<0.1\mu m$) | 差 |
| 装置成本 | 昂贵 | 便宜 |
| 典型的腐蚀率 | 慢($0.1\mu m/min$)到快($6\mu m/min$) | 快($1\mu m/min$ 以上) |
| 操作参数 | 多 | 很少 |
| 腐蚀速率控制 | 在缓慢腐蚀时好 | 困难 |

纯物理反应的干法腐蚀利用放电时产生的高能惰性气体离子对待刻蚀材料进行轰击完成刻蚀,通常称为离子腐蚀,包括溅射腐蚀和离子铣蚀。纯化学反应的干法腐蚀将惰性气体(如 $CF_4$)在高频或直流电场中激发分解成氟离子($F^-$),使之与待腐蚀材料发生反应,生成挥发性物质,并最终将它们排出,这通常称为等离子体刻蚀。同时既有通过离子碰撞轰击这种纯物理性的刻蚀过程,也有通过离子与材料完成化学反应的刻蚀,这中间兼容物理和化学

两种方式的刻蚀方法,通常包括反应离子腐蚀(Reactive Ion Etching,RIE)和感应耦合离子体刻蚀(Inductively Coupled Plasma,ICP)。无论哪种腐蚀技术,都是利用低压气体放电形成等离子体,作为干法腐蚀技术的基础,区别只是放电条件、气体类型和所用反应系统不同。腐蚀反应的模式取决于系统压力、温度、气流、功率和相关的可控参数。

ICP 刻蚀技术是微机械加工工艺中一种重要加工方法。ICP 刻蚀采用侧壁钝化技术,沉积与刻蚀交替进行,各向异性刻蚀效果好,在精确控制线宽下能刻蚀出高深宽比形貌。首先,在侧壁上沉积一层聚合物钝化膜,再将聚合物和硅同时进行刻蚀(定向刻蚀)。在这个循环中通过刻蚀和沉积间的平衡控制,得到精确的各向异性刻蚀效果。钝化和刻蚀交替过程中,$C_4F_8$ 与 $SF_6$ 分别作为钝化气体和刻蚀气体。第一步钝化过程如反应式(2-6)和式(2-7)所示。通入 $C_4F_8$ 气体,$C_4F_8$ 在等离子状态下分解成离子态 $CF_x^+$ 基、$CF_x^-$ 基与活性 $F^-$ 基,其中 $CF_x^+$ 基和 $CF_x^-$ 与硅反应,形成 $nCF_2$ 高分子钝化膜,钝化过程如图 2-11 所示。第二步刻蚀过程,如反应式(2-8)~式(2-10)所示,通入 $SF_6$ 气体,增加 F 离子解离,$F^-$ 与 $nCF_2^+$ 反应刻蚀掉钝化膜并生成挥发性气体 $CF_2$,接着进行硅基材的刻蚀,刻蚀过程如图 2-12 所示。

$$C_4F_8 + e^- \rightarrow CF_x^+ + CF_x^- + F^- + e^- \qquad (2\text{-}6)$$

$$CF_x^- \rightarrow nCF_2 \qquad (2\text{-}7)$$

$$nCF_2^+ + F^- \rightarrow CF_x^- \rightarrow CF_2 \uparrow \qquad (2\text{-}8)$$

$$SF_6 + e^- \rightarrow S_xF_y^+ + S_xF_y^- + F^- + e^- \qquad (2\text{-}9)$$

$$Si + F^- \rightarrow SiF_x \qquad (2\text{-}10)$$

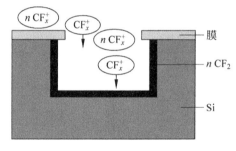

图 2-11 钝化过程原理图

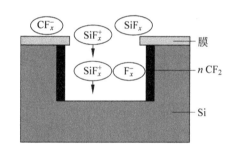

图 2-12 腐蚀过程原理图

## 2.5.3 键合技术

键合技术是将两片表面清洁、原子级平整的同质或异质半导体材料经表面清洗和活化处理,在一定条件下直接结合,通过范德华力、静电力甚至化学键使晶片键合成为一体的技术。常见的硅片键合技术包括静电键合、硅/硅直接键合以及金硅共熔键合等。

**1. 静电键合技术**

静电键合技术由 Wallis 和 Pomerantz 于 1969 年提出,又称场助键合或阳极键合。利用静电键合技术可将玻璃与金属、合金或半导体键合在一起,而不用任何黏结剂,键合界面具有良好的气密性和长期稳定性,应用十分广泛。静电键合装置如图 2-13 所示,玻璃接电源负极,硅片接电源正极,并利用加热器对玻璃—硅片加热。

众所周知,玻璃是绝缘体,在常温下不导电,然而在给玻璃加热后,加高直流电压时,玻璃中的正离子(如钠、钾、钙离子)就会在强电场作用下向负极运动,同时玻璃中的偶极子在

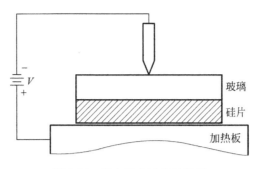

图 2-13　静电键合装置示意图

强电场作用下,产生极化取向。在紧邻硅的玻璃表面形成耗尽层的过程中,玻璃也显现导电性。耗尽层的厚度为几 $\mu m$,耗尽层带负电荷。同样,半导体硅在外加电压作用下,体内的电子向电源正极运动,在紧邻玻璃的硅表面产生电子的耗尽。这样,就在硅—玻璃界面处产生了硅面为正、玻璃面为负的耗尽区。外加直流电压绝大部分降落在这一耗尽区上,在接触面附近,形成一个很强的电场,产生很大的静电吸引力,将平整的玻璃与硅片封接在一起。同时,静电键合在比较高的温度下进行,紧密接触的硅—玻璃界面会发生化学反应,形成牢固的化学键,如 Si-O-Si 键等。显而易见,如果将硅接负极,则不能形成键合,这就是"阳极键合"名称的来由。

键合时温度在 370~500℃,过低的温度会使玻璃的导电性差,不利于键合工艺的完成;过高的温度会使玻璃软化而不能完成键合。键合时,直流电压控制在 500~1000V。外加电压对键合过程也有影响,电压太低会使静电引力减弱,不能完成键合,太高的电压会使玻璃击穿,具体选择的电压上限与玻璃厚度有关。当加上电压后,很快有一电流脉冲产生,经过一段时间后,电流几乎降低到零,说明此时键合已经完成。因此,可通过观察外电路中电流的变化来判断键合是否完成。当键合完成以后,硅—玻璃界面的化学键使硅—玻璃界面形成了良好的封接,理论上讲,其键合强度要比硅或玻璃本身牢固。实际上,键合强度受材料表面清洁度、平整度、电极形状和两种材料热膨胀系数的一致性等因素影响。键合完成后,系统自然冷却,降低热应力对键合强度的影响。

静电键合对键合材料、环境有很高的要求,硅—玻璃键合关键材料和环境要求如下:

(1) 玻璃的热膨胀系数与硅相近,以满足无应力键合要求。通常采用康宁(Corning)公司 Pyrex7740 或 7070 玻璃、德国 SCHOTT 公司的 Borofloat33 玻璃、国产 95 号玻璃。

(2) 硅片、玻璃封接面要抛光成镜面。

(3) 外加压力:20~50g/cm$^2$。

(4) 加热温度:370~500℃对硅片、玻璃同时加热活化处理。

(5) 操作环境:真空环境或大气环境下(不低于 10 万级的洁净化环境)。

**2. 硅/硅直接键合**

硅/硅直接键合技术就是将两个抛光硅片经化学清洗和活化处理后,在室温下粘贴在一起,经过高温退火处理,使键合界面发生物理化学反应,形成共价键连接而形成一个整体。自 1985 年 Lasky 首次报道以来,该技术得到广泛重视与快速发展。后来人们对键合工艺装置进行了不少改进,但键合的过程基本类同,键合工艺步骤如下:

(1) 将两抛光硅片(氧化或未氧化均可)先经含 OH$^-$ 的溶液浸泡处理。

（2）在室温下将两硅片抛光面贴合在一起。

（3）将贴合好的硅片，在 $O_2$ 或 $N_2$ 环境中经数小时的高温处理后，形成了良好的键合。

整个键合工艺可以分为三个阶段加以描述。

第一阶段，从室温到 200℃，两硅片表面吸附 $OH^-$ 团，在相互接触区产生氢键。随着温度的升高，$OH^-$ 团因得到热能而增大迁移率，表面氢键的形成概率也随之增大，因而使硅片产生弹性变形，键合面积增大，键合强度也增加。温度达到 200℃时，形成氢键的两硅片间硅醇键发生聚合反应，生成水及硅氧键，即

$$Si\text{-}OH + HO\text{-}Si \rightarrow Si\text{-}O\text{-}Si + H_2O \tag{2-11}$$

由于硅氧键结合远比氢键牢固，故键合强度迅速增大。温度到 400℃时，聚合反应基本完成。

第二阶段在 500～800℃范围内，形成硅氧键时，生成的水向 $SiO_2$ 中的扩散不明显，而 $OH^-$ 团可破坏桥接氧原子的一个键使其转变为非桥接氧原子，即

$$HOH + Si\text{-}O\text{-}Si = 2H^+ + 2Si\text{-}O^- \tag{2-12}$$

这种反应使键合界面存在负电荷。

第三阶段，温度高于 800℃后，水向 $SiO_2$ 中的扩散变得显著，随温度的升高扩散量成指数增大。键合界面的空洞和间隙处的水分子可在高温下扩散进入四周 $SiO_2$ 中，从而产生局部真空，硅片会发生塑性变形使空洞消除。同时，此温度下的 $SiO_2$ 黏度降低，会发生黏滞流动，从而消除了微间隙。温度超过 1000℃后，邻近原子间相互反应产生共价键，使键合得以完成。

硅/硅直接键合工艺不仅可以实现 Si-Si、Si-$SiO_2$ 和 $SiO_2$-$SiO_2$ 键合，而且还可以实现 Si-石英、Si-GaAs 或 InP、Ti-Ti 和 Ti-$SiO_2$ 键合。另外，在键合硅片之间夹杂一层中间层，如低熔点的硼硅玻璃等，还可以实现较低温度的键合，并且也能达到一定的键合强度，这种低温键合与硅半导体器件常规工艺兼容。

**3. 金硅共熔键合**

金硅共熔键合常用于微电子器件的封装中，用金硅焊料将管芯烧结在管座上，1979 年该技术用在了压力传感器制作上。金硅焊料是金硅二相系，熔点为 363℃，比纯金或纯硅的熔点低。它一般被用作中间过渡层，置于拟键合的两片之间，加热到稍高于金硅共熔点的温度。在这种温度下，金硅混合物将从硅片中夺取硅原子以达到硅在金硅二相系中的饱和状态，冷却以后就形成了良好的键合。

## 2.5.4 微机械加工技术

微电子机械系统（Micro-Electro-Mechanical System，MEMS），简称微机械，是以微电子技术和微加工技术为基础的一项新技术。以美国为代表的半导体硅微机械加工方法与传统 IC 工艺兼容，利用化学腐蚀或集成电路工艺技术对硅基材料进行加工，生产硅基微电子机械系统的器件，可以实现微电子与微机械的系统集成，并适合于批量生产。硅基微机械加工技术可分为体微机械加工技术和表面微机械加工技术。

**1. 体微机械加工**

体微机械加工是指去除衬底上部分材料的加工工艺，一般采用各向异性化学腐蚀制作不同的微机械结构，如沟槽、膜、桥、梁、腔和喷嘴等，如图 2-14 所示。

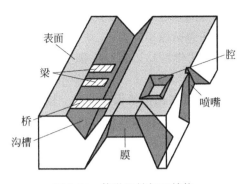

图 2-14 体微机械加工结构

**2. 表面微机械加工**

表面微机械加工是在硅片正面上形成薄膜并按一定要求对薄膜进行加工形成微结构的技术,全部加工仅涉及硅片正面的薄膜。表面微机械加工工艺流程:硅片上淀积牺牲层→光刻定义图形层→淀积结构层薄膜→图形化结构层薄膜→去除牺牲层释放结构→形成最终结构,如图 2-15 所示。

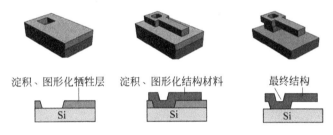

淀积、图形化牺牲层　　淀积、图形化结构材料　　最终结构

图 2-15 表面微机械加工流程

表面微机械加工技术的关键是结构层材料、牺牲层材料及腐蚀方法的选择,常用的牺牲层材料、腐蚀液、结构层材料见表 2-5。

表 2-5 表面微机械加工常用的牺牲层材料、腐蚀液、结构层材料

| 牺牲层材料 | 腐 蚀 液 | 结构层材料 |
|---|---|---|
| PSG | 氢氟酸(HF) | Poly-Si,Si,$Si_3N_4$ |
| $SiO_2$ | 氢氟酸(HF) | Poly-Si,Si,$Si_3N_4$ |
| Poly-Si | KOH 或 TMAH 溶液 | $SiO_2$,$Si_3N_4$ |
| 多孔 Si | KOH 或 TMAH 溶液 | $SiO_2$,$Si_3N_4$ |
| $Si_3N_4$ | 磷酸($H_3PO_4$) | $SiO_2$,Poly-Si,Si |
| Al | 王水,磷酸($H_3PO_4$) | $SiO_2$,Poly-Si,Si |

表面微机械加工中的牺牲层去除常采用化学试剂来完成,同时用去离子水清洗结构并烘干。由于器件常使用柔性材料并包含很小的间隙,表面张力能够使表面微结构产生显著的变形,会造成微结构与衬底相接触。一旦接触,强大的分子力会加强悬浮结构和衬底间的吸引,在某些情况下,可使悬浮结构黏附到衬底表面形成失效,悬臂梁与衬底黏附如图 2-16 所示。

图 2-16 悬臂梁与衬底黏附示意图

黏附问题是表面微机械加工的难题之一,几乎90%的表面微机械加工结构的失效都是由此引起。解决黏附问题的方法包括以下途径:

(1)改变固体与液体界面的化学性质以减小毛细引力,如在微结构和衬底上采用疏水涂层可以降低结合能,从而降低黏附。

(2)防止产生过大的结合力,如提高溶液温度或减少接触面积。

(3)采用各种形式的能量输入释放黏附在衬底上的结构,这些方法可以局部进行也可以整体进行。

(4)为微机械结构提供反向力以防止其相互接触,如利用本征应力引起弯曲的现象。

体硅与表面微机械加工技术的比较见表2-6。对于复杂的器件结构,其实现的手段和工艺技术是两者相互的交融,并不能单一定性为体微机械加工或表面微机械加工。

表 2-6 体硅与表面微机械加工技术的比较

| 形 式 | 体 硅 加 工 | 表面微机械加工 |
| --- | --- | --- |
| 核心材料 | 硅 | 多晶硅 |
| 牺牲层 | — | PSG,SiO$_2$ |
| 尺寸 | 大(典型的空腔尺寸为几百微米) | 小(精确控制膜厚,典型尺寸为几微米) |
| 工艺要素 | 单或双面工艺<br>材料选择性刻蚀<br>刻蚀:各向异性<br>刻蚀停止<br>图形加工 | 单面工艺(正面)<br>材料选择性刻蚀<br>刻蚀:各向同性<br>残余应力(取决于淀积、掺杂、退火) |

## 2.5.5 LIGA 技术

LIGA 技术是 LIthographie(光刻)、Galvanoformung(电镀)、Abformtechnik(铸膜)技术的简称,1986 年德国 W. Ehrfeld 教授开发了这种三维微细加工方法。LIGA 技术是深度 X 射线刻蚀、电铸成型、塑料铸膜等技术的完美结合。LIGA 工艺自问世以来,就被认为是最有前途的三维微细加工技术。

LIGA 工艺需要使用由功率强大的同步射线加速器所产生的软 X 射线。LIGA 工艺如图 2-17 所示。首先,使用软 X 射线通过掩膜版,在导电的衬底上将图形刻在聚合物上,照射后的聚合物湿法腐蚀后,在聚合物上留下部件的立体模型,再用电镀工艺将金属淀积进入模型中。然后将聚合物材料去除,得到金属结构部件。也可以将该结构用于下一工艺过程的立体模型,即通过栅孔将所需材料填入孔腔中,将金属除去就可形成所需材料的部件。

LIGA 工艺中的基底材料通常称为衬底,它必须是一个导体或者是涂有导电材料的绝缘体。基底必须是导体的原因是便于电镀,金属成模是 LIGA 工艺的关键过程。通常适宜用作基底的材料有奥氏体钢,上层表面是 Ti 或 Ag/Cr 的硅晶片,镀有金、镍或铜;除此之外,镀上金属的玻璃板或陶瓷、聚合物等也可以作为基底材料。

LIGA 工艺中对光刻胶材料的基本要求如下:①必须对 X 射线辐射敏感;②必须有高分辨率,而且对干法和湿法腐蚀有强抗腐蚀性;③在 140℃ 以上能保持热稳定;④未曝光的保护部分在整个过程中完全不溶解;⑤在电镀过程中与基底必须保持良好的黏合性。

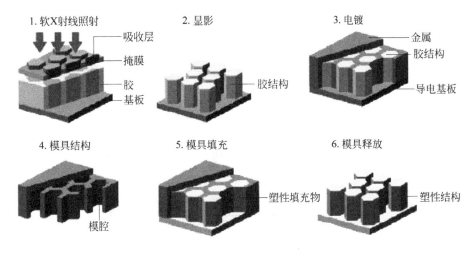

图 2-17 LIGA 工艺

利用 LIGA 技术可以制备较大深宽比的结构,加工宽度可以小至 $1\mu m$,深度可达 $1000\mu m$。该技术不仅可以加工多种金属材料,也可以加工陶瓷、塑料等非金属材料。LIGA 技术已经用于三维集成加速度传感器的制作;德国的卡尔斯鲁厄核研究中心采用 LIGA 技术制作了镍材料微电机,直径只有 0.4mm。LIGA 技术解决了体硅微机械加工工艺在大深宽比结构器件制作方面的难点,广泛用于微传感器、微电机、微执行器、微机械零件、集成光学和微光学元件、微波元件、微型医疗器械和装置、纳米元件等元器件的研制。

LIGA 技术需要昂贵的深度同步辐射 X 射线光源和制作复杂的 X 射线掩膜,所以推广应用并不容易,而且与集成电路工艺不兼容。因此,发展了准 LIGA 技术。

准 LIGA 技术利用常规光刻机上的深紫外光对厚胶或光敏聚酰亚胺光刻,形成电铸模,结合电镀、化学镀或牺牲层技术,获得固定或可转动的金属微结构。准 LIGA 技术不需要昂贵的同步辐射 X 射线源和特制的 LIGA 掩膜版,对设备的要求低得多,而且与集成电路工艺有很好的兼容性。因此,准 LIGA 技术是微机械加工中的一项重要技术。准 LIGA 技术与 LIGA 技术的特点见表 2-7。

表 2-7　LIGA 与准 LIGA 技术的主要特点

| 类　型 | LIGA 技术 | 准 LIGA 技术 |
|---|---|---|
| 光源 | 同步辐射 X 射线(波长 0.1~1nm) | 常规紫外线光(波长 350~450nm) |
| 掩膜版 | 以 Au 为吸收光的 X 射线掩膜版 | 标准 CR 掩膜版 |
| 光刻胶 | 常用聚甲基丙烯酸甲酯(PMMA) | 聚酰亚胺、正性或负性胶 |
| 深宽比 | 一般<100,最高可达 500 | 一般<10,最高可达 30 |
| 胶膜厚度 | 几十至 $1000\mu m$ | 几至几十微米,最厚可达 $300\mu m$ |
| 生产成本 | 较高 | 较低,约为 LIGA 的 1/100 |
| 生产周期 | 较长 | 较短 |
| 侧壁垂直度 | 可达 89.9° | 可达 88° |
| 最小尺寸 | 亚微米 | $1~10\mu m$ |
| 加工温度 | 常温至 50℃左右 | 常温至 50℃左右 |
| 加工材料 | 多种金属、陶瓷及塑料等 | 多种金属、陶瓷及塑料等 |

准 LIGA 工艺如图 2-18 所示,包括紫外光光刻成模、电铸或化学镀及制模和塑铸三个过程。

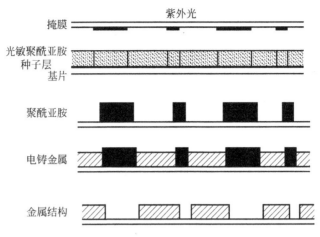

图 2-18　准 LIGA 工艺

国内外利用准 LIGA 技术已制作出微齿轮、微线圈、光反射镜、磁传感器、热驱动继电器中的金属化触点、加速度传感器、射流元件、微陀螺、微电动机等。例如,中科院上海微系统与信息技术研究所利用准 LIGA 技术研制了摆动式静电马达;中科院长春光学精密机械与物理研究所采用准 LIGA 技术制作了金属微齿轮;清华大学利用准 LIGA 技术制作了微型电磁悬浮直线电机的微驱动线圈。

## 小结

本章介绍了半导体传感器敏感材料及其常用加工技术。首先介绍了硅的特性及其化合物、电子陶瓷的特性、应用及制备工艺、有机敏感材料与金属敏感材料等。然后介绍了常用加工技术,包括光刻、腐蚀、淀积、键合和封装技术等。最后详细介绍了光刻工艺、干法腐蚀与湿法腐蚀、静电键合、硅/硅直接键合、金硅共熔键合、微机械加工和 LIGA 技术等。随着新型敏感材料和传感器加工技术的不断出现,新型实用的半导体传感器将会获得更快的发展。

## 习题

1. 填空题

(1) 腐蚀工艺是 MEMS 技术的核心之一,常用的各向异性无机腐蚀剂为_____,常用的各向异性有机腐蚀剂为_____,其中后者与集成电路工艺相兼容。

(2) DRIE 代表_____,PSG 代表_____,LIGA 代表_____。

(3) 利用杂质在硅中的扩散速度不同,以及各个方向上的腐蚀速度也不相同而开发的制造技术是利用了单晶硅的_____,硅晶体中(111)晶面和(100)晶面的夹角为_____。

(4) 光刻是一种_____技术,其过程主要有_____、_____、_____、

_____、_____和去胶烘干等。

（5）硅的杨氏模量与_____相似，而质量密度与_____相似。

（6）在曝光后不被溶解的光刻胶称为_____。

2．选择题

（1）黏附问题存在于（　　）。

    A．体硅微制造      B．表面微制造      C．激光微加工      D．LIGA 工艺

（2）LIGA 工艺的主要优势之一是（　　）。

    A．制作高深宽比的微结构      B．制作低成本的微结构

    C．制作尺寸精确的微结构      D．与集成电路工艺兼容

（3）LIGA 工艺采用的材料（　　）。

    A．限于硅      B．限于陶瓷

    C．限于金属      D．对材料几乎没有限制

（4）同步辐射 X 射线在 LIGA 工艺中用于光刻的原因是（　　）。

    A．它对光刻胶更有效      B．它是更便宜的光源

    C．它能深入光刻胶材料      D．它的光刻速度更快

3．简述微机械加工工艺中表面微机械加工的机理及特点。

4．简述微机械加工中主要的薄膜技术及其特点。

5．简述单晶硅、氮化硅、二氧化硅与多晶硅的区别和用途。

6．简述湿法腐蚀和干法腐蚀的概念以及两者的异同点。

# 第 3 章

# 半导体气敏元件与传感器

气敏传感器能将气体种类及其与浓度有关的信息转换成电信号,根据这些电信号的强弱就可以获得待测气体在环境中存在情况的有关信息。人类对气体的检测分析已有多年历史,发展出多种基于质谱、能谱或色谱的分析仪器。这些分析仪器一般都是"离线"使用,价格很高,限制了它们的普及。半导体气敏材料的发展可追溯到 1931 年,P. Braver 等发现 CuO 的电导率随水蒸气的吸附而改变。1962 年日本清山哲郎与田口尚义等对 ZnO、SnO₂ 薄膜的开创性研究,使气敏材料和传感器才真正发展起来。随着微电子技术的发展,半导体气敏传感器受到广泛关注。半导体气敏传感器能够实时地对各种气体进行检测及分析,并实现反馈控制,有效克服了气相色谱分析等方法带来的仪器体积庞大,价格昂贵,不宜连续、实时、实地监测及反馈控制的缺点,适合在工业、农业、家庭等各种场合应用。

半导体气敏元件的分类如表 3-1 所列,分为电阻式和非电阻式两种。电阻式气敏传感器采用 $SnO_2$、$ZnO$、$Fe_2O_3$ 和 $TiO_2$ 等金属氧化物材料制作,利用其阻值的变化来检测气体的浓度。按照与气体的相互作用是在其表面还是在内部,分为表面控制型和体控制型两类。已开发的气敏元件有多孔质烧结体、厚膜及薄膜等几种。非电阻式气敏传感器基于气体的吸附和反应,利用半导体材料的功函数变化对气体进行直接或间接检测。目前,已开发的有金属/半导体结型二极管和金属栅 MOS 场效应晶体管敏感元件,主要利用它们与气体接触后整流特性或晶体管特性的变化,对气体进行直接或间接检测。

表 3-1  半导体气敏元件的分类

| 类  型 | | 所利用的特性 | 气敏器件示例 | 工 作 温 度 | 代表性被检测气体 |
|---|---|---|---|---|---|
| 电阻型 | 电阻 | 表面电阻控制型 | $SnO_2$,$ZnO$ | 室温至 450℃ | 可燃性气体 |
| | | 体电阻控制型 | $\gamma\text{-}Fe_2O_3$ | 300～450℃ | 乙醇,可燃性气体 |
| | | | $TiO_2$ | 700℃ 以上 | $O_2$ |
| 非电阻型 | | 固体电解质 | $ZrO_2$ | 室温 | 氧,$SO_2$ |
| | | 二极管整流特性 | $Pd/TiO_2$ | 室温至 200℃ | $H_2$,CO,乙醇 |
| | | 晶体管特性 | Pd-MOSFET | 150℃ | $H_2$,$H_2S$ |

在实际应用中,气敏传感器应满足以下要求:①具有良好的选择性;②具有较高的灵敏度和宽动态响应范围;③性能稳定,传感器不随环境温度、湿度的变化而发生变化;④响应速度快,重复性好;⑤保养简单,价格便宜等。半导体气敏传感器还不能完全满足上述要

求,尤其在选择性和稳定性方面还有不少问题,有待于进一步解决。半导体气敏器件的工作原理比较复杂,有的气敏元件可能有多种工作原理同时起作用。半导体气敏器件的研究以实用性为主,缺乏基础理论性研究,许多理论问题有待深入研究。

## 3.1　金属氧化物的半导体化

金属氧化物的禁带宽度 $E_g$ 一般都比较宽(通常 $E_g > 3\text{eV}$),室温条件下,价带电子被激发到导带中的概率很小。金属氧化物半导体的电导主要靠附加能级上的电子或空穴的激发来实现。金属氧化物中的附加能级由缺陷和杂质形成,所以金属氧化半导体的导电类型和电导的大小由缺陷和杂质的种类和数量所决定。为了改善金属氧化物半导体的导电特性,就必须采取一些方法,有意识地在晶体中形成一定种类和数量的缺陷,或者掺入一定数量的某种杂质,在禁带中形成缺陷能级或杂质能级。通常把人为在金属氧化物能带结构的禁带中形成或增加附加能级的过程称为金属氧化物的半导体化。下面以 MO 型金属氧化物为例加以说明。

### 1. 缺陷和杂质能级的形成

多数 MO 型金属氧化物晶体为 NaCl 型结构,可以看成由 M 和 O 两套格子套构形成。在晶体形成时,可以形成一些氧离子空位 $V_O$、金属离子空位 $V_M$、间隙氧原子 $O_i$ 和间隙金属原子 $M_i$ 等点缺陷,如图 3-1(a)所示。另外,可能有 M 格点被 O 原子占据或 O 格点被 M 原子占据,形成反结构缺陷 $M_O$ 或 $O_M$,若在晶体中掺入原子 F 时,它在化合物 MO 中可以占据间隙位置形成 $F_i$,也可以占据 M 或 O 格点的位置形成替位式缺陷 $F_M$ 或 $F_O$,如图 3-1(b)所示。

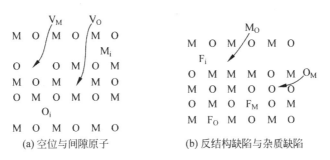

(a) 空位与间隙原子　　　　　　　(b) 反结构缺陷与杂质缺陷

图 3-1　MO 晶体中的缺陷

实际上在离子键化合物中,晶格点由携带不同电荷的离子组成。晶体中上述点缺陷给材料的电学性质带来巨大的影响。如图 3-2(a)所示,缺陷 $V_O$ 相当于从 $O^{2-}$ 格点处拿走一个中性原子 O,于是在 $V_O$ 处留下两个电子,它与附近 $M^{2+}$ 处的有效电荷分布之和正好抵消,保持电中性。但是这两个电子不是填充在离子的满壳层上,易被激发到导带上去成为自由电子,使 $V_O$ 起施主作用,形成施主能级。

$$\begin{cases} V_O^{2-} \rightarrow V_O^- + e, & \text{电离能 } E_1 \\ V_O^- \rightarrow V_O + e, & \text{电离能 } E_2 \end{cases} \tag{3-1}$$

同理,$V_M$ 是由格点中拿走一个电中性的 M 原子,留下两个空穴,可以被激发到价带上成为自由空穴,使 $V_M$ 起受主作用,形成受主能级。

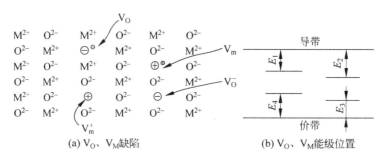

(a) $V_O$、$V_M$缺陷      (b) $V_O$、$V_M$能级位置

图 3-2 离子晶体中缺陷及能级

$$\begin{cases} V_M^{2+} \rightarrow V_M^+ + h, & \text{电离能 } E_3 \\ V_M^+ \rightarrow V_M + h, & \text{电离能 } E_4 \end{cases} \tag{3-2}$$

对于间隙原子,通常 $M_i$ 原子外壳上的两个价电子易被激发到导带上去,成为自由电子,因此,$M_i$ 起到施主作用,形成施主能级。$O_i$ 易由价带获得电子,在价带留下空穴,$O_i$ 起受主作用,形成受主能级。

$$M_i \rightarrow M_i^+ + e \rightarrow M_i^{2+} + 2e \tag{3-3}$$

$$O_i \rightarrow O_i^- + h \rightarrow O_i^{2-} + 2h \tag{3-4}$$

在离子型晶体中,由于库仑斥力很大,反结构缺陷存在的可能性很小。但在共价键化合物中,当电性负大的 O 原子代替电负性小的 M 原子形成 $O_M$ 结构时,电离生成自由电子起施主作用,形成施主能级。

$$O_M \rightarrow O_M^+ + e \rightarrow O_M^{2+} + 2e \tag{3-5}$$

反之,电负性小的 M 代替电负性大的 O 形成 $M_O$ 结构时,电离产生空穴起到受主作用。

$$M_O \rightarrow M_O^- + h \rightarrow M_O^{2-} + 2h \tag{3-6}$$

外来杂质 F 进入化合物 MO 型晶体中,形成间隙原子时,如果 F 为金属性元素,则起施主作用,形成施主能级;若 F 为电负性大的元素,则起受主作用,形成受主能级。当 F 为替位式时,分为两种情况:如果 F 代替 M 位置,F 化合价大于 M 化合价时,有剩余的电子被激发出去,形成施主能级;反之,F 化合价小于 M 的化合价时,则形成受主能级。当 F 代替 O 的位置时,若 F 化合价大于 O 化合价,即 F 的外层电子比 O 外层少,在与周围的原子成键时,尚缺少电子,因而 F 起受主作用,形成受主能级;反之,若 F 的化合价比 O 小,则 F 起施主作用,形成施主能级。

另外,化合物中化学计量比的偏离也可以在禁带中产生施主能级或受主能级。定比定律指出,化合物中元素按一定简单整数比结合,这种化合比称为化学计量比,按化学计量比组成的化合物称为化学计量比化合物。若化合物的组成偏离化学计量比,例如在 MO 型晶体中,化合物组成发生 O 过量(或 M 不足),会出现 $V_M$、$O_i$ 和 $O_M$ 等缺陷,产生附加能级。

**2. 金属氧化物半导体电学性质的控制**

当金属氧化物中存在缺陷或杂质时,可以形成附加能级,金属氧化物半导体的电学性质由缺陷和杂质决定,控制金属氧化物半导体的导电类型和电阻率等电学性质就变成了控制晶体中杂质和缺陷的种类和数量。

当在金属氧化物中形成 $M_O$ 或 $V_O$ 后,电离时提供电子即形成施主能级,使材料呈

N 型。在高温下热分解或在还原性气氛中使化合物中的氧逸出,就可以产生 $M_0$ 或 $V_0$ 而形成 N 型半导体材料。反之,在化合物中若有过量氧或 $V_M$ 存在时,形成受主能级,使材料呈 P 型。

控制材料的电阻率通过控制其附加能级的数量来达到,通常有以下两种方法。

1)掺入不同化合价的杂质原子

如杂质原子 F 进入晶体后形成间隙原子 $F_i$,F 为金属元素时,形成施主能级电离后提供电子,可增加 N 型材料电导率。F 是电负性大的元素时,形成受主能级,电离后提供空穴,增加 P 型材料电导率。杂质原子 F 进入晶体后形成替位式 $F_M$ 时,若 F 化合价大于 M 化合价,则形成施主能级,电离后提供电子使 N 型材料电导率增加,P 型材料电导率下降;反之,若 $F_M$ 中 F 化合价小于 M 化合价,则形成受主能级电离后,提供空穴使 N 型材料电导率下降,P 型材料电导率增加。

2)控制化合物化学计量比偏离的方向和程度

金属氧化物半导体材料一般在高温下烧结制成。制造时,在工艺上采取一定措施使金属氧化物的化学计量比偏离,造成氧的过量或不足,以形成施主能级或受主能级。

在金属氧化物的制备过程中,化学计量比的偏离常常不可避免。化学计量比偏离程度直接影响晶体中载流子的浓度和导电性能。通过控制化学计量比精确地调整材料的电阻率在工艺上有一定难度。制作气敏元件使用的金属氧化物大多数是烧结体,这些烧结体是由许多小晶粒组成的多晶体,在各晶粒间交界面上的电阻率要比体内电阻率高得多,成为导电的主要障碍。

## 3.2 表面电阻控制型气敏元件

电阻型半导体气敏元件从导电机制角度分为表面电阻型元件和体电阻型元件两类,取决于气敏基体材料的种类和性质。表面电阻控制型气敏元件主要有 $SnO_2$ 和 ZnO 等。$SnO_2$ 气敏元件包括烧结型、薄膜型和厚膜型三种。

### 3.2.1 烧结型 $SnO_2$ 气敏元件的结构

$SnO_2$ 是应用最广的气敏材料,与硅在半导体器件中所处的地位相当。其晶体颜色为白色或浅灰色,熔点为 1127℃,沸点高于 1900℃,不溶于水、稀酸和稀碱溶液,能溶于热的强酸和强碱溶液。$SnO_2$ 晶体属于四方晶系,具有金红石型结构,禁带宽度为 3.54eV。

烧结型 $SnO_2$ 气敏元件的工艺成熟、应用广泛。烧结型 $SnO_2$ 气敏元件的外形结构如图 3-3 所示,底座有 4 根引出线,其中 2 根是加热器电源引线,其余为测量引线,外罩为不锈钢丝网,底座采用树脂模压件。核心是多孔质陶瓷 $SnO_2$ 为基本材料(其粒径在 $1\mu m$ 以下)的电阻,作为气敏材料的 $SnO_2$ 一般是多晶材料。可根据需要添加不同的添加剂,混合均匀。这种元件主要用于检测还原性气体、可燃性气体和可燃液体蒸气等。元件需加热工作,按加热方式不同,烧结型 $SnO_2$ 气敏元件分为直热式和旁热式两种。

**1. 直热式 $SnO_2$ 气敏元件**

直热式元件又称内热式元件,元件结构与符号如图 3-4 所示。

器件管芯由 $SnO_2$ 基体材料、加热丝和测量丝三部分组成,加热丝和测量丝都直接埋在

图 3-3　烧结型 $SnO_2$ 气敏元件的外形结构

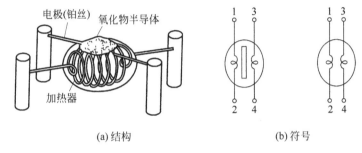

(a) 结构　　　　　　　　　　　(b) 符号

图 3-4　直热式气敏元件

基体材料内,工作时加热丝通电加热,测量丝用于测量器件阻值。这类元件的优点是制备工艺简单、成本低、功耗小,可以在高回路电压下使用,可制备价格低廉的可燃性气体报警器。其缺点是热容量小,易受环境气流的影响;测量回路与加热回路没有隔离,相互影响;加热丝在加热和不加热状态下会产生胀缩,容易造成与敏感材料的接触不良。直热式气敏元件现在已很少在实际中使用。

**2. 旁热式 $SnO_2$ 气敏元件**

严格地讲,旁热式 $SnO_2$ 气敏元件是一种厚膜型元件,结构与符号如图 3-5 所示。其管芯是一个陶瓷管,在管内装入一根螺旋形高电阻金属丝(例如 Ni-Cr 丝)作为加热器(阻值一般为 30～40Ω),管外涂上梳状金膜电极作测量电极,金电极之上涂覆以 $SnO_2$ 为基础材料的浆料层,经烧结后形成厚膜气体敏感层(厚度<100μm)。这种结构克服了直热式气敏元件的缺点,其测量电极与加热电极分开,加热丝不与气敏材料接触,避免了测量回路与加热回路之间的相互影响。元件热容量较大,减小了环境温度变化对敏感元件特性的影响,元件稳定性、可靠性和使用寿命较直热式气敏元件有较大的改进。市售的 $SnO_2$ 系气敏元件,大多数为这种结构形式。

烧结型 $SnO_2$ 气敏元件长期稳定性和气体识别能力都不够理想。其工作温度高(约300℃),在此温度下,$SnO_2$ 敏感层会发生明显的化学、物理变化,导致其性能发生变化。在$SnO_2$ 中添加贵金属作为催化剂可以提高元件的灵敏度。但是作为催化剂的贵金属,与环境中的有害气体($SO_2$ 等)长期接触,往往会出现催化剂"中毒"现象,使其敏感活性大幅度下降,引起元件的性能变坏。

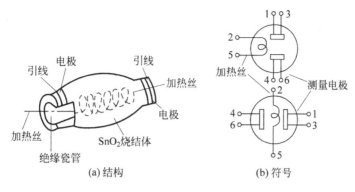

图 3-5 旁热式气敏元件

## 3.2.2 厚膜型和薄膜型 $SnO_2$ 气敏元件的结构

**1. 厚膜型 $SnO_2$ 气敏元件**

为解决器件一致性问题,1977 年发展了厚膜型器件。厚膜型 $SnO_2$ 气敏元件是一种典型厚膜工艺制备的气敏元件。这种气敏元件的机械强度和一致性都比较好,适于批量生产,成本低,特别是与厚膜混合集成电路具有较好的工艺兼容性,可以将气敏元件与阻容元件制作在同一基板上,利用微组装技术将之与半导体集成电路芯片组装在一起,构成具有一定功能的器件。

一种对 CO 敏感的 $SnO_2$ 厚膜元件的结构如图 3-6 所示,$SnO_2$ 为基础材料,将配置好的粉料加入黏结剂充分搅拌,制成浆料。在清洗干净的 $Al_2O_3$ 基片上,印制厚膜电极(Pt-Au)电极。将制好的厚膜浆料,用不锈钢丝网印刷在烧好电极的基片上,干燥后烧结。在 $Al_2O_3$ 基片的背面,印上厚膜 $RuO_2$ 电阻作为加热器。这种厚膜 $SnO_2$ 气敏元件对一氧化碳敏感,具有较好的气体识别能力。

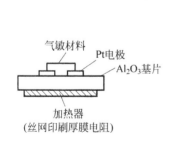
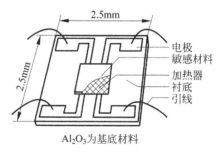

图 3-6 $SnO_2$ 厚膜型气敏元件

**2. 薄膜型 $SnO_2$ 气敏元件**

薄膜型 $SnO_2$ 气敏元件的工作温度较低(约 250℃),并且这种结构形式使元件具有很大的比表面积,自身活性高,催化剂"中毒"所造成的元件性能劣化不明显。制备薄膜型 $SnO_2$ 气敏元件的方法很多,经常采用反应溅射或真空淀积法。反应溅射法以金属锡为靶,在高频下,使真空室的氧分压保持在 $10 \sim 10^{-2}$ mmHg,形成氧的等离子体,溅射出的金属锡原子与氧等离子体作用后,生成 $SnO_2$ 淀积在基片上,形成 $SnO_2$ 敏感薄膜层,在其上引出电极,如图 3-7 所示。真空蒸发法以 $SnO_2$ 粉体作为原料,在高真空条件下直接蒸发,使之在基片上

淀积形成 $SnO_2$ 膜层。基片反面印上一定图形的 $RuO_2$ 厚膜电阻作为加热器。

为提高薄膜型 $SnO_2$ 气敏元件的气体识别能力，在 $SnO_2$ 敏感膜层上溅射一层 $SiO_2$ 膜层，在适当的工艺条件下，使之构成一种具有多孔结构的筛状隔离层，其筛孔的尺寸由溅射条件和 $SiO_2$ 膜层的厚度确定。筛状隔离层的作用是使有些直径大于筛孔的气体分子被隔离在外，不与气体敏感膜接触，这样就可以提高气敏元件的气体识别能力。最后，用 0.1mm 直径的金丝压焊在金电极上作为引线与管座的管脚连接上，整个元件使用双层不锈钢网罩住。

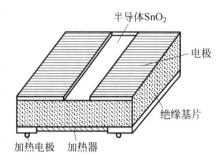

图 3-7 薄膜型 $SnO_2$ 气敏元件

三种类型 $SnO_2$ 气敏元件都附有加热器。在实际应用时，加热器能使附着在传感器上的油污、尘埃等烧掉，同时加快气体的吸附，提高器件的灵敏度和响应速度，一般加热到 $200\sim400℃$，具体温度视所掺杂的杂质确定。

### 3.2.3　$SnO_2$ 表面电阻控制型气敏元件的工作原理

表面电阻控制型金属氧化物半导体气敏传感器虽然已广泛应用，但对其气敏机理尚未完全清楚，提出的理论模型包括晶界势垒模型、表面电导模型和氧离子陷阱势垒模型等，在此仅详细介绍晶界势垒模型。

烧结型 $SnO_2$ 气敏元件的气敏材料为多孔质 $SnO_2$ 烧结体，在晶体组成上，为了使之半导体化，锡或氧往往偏离化学计量比。在晶体中如果氧不足，将出现两种情况：①产生氧空位；②产生金属间隙原子。上述两种情况都会在禁带中靠近导带的地方形成施主能级，这种施主能级上的电子很容易被激发到导带上而参与导电，从而形成 N 型半导体陶瓷材料。

烧结型 $SnO_2$ 气敏元件的气敏部分就是由这种 N 型 $SnO_2$ 材料晶粒形成的多孔质陶瓷烧结体或多晶体集合而成，其结合模型如图 3-8(a)所示。晶粒接触部分的情况如图 3-8(b)所示，与其他的晶粒相互接触乃至成颈状结合。在敏感元件中，这样的结合部位是阻值最大处，由它支配着整个敏感元件的阻值高低。由此可见，结合部位的形状对传感器的性能影响很大。因气体吸附而引起的电子浓度的变化发生在表面空间电荷层内，在晶粒接触处形成一个对电子迁移起阻碍作用的势垒层。这种势垒层的高度随氧的吸附或与被测气体的接触而变化，引起电阻值的变化。

当元件表面暴露在空气中时，氧吸附在半导体表面，吸附的氧分子从半导体表面获得电子，形成受主型表面能级，使表面带负电荷。其结果使 N 型半导体材料的表面空间电荷层区域的传导电子减少，表面电导减小，这时元件处于高阻状态，即

$$\frac{1}{2}O_2 + ne \rightarrow O_{ad}^{n-} \tag{3-7}$$

式中，$O_{ad}^{n-}$ 为表面吸附氧，氧束缚材料中的电子；e 为电子电荷；n 为电子个数。

由于氧的吸附力很强，因此 $SnO_2$ 气敏元件在空气中放置时，其表面上总会吸附氧，其吸附状态可以是 $O^{2-}$、$O^-$ 或 $O_2^-$ 等，这些均是负电荷吸附状态。这种吸附引起电子浓度减

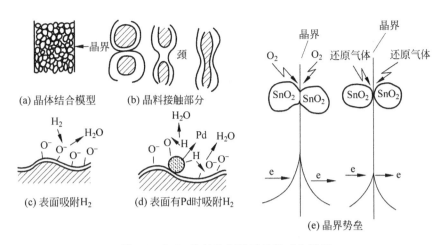

图 3-8　$SnO_2$ 烧结体气敏元件的工作原理

小的现象在每个晶粒表面空间电荷层中进行。这对 N 型半导体来说,形成了电子势垒。在晶粒边界连接的地方,存在通过晶界的电子移动,电子移动必须越过这种势垒,由于移动阻力增大从而引起元件电阻值升高。

当元件接触还原性气体时,如 $H_2$、CO,被测的还原性气体会与吸附的氧发生反应,如图 3-8(c)所示,将被束缚的 $n$ 个电子释放出来,减少了 $O_{ad}^{n-}$ 的密度,降低了势垒高度,使敏感体表面电导增加,从而引起元件电阻值减小,如图 3-8(e)所示。反应方程式如下:

$$O_{ad}^{n-1} + H_2 \rightarrow H_2O + ne \tag{3-8}$$

$$O_{ad}^{n-} + CO \rightarrow CO_2 + ne \tag{3-9}$$

若在 $SnO_2$ 中添加催化剂(如铂、钯等),可以促进上述反应进行,提高元件的灵敏度,如图 3-8(d)所示。催化剂可以降低化学吸附的激活能,使电子转移或共有化过程更容易完成,从而提高元件检测气体的灵敏度。

### 3.2.4　气敏元件的特性参数

关于衡量气敏元件的性能参数,尚无统一标准,仅就习惯上的常用参数进行介绍。

**1. 元件的电阻 $R_0$ 和 $R_s$**

元件的固有电阻 $R_0$ 表示气敏元件在常温下、正常空气条件下(或洁净空气条件下)的阻值,又称正常阻值。一般电阻型半导体气敏元件的固有电阻值大多在 $10^3 \sim 10^5 \Omega$ 范围。测定固有电阻值,对于测量仪表的要求并不高,但是,对于测量时的环境却要求较高,为统一测定条件,必须在洁净的空气环境中(参照具体规定)测量。工作电阻 $R_s$ 表示气敏元件在规定浓度(例如 2000ppm)的被测气体中的电阻值。

**2. 灵敏度 $K$**

气敏元件的灵敏度 $K$ 是表征气敏元件对于被测气体敏感程度的指标。它表示气敏元件的电参量与被测气体浓度之间的依从关系。通常用气敏元件在规定浓度检测气体中的电阻值 $R_s$ 与正常空气(或洁净空气)中的电阻值 $R_0$ 之比来表示其灵敏度 $K$,即

$$K = \frac{R_s}{R_0} \tag{3-10}$$

**3. 响应时间 $t_r$**

气敏元件的响应时间 $t_r$ 表示在工作温度下,气敏元件对被测气体的响应速度,定义为:在一定的温度下,从气敏元件与规定浓度(例如 2000ppm)的被测气体接触时开始,气敏元件电参量达到稳态时的变化量 63%(或 90%)所需时间,称为气敏元件在此浓度下被测气体中的响应时间。$SnO_2$ 气敏元件吸附还原性气体时的响应曲线如图 3-9 所示,可以看到,随着 Pd 的掺入量加大,气体探测的响应时间变短。

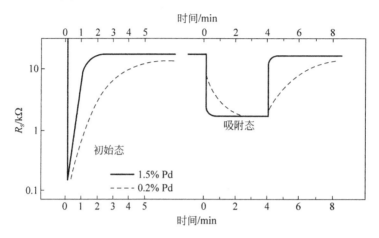

图 3-9  $SnO_2$ 气敏传感器吸附气体时阻值的变化

**4. 恢复时间 $t_s$**

气敏元件的恢复时间 $t_s$ 表示在工作温度下,气敏元件对被测气体的脱附速度,又称脱附时间,定义为从气敏元件脱离被测气体开始,气敏元件电参量达到稳态时的变化量 63%(或 90%)所需时间。

**5. 加热电阻 $R_H$ 和加热功率 $P_H$**

气敏元件一般要在加热状态下工作,为气敏元件提供工作温度的加热器电阻称为加热电阻 $R_H$,旁热式气敏元件的加热电阻一般大于 $20\Omega$。气敏元件正常工作时所需的功率称为加热功率 $P_H$,一般气敏元件的加热功率在 $0.5 \sim 2.0W$ 之间。

**6. 初期稳定时间**

长期在非工作状态下存放的气敏元件,恢复至正常工作状态需要一定的时间。$SnO_2$ 气敏元件的工作温度一般约为 $300℃$,当加热电源接通后,气敏元件的电阻值迅速下降,经过一段时间后又开始上升,最后达到稳定阻值。由开始通电直到气敏元件阻值达到稳定所需时间,称为气敏元件的初期稳定时间,如图 3-9 所示。室温下导带的电子密度低,半导体表面不存在化学吸附的氧,不能形成表面势垒。当气敏元件开始加热时,施主电子受到激发,导带电子密度迅速增加。氧的化学吸附能较高,和施主电子的激发速度相比,氧分解吸附很慢,需要一段较长时间才能达到稳定状态。开始加热时,随着施主电子密度的迅速增加,气敏元件的电阻值迅速下降,然后,随着吸附氧的增加而增大。可以看出,稳定过程需要的时间与 Pd 的掺入量有关。同时,初期稳定时间是敏感元件种类、存放时间、环境状态和通电功耗的函数。存放时间越长,其初期稳定时间越长。在一般条件下,气敏元件存放两周以后,其初期稳定时间即可达到最大值。

对于初期稳定时间,在设计检测电路时必须予以考虑。在通电开始后要经过一定时间的高温处理,称为加热清洗。适当选择加热清洗条件,可以大大缩短初期稳定时间。

**7. 气敏元件的选择性**

气敏元件的选择性是指,在多种气体共存的条件下,气敏元件对被测气体的识别(选择)以及对干扰气体的抑制能力。

### 3.2.5 SnO₂ 气敏元件的主要特性

SnO₂ 气敏器件的灵敏度特性如图 3-10 所示,表示不同气体浓度下气敏元件的电阻值。实验表明,SnO₂ 中的添加物对其气敏效应有明显影响,如添加 Pt(铂)或 Pd(钯)可以提高其灵敏度和对气体的选择性。添加剂的成分和含量、器件的烧结温度和工作温度不同,都可以产生不同的气敏效应。例如,在同一温度下,含 1.5%wt Pd 的元件,对 CO 最灵敏,而含 0.2%wt Pd 时,对 CH₄ 最灵敏;又如同一含量 Pt 的元件,在 200℃ 以下条件,对 CO 最灵敏,而 400℃ 条件检测 CH₄ 最佳。

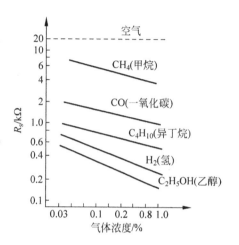

图 3-10 SnO₂ 气敏元件的灵敏度特性

SnO₂ 气敏元件易受环境温度和湿度的影响,其电阻—温湿度特性如图 3-11 所示,图中 RH 为相对湿度。在使用时,通常需要加温湿度补偿,以提高仪器的检测精度和可靠性。

SnO₂ 气敏元件所用检测电路如图 3-12 所示。当所测气体浓度变化时,气敏元件的阻值发生变化,从而使输出发生变化。

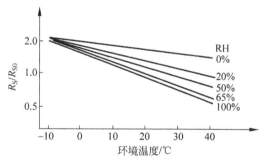

图 3-11 SnO₂ 气敏元件电阻—温湿度特性

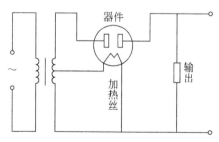

图 3-12 SnO₂ 气敏元件所用检测电路

### 3.2.6 烧结型 SnO₂ 气敏元件的制备工艺

SnO₂ 气敏器件由于用途不同,选用催化剂和添加剂的种类、制备工艺均有差异,但其整体结构基本相同,主要包括金属电极制作、气敏材料配制、浆料配制与涂覆管芯、管芯烧结、引线焊接、测试封装等。烧结型 SnO₂ 气敏元件的制备工艺流程图如图 3-13 所示。

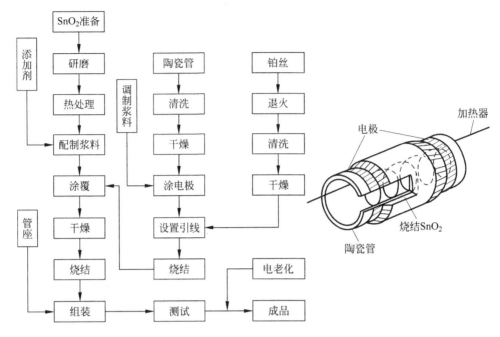

图 3-13  烧结型 $SnO_2$ 气敏元件制备工艺流程

**1. $SnO_2$ 的制备**

制备气敏元件对所需的 $SnO_2$ 材料粉体的粒径、粒度分布、表面状态和杂质含量等要求都较严格,采用以下方法制备。

1) 用 $SnCl_4$ 制备 $SnO_2$

首先将 $SnCl_4$ 溶于盐酸溶液中,加热至沸腾,不断滴加氨水($NH_3 \cdot H_2O$),使溶液 pH≈3,继续加热 $1\sim2h$,待全部沉淀后将溶液过滤、洗涤、烘干,即可获得琥珀色氢氧化锡 $Sn(OH)_4$,其反应式如下:

$$SnCl_4 + 4(NH_4OH) \rightarrow Sn(OH)_4 \downarrow + 4NH_4Cl \tag{3-11}$$

将烘干的氢氧化锡在高温下进行热处理,便可获取 $SnO_2$ 粉末。

$$Sn(OH)_4 \rightarrow SnO_2 + 2H_2O \tag{3-12}$$

热处理温度为 800℃,时间约 3h。

2) 用 $SnCl_2$ 制备 $SnO_2$

将 $SnCl_2$ 溶于盐酸溶液中,滴加氨水,使溶液呈弱碱性生成沉淀,过滤洗涤后在 50℃～60℃下烘干 $4\sim5h$。干燥后的产物在 800℃ 温度下灼烧 $5\sim6h$,即可制得 $SnO_2$。

$$SnCl_2 + 2NH_4(OH) \rightarrow Sn(OH)_2 \downarrow + 2NH_4Cl \tag{3-13}$$

$$2Sn(OH)_2 \rightarrow 2SnO_2 + 2H_2O \tag{3-14}$$

另外,还可以直接用高纯锡或者锡酸($H_2SnO_2$)等制备 $SnO_2$。

在实际制备 $SnO_2$ 过程中,为了提高 $SnO_2$ 材料的稳定性,最后的热处理非常重要,在共沉反应中,总有少许低价 $SnO$ 和 $Sn$ 同时生成。这种低价锡混杂在 $SnO_2$ 粉体中,对气敏元件性能影响很大。采用热处理方法清除 $SnO_2$ 内的 $SnO$ 和 $Sn$,当热处理温度为 650℃～800℃

时,SnO 和 Sn 就可氧化为 $SnO_2$。用于制备气敏元件的 $SnO_2$,要求其有良好的气敏特性,要保证 $SnO_2$ 具有足够的氧空位。因此,热处理的温度也不能过高。实验表明,在大气环境中,最佳加热温度为 $650 \sim 700 \, ℃$,保温 $3 \sim 4h$。

**2. $SnO_2$ 气敏元件材料的添加剂**

在制备 $SnO_2$ 气敏元件时,为了改善元件的性能,适应不同的使用要求,往往在 $SnO_2$ 材料中加入少量添加剂,添加剂基本上有以下几类。

1) 提高灵敏度的添加剂

在 $SnO_2$ 中添加 $2\% \sim 5\% wt$ 的贵金属(钯、铂等)后,可使元件的灵敏度获得提高。因为被测气体在 $SnO_2$ 表面吸附伴随有电子转移或者形成共用电子的化学吸附。化学吸附顺利进行的条件之一,是使 $SnO_2$ 的表面原子和被吸附的气体分子具有足够的激活能,使得电子转移或者共有化的过程顺利完成。贵金属添加剂的作用,实质上是一种催化作用,能降低化学吸附所需的激活能,使 $SnO_2$ 表面的气体分子化学吸附更容易进行,提高气敏元件的灵敏度。需要注意,烧结温度较低时,钯、铂等贵金属不能与 $SnO_2$ 形成固溶体。这种钯、铂与 $SnO_2$ 分离的现象,对提高气敏元件的灵敏度十分不利,烧结时要充分注意。

2) 提高气体识别能力的添加剂

气敏元件的气体识别能力是一项重要的技术指标。在实际应用中,如果气敏元件的识别能力差,容易发生误报警。在 $SnO_2$ 材料中添加少许稀土元素,可以改善元件对某些气体的识别能力。例如,添加 $2\% \sim 5\% wt$ 二氧化钍($ThO_2$)可以提高气敏元件对 CO 的识别能力;添加少许的二氧化铈($CeO_2$)可以改善元件对烟雾的识别能力;增加 $5\% wt$ 的氧化钙($CaO$)可以改善其对乙醇的识别能力等。

3) 提高元件其他性能的添加剂

为了改善 $SnO_2$ 气敏元件的工艺和电气特性,往往还要加入其他的添加剂。例如,加入少量的三价(受主)或五价(施主)杂质元素,常用的有三氧化二锑($Sb_2O_3$)或五氧化二钒($V_2O_5$),可以改善 $SnO_2$ 气敏元件的热稳定性;添加氧化镁($MgO$)可以提高 $SnO_2$ 表面对气体的吸附和解吸附速度,改善元件的响应特性;添加二氧化硅、三氧化二铝等可以提高气敏元件的机械强度并可调整其电阻率。为了控制烧结过程的进行,常添加助熔剂二氧化锰($MnO_2$)、氧化铜($CuO$)、氧化锌($ZnO$)、三氧化二铋($Bi_2O_3$)等。助熔剂的作用是缩短烧结过程,加快烧结速度。添加二氯化锡、二甲基氯化锡$[(CH3)_2SnCl_2]$等熔点较低的化合物可以加强 $SnO_2$ 颗粒间的相互结合。

**3. 制备电极**

将调制好的金浆涂覆在经清洗、干燥后的陶瓷管外壁的两端头上,并绕上 $\phi 0.05 \sim 0.06mm$ 铂铱合金丝(或铂丝)作为电极引出线。干燥后,在 $800 \, ℃$ 下加热 $10 \sim 20min$,自然冷却后,即可获得具有电极和引出线的管芯基体。

**4. 气体敏感层的形成**

将 $SnO_2$ 粉体和各种添加剂按设计配方精确称量,充分混合均匀,在玛瑙研磨机中研磨成粒径约 $1 \mu m$ 的颗粒,要保证颗粒均匀。研磨好的基体材料中加入有机黏结剂(如乙基纤维素—松油醇等),搅拌均匀,使粉末体颗粒与有机溶剂充分浸润,形成 $SnO_2$ 敏感体浆料。将浆料涂覆在管芯基体上,要全部盖住电极,厚度要适宜。将涂覆好的管芯自然干燥后,放在专用托架上,放置在烧结炉中 $650 \sim 750 \, ℃$ 温度下烧结 1h,自然冷却后,即可获得 $SnO_2$ 气敏元件管芯。

**5．引线焊接、电热老化与测试封装**

烧结好的管芯，适当整形后在陶瓷管中装入绕成螺旋形的加热丝，然后将电极和加热丝引线焊接在元件的底座上。焊在管座上的管芯放在专用老化台上，通电老化，以改善元件性能，增加其稳定性。对老化后的管芯进行各项参数的测试。合格的管芯用双层不锈钢网罩封好。经全面测试、检查合格，即制成 $SnO_2$ 气敏元件。

# 3.3 氧化锌(ZnO)表面电阻控制型气敏元件

**1．ZnO 的基本特性**

ZnO 是应用最早的一种半导体气敏材料，物理化学性质稳定，禁带宽度为 3.4eV，熔点为 1875℃，在 1800℃时升华。ZnO 粉体呈白色或淡黄色。金属和氧的化学计量比随温度和环境中气体的变化而变化，其阻值也会变化。ZnO 气敏元件的工作温度为 400～450℃，比 $SnO_2$ 气敏元件高，因此，其发展没有 $SnO_2$ 气敏元件快。

**2．ZnO 气敏元件工作原理**

ZnO 气敏元件的工作原理与 $SnO_2$ 相似。当吸附还原性气体后，被吸附气体分子上的电子向 ZnO 表面转移，使其表面电子浓度增加，电阻率下降。向 ZnO 中加入铑、铂和钯等催化剂后，对其灵敏度和选择性都有较大的影响。当使用铂作催化剂时，ZnO 气敏元件对乙烷、丙烷和丁烷等碳氢化合物有较高的灵敏度，且灵敏度随气体分子中含碳量增大而增高，对 $H_2$ 和 CO 等的灵敏度较低，对 $CH_4$ 检测非常困难。当以钯作催化剂时，则对 $H_2$ 和 CO 等气体的灵敏度较高，而对烷类气体的灵敏度则较低。在 ZnO 中加入少量(2%wt)的三氧化二铬($Cr_2O_3$)，可以使其稳定性获得改善，无论在空气中或在被测气体中都

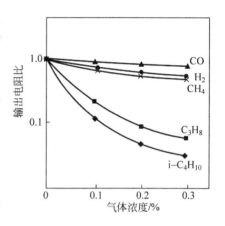

图 3-14　ZnO 气敏传感器的特性

能连续工作 1000h 以上。ZnO 气敏传感器对某些可燃性气体的响应灵敏度如图 3-14 所示。

**3．ZnO 气敏元件制备工艺**

ZnO 气敏元件就制备工艺而言，也可以分为烧结型、厚膜型和薄膜型三种。烧结型 ZnO 气敏元件的制备方法，基本上与烧结型 $SnO_2$ 气敏元件相似，且目前使用较少，不再进行讨论。

1) 薄膜型 ZnO 气敏元件

采用磁控溅射法在 $Al_2O_3$ 基片上，反应溅射约 $200\mu m$ 厚的 ZnO 薄膜，同时在 ZnO 薄膜表面掺入一种或数种镧、镨、钇、镝和钆等稀土元素，以提高其灵敏度和选择性，可以获得对乙醇特别敏感，对 $CH_4$、CO 和汽油等挥发气体灵敏度较高的气敏元件。其制备工艺如下：使用高纯的锌板为靶材，在氩和氧混和气体中进行磁控溅射使 ZnO 淀积在 $Al_2O_3$ 基片上形成薄膜。溅射条件和成膜后的热处理条件对 ZnO 薄膜的灵敏度及稳定性的影响很大。成膜后的热处理可以减少溅射淀积的 ZnO 薄膜中活性较大的缺陷浓度和内应力，还可以使

ZnO 薄膜的晶粒尺寸长大,晶粒间界减少,使 ZnO 气敏元件的灵敏度略有下降,但其稳定性获得改善,这对于提高气敏元件的可靠性和寿命十分重要。典型热处理条件为加热温度 $500 \sim 600 \,℃$,空气中热处理约 2h。按此条件热处理后的 ZnO 薄膜晶粒尺寸为 600nm 左右,对乙醇有较好的灵敏度。

ZnO 薄膜气敏元件的结构如图 3-15 所示。在 $Al_2O_3$ 基片上先制作叉指型金电极,并在基片的背面制作阻值约为 $20\Omega$ 的能耐受高温的薄膜电阻作为加热器。然后进行磁控溅射 ZnO 薄膜,经热处理后,即可获得 ZnO 薄膜元件的芯片。

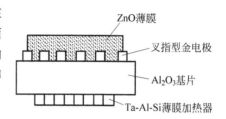

图 3-15　ZnO 薄膜气敏元件的结构

2) 多层式 ZnO 气敏元件

多层式氧化锌气敏元件的基本结构与旁热式烧结型 $SnO_2$ 气敏元件相似,其主要特点是在作为气体敏感层的 ZnO 上面覆盖一层由 $Al_2O_3$ 微细粉体构成的多孔性载体——覆盖层,在此覆盖层上浸渍钯、铂和铑等贵金属作为催化剂,其剖面图如图 3-16 所示。用一个薄壁陶瓷管作为基体,在其两端设置一对由厚膜金导体组成的电极,在电极上涂覆一层多孔性 ZnO 厚膜层,其厚度约 $100\mu m$。构成厚膜的平均粒径为 $0.6 \sim 0.8\mu m$,作为载体的是比表面积约为 $100m^2/g$ 的 $Al_2O_3$ 粉体。$Al_2O_3$ 粉体首先在一定浓度的铂、钯和铑等贵金属盐溶液中充分浸泡后,再取出干燥,然后再加入适量的黏结剂,搅拌均匀后涂覆在 ZnO 膜层上。其制备工艺流程如图 3-17 所示。

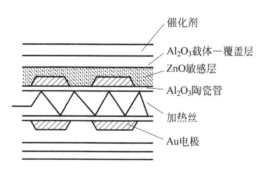

图 3-16　多层式 ZnO 气敏元件剖面图

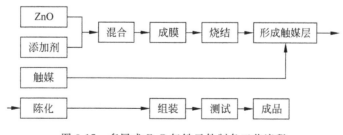

图 3-17　多层式 ZnO 气敏元件制备工艺流程

这种多层元件,由于在半导体材料 ZnO 和催化剂之间有一层隔离层,因而元件在空气中的阻值 $R_0$ 大约提高一个数量级,结果使 $R_0/R_s$ 上升。这说明对于气敏元件来说,半导体材料不直接接触催化剂有更好的效果。

ZnO 气敏机理的初步解释:ZnO 是 Zn 过剩的 N 型半导体。Zn 离子吸附氧,在催化剂的作用下,促使大气中的氧吸附。因此,元件在空气中的阻值 $R_0$ 上升。当元件接触还原性气体时,在催化剂的作用下,元件阻值下降。

## 3.4　体电阻控制型气敏元件

体电阻控制型气敏元件是利用体电阻的变化来检测气体的元件。很多氧化物半导体由于化学计量比偏离,如 $Fe_{1-x}O$、$Cu_{1-x}O$ 等,或 $SnO_{2-x}$、$ZnO_{1-x}$、$TiO_{2-x}$ 等。前者为缺金属型氧化物,后者为缺氧型氧化物,统称为非化学计量比化合物。它们是不同价态金属的氧化物构成的固溶体,其中 $x$ 值由温度和气相氧分压决定。由于氧的进入使晶体中晶格缺陷(结构组成)发生变化,电导率随之发生变化。缺金属型氧化物为生成阳离子空位的 P 型半导体,氧分压越高,电导率越大。与此相反,缺氧型氧化物为生成晶格间隙阳离子或生成氧离子缺位的 N 型半导体,氧分压越高,电导率越小。

体电阻控制型气敏元件因必须与外界氧分压保持平衡,或受还原性气体的还原作用,致使晶体中的结构缺陷发生变化,随之体电阻发生变化。这种变化也可逆,当待测气体脱离后气敏元件恢复原状。其外形结构与表面控制型气敏元件完全相同。

### 3.4.1　氧化铁($Fe_2O_3$)系传感器

氧化铁($Fe_2O_3$)系传感器中具有代表性的器件是尖晶石结构的 $\gamma\text{-}Fe_2O_3$ 和刚玉结构的 $\alpha\text{-}Fe_2O_3$。$\gamma\text{-}Fe_2O_3$ 是亚稳态,而 $\alpha\text{-}Fe_2O_3$ 是稳定态。$\gamma\text{-}Fe_2O_3$ 气敏元件最适合的工作温度是 400～420℃。温度过高会使 $\gamma\text{-}Fe_2O_3$ 向 $\alpha\text{-}Fe_2O_3$ 转化而失去气敏特性,这是造成 $\gamma\text{-}Fe_2O_3$ 失效的原因。铁的几种氧化物之间的相变、氧化和还原过程如图 3-18 所示。

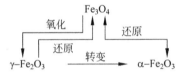

图 3-18　铁的氧化物之间关系

**1. $\gamma\text{-}Fe_2O_3$ 气敏元件**

1) $\gamma\text{-}Fe_2O_3$ 气敏机理

$\gamma\text{-}Fe_2O_3$ 气敏元件在工作时,通过传感器的加热器将敏感体加热到 400～420℃。如果 $\gamma\text{-}Fe_2O_3$ 吸附了还原性气体,从气体分子获得电子,部分三价铁离子($Fe^{3+}$)被还原成二价铁离子($Fe^{3+}+e\rightarrow Fe^{2+}$),使得电阻率很高的 $\gamma\text{-}Fe_2O_3$ 转变为电阻率很低的 $Fe_3O_4$。$\gamma\text{-}Fe_2O_3$ 和 $Fe_3O_4$ 都属于尖晶石结构,$Fe_3O_4$ 的离子分布可以表示为 $Fe^{3+}[Fe^{3+}\cdot Fe^{2+}]O_4$,$Fe_3O_4$ 中的 $Fe^{3+}$ 和 $Fe^{2+}$ 之间可以进行电子交换,从而使得 $Fe_3O_4$ 具有较高的导电性。因为 $Fe_3O_4$ 和 $\gamma\text{-}Fe_2O_3$ 具有相似的尖晶石结构,在发生上述转变时晶体结构并不发生变化。而是变成如下式所示的 $\gamma\text{-}Fe_2O_3$ 和 $Fe_3O_4$ 的固溶体:

$$Fe^{3+}[\square_{(1-x)/3}Fe^{2+}_x Fe^{3+}_{(5-2x)/3}]O_4 \tag{3-15}$$

式中,$x$ 为还原程度;$\square$ 为阳离子空位。

固溶体的电阻率取决于 $Fe^{2+}$ 的数量。随着气敏元件表面吸附还原性气体数量的增加,二价铁离子相应增多,故气敏元件的电阻率下降。这种转变可逆,当吸附在气敏元件上的还原性气体解吸后,$Fe^{2+}$ 被空气中的氧所氧化成为 $Fe^{3+}$,$Fe_3O_4$ 又转变为电阻率很高的

γ-Fe₂O₃,元件的电阻率相应增加。

温度过高时,具有尖晶石结构的 γ-Fe₂O₃ 会发生不可逆相变,转变为刚玉结构的 α-Fe₂O₃。α-Fe₂O₃ 与 Fe₃O₄ 具有不同的晶体结构,它们之间不易发生可逆的氧化还原反应。因此一旦 γ-Fe₂O₃ 发生相变,成为刚玉结构的 α-Fe₂O₃ 后,其气敏特性将会明显下降。

提高 γ-Fe₂O₃ 气敏元件性能的重要课题之一,就是防止其在高温下发生不可逆相变。通过加入 Al₂O₃ 和稀土添加剂(La₂O₃、CeO₂ 等),在工艺上要严格控制,使 γ-Fe₂O₃ 烧结体的微观结构均匀。这样可使 γ-Fe₂O₃ 的相变温度提高到 680℃ 左右,保证 γ-Fe₂O₃ 气敏元件的稳定性。

2) γ-Fe₂O₃ 气敏元件的制备

以 FeCl₂ 为原料制备 γ-FeOOH 过程中,将 NaOH 按一定化学计量比加入 FeCl₂ 溶液中,生成灰白色 Fe(OH)₂ 沉淀,Fe(OH)₂ 氧化生成 γ-FeOOH。γ-Fe₂O₃ 气敏元件制备工艺流程如图 3-19 所示。γ-Fe₂O₃ 气敏元件结构如图 3-20 所示,起敏感作用的管芯为圆柱状烧结体。以 γ-Fe₂O₃ 为主要成分的烧结体内埋一对金电极,用螺旋状外热式加热器进行加热,最外面用防爆网罩罩住。MQT-011 型 γ-Fe₂O₃ 气敏元件测试电路如图 3-21 所示。

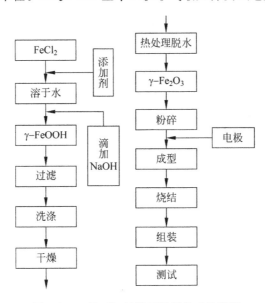

图 3-19 γ-Fe₂O₃ 气敏元件制备工艺流程

图3-20 γ-Fe₂O₃ 气敏元件结构

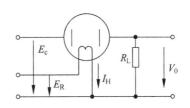

图 3-21 γ-Fe₂O₃ 气敏元件测试电路

$E_c$—加热电压;$E_R$—工作电压;$I_H$—加热电流;

$R_L$—负载电阻;$V_0$—输出电压

3）γ-Fe$_2$O$_3$ 气敏元件性能

γ-Fe$_2$O$_3$ 气敏元件对丙烷（C$_3$H$_8$）和异丁烷（i-C$_4$H$_{10}$）的测试灵敏度较高，如图 3-22 所示。液化石油气（LPG）的主要成分正是这两种烷类，因此，γ-Fe$_2$O$_3$ 气敏传感器又称为"城市煤气传感器"。MQT-011 型 γ-Fe$_2$O$_3$ 气敏元件的主要参数如表 3-2 所列。

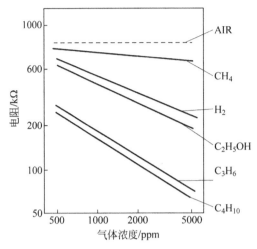

图 3-22　γ-Fe$_2$O$_3$ 气敏传感器的灵敏度特性

表 3-2　MQT-011 型 γ-Fe$_2$O$_3$ 气敏元件的主要参数

| 项　　目 | 指　　标 | 项　　目 | 指　　标 |
|---|---|---|---|
| 检测气体 | LPG,C$_3$H$_8$,i-C$_4$H$_{10}$ 等 | 响应时间 | <10s |
| 浓度范围 | 0.03%～2.0% | 灵敏度 | $R_0/R_s \geqslant 5$ |
| 使用温度 | −10～+60℃ | 气体分离度 | $R_s(0.05)/R_s(0.5) \geqslant 2.0$ |
| 工作电压 | DC 10V | 初期稳定时间 | ≤10min |
| 加热电压 | DC 或 AC 6V | 温度系数 | $(-4.5～1.0)×10^{-3}/℃$ |
| 负载电阻 | 10kΩ | 湿度系数 | 0.82～1.18 |
| 元件阻值 | 空气中 200～1500kΩ；标定气体 (LPG 2000×10$^{-6}$)中 10～100kΩ | | |

**2. α-Fe$_2$O$_3$ 气敏元件**

α-Fe$_2$O$_3$ 气敏元件是对天然气、煤矿瓦斯气、沼气等以甲烷（CH$_4$）为主体成分可燃性气体敏感的元件，对水蒸气和乙醇的灵敏度很低，对环境温度依存性小，抗湿度能力强且工作寿命长，特别适合用于制作家庭报警器，不会因水蒸气和酒精的影响而发生误报警。α-Fe$_2$O$_3$ 气敏元件是很有前途的气敏元件。由 γ-Fe$_2$O$_3$ 通过高温相变获得的刚玉结构 α-Fe$_2$O$_3$ 气敏特性较差，不宜用来制备气敏元件。只有采用特殊方法制备的 α-Fe$_2$O$_3$ 才具有良好的气敏特性。

1）α-Fe$_2$O$_3$ 气敏元件基体材料的制备

α-Fe$_2$O$_3$ 是 N 型半导体材料。气敏材料在检测气体时吸附被测气体后，在气体分子与气敏材料分子之间发生电子转移，致使气敏材料表面电子状态发生变化，从而导致其电阻率发生变化。气敏材料与气体分子之间的这种电子转移实质上是一种化学反应，需要一定的激活能。因此，提高气敏元件灵敏度的关键问题之一，就是提供进行这种化学反应所必需的激活能。采用的方法有以下三种：①提高气敏元件的工作温度；②添加贵重金属催化剂铂(Pt)、钯(Pd)等减小化学反应所需的激活能；③尽可能地增大气敏材料的比表面积,提高其反应活性。提高气敏元件的工作温度以改善其灵敏度,效果比较明显。但是气敏元件的工作温度有一定限度。工作温度过高,一是可能导致被吸附气体的高温解吸使其灵敏度降低；二是增大了气敏元件功耗,不仅给气敏元件的设计以及与之配套的二次仪表的设计、制作带来困难,而且不利于气敏元件的小型化和集成化,同时气敏元件的寿命也将受到影响。加入贵金属催化剂,虽然可以改善气敏元件的灵敏度,但气敏元件的长期稳定性、寿命等技术指标,可能因为催化剂"中毒"而受到影响,并且会使气敏元件的成本增加。增大气敏材料的比表面积,可以增大其表面活性,提高气敏元件的灵敏度。增大材料比表面积的常用方法是将材料粉体尽量细化成微粒材料。

2）α-$Fe_2O_3$材料的制备

制备微粒材料主要有两种途径。其一是将块状材料粉碎细化,即通过由大至小的途径,例如球磨、振磨等方法。这种方法适用于微粒材料使用量大,对微粒材料的尺寸、粒径的一致性要求不太高的场合。一般电子陶瓷料体的制备,就是采用这种方法。其二是将所需材料从分子状态通过合成、凝聚等方法,生成所需尺寸的微粒材料。这种方法所需的设备、工艺都比较复杂,而且产量较小,但是制得的粉体尺寸小、纯度高,适用于对粉体材料用量不大、要求较高的场合。

用化学共沉法制备的α-$Fe_2O_3$粉体,粒径小（10～100nm）、表面活性高,不加入贵金属催化剂就具有较好的气敏特性。

3）α-$Fe_2O_3$气敏元件的制备

α-$Fe_2O_3$气敏元件的结构与γ-$Fe_2O_3$气敏元件相同,不同的是其管芯用α-$Fe_2O_3$材料制备。α-$Fe_2O_3$气敏元件制备工艺流程如图3-23所示。

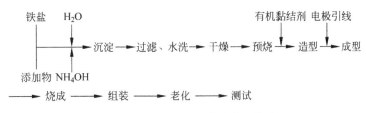

图3-23　α-$Fe_2O_3$气敏元件制备工艺流程

若在α-$Fe_2O_3$中添加入四价金属离子（$Ti^{4+}$、$Zr^{4+}$、$Sn^{4+}$等）可以改善其气敏特性。这些添加物的作用是抑制烧结过程中α-$Fe_2O_3$的晶粒长大,从而使α-$Fe_2O_3$烧结体具有大的比表面积和活性,提高元件的灵敏度。

4）α-$Fe_2O_3$气敏元件的特性参数

（1）灵敏度特性。

α-$Fe_2O_3$是N型半导体材料,元件的电阻率随可燃性气体浓度的增加而下降,如图3-24所示。可以看出,除了乙醇外,其他气体在1000～10 000ppm的浓度范围内,气敏元件电阻值与被测其他浓度有如下的近似关系：

$$R_s \infty C^{-n} \tag{3-16}$$

式中,$R_s$为元件的电阻值；$C$为气体的浓度；$n$为与气体有关的常数（浓度系数）。

（2）元件灵敏度与环境温度和温度系数的关系。

$\alpha\text{-}Fe_2O_3$ 气敏元件随环境温度上升，其电阻值下降。在空气中和被测气体浓度为 2000ppm 时，元件的电阻值 $R_0$ 和 $R_s$ 随温度变化的关系曲线如图 3-25 所示。以 $\beta_T$ 表示元件的温度系数，可以用下式来表示：

$$\beta_T = -\lg \frac{R_s(2000ppm, T_1)}{R_s(2000ppm, T_2)} \bigg/ (T_2 - T_1) \tag{3-17}$$

式中，$R_s$ 为元件在温度为 $T_1$ 和 $T_2$ 时，在被测气体中的阻值。当然，$\beta_T$ 的值因气体种类而异。

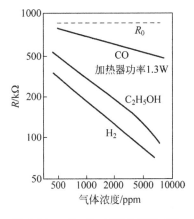

图 3-24 $\alpha\text{-}Fe_2O_3$ 气敏元件对 CO、
$C_2H_5OH$、$H_2$ 的敏感特性

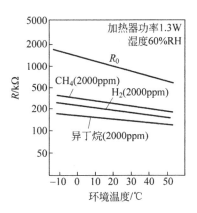

图 3-25 $\alpha\text{-}Fe_2O_3$ 气敏元件的
温度特性

元件阻值 $R_0$ 和 $R_s$ 随环境湿度变化的曲线如图 3-26 所示，规定温度 40℃时，元件在低湿 35％RH 和高湿 95％RH 的 $R_s$(2000ppm) 之比为湿度系数 $\beta_H$，即

$$\beta_H = \frac{R_s(2000ppm, 35\%RH)}{R_s(2000ppm, 95\%RH)} \tag{3-18}$$

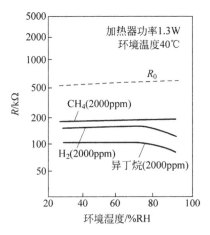

图 3-26 $\alpha\text{-}Fe_2O_3$ 气敏元件的湿度特性

湿度系数 $\beta_H$ 的值也因被测气体种类不同而不同。$\alpha\text{-}Fe_2O_3$ 气敏元件在几种代表性气体中的温度和湿度系数如表 3-3 所列。可见，$\alpha\text{-}Fe_2O_3$ 气敏元件对温度、湿度都不太敏感，温度、湿度特性较稳定。

表 3-3  α-Fe₂O₃ 敏元件对代表性气体的温度、湿度系数

| 气体种类 | CH₄(甲烷) | C₂H₆(乙烷) | C₃H₈(丙烷) | C₄H₁₀(丁烷) | H₂(氢气) | C₂H₅OH |
|---|---|---|---|---|---|---|
| 温度系数 $\beta_T/(10^{-3}/℃)$ | −4.75 | −4.60 | −4.88 | −5.21 | −4.23 | −5.85 |
| 湿度系数 $\beta_H/(10^{-3}/\%RH)$ | 1.03 | 1.05 | 1.08 | 1.18 | 1.16 | 1.12 |

(3) 初期稳定特性和响应特性。

α-Fe₂O₃ 气敏元件的初期稳定性及响应特性曲线如图 3-27 所示。可以看出,尽管这种元件不使用贵金属作催化剂,也具有响应和恢复速度快的特点,这是由于 α-Fe₂O₃ 气敏元件具有很高的气孔率所致。

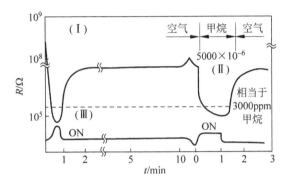

图 3-27  α-Fe₂O₃ 气敏元件初期稳定性和响应特性

## 3.4.2  半导体氧敏元件

用二氧化钛(TiO₂)、五氧化二铌(Nb₂O₅)、氧化铈(CeO₂)和氧化钴(CoO)等氧化物半导体材料可以制成对氧敏感的元件,这种元件也是体电阻控制型气敏元件。这些金属氧化物半导体的电阻率 ρ 受晶格中氧空位的控制,氧空位的浓度又与环境气氛中氧分压密切相关。这些金属氧化物半导体的电阻率 ρ 和氧分压 $p(O_2)$ 之间满足以下关系:

$$\rho = \rho_0 e^{\frac{E_A}{kT}} p^{\frac{1}{n}}(O_2) \tag{3-19}$$

式中,k 为玻耳兹曼常数;$E_A$ 为电导过程的活化能;T 为绝对温度;n、$\rho_0$ 均为材料常数,与材料种类、掺杂类型等有关。

在高温下,氧化物晶格中的氧与环境分压达到平衡时,金属氧化物半导体的电阻率与氧分压的关系如图 3-28 所示。当环境氧分压值很低时(如图 3-28 中 A 区),氧化物半导体中的氧原子向环境中扩散。氧化物晶格中的氧空位或金属间隙原子等缺陷浓度增加,形成施主能级,氧化物成为以电子为多数载流子的 N 型半导体。在 A 区随着氧分压的降低,其电阻率降低。相反,在氧分压很高时(如图 3-28 中 C 区),环境中的氧向氧化物中渗透,在氧化物中出现氧过剩而形成氧间隙原子或金属原子空位等晶格缺陷。这些缺陷形成受主能级,氧化物成为以空穴为多数载流子的 P

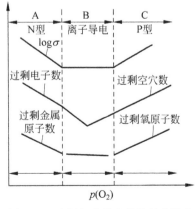

图 3-28  金属氧化物半导体的电阻率
与氧分压的关系

型半导体。在 C 区随着环境中氧分压的增加,其电阻率下降。在环境氧分压为中间状态(如图 3-28 中 B 区)时,氧化物半导体中电子和空穴浓度都较低,多数情况下离子导电占主要地位。在一般情况下,环境中氧分压的变化范围不大,氧化物究竟是 N 型半导体还是 P 型半导体,即大气氧分压究竟属于图 3-28 中 A,B,C 的哪一个区域,取决于氧化物种类和掺入杂质的种类和数量。大气氧分压属于 A 区的氧化物通常称为 N 型半导体,属于 C 区的则称为 P 型半导体,属于 B 区的氧化物多数变为离子导电体。

如果用 P 型金属氧化物半导体制作氧敏元件,随着空燃比变小(一般是氧分压降低),其电阻率开始升高而后降低(图 3-28 中由 C→B→A),将会出现两个转折点。与此相反,N 型金属氧化物半导体的电阻率只是随着环境氧分压减小而减小,没有转折点。因此一般都用 N 型金属氧化物半导体制作氧敏元件。

金属氧化物半导体的电阻与环境氧分压之间满足以下关系:

$$R \infty p^n(O_2) \tag{3-20}$$

式中,$R$ 为金属氧化物半导体的电阻值;$p^n(O_2)$ 为环境氧分压;$n$ 为材料常数。

一般金属氧化物半导体材料常数 $n$ 的值在 $1/6 \sim 1/4$,显然材料常数 $n$ 值越大,环境氧分压越大时,金属氧化物半导体的电阻值变化也越大,氧敏元件灵敏度也越高。因此,氧敏元件一般都选用 $n$ 值较大的 $TiO_2$、$Nb_2O_5$ 和 $CeO_2$ 等氧化物半导体材料。

### 1. 二氧化钛氧敏元件

二氧化钛($TiO_2$)是具有金红石结构的 N 型半导体,其电阻率与环境氧分压的关系满足式(3-20)。在常温下,$TiO_2$ 的活化能很高,难以和空气中的氧发生化学吸附,不显示氧敏特性,只有在高温下才能有明显的氧敏特性。为了提高 $TiO_2$ 的氧敏特性,通常在 $TiO_2$ 中添加贵金属铂作为催化剂。氧敏元件工作时,环境中的氧首先在铂上吸附,形成原子态氧与 $TiO_2$ 发生化学吸附 $O_2 \xrightarrow{Pt} 2O$,这样可以降低对氧的吸附势垒,加快响应速度。

在 $TiO_2$ 中,添加铂的方式有以下几种:

(1) 将氯化钛水解后制得的 $TiO_2$ 粉体,压制成型后,在 980℃下烧结,冷却后浸在用氯铂酸与甲醛配制的溶液中,12h 后取出,干燥后在 800℃下处理 4h,使附在 $TiO_2$ 表面的氯铂酸($H_2PtCl_6$)转变成金属铂。

(2) 用水解法制得的 $TiO_2$ 粉体,浸泡在氯铂酸与甲醛配制的溶液中,12h 后取出,干燥成型后,再进行烧结。

(3) 直接将铂黑(极细的金属铂粉体)添加在 $TiO_2$ 粉体中(用量 1%～5%wt),混合均匀后,成型烧结。

在 $TiO_2$ 中添加铂催化剂后,$TiO_2$ 氧敏元件在较低温度(350℃～450℃)下,其响应速度就能获得较大改善,在 300℃以上,对氧具有较好的响应特性。

由于 $TiO_2$ 具有负的温度系数,其电阻率随温度升高而下降。这一特性容易与氧敏元件吸附氧后电阻下降相混淆,造成测量误差。为此通常在测试电路中,使用一个由氧化钴—氧化镁二元系材料制作的电阻用于温度补偿,消除由于温度变化所引起的测量误差。

除了采用陶瓷工艺制备的烧结型 $TiO_2$ 氧敏元件外,还可制备厚膜 $TiO_2$ 氧敏元件。将 $TiO_2$ 粉体与适当的有机黏结剂配成浆料,将气敏浆料丝网印刷在已设置有铂电极的氧化铝基片上,烧结成厚膜 $TiO_2$ 氧敏元件。在氧化铝基片背面设置厚膜电阻或铂电阻作为加热器。这种厚膜型 $TiO_2$ 氧敏元件,由于敏感体的比表面积较大,其灵敏度、工作温度和响应速度等特性比烧结型 $TiO_2$ 氧敏元件更优越一些。

**2. 五氧化二铌($Nb_2O_5$)氧敏元件**

$Nb_2O_5$ 是一种白色固体,几乎不溶于水,可溶于氢氟酸中。含有结晶水的五氧化二铌($Nb_2O_5 \cdot xH_2O$),在强酸和强碱中都可以溶解。

在金属氧化物半导体晶格中,氧空位随环境中氧分压变化而改变的现象,实质上是一种氧的浓度差扩散现象。当环境中氧分压很高时,氧由高浓度的环境向低浓度的氧化物半导体晶格中扩散。环境中的氧首先在半导体表面吸附,然后向半导体内部扩散。相反,当环境中氧分压很低时,半导体表面的氧首先扩散到环境中去,晶格内部的氧再向半导体表面扩散。相当于氧空位在表面富集,再向内部扩散。无论是哪种情况,金属氧化物半导体中的氧空位自扩散速度都是影响这种与环境氧交换速度的重要因素。

根据菲克(Fick)第一定律,在扩散物(氧空位)的浓度不太高的条件下,在 $dt$ 时间内,通过单位面积的氧空位扩散量 $dp$ 可以表示为

$$dp = D\frac{dc}{dx}dt \tag{3-21}$$

式中,$\dfrac{dc}{dx}$ 为氧空位浓度梯度;$D$ 为扩散系数。

这种扩散现象与温度密切相关,一般来说,温度越高扩散越容易进行。在温度变化范围不太大的条件下,扩散系数 $D$ 与温度之间关系如图 3-29 所示,并可表示为

$$D = D_0 e^{-Q/RT} \tag{3-22}$$

式中,$R$ 为气体常数;$T$ 为绝对温度;$Q$ 为扩散激活能。

对于氧空位而言,扩散激活能($Q$)包括氧空位的形成能($W$)和扩散时氧空位越过势垒所需的能量($\varepsilon$)两项,即 $Q=\varepsilon+W$。

显然,氧空位在金属氧化物半导体中扩散速度越快,氧敏元件的响应时间越短。实验证明,在材料微观

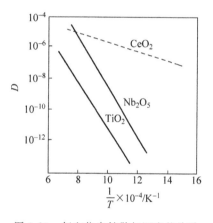

图 3-29　氧空位自扩散与温度的关系

结构相同的条件下,$Nb_2O_5$ 中氧空位的扩散速度要比 $TiO_2$ 中的大一些。因此,用 $Nb_2O_5$ 制备的氧敏元件,应具备更好的响应特性。不过,由一般烧结法制备的 $Nb_2O_5$,却得不到比 $TiO_2$ 响应速度更快的氧敏元件。这是因为 $Nb_2O_5$ 烧结体大多数是由柱状微晶粒构成,在晶粒之间的颈部变粗,不能像球状晶粒那样生成众多的具有高活性的"颈部",因而其响应特性很不理想。

为了改善 $Nb_2O_5$ 氧敏元件的响应特性,将它制作成具有较大比表面积的薄膜型元件。用氧化铝板做基底,在氧化铝板正面先设置叉指状 Pt 电极,然后再溅射一层厚度数百纳米的 $Nb_2O_5$ 薄膜作为气敏层。在氧化铝板底另一面形成锯齿状的膜厚为数微米的 Pt 薄膜作加热器。元件的尺寸制备得较小,约为 1.5mm×1.5mm×0.2mm,灵敏度较高。另外,$CeO_2$ 和 $SnO_2$ 等金属氧化物半导体也可以用来制备氧敏元件。

## 3.5 ZrO₂ 浓差电池型氧传感器

### 1. ZrO₂ 系氧传感器工作原理

在固体电解质中,载流子主要是离子。$ZrO_2$ 在高温下(远未达到熔融温度)具有氧离子的传导性,用 $ZrO_2$ 制成的氧敏元件是最重要的固体电解质氧敏元件之一。纯净的 $ZrO_2$ 在常温下属于单斜晶系,随着温度的升高,$ZrO_2$ 发生相转变,在 1100℃下为正方晶系,在 2500℃下为立方晶系,2700℃下熔融,在 $ZrO_2$ 中添加氧化钙(CaO)、三氧化二钇($Y_2O_3$)和氧化镁(MgO)等杂质后成为稳定的正方晶型,具有萤石结构,称为稳定化 $ZrO_2$。由于杂质的加入,在 $ZrO_2$ 晶体中产生氧空位,其浓度随杂质的种类和数量而改变,引起离子导电性能变化。$ZrO_2$-CaO 固溶体的离子活性较低,要在高温下,氧敏元件才有足够的灵敏度。$ZrO_2$-$Y_2O_3$ 固溶体离子活性较高,氧敏元件工作温度低,因此,通常采用这种材料制作固体电解质氧敏元件。添加 $Y_2O_3$ 的 $ZrO_2$ 固体电解质材料,称为 YSZ 材料。

$ZrO_2$ 浓差电池原理图如图 3-30 所示,用多孔电极夹着稳定化 $ZrO_2$ 做成夹层结构,组成电池,根据两个电极间生成电动势的变化,检测氧的浓度。这个电池不作为能源,利用在电极进行化学反应时的含氧量和电极电位关系,连续测定电极面上氧浓度变化,因此称为浓差电池。$ZrO_2$ 固体浓差电池组成如下:

$$\oplus \text{Pt}, p^{\text{I}}(O_2) \mid ZrO_2 \cdot Y_2O_3 \mid p^{\text{II}}(O_2), \text{Pt} \ominus \tag{3-23}$$

在(+)电极上
$$O_2 + 4e \rightarrow 2O^{2-} \tag{3-24}$$

在(−)电极上
$$2O^{2-} \rightarrow O_2 + 4e \tag{3-25}$$

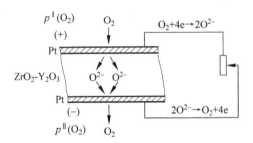

图 3-30  ZrO₂ 浓差电池原理

上述反应的吉布斯自由能变化 $\Delta G$ 和化学势的关系为

$$\Delta G = nEF = RT \lg \frac{p^{\text{I}}(O_2)}{p^{\text{II}}(O_2)} \tag{3-26}$$

式中,$R$ 为气体常数,$R=8.313\,435\text{J/(mol·K)}$;$T$ 为绝对温度;$F$ 为法拉第常数,$F=9.65 \times 10^4 \text{C/mol}$;$n$ 为在反应中移动的电子摩尔数。

由此,可导出如下能斯特(Nernst)公式,电池的电动势 $E$ 可以表示为

$$E = \frac{RT}{nF} \lg \frac{p^{\text{I}}(O_2)}{p^{\text{II}}(O_2)} \tag{3-27}$$

当温度一定时,已知参考气体中的氧分压 $p^{\text{I}}(O_2)$,只要测出固体浓度差电池电势 $E$,即可测出被测环境中氧分压 $p^{\text{II}}(O_2)$。这种测量电位差的方法称为电位法。与此相反,当产生这种极化时,如果将两极短路就会流过放电电流,所以,如果设法将气体透过膜放置在

检测极和被检测试样之间,并使被测的气体浓度与电流值一一对应,那么就可把电流作为传感器的输出信号,这种测量电流的方式称为电流法。

**2. ZrO₂ 系氧传感器结构与制造**

$ZrO_2$ 浓差电池型氧敏元件常作为汽车发动机空燃比的控制元件。用于汽车发动机空燃比控制的 $ZrO_2$-$Y_2O_3$ 氧传感器如图 3-31 所示,该传感器为圆筒形,在外侧(排气侧)和内侧(空气侧)装上不电解的铂电极,固体电解质与被测环境气体接触的电极为多孔结构。在排气侧为了防止有害物质,还加了一层多孔性保护层。

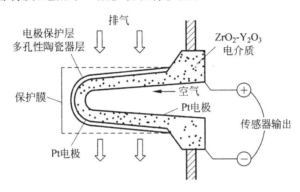

图 3-31　$ZrO_2$-$Y_2O_3$ 氧传感器

在冶金工业中,转炉炼钢需要将氧气强行鼓入炉中,以缩短冶炼时间。另外,在调整钢水成分的过程中,需要及时准确地检测钢中的氧含量。传统的检测方法是化学分析,费时较多,不能满足要求。使用 $ZrO_2$ 浓差电池型氧敏元件,可直接检测钢水中氧含量。钢水温度极高(1600℃以上),并且腐蚀性很强,因此,$ZrO_2$ 氧敏元件是一种消耗性元件。

$ZrO_2$ 的原料可用电子工业用的高纯(99%)$ZrO_2$ 粉末,加入 6%mol 的 $Y_2O_3$,在 1300～1600℃烧结后进行粉碎,再把粉末进行适当成型烧结。把制得的这种稳定化陶瓷两面平行研磨,涂上 Pt 浆料,烧结后形成电极,然后做上引线。

**3. 几种氧敏元件性能的比较**

在机动车中,燃料燃烧释放出能量的过程,实质上就是氧化过程。显然,氧化反应进行得越完全,燃料利用率越高,越节省燃料和净化排气。根据化学平衡原理,只有在氧化反应时所供给的氧量大于按化学计量比计算的氧量时,燃料才能充分燃烧。一般燃烧所需的氧由空气提供,将按化学计量比的空气/燃料混合比称为理论空燃比,燃料燃烧时的实际空气/燃料混合比称为实际空燃比。实际空燃比与理论空燃比的比值,称为空气过剩率,用 $\lambda$ 表示。

$$\lambda = \frac{实际空燃比}{理论空燃比} \qquad (3-28)$$

$Nb_2O_5$、$TiO_2$ 和 $ZrO_2$ 氧敏元件的输出信号与空气过剩率的关系如图 3-32 所示,各种元件在气体温度为 200℃和 400℃两种条件下进行试验。$ZrO_2$ 氧敏元件是固体电解质浓差电池型氧敏元件,所给出的输出信号是电动势 $E$;而 $TiO_2$ 和 $Nb_2O_5$ 氧敏元件,给出的输出信号是电阻 $R$。由图可见,在空气过剩率 $\lambda=1$ 附近,输出量都要发生突变。在 200℃和 400℃两个温度下,只有 $Nb_2O_5$ 氧敏元件的电阻值几乎不变,而 $TiO_2$ 氧敏元件的电阻值、$ZrO_2$ 固体电解质浓度差电池型氧敏元件的电动势,在温度较低时(200℃)要向上移动,表明

$Nb_2O_5$ 氧敏元件的工作温度要比另外两种氧敏元件的工作温度低些。

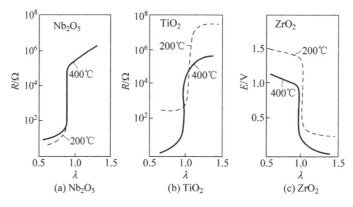

图 3-32　空气过剩率与氧敏元件参数的关系

在空气过剩率 $\lambda$ 由 0.95 变化到 1.05 时,上述三种氧敏元件的电参量变化如图 3-33 所示。在 400℃ 下,三种氧敏元件电参量输出值的变化虽然比空气过剩率 $\lambda$ 的变化稍微滞后一点,但其响应速度还很低。在 200℃ 以下时,只有 $Nb_2O_5$ 氧敏元件才具有良好的响应特性,$TiO_2$ 和 $ZrO_2$ 氧敏元件的响应特性都很差(图 3-33 中虚线)。

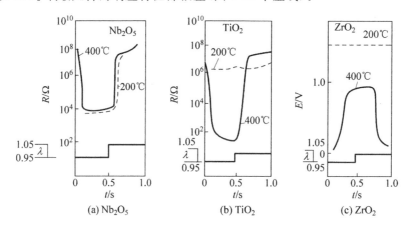

图 3-33　氧敏元件动态响应特性

## 3.6　电压控制型气敏传感器

电压控制型半导体气敏传感器包括金属/半导体气敏二极管和 MOS 场效应元件等。由于催化金属吸附和分解气体分子,形成极性分子(或原子)的偶极层,使半导体/金属间的功函数发生变化,改变气敏传感器的电流—电压特性。电压控制型气敏传感器的灵敏度和选择性主要取决于金属栅的成分、微观结构和元件工作温度等。

### 3.6.1　肖特基二极管气敏元件

当金属和半导体接触形成肖特基势垒时,就构成了金属—半导体(肖特基)二极管。这种肖特基二极管的正极是金属,负极为半导体。当对肖特基二极管施加正向偏压时,从半导体流向金属的电子流将增加；如果对二极管施加反向偏压,从金属流向半导体的电子流(反向电流)很小且几乎没有变化,肖特基二极管具有整流作用。

当肖特基二极管的金属和半导体界面处吸附某种气体时,这种气体对半导体的禁带宽度或金属的功函数有影响,二极管的整流特性就会发生变化。利用这一特性制成的气敏元件如图 3-34 所示。半导体可以是 $TiO_2$、ZnO 或 CdS 等,金属可以是 Pd 或 Pt 等,因此,肖特基气敏元件有 $Pd$-$TiO_2$、$Pt$-$TiO_2$、Pd-CdS 和 Pd-ZnO 等,这些元件均可应用于对氢气的检测。$Pd$-$TiO_2$ 气敏二极管的整流特性与 $H_2$ 浓度的关系如图 3-35 所示。

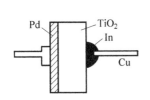

图 3-34　$Pd$-$TiO_2$ 二极管氧敏元件

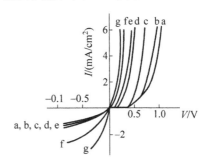

图 3-35　$Pd$-$TiO_2$ 二极管的电流—电压特性
室温 $H_2$ 浓度($\times 10^{-6}$)为 a—0,b—14,c—40,d—1400,
e—7150,f—10 000,g—15 000

在一定的正向偏压下,二极管的电流随气体浓度的增加而变大。因此,可以根据一定偏压下的电流大小或电流一定时的偏压大小来测定气体的浓度。元件在空气中吸附氧,使 Pd 的功函数变大,$Pd$-$TiO_2$ 界面的肖特基势垒增高,正向电流较小。当遇到氢气时,会把器件表面的氧解吸,Pd 的功函数随之降低,因而 $Pd$-$TiO_2$ 界面的肖特基势垒也降低,引起正向电流变大。

## 3.6.2　气敏开关元件

采用催化金属钯和半导体硅可以制成在氢气中有开关特性的半导体气敏元件,其结构如图 3-36 所示。在适当的偏压下,对于一定的氢气浓度,元件从低电导转变为高电导,即氢气的作用使元件由关闭状态转变为导通状态。

气敏开关元件是在 $P^+$ 衬底上外延一层高阻 N 型层($5\sim7\mu m$),在外延层上生长一层薄氧化膜(约为 2.5nm),然后蒸发催化金属钯。此结构可看成是 MIS 隧道器件和 $P^+$ N 结的串联。当 $P^+$ 型衬底接正电压,金属钯接负电压,$P^+$ N 处于正向偏置,能带产生弯曲,使半导体表面形成 P 型反型层,如图 3-37 所示。

此时气敏开关处于导通前的临界状态。气敏开关置于氢气中,使金属钯到半导体的电子势垒高度降低,隧道电流指数增大,此时气敏开关变成导通状态。

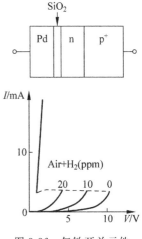

图 3-36　气敏开关元件

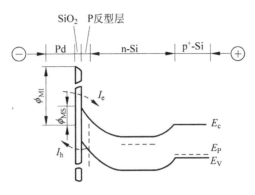

图 3-37　气敏开关能带图

### 3.6.3　MOS 二极管气敏元件

MOS 二极管气敏元件利用 MOS 二极管电容—电压($C$-$V$)特性随被测气体浓度变化的特性对气体进行检测。其结构是在电阻率 $\rho$ 为 $8\Omega\cdot cm$ 左右、$\langle 100\rangle$ 晶向的 P 型半导体硅片上,利用热氧化工艺生成一层厚度为 $50\sim 100nm$ 的 $SiO_2$ 膜。然后在 $SiO_2$ 上蒸发一层 Pd 薄膜,作为栅电极,如图 3-38(a)所示。栅金属电极除了用 Pd 膜以外,还可以用 Pt 和 Ni 等金属膜(厚度 $50\sim 200nm$)。这种结构类似于平行板电容器,半导体硅和 Pd 分别为电容器的两个极板,中间 $SiO_2$ 为介质。由于 $SiO_2$ 层的电容 $C_a$ 固定不变,而 Si 和 $SiO_2$ 界面电容 $C_s$ 是外加电压的函数,其等效电路如图 3-38(b)所示。MOS 二极管的总电容 $C$ 是 $C_a$ 与 $C_s$ 的串联电容,因此也是外加电压的函数。MOS 二极管总电容 $C$ 与外加电压 $V$ 的关系称为二极管的 $C\sim V$ 特性,如图 3-38(c)所示,(a)为空气中的 $C$-$V$ 特性曲线,(b)为氢气中的 $C$-$V$ 特性曲线。因为在零偏压下钯对氢气特别敏感,氢气的吸附使钯的功函数降低。根据这一特性就可测定氢气的浓度。

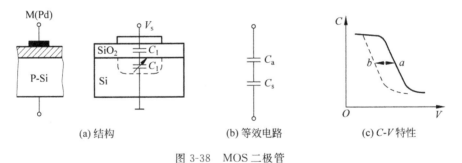

图 3-38　MOS 二极管

## 3.7　催化金属栅场效应气敏传感器

用能溶于氢气($H_2$)的金属钯(Pd)或铂(Pt)代替 Al 作为 MOS 管的金属栅,即得到催化金属栅场效应气敏传感器。显然,这种传感器可以检测氢气、含有氢原子、能与氢发生反应的气体,例如氨气($NH_3$)、硫化氢($H_2S$)、氧气($O_2$)、一氧化碳(CO)等,应用最多的是检测氢气。产品一致性好、体积小、重量轻、可靠性高,采用集成电路工艺制造,便于大批量生产。

### 3.7.1　MOSFET 的工作原理

MOSFET 是一种单极型器件,导电载流子是单一电子或空穴。MOSFET 是电压控制器件,基本结构如图 3-39 所示。衬底材料为 P 型硅片。在 P 型硅片上用扩散方法形成两个 $N^+$ 区,分别称为漏(D)极和源(S)极,在漏、源之间 P 型硅表面用热氧化法生长一层薄的 $SiO_2$ 膜,$SiO_2$ 膜上蒸发金属铝,一部分铝分别作源和漏极引出线,另一部分是 MOS 管的栅(G)电极。当栅极(G)上未加电压($V_{GS}=0$)时,即使在漏(D)和源(S)极之间加上电压 $V_{DS}$,因为漏、源之间总有一个 PN 结反偏,不会有电流,即 $I_{DS}=0$。如果在栅和源之间加一个负向电压 $V_{GS}$,因为栅氧化层下面的硅是 P 型,而源极是 N 型,故漏、源之间不导通。如果在栅和源之间加一个正向电压 $V_{GS}$,当 $V_{GS}$ 大于某一阈值电压 $V_T$ 时,使栅极下面 $SiO_2$ 层中的电场足够强,将使 $SiO_2$ 层下面的 P 型硅中的空穴被排斥到硅的内部,而将电子吸引到硅的表面,形成一个电子薄层。这个电子薄层与衬底 P 型硅的导电类型相反,故称为反型层。这个反型层像一条沟道将 $N^+$ 型漏区和源区连接起来。因此,这个反型层又称为 N 型沟道。在这种情况下,如果在漏和源之间加上漏源电压 $V_{DS}$,就会在漏和源之间产生电流 $I_{DS}$。改变栅源电压 $V_{GS}$ 的大小,可以改变 N 型沟道的厚度,漏源电流 $I_{DS}$ 也随之发生变化。这种只有加上栅源电压才能产生导电沟道的 MOS 管称为增强型 MOSFET。

在增强型 MOSFET 的栅电极加上大于 $V_T$ 的正偏压后,漏和源之间加上电压 $V_{DS}$,则漏和源之间就有电流通过,用 $I_{DS}$ 表示。$I_{DS}$ 和 $V_{GS}$ 之间的关系如图 3-40 所示。图中 $V_T$ 表示 MOSFET 导通所需要的栅源临界电压,即阈值电压。$V_T$ 的大小除了与衬底材料的性质有关外,还与 $SiO_2$ 层中的电荷数及金属与半导体的功函数差有关。

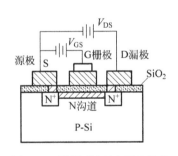

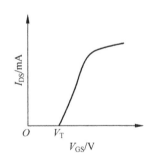

图 3-39　增强型 MOSFET 结构　　　　图 3-40　增强型 MOSFET 的 $V_{GS}$ 和 $I_{DS}$ 关系曲线

$$V_T = \phi_{ms} - (Q_{SS} + Q_D)C_{OX} + 2\phi_F \qquad (3\text{-}29)$$

式中,$\phi_{ms}$ 为金属与半导体的功函数差;$\phi_F$ 为硅的费米势;$Q_{SS}$ 为在 Si-SiO$_2$ 界面处 $SiO_2$ 侧的电荷密度;$C_{OX}$ 为 MOS 结构单位面积电容;$Q_D$ 为硅表面耗尽层内单位表面积的总电荷量。

MOSFET 气敏元件利用 MOSFET 的阈值电压 $V_T$ 对栅极材料表面吸附的气体敏感这一特性对气体进行检测。

### 3.7.2　Pd-MOSFET 氢敏元件

氢敏 Pd 栅 MOS 场效应晶体管是最早研制成功的催化金属栅场效应气敏传感器,用于氢气检测。在此基础上又发展了多种含氢化合物气敏传感器。

### 1. 工作原理

对于增强型 MOSFET,当 $V_{GS} > V_T$ 时,产生漏源电流 $I_{DS}$。利用这一特性,当栅极吸附被测气体后,栅极与半导体的功函数差和表面状态都会发生变化,由式(3-29)可知其阈值电压 $V_T$ 也随之发生变化,可以由阈值电压 $V_T$ 的变化情况来测量被测气体的性质及浓度。

Pd-MOSFET 与普通 MOSFET 的主要区别在于用对氢有较强吸附能力的钯栅极取代铝栅极,并将沟道的宽长比($W/L$)增大,这种氢敏元件称为钯栅场效应晶体管(Pd-MOSFET),其结构如图 3-41 所示。Pd-MOSFET 氢敏元件利用氢气在钯栅上吸附导致钯的功函数降低进而引起阈值电压 $V_T$ 下降这一特性来检测氢气浓度。过程如下:Pd-MOSFET 的钯栅电极置于氢气中时,在 Pd 表面产生氢的吸附。氢首先以分子形式被吸附在钯表面,由于 Pd 的催化作用,氢分子在 Pd 的外表面分解成氢原子。这样形成的氢原子通过 Pd 膜迅速扩散并吸附于内表面(Pd-SiO$_2$ 界面)。在此界面上氢原子在钯的一侧产生极化而形成偶极层,使 Pd 的功函数减小,导致 MOSFET 的阈值电压 $V_T$ 减小,如图 3-42 所示。根据 $V_T$ 变化的数值即可测出氢气的浓度。应当说明,这并不是说 Pd 能溶解氢,而是与 Pd 的催化作用和氢在 Pd 中的扩散有关。对氢具有催化作用的金属还有 Pt 和 R$_h$ 等,都可以作为栅极材料。

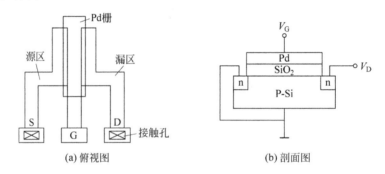

图 3-41　Pd-MOSFET 的结构

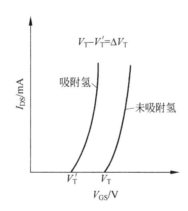

图 3-42　Pd-MOSFET 的 $I_{DS} \sim V_{GS}$ 关系

在 Pd-MOSFET 氢敏元件中,栅吸附氢后其阈值电压 $V_T$ 的变化值 $\Delta V_T$ 与环境中的氢气分压 $p(H_2)$(Pa)之间的关系为

$$\Delta V_{\mathrm{T}} = \Delta V_{\mathrm{Tm}} \frac{K\sqrt{p(\mathrm{H}_2)}}{1 + K\sqrt{p(\mathrm{H}_2)}} \tag{3-30}$$

式中,$\Delta V_{\mathrm{Tm}}$为 Pd-SiO$_2$ 界面吸附氢原子达到饱和时,$V_{\mathrm{T}}$ 变化的最大值;$K$ 为氢分子离解的平衡常数。

对氢气的分解反应为

$$\mathrm{H}_2 \underset{C_2}{\overset{C_1}{\rightleftharpoons}} 2\mathrm{H} \tag{3-31}$$

式(3-30)中,$K=\sqrt{C_1/C_2}$。式(3-31)中,$\mathrm{H}_2$ 为在 Pd-SiO$_2$ 界面上吸附的氢原子;$C_1$、$C_2$ 为正、逆向反应的速度常数;$K$ 为平衡常数。

当 Pd-MOSFET 氢敏元件工作时,随着环境中氢气浓度的增加,阈值电压 $V_{\mathrm{T}}$ 下降,相应的 $V_{\mathrm{GS}}$ 发生变化,根据 $V_{\mathrm{GS}}$ 的变化大小可以确定环境气氛中氢气的浓度。

Pd-MOSFET 不仅可以检测氢气,还能检测氨等容易分解出氢气的气体。使用时采用加热器和控温电路保持 Pd-MOSFET 氢敏元件在 150℃ 下恒温工作,有利于提高元件对氢气的响应速度和恢复速度。

**2. 阈值电压的测试**

当 $V_{\mathrm{DS}} \geqslant |V_{\mathrm{GS}} - V_{\mathrm{T}}|$ 时,MOSFET 工作在饱和区,MOSFET 的 $I \sim V$ 关系为

$$I_{\mathrm{DS}} = \beta(V_{\mathrm{GS}} - V_{\mathrm{T}})^2 \tag{3-32}$$

式中,$\beta = \varepsilon_{\mathrm{OX}}\varepsilon_0 \mu W/(2t_{\mathrm{OX}}L)$,$\varepsilon_{\mathrm{OX}}$ 为 SiO$_2$ 相对介电常数;$\varepsilon_0$ 为真空介电常数;$t_{\mathrm{OX}}$ 为 SiO$_2$ 层厚度;$\mu$ 为载流子迁移率;$W$ 为沟道宽度;$L$ 为沟道长度。

如果 $I_{\mathrm{DS}}$ 保持不变,则有 $\Delta V_{\mathrm{T}} = \Delta V_{\mathrm{GS}}$。阈值电压测试电路如图 3-43 所示,$V_1$ 是加热的直流电源,R 是加热电阻。$I$ 是恒流源,提供恒定的 $I_{\mathrm{DS}}$,数字电压表 V 用以测量 $\Delta V_{\mathrm{GS}}$。一定温度下,当 MOS 管置于氢气气氛中,阈值电压发生变化,通过测量 $\Delta V_{\mathrm{GS}}$ 即可得出 $\Delta V_{\mathrm{T}}$。

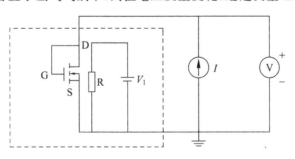

图 3-43　阈值电压测试电路

**3. Pd-MOSFET 特性**

1) 灵敏度

实际的 Pd-MOSFET 氢敏元件对氢气的灵敏度与工艺有关。阈值电压变化量 $\Delta V_{\mathrm{T}}$ 随氢气浓度变化曲线如图 3-44 所示。可以看出,低浓度时,元件具有很高的灵敏度,对于 1ppm 氢气浓度,$\Delta V_{\mathrm{T}}$ 的值可达 10mV。

2) 选择性

金属 Pd 原子间的间隙恰好能让氢原子自由通过,并到达 Pd-SiO$_2$ 界面,所以 Pd-MOSFET 只对氢敏感,具有很高的选择性。

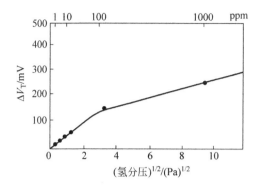

图 3-44　Pd-MOSFET 的 $\Delta V_T$ 与氢气分压的关系（实线为理论曲线，点为实测值）

3）响应时间

阈值电压随时间变化的曲线如图 3-45 所示，由于 $\Delta V_T$ 取决于 $\Delta \phi_m$ 和 $\Delta Q_{ss}$，$\Delta \phi_m$ 和 $\Delta Q_{ss}$ 取决于 Pd-SiO$_2$ 界面处吸附氢气的浓度。因此，响应时间取决于上述两个界面处氢气浓度达到稳定所需的时间。

4）稳定性

在实际应用中，Pd-MOSFET 的阈值电压 $V_T$ 会随时间发生缓慢漂移。由于长期稳定性的问题没有很好解决，使其应用受到影响。解决阈值电压慢漂移的途径有两个：一是在制作钯栅之前，在 SiO$_2$ 绝缘层上再淀积一层厚度约 100Å 的 Al$_2$O$_3$，构成 Pd-Al$_2$O$_3$-SiO$_2$-Si 结构。

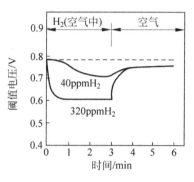

图 3-45　Pd-MOSFET 的响应曲线

由于 Al$_2$O$_3$ 层的阻挡作用，可以减少 SiO$_2$ 绝缘层中正离子的迁移，改善阈值电压慢漂移。然而，这种方法增加了元件工艺的复杂性，且灵敏度有所降低。另一种方法是采用在 HCl 气氛中生长 SiO$_2$ 绝缘层，用这种方法制备的 Pd-MOSFET，其稳定性比普通的 Pd-MOSFET 好得多，而且制备工艺简单，灵敏度又不受影响。

## 3.7.3　集成 Pd-MOSFET 氢敏元件

集成化 Pd-MOSFET 氢敏元件是将 Pd-MOSFET、加热器和测温器件集成在一起的氢敏集成元件。集成化 P-MOSFET 氢敏元件电路如图 3-46 所示。其中 R$_H$ 为加热电阻，D$_T$ 为测温器件。其平面结构如图 3-47 所示，S、D 和 G 为 Pd-MOSFET 的源极、漏极和栅极，R$_H$ 为两个加热器的电极，D$_T$ 为测温二极管，整个芯片尺寸为 $140\mu m \times 120\mu m$。

### 1. Pd-MOSFET 单管制造工艺

衬底材料选用 P 型硅片，电阻率为 $1\Omega \cdot cm$，晶向为〈100〉。在 P 型硅衬底上首先生长一层 250nm 厚的 SiO$_2$。然后光刻源漏区窗口，用三氯氧磷（POCl$_3$）作磷源，在 1050℃ 温度下进行磷扩散而形成源和漏区。在稀 HF 溶液中漂去磷硅玻璃层，反复清洗后，在 400℃ 温度下 O$_2$ 气氛中使硅烷分解淀积 200nm 厚的 SiO$_2$ 层。光刻栅区窗口，在含有 6％ HCl 的氧气氛中，875℃ 温度下生长 10nm 左右的栅氧化层。刻出源、漏极引线孔后，分别蒸发厚度为 30nm 和 150nm 的接触金属 Cr 和 Au 膜，然后反刻漏、源极引线。为了获得 Pd 栅电极，用电子束蒸发淀积一层厚度为 10nm 的钯膜,然后刻出 Pd 栅电极。最后,硅片减薄后,背面蒸发金属 Cr 和 Au 膜作为接触电极,经过切片、测试、封装等,制造出合格的 Pd-MOSFET 氢敏元件。

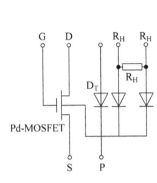

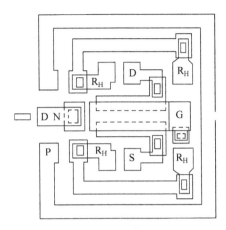

图 3-46　集成 Pd-MOSFET 氢敏元件电路图　　图 3-47　集成 Pd-MOSFET 氢敏元件平面结构

### 2. 集成 Pd-MOSFET 氢敏元件工艺

衬底为〈100〉晶向的无位错 P 型硅抛光晶圆。在 1150℃ 温度下,生长 500nm 的 $SiO_2$ 层。光刻离子注入区窗口,进行硼离子注入。第二次氧化(500nm 左右),光刻栅区,并在 950℃ 温度下含有 6% HCl 的氧气氛中生长 10~50nm 栅氧化层。光刻接触孔,用高频溅射法溅射 Ti 和 Au 合金。Ti 和 Au 合金电极光刻之后甩胶,在上面光刻出栅区,然后高频溅射 Pd,去胶形成 Pd 栅电极,在氮气氛中 400℃ 温度下退火 90min。最后切片,封装。

在整个制备过程中,关键的工艺如下:

(1) Pd 栅电极。Pd-MOSFET 氢敏元件的灵敏度和稳定性受 Pd 膜的结构及厚度的影响较大。Pd 膜厚度减小,灵敏度可提高,但稳定性变差;膜厚增大则相反。当膜厚超过 140nm 时对氢气则失去敏感特性。一般 Pd 膜厚度取 20nm 左右。为了提高稳定性,Pd 层淀积后,采用适当工艺进行退火。

(2) 栅氧化层。为了减小 $Na^+$ 等污染,提高元件的稳定性,在 HCl 气氛中氧化或增加一层 $Al_2O_3$ 钝化层。在栅氧化层制备中,应注意环境的清洁度及水的纯度(电阻率 $\geqslant$ 15MΩ)。薄栅氧化层能够减少 $SiO_2$ 中 $Na^+$ 对阈值电压的影响。所以一般栅氧化层厚度在 10~50nm 为宜。

(3) 由于元件需在 150℃ 温度下工作,并暴露在空气中,电极材料必须耐高温氧化。可用 Ti 和 Au 合金电极材料代替一般的 Al 电极材料。芯片制成后,固定在一般金属管壳的管座上。要注意使芯片与管壳有良好的绝热性能,以保持元件的工作温度。经压焊后,可带上保护罩,用时再打开。

## 3.7.4　$H_2S$ 气敏 Pd 栅 MOS 管

硫化氢($H_2S$)对人体有很大危害性,低浓度下就可以造成人体多种疾病。对硫化氢进行迅速准确的探测,具有重要的实际意义。Pd 栅 MOS 场效应管对硫化氢具有良好的敏感特性,尤其在低浓度下,硫化氢浓度变化与 MOS 管阈值电压变化有较好的线性关系。

**1. 硫化氢气敏传感器的工作原理**

硫化氢气敏 Pd 栅 MOS 晶体管的结构与氢气敏 Pd 栅 MOS 晶体管基本相同。通常采用 P 型沟道 MOS 管,Pd 栅厚度为 100nm。硫化氢被吸附在催化金属 Pd 栅表面,分解成氢原子和硫原子。

$$H_2S \xrightarrow{C_1} 2H_{ad} + S \tag{3-33}$$

反应生成的氢原子有一部分通过扩散穿过 Pd 膜到达金属/氧化物界面,形成偶极层,使 MOS 管的阈值电压发生漂移。另一部分氢原子与空气中的氧发生反应。

$$2H_{ad} + O_2 \xrightarrow{C_2} H_2O_{2ad} \tag{3-34}$$

$$2H_{ad} + H_2O_{2ad} \xrightarrow{C_3} 2H_2O \tag{3-35}$$

式中,$C_1$、$C_2$、$C_3$ 为反应速度常数。

硫化氢分解生成的硫原子也会和空气中的氧发生反应生成 $SO_2$。

**2. 硫化氢气敏传感器的特性**

Pd 栅 MOS 管对硫化氢气敏持性的测量原理和电路与氢敏 Pd 栅 MOS 管类似。硫化氢浓度为 50ppm,温度为 145℃时,气敏传感器对硫化氢的响应如图 3-48 所示。当气敏传感器置于 $H_2S$ 中,MOS 管阈值电压 $V_T$ 迅速增大,经十几秒可接近最大响应值 $\Delta V_{Tmax}$。除去 $H_2S$ 后,阈值电压 $V_T$ 减小得比较缓慢。气敏传感器对 $H_2S$ 的响应速度随温度的升高而加快。

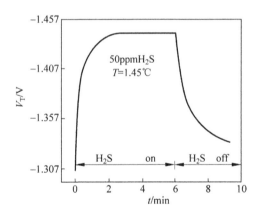

图 3-48 气敏传感器对硫化氢的响应

# 3.8 微热板基气体传感器

传统的旁热式气体传感器存在功耗大、一致性差、阵列化难度大、难以集成等缺点。针对于此,发展了 MEMS 技术与半导体氧化物敏感材料制备技术相结合的微热板基气敏元件。微热板具有加热功率低、热电响应速度快、与集成电路工艺兼容性好等优点,成为改善气体传感器性能的最佳加热平台。微热板结构如图 3-49 所示,微热板由 4 个桥臂支撑,包括悬空介质薄膜以及薄膜电阻,当电流通过薄膜电阻时,电阻产生的焦耳热一部分用于加热微热板,另一部分以传导、对流和辐射的方式耗散于周围环境中。悬空结构使微热板具有非常小的热惯性和较高的电热耦合效率。微热板下部的硅衬底被腐蚀掉,热传导的通道减少,从而使其达到预定工作温度的加热功率显著降低。例如,某微热板使用100mW 左右的功率就可以达到 300℃。

图 3-49 微热板结构

采用厚膜、薄膜工艺在微热板上制备对不同气体敏感的薄膜,得到不同类型的微热板基气体传感器。例如,在微热板上,利用 Sn 源热蒸发技术制备 $SnO_2$ 纳米线,可构成乙醇气体传感器,可以在较低功耗下工作;通过微滴喷射技术在微热板上制备 $TiO_2$ 敏感薄膜,可检测甲醇气体,具有较快的响应速度;将 $SnO_2$-NiO 纳米粉体构成的浆料涂覆在微热板上,烧结后,可构成 $SnO_2$-NiO 甲醛传感器,结构如图 3-50 所示。由于采用了 MEMS 技术,使微热板基气体传感器阵列化、与信号处理电路的集成成为可能。微热板基气体传感器已经成为新一代半导体气体传感器的典型代表。

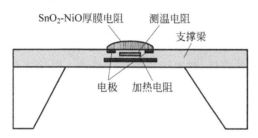

图 3-50 微热板基 $SnO_2$-NiO 甲醛传感器

## 3.9 气敏传感器特性参数的测试条件与装置

通常影响气敏元件的测量因素有环境气氛、气体成分和分压、温度和湿度及时间和地点等。标定气敏元件,一般要给出两种条件:①正常空气条件或洁净空气条件,以标定元件的初始电参数;②含有一定浓度检测气体的气氛条件,以检测元件的电参量随不同气体和浓度变化。同时还要求有监控温度和湿度的装置。气敏传感器的综合测试装置如图 3-51 所示。

该装置各部分要求如下:

**1. 空气**

这里使用的空气要求是洁净空气。使用洁净空气时,要注意不含水分,调整空气湿度可用加湿器。但在实际应用中,由于受到条件限制,许多地方都用室内空气替代。

**2. 测试箱**

测试箱容积视测试器件数量而定。测试箱材料要选用与气体不发生反应的金属、玻璃或塑料,测试箱的形状可以做成方形或圆形。

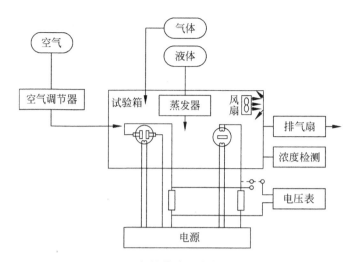

图 3-51　气敏传感器综合测试装置

**3. 电源**

测试用电源可用直流也可以用交流电源。但由于直流电源存在极性问题,对于高精度测量要注意直流电源极性保持一致。加热电极用恒压源或恒流源。

**4. 电压表**

用来测量负载电阻上的电压,对电压表的要求是输入阻抗要高,最好选用输入阻抗大于 1MΩ 的数字电压表。

**5. 排气扇**

变换测量时,或两次连续测试的间隔中,一定要排尽测试箱内残留气体,特别是测试有机溶剂蒸气(如三氯乙烯)时,排气扇排气能力要求每分钟排气量大于测试箱容积的10 倍。

**6. 待测气体**

气体浓度可通过改变注入气体体积进行调整。在测液体蒸气时,可通过注入测试箱内液体量来调整。

## 3.10　气敏传感器的应用

气体传感器的应用十分广泛,下面介绍一种氢气浓度检测电路。Pd-MOSFET 是一种性能比较理想的氢敏元件。它对空气中氢含量在 4% 以内时,具有较好的线性,可以用来对氢气浓度进行定量检测。氢气浓度测量电路如图 3-52 所示,图中 $T_1$ 为 Pd-MOSFET 氢敏器件,其栅极和漏极短路,即 P-MOSFET 始终工作于饱和区。这样漏极电流 $I_D$ 与漏源电压 $V_{DS}$ 关系为

$$I_D = \beta(V_{DS} - V_T)^2 \tag{3-36}$$

式中,$\beta = \varepsilon_{OX}\varepsilon_0\mu W/(2t_{OX}L)$,$\varepsilon_{OX}$ 为 $SiO_2$ 介电常数;$\varepsilon_0$ 为真空介电常数;$t_{OX}$ 为 $SiO_2$ 层厚度;$\mu$ 为载流子迁移率;$W$ 为沟道宽度;$L$ 为沟道长度。

当保持电流 $I_D$ 为常数时,必然有 $\Delta V_{DS} = \Delta V_T$ 的关系。所以通过测量 $V_{DS}$ 的变化量

$\Delta V_{DS}$就可以得到阈值电压 $V_T$ 的变化量 $\Delta V_T$,根据预先制作好的氢气浓度与 $\Delta V_T$ 关系的标准曲线,就可以求出氢气浓度。

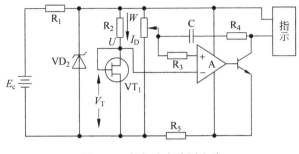

图 3-52　氢气浓度检测电路

## 小结

本章首先阐述了金属氧化物如何实现半导体化,然后重点介绍了表面电阻控制型气体敏感元件、氧化锌(ZnO)表面电阻控制型气敏元件、氧化铁($Fe_2O_3$)系传感器、半导体氧敏元件、$ZrO_2$ 浓差电池型氧传感器、催化金属栅场效应气敏传感器等元件的工作原理、制作工艺及特性参数,最后叙述了微热板基气敏传感器的原理、气敏传感器特性参数的测试条件与装置及气敏传感器的简单应用。探索新工艺、开发新材料、探讨新机理,必将会使半导体气敏传感器的研究与开发进入一个崭新的阶段,对于减少气体爆炸、火灾等事故的发生将起到更大的作用。

## 习题

1. 填空题

(1) 人为在金属氧化物能带结构的禁带中形成或增加附加能级的过程称为金属氧化物的半导体化。对于金属氧化物,氧空位形成_____能级,而金属空位形成_____能级。

(2) 对于增强型 MOSFET,当栅极吸附了被测气体后,栅极(金属)的功函数与半导体的表面状态发生改变,从而使_____相应改变,这样就可以测定被测气体的性质和浓度。

(3) 二极管式气敏传感器包括肖特基二极管型和 MOS 二极管型,肖特基二极管气敏传感器是利用其_____特性随检测气体浓度变化的特性对气体进行检测,而 MOS 二极管气敏传感器是利用 MOS 二极管的_____特性随测气体浓度变化的特性对气体进行检测。

(4) 表面电阻控制型气敏元件主要有 $SnO_2$ 和 ZnO 等,按加热方式不同,烧结型 $SnO_2$ 气敏元件可分为_____和_____两种。

2. 选择题

(1) 下列哪一项是非电阻型半导体气敏元件?(　　　)

　　A. $Ag_2O$　　　　　　B. $SnO_2$　　　　　　C. ZnO　　　　　　D. $TiO_2$

（2）可提高 $SnO_2$ 气敏元件灵敏度的添加剂有（　　）。

  A. 钯        B. 二氧化钍     C. 铂        D. 氧化镁

（3）电阻型气敏传感器中的加热器给传感器加热是为了（　　）。

  A. 加速气体吸附和氧化还原反应     B. 去除吸附在表面的油雾和尘埃

  C. 去除传感器中的水分        D. 起温度补偿作用

3. 为什么气敏元件都附有加热丝？

4. 试解释 $SnO_2$ 气敏原理。

5. 简述烧结型 $SnO_2$ 气敏元件的制备工艺。

# 第4章

# 半导体湿敏元件与传感器

在工业生产中,湿度的测控直接关系到产品的质量,在精密仪器、半导体集成电路与元器件制造场所,湿度的测控显得尤为重要。此外,湿度监测在气象预报、医疗卫生、食品加工等行业都有广泛应用。

湿度传感器利用湿敏材料对水分子的吸附能力或对水分子产生物理效应的方法测量湿度。有关湿度测量,早在16世纪就有记载。许多古老的测量方法,如干湿球湿度计、毛发湿度计和露点计等至今仍被广泛采用。后来发展的有中子水分仪、微波水分仪等,但传统湿度传感器不易与现代电子技术相结合。20世纪60年代发展起来的半导体湿度传感器,特别是金属氧化物半导体湿敏元件,在满足上述要求方面有了很大突破,成为一类富有生命力的湿敏元件。

湿度是极难测准的物理参数之一,大气中的水蒸气量和空气本身相比,数量极其微少,而且又特别难于集中地作用于湿敏功能材料表面。此外,湿敏功能材料的感湿物理和化学过程十分复杂,其湿敏机理至今有许多方面只能定性说明。多种湿敏元件的设计参数只能靠实验方法局部解决,着力进行湿敏功能材料和感湿机理的研究是解决问题的关键。

## 4.1 湿度表示方法

含有水蒸气的空气是一种潮湿空气,潮湿空气可以看作水蒸气和干燥空气的混合气体。表示空气湿度的方法很多,包括混合比、质量百分比、体积百分比、饱和差、绝对湿度、相对湿度以及露点等。较为常用的表示方法为绝对湿度、相对湿度和露点。不同方法表示的湿度,由于其内在的联系,可通过一定的计算公式相互进行换算。

**1. 绝对湿度**

绝对湿度表示单位体积内,空气中所含水蒸气的质量。其表示式为

$$H_A = \frac{m_V}{V} \tag{4-1}$$

式中,$m_V$ 为待测空气中的水蒸气质量;$V$ 为待测空气的总体积;$H_A$ 为待测空气的绝对湿度。

如果把待测空气看作是一种由水蒸气和干燥空气组成的二元理想混合气体,根据道尔顿分压定律和理想气体状态方程,可以得出如下关系式:

$$H_A = \frac{P_V M}{RT} \qquad (4\text{-}2)$$

式中，$P_V$ 为待测空气中水蒸气分压；$M$ 为水蒸气的摩尔质量；$R$ 为理想气体常数；$T$ 为气体的绝对温度。

绝对湿度的最大值是饱和状态下的最高湿度。随着温度的变化，空气的体积要发生变化，绝对湿度也变化，绝对湿度只有与温度一起考虑才有意义。绝对湿度越靠近最高湿度，它随温度的变化就越小。在实际生活中，许多现象与湿度有关，例如水分蒸发的快慢、人体的自我感觉、植物的荣枯等，并不直接与空气的绝对湿度有关，而是与空气中水蒸气分压和同一温度下水的饱和水蒸气压间的差值有关。如果这一差值过小，人体将感觉到空气过于潮湿；差值过大，又使人体感到空气太干燥。为此，有必要引入相对湿度的概念。

**2. 相对湿度**

饱和蒸气压是指同一温度下，混合气体中所含水蒸气压的最大值。温度越高，饱和蒸气压越大。在某一温度下，混合气体中水蒸气分压同饱和水蒸气压比值的百分数，称为相对湿度。相对湿度是一个无量纲的物理量，常表示为％RH(Relative Humidity)，其表示式为

$$H_R = \left(\frac{p_V}{p_W}\right)_T \times 100\% \text{RH} \qquad (4\text{-}3)$$

式中，$p_W$ 为与待测空气温度相同时水的饱和蒸气压；$p_V$ 为待测空气中水蒸气分压。

显然，绝对湿度给出了水分在空间的具体含量，相对湿度则给出了大气的潮湿程度，故使用更广泛。表4-1列出了在常压下，不同温度下水的饱和蒸气压的数值。如果已知空气的温度 $t$ 和空气中水蒸气分压 $p_V$，则从表4-1中可以查得温度为 $t$ 时水的饱和蒸气压 $p_W$，利用式(4-3)可计算出此时空气的相对湿度。

**3. 露(霜)点**

水的饱和蒸气压随空气温度的下降而逐渐减小，在同样的空气水蒸气分压下，空气温度越低，则空气的水蒸气分压与同一温度下的饱和水蒸气压的差值就越小，或者说式(4-3)比值越大。当空气的温度下降到某一特定温度时，空气中的水蒸气分压将与水的饱和蒸气压相等。此时空气中的水蒸气将向液相转化而凝结成露珠，此时相对湿度为100％RH，这一特定温度，就称为空气的露点温度，简称露点。如果这一特定温度低于0℃时，水蒸气将结霜，称为霜点。通常，霜点和露点不予区别，统称露点。空气中水蒸气压越小，则露点越低，因而可以用露点表示空气中的湿度大小。

**表 4-1　不同温度时水的饱和蒸气压(Pa)**

| $t/℃$ | $p$ | $t/℃$ | $p$ | $t/℃$ | $p$ | $t/℃$ | $p$ | $t/℃$ | $p$ | $t/℃$ | $p$ |
|---|---|---|---|---|---|---|---|---|---|---|---|
| −20 | 102.65 | −14 | 181.13 | −8 | 309.30 | −2 | 517.28 | 4 | 813.25 | 10 | 1229.88 |
| −19 | 113.32 | −13 | 198.65 | −7 | 337.30 | −1 | 562.61 | 5 | 871.91 | 11 | 1311.87 |
| −18 | 125.32 | −12 | 217.31 | −6 | 367.96 | 0 | 610.61 | 6 | 934.57 | 12 | 1402.53 |
| −17 | 137.32 | −11 | 239.31 | −5 | 401.29 | 1 | 657.27 | 7 | 1001.23 | 13 | 1497.18 |
| −16 | 150.65 | −10 | 260.00 | −4 | 437.29 | 2 | 705.26 | 8 | 1073.23 | 14 | 1598.51 |
| −15 | 165.32 | −9 | 283.97 | −3 | 475.95 | 3 | 758.59 | 9 | 1147.89 | 15 | 1705.16 |

续表

| $t/℃$ | $p$ | $t/℃$ | $p$ | $t/℃$ | $p$ | $t/℃$ | $p$ | $t/℃$ | $p$ | $t/℃$ | $p$ |
|---|---|---|---|---|---|---|---|---|---|---|---|
| 16 | 1817.15 | 21 | 2486.92 | 26 | 3361.00 | 31 | 4492.88 | 36 | 5940.74 | 50 | 12 332.10 |
| 17 | 1937.14 | 22 | 2643.74 | 27 | 3564.98 | 32 | 4754.19 | 37 | 6275.37 | 60 | 19 918.00 |
| 18 | 2063.79 | 23 | 2809.05 | 28 | 3779.62 | 33 | 5030.16 | 38 | 6624.67 | 70 | 31 156.88 |
| 19 | 2186.45 | 24 | 2983.70 | 29 | 4004.93 | 34 | 5319.47 | 39 | 6991.30 | 80 | 47 341.93 |
| 20 | 2338.43 | 25 | 3170.34 | 30 | 4242.24 | 35 | 5623.44 | 40 | 7375.26 | 100 | 101 325 |

测量空气露点温度时,先使待测空气温度降低形成结露,再用铂电阻测出结露时的温度,即该空气的露点温度。露点温度和相对湿度间存在一种简单的转换关系。如果已测知空气的露点温度为 $T_a$,由表 4-1 查出待测空气的水蒸气分压 $P_v$(即 $T_a$ 温度下水的饱和蒸气压)。同样由表 4-1 查出待测空气所处温度下水的饱和蒸气压 $P_w$,将查得的 $P_v$ 和 $P_w$ 代入式(4-3)即可求得待测空气的相对湿度。

## 4.2 湿敏元件与传感器分类

湿敏元件与传感器有多种分类方法。按输出的电学量,分为电阻式、电容式和频率式等;按探测功能,分为相对湿度、绝对湿度、结露和多功能式 4 种;按所用材料,分为陶瓷式、有机高分子式、半导体式和电解质式等。按材料分类的湿敏元件见表 4-2。

表 4-2 湿敏元件及传感器分类

| | | | |
|---|---|---|---|
| 湿度传感器 | 陶瓷材料 | 烧结型 | $MgCr_2O_4$-$TiO_2$ 系湿度传感器 |
| | | 厚膜型 | $ZrO_2$-$Y_2O_3$ 系湿度传感器 |
| | | 涂覆膜型 | $Fe_3O_4$ 胶质湿度传感器 |
| | | 薄膜型 | 多孔 $Al_2O_3$ 薄膜型湿敏元件 |
| | 有机高分子材料 | 电阻型 | 聚苯乙烯磺酸盐系湿度传感器 |
| | | 电容型 | 醋酸纤维素系湿度传感器 |
| | | 电阻开关型 | 丙烯酸聚合物＋碳粉系结露传感器 |
| | 半导体湿度传感器 | 元素半导体湿敏传感器 | Ge 薄膜湿敏传感器 |
| | | | Si 烧结型湿敏传感器 |
| | | 全硅固态型湿敏传感器 | 湿敏二极管 |
| | | | MOS 型湿敏传感器 |
| | 电解质式湿度传感器 | 电阻型 | LiCl 系湿度传感器 |
| | | 电流型 | $ZrO_2$-$Y_2O_3$ 限界电流型传感器 |
| | 其他类型湿度传感器 | 尺寸变化湿度传感器 | |
| | | 干湿球湿度计 | |
| | | 微波湿度传感器 | |
| | | 红外湿度传感器 | |
| | | 石英振动式湿度传感器 | |
| | | 声表面波湿度传感器 | |
| | | 热导式湿度传感器 | |
| | | 光纤式湿度传感器 | |

## 4.3　特性参数

湿敏元件与传感器种类繁多,特性参数也较多,下面仅介绍一些典型的特性参数。

**1. 湿度量程**

湿度量程就是湿度传感器技术规范中所规定的感湿范围。对通用型湿度传感器,希望它的量程要宽。对用户来说,并非越宽越好,还要考虑到经济效益。在低温或抽真空情况下用的低湿传感器,主要要求它在低湿的情况下有足够的灵敏度。多数场合只要求湿敏元件与传感器在一定湿度范围内性能良好。按测量范围,湿敏元件与传感器通常分为低湿型($0.5\%\sim30\%$RH)、中湿型($30\%\sim70\%$RH)、高湿型($70\%\sim100\%$RH)和全湿型($0\sim100\%$RH)。

**2. 感湿特征量**

每种湿敏元件都有其感湿特征量,例如电阻、电容和击穿电压等。以电阻为例,在规定的工作湿度范围内,湿度传感器的电阻值随环境湿度变化的关系特性曲线,简称阻湿特性。据感湿特性曲线,可以确定元件的最佳使用范围及灵敏度。性能良好的湿敏元件的感湿特性曲线,应当在整个湿度范围内变化连续,斜率一致且大小适中。斜率过小,灵敏度降低;斜率过大,稳定性降低,这些都会给测量带来困难。

**3. 感湿灵敏度**

湿敏元件的灵敏度反映元件感湿特征量相对于环境湿度的变化程度。因此,它应当是湿敏元件的感湿特性曲线斜率。在感湿特性曲线是直线的情况下,用斜率来表示湿敏元件的灵敏度恰当可行。然而,大多数湿敏元件的感湿特性曲线为非线性,在不同的相对湿度范围内,曲线具有不同的斜率。这就造成了采用斜率来表示感湿灵敏度的困难。

关于湿敏元件灵敏度的表示方法尚未得到统一,但较为普遍采用的方法是用湿敏元件的一组电阻比值来表示,如 $R_{1\%\mathrm{RH}}/R_{2\%\mathrm{RH}}$、$R_{1\%\mathrm{RH}}/R_{60\%\mathrm{RH}}$、$R_{1\%\mathrm{RH}}/R_{10\%\mathrm{RH}}$ 等。

**4. 温度系数**

温度系数反映湿敏元件的感湿特性曲线随环境温度变化而变化的特性参数。温度系数分为特征量的温度系数和感湿的温度系数。当环境湿度保持恒定,温度变化时,感湿特征量的相对变化量与对应的温度变化量之比称为特征量温度系数。例如,特征量为电阻时,特征量温度系数为

$$电阻的温度系数(\%/℃) = \frac{R_2 - R_1}{R_1 \times \Delta T} \times 100\% \qquad (4-4)$$

式中,$\Delta T$ 为环境温度与 25℃的温度差;$R_1$ 为温度 25℃时,元件的电阻值;$R_2$ 为环境温度下元件的电阻值。

感湿温度系数为环境温度每变化 1℃时,引起湿敏元件所表示的湿度误差。

$$感湿温度系数(\%\mathrm{RH}/℃) = \frac{H_2 - H_1}{\Delta T} \qquad (4-5)$$

式中,$\Delta T$ 为环境温度与 25℃的温度差;$H_1$ 为温度为 25℃时的相对湿度;$H_2$ 为环境温度下的相对湿度。

**5. 响应时间**

响应时间表示湿敏元件在相对湿度变化时,输出特征量随相对湿度变化的快慢程度。

响应时间是湿敏元件重要特性参数之一。如果当环境相对湿度变化 $\Delta RH$,湿敏元件感湿特征量的变化量为 $\Delta K$ 时,在响应过程中的某个时刻 $t$ 感湿特征量的变化量 $\Delta K_t$ 为

$$\Delta K_t = \Delta K \left( 1 - e^{-\frac{t}{\tau}} \right) \tag{4-6}$$

式中,$\tau$ 为时间常数,称为响应时间。

由式(4-6)可知,当 $t = \tau$ 时,$\Delta K_t = \Delta K(1 - e^{-1}) = 0.632\Delta K$。因此,响应时间定义为:在一定的温度下,当湿度发生跃变时,湿敏元件感湿特征量达到稳态变化量规定比例所需的时间,比例取 $63\%$ 或 $90\%$。湿敏元件的响应时间与环境的起始和终止相对湿度密切相关,响应时间的单位为秒(s),响应时间分为吸湿响应时间和脱湿响应时间。大多数湿敏元件脱湿响应时间大于吸湿响应时间,一般以脱湿响应时间作为湿敏元件的响应时间。

**6. 湿滞回线和湿滞回差**

湿敏元件吸湿和脱湿特性曲线通常不同,一般脱湿比吸湿滞后,称这一特性为湿滞现象。湿滞现象可以用吸湿和脱湿特性曲线所构成的回线来表示,称为湿滞回线。表示湿敏元件湿滞特性的特性参数是湿滞回差。湿滞回差表示湿敏元件在吸湿和脱湿两种情况下,其感湿特征量 $K$ 为同一数值时所对应的环境湿度的最大差值。湿滞回线与湿滞回差如图 4-1 所示,图中所示的 $\Delta RH_H$ 和 $\Delta RH_L$ 两点间所对应的湿度差为 $\Delta RH = \Delta RH_H - \Delta RH_L$。湿度回差的大小,对于湿敏元件是非常重要的参数,其值越小越好。

**7. 电压特性**

当采用陶瓷湿敏元件测量湿度时,由于加直流电压会引起湿敏元件的感湿体内水分子电解,致使其电导率随时间的延长而下降。因此,测试电压应采用交流电压。

**8. 频率特性**

某湿敏元件的阻值与外加测试交流电压频率之间的关系,如图 4-2 所示。可以看出,在高湿时,频率对阻值影响很小;在低湿高频时,随着频率的增加,元件的阻值下降。对于这种湿敏元件,在各种湿度下,当测试频率小于 $10^3$ Hz 时,阻值不随测试电压频率而变化,故该湿敏元件测试电压频率的上限为 $10^3$ Hz。一般湿敏元件的使用频率上限由实验决定。为了防止水分子的电解,测试电压的频率不能太低,通常应大于工频 50Hz。

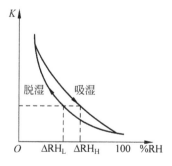

图 4-1 湿滞回线与湿滞回差

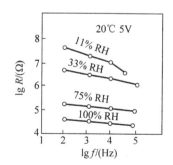

图 4-2 电阻与频率特性

**9. 其他特性参数**

(1) 精度:表示用湿敏元件测量湿度的精确程度,一般用%RH 来表示。陶瓷湿敏元件的精度可达 $2\%$RH。

（2）工作温度范围：表示湿敏元件能连续工作的环境温度范围，由在额定功率条件下，能够连续工作的最高环境温度和最低环境温度决定。

（3）稳定性：指湿敏元件在各种使用环境中，能够保持原有性能的能力，一般用年变化率表示，即±％RH/年。

（4）寿命：指湿敏元件能够保持原来精度，连续工作的最长时间。

（5）老化特性：指湿敏元件在一定的温度、湿度的气氛下存放一定时间后，其敏感性能发生变化的特性。常用的老化试验有现场试验、耐有机溶剂试验、高温存放试验、保存试验等。

综上所述，理想的湿敏元件与传感器应满足下列要求：①特性稳定，不受尘埃附着的影响，使用寿命长；②受温度的影响小；③线性、重复性好，灵敏度高，湿滞回差小，响应速度快；④小型，易于制作和安装，且互换性好。

## 4.4 半导体陶瓷湿敏元件

半导体陶瓷湿敏元件感湿材料为金属氧化物半导体陶瓷，测湿范围宽，可以实现全湿度范围内的湿度测量，常温湿度传感器的工作温度在150℃以下，而高温湿度传感器的工作温度可达800℃，响应时间短，精度高，抗污染能力强，工艺简单，成本低廉。半导体陶瓷湿敏元件分为烧结型、厚膜型和薄膜型三种类型。目前，湿敏元件生产和应用中，半导体陶瓷湿敏元件占有很重要的地位。

### 4.4.1 半导体陶瓷材料的感湿机理

金属氧化物半导体陶瓷材料一般为多孔结构的多相多晶体，通过调整配比、进行掺杂或控制烧结工艺有意造成氧元素的过剩或不足，以实现半导体化。由于半导体化的结果，在晶粒体内产生大量的载流子——电子或空穴，一方面使晶粒体内的电阻率较低；另一方面使晶粒之间界面处的载流子耗尽出现耗尽层，晶粒界面的电阻率较高，远大于晶粒内部。关于半导体陶瓷湿敏元件吸附水分子与晶粒表面和界面的相互作用，使电阻下降的感湿机理，尚无统一的理论解释，但大部分陶瓷湿敏元件利用其表面多孔性吸湿导电却是肯定的。究竟如何导电，则众说纷纭，主要有三种不同的导电理论。

**1. 电子（空穴）导电理论**

电子（空穴）导电理论，实质是用能带理论来解释多孔陶瓷的感湿机理。表面能级起源于表面原子朝外方向具有不饱和的价键，这些悬挂键可提供电子或吸收电子，相当于半导体中的施主杂质或受主杂质，从而形成与施主能级或受主能级相当的表面能级。表面能级可位于能带的禁带内，也可位于允带内，后者称为共振态。像 $MgCr_2O_4\text{-}TiO_2$ 一类的离子晶体，正、负离子交替分布。表面上的正离子比体内正离子具有更大的电子亲合力，在略低于导带底处出现表面受主能级。而表面上的负离子比体内负离子具有更大的对电子排斥性，在略高于价带处出现表面施主能级。对于符合化学计量比的金属氧化物"洁净"表面，受主表面能级产生的空穴量与施主表面能级产生的电子量相当，此时即所谓的"本征表面态"。

P型金属氧化物在水分子吸附前，施主表面态密度明显多于受主表面态密度，使表面处能带向下弯曲,形成空穴耗尽层,表面层电阻明显增大。金属氧化物半导体陶瓷为多晶结构,在表面晶粒界面处存在空穴缺乏的耗尽层和空穴势垒,如图 4-3 所示。P 型半导体陶瓷材料在水分子吸附前电阻比较高。

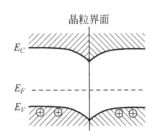

图 4-3　P 型半导体陶瓷表面能态(未吸附水分子时)

水是极性分子,其分子结构如图 4-4 所示,电子云趋向于氧原子,而氢原子附近有很强的正电场,因而具有很大的电子亲合力。当水分子与 P 型半导体陶瓷材料表面接触时,可以直接从半导体价带中夺取电子,氢原子一端与半导体陶瓷材料表面的 $O^{2-}$ 相吸引,使表面施主态密度下降,原来俘获的空穴被释放,随着表面吸附的水的分子增加,使原来下弯的能带变平,耗尽层变薄,表面载流子密度增加。在表面晶粒间界处界面态施主密度下降,表层晶粒间势垒降低,迁移率加大,表层电阻降低。随着环境湿度的增加,水分子在半导体陶瓷材料表面的附着量增加,增加了表面受主态密度,超过了表面施主态密度。这样,在近表面层不仅耗尽层消失,反而形成了一种载流子密度比体内更高的空穴积累层,使原来下弯的能带转为上弯。在表面晶界处同样有空穴的大量积累,原来的空穴势垒亦不存在,代之以很高的载流子浓度,空穴将很容易通过,如图 4-5 所示。随着测试环境湿度的增加,多孔陶瓷吸附的水分子也逐渐增加,致使湿敏元件的感湿特征量——电阻不断减小。所以,P 型 $MgCr_2O_4-TiO_2$ 系湿敏元件具有明显的负感湿特性。

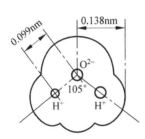

图 4-4　水分子结构示意图

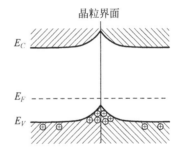

图 4-5　P 型半导体陶瓷表面能态(吸附水分子时)

### 2. 质子导电理论

这一理论首先由日本松下电气公司新田横治提出,他把吸湿分为三个阶段,即低湿、中湿和高湿。在低湿情况下,认为少量的水蒸气主要吸附在界面处。$MgCr_2O_4-TiO_2$ 系多孔陶瓷材料的表面与界面存在有极为活跃的 $Cr^{3+}$ 离子,它与吸附的水分子相互作用,容易形成羟基而释放出质子;又因为该材料是 P 型半导体,$Cr^{3+}$ 氧化为 $Cr^{4+}$ 又促使质子的脱出,质子可从一个晶格向另一个晶格移动,因而随着吸附水分的增多,解离出的质子增加,导电能力增强。

在中湿阶段,水分子不仅被吸附在晶粒的颈部,而且还有很大一部分水分子被吸附在晶粒的表面。在高湿阶段,颈部、晶粒表面全部被许多层水分子所覆盖。质子导电理论认为:在中高湿度时,吸附的水分子越多,使感湿体的介电常数不断增加,介电常数的增加又使电离能降低,促进了电解过程,形成了极高的质子浓度,因而湿度传感器在中高湿时,随着环境湿度的增加,电阻阻值下降。

### 3. 电子—质子混合导电理论

电子—质子混合导电理论认为电子导电理论和质子导电理论都有其成功和不足之处。质子导电理论只考虑了感湿材料表面活泼的可变价金属离子对水分子的作用,使水电离,游离出质子,随着湿度的变化导致质子浓度的变化,而没有考虑水分子被化学吸附在材料的表面,会引起材料表面势垒变化,从而导致材料的表面电阻变化。尤其在低湿度情况下,水分子主要以化学吸附的形式附着在材料的表面,这时不能忽略电子(或空穴)导电。

电子导电理论的不足之处是没有考虑在高湿情况下,多孔陶瓷材料的表面吸附了厚厚的一层水膜,水膜中含有的质子导电。另外,这一理论还涉及对表面态的本质如何理解,应当说水分子被化学吸附在材料的表面,当然可以在材料的表面处形成表面吸附的施主(受主)态,但化学吸附只能靠近材料表面的几层水分子形成,以后是物理吸附。在高湿的情况下,已经证实水膜的厚度达几十个水分子层,后来物理吸附的水分子就不可能继续形成表面附加的施主(受主)态,即在高湿情况下,材料的阻值不应当随湿度的变化而变化。

电子—质子混合导电理论认为,除相对湿度为零外,在任何湿度下,陶瓷湿敏元件同时存在有电子导电和质子导电。在低湿情况下,湿敏元件以电子导电为主;而在高湿情况下,则以质子导电为主;在中等湿度情况下,则是电子导电和质子导电的过渡区域。

## 4.4.2　烧结型半导体陶瓷湿敏元件

最早研制并投入使用的烧结型半导体陶瓷湿敏元件是 $MgCr_2O_4\text{-}TiO_2$ 系。此外,还有 $TiO_2\text{-}V_2O_5$ 系、$Zn\text{-}Li_2O\text{-}V_2O_5$ 系、$ZnCr_2O_4$ 系、$ZrO_2\text{-}MgO$ 系、$Fe_3O_4$ 系、$Ta_2O_5$ 系等。这类湿敏元件的感湿特征量大多为电阻。除 $Fe_3O_4$ 外,都为负特性湿度元件,即随着测试环境湿度的增加,电阻阻值下降。也有少数陶瓷半导体湿敏元件感湿特征量为电容。在湿敏元件中,约有 $50\%$ 以上为烧结型。烧结型陶瓷半导体湿敏元件是以不同的金属氧化物为原料,通过典型的陶瓷工艺烧制而成。烧结型陶瓷半导体湿敏元件品种繁多,其性能也各有优劣。这里以 $MgCr_2O_4\text{-}TiO_2$ 陶瓷半导体湿敏元件为例,介绍这类湿敏元件的结构、制造工艺和特性。

### 1. $MgCr_2O_4\text{-}TiO_2$ 陶瓷半导体湿敏元件的结构

湿敏元件由 $MgCr_2O_4$ 和 $TiO_2$ 两种晶体结构和化学特性差别很大的材料烧结而成。感湿体为 P 型多晶多相 $MgCr_2O_4\text{-}TiO_2$ 系多孔陶瓷。据研究,多孔陶瓷的气孔大部分为粒间气孔,平均气孔直径在 $100\sim300nm$。粒间气孔与颗粒大小无关,相当于一种开口的毛细管,容易吸湿和脱湿。原材料的成分配比不同,感湿气孔率也不同,气孔率在 $20\%\sim35\%$,平均粒径 $1\mu m$ 左右,气孔直径随 $TiO_2$ 含量的增加而增大。$MgCr_2O_4\text{-}TiO_2$ 湿敏元件结构如图 4-6 所示,在 $4mm\times5mm\times0.3mm$ 的 $MgCr_2O_4\text{-}TiO_2$ 陶瓷片上制备多孔 $RuO_2$ 电极,电极引出线一般为 Pt-Ir 丝。在半导体陶瓷外面,安放一个由镍铬丝绕制而成的加热清洗线圈,以便对元件经常进行加热清洗,排除有害物质对元件的污染。整个元件安置在一种高度致密的疏水 $Al_2O_3$ 陶瓷基座上。为消除底座上电极间因电解质黏附而引起电流的泄漏,在陶瓷基座上设置金属短路环。

### 2. $MgCr_2O_4\text{-}TiO_2$ 系湿敏元件特性

$MgCr_2O_4\text{-}TiO_2$ 系半导体陶瓷材料的特性与原材料的配比、掺杂有着密切的关系。当 $MgCr_2O_4$ 与 $TiO_2$ 混合时,其电阻率与配比变化的关系如图 4-7 所示。混合材料的电阻率

与 $TiO_2$ 含量的摩尔分数在对数坐标中基本成线性关系。可知,适当改变原材料的成分配比及掺杂,可以调整材料的电阻率及感湿特性。

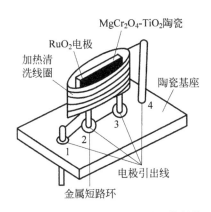

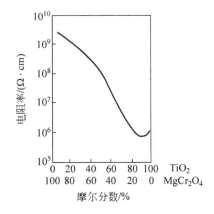

图 4-6　$MgCr_2O_4$-$TiO_2$ 湿敏元件结构　　图 4-7　$MgCr_2O_4$-$TiO_2$ 电阻率与材料配比的关系

不同的配比对 $MgCr_2O_4$-$TiO_2$ 陶瓷材料的温度特性也有较大影响。实践证明,如果将 N 型半导体和 P 型半导体两种材料混合烧结在一起,只要混合均匀,可以使合成材料的电阻率温度系数得到调整。

1)阻—湿特性

国产 SM-1 型 $MgCr_2O_4$-$TiO_2$ 陶瓷湿敏元件的感湿特性曲线如图 4-8 所示。元件的阻值 $R$ 与环境相对湿度 RH 之间呈现较理想的指数函数关系,即

$$R = R_0 e^{\beta \times RH} \tag{4-7}$$

式中,$\beta$ 为与材料有关的常数;$R_0$ 为相对湿度为零时的阻值。

在单对数坐标系中,阻—湿特性曲线近似线性关系。相对湿度从 0 变化到 100%RH 时,元件的电阻值从 $10^8\,\Omega$ 下降到 $10^4\,\Omega$,变化了 4 个数量级。

2)响应时间

$MgCr_2O_4$-$TiO_2$ 是一种多孔陶瓷材料,比表面积很大,感湿体可做得很薄,其响应时间特性曲线如图 4-9 所示。根据响应时间的规定,从图中可知吸湿和脱湿响应时间约为 10s。

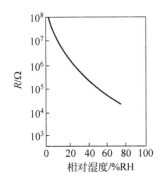

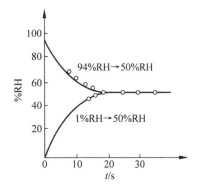

图 4-8　$MgCr_2O_4$-$TiO_2$ 湿敏元件阻　　　图 4-9　$MgCr_2O_4$-$TiO_2$ 系湿敏
　　　　　—湿特性曲线　　　　　　　　　　　　传感器的时间响应特性

3）电阻—温度特性

在不同的温度环境下，$MgCr_2O_4$-$TiO_2$ 系湿敏传感器的电阻—湿度特性如图 4-10 所示。可以看出，从 20～80℃各条曲线变化规律基本一致，具有负温度系数。如果要求精确的湿度测量，对这种湿敏传感器需要进行温度补偿。

4）稳定性

制成的 $MgCr_2O_4$-$TiO_2$ 系湿敏传感器，还需要经过下列实验：高温负荷实验（大气中，温度150℃，交流电压 5V，时间 $10^4$h）；高温高湿负荷试验（湿度大于 95%RH，温度 60℃，交流电压 5V，时间 $10^4$h）；常温常湿试验（湿度：10%～90%RH，温度：$-10$～$+40$℃）；油气循环试验（油蒸气$\rightleftharpoons$加热清洗循环 25 万次，交流电压 5V）。经过以上各

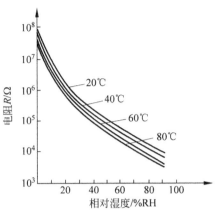

图 4-10　$MgCr_2O_4$-$TiO_2$ 系湿敏
传感器的电阻与温度特性

种试验，大多数传感器仍能可靠工作，说明稳定性较好。$MgCr_2O_4$-$TiO_2$ 系陶瓷半导体湿敏元件得到了广泛的应用。几种国产元件的主要性能如表 4-3 所列。

表 4-3　$MgCr_2O_4$-$TiO_2$ 系陶瓷半导体湿敏元件的性能

| 型号 | 测湿范围/%RH | 精度/%RH | 工作温度/℃ | 响应时间/s | 工作电压/V | 清洗电压/V |
|---|---|---|---|---|---|---|
| CSK-1 | 1～100 | <4 | 1～100 | <10～15 | 3(AC) | 7(AC) |
| SM-1 | 1～100 | 4 | 0～150 | <10 | 7(AC) | 9(AC) |
| MSCB | 1～100 | 4 | 0～150 | <20 | 3(AC) | 10(AC) |

$MgCr_2O_4$-$TiO_2$ 系湿敏传感器的不足之处是性能还不够稳定，需要加热清洗，这又加速了敏感陶瓷的老化，并且对湿度不能进行连续测量。

5）气敏特性

$MgCr_2O_4$-$TiO_2$ 陶瓷半导体材料为多孔性结构，它不仅吸附水汽，某些氧化或还原性气体在高温下也可在陶瓷材料表面产生化学吸附引起陶瓷材料导电性能的变化。因此，利用 $MgCr_2O_4$-$TiO_2$ 半导体陶瓷材料的这一性质，可以制成既可检测气体湿度，又可检测某些还原性气体的多功能敏感元件。

$MgCr_2O_4$-$TiO_2$ 半导体陶瓷敏感元件，当工作温度低于 150℃时，具有良好的感湿特性，但在此温度下不易吸附各种有机气体，即对气体不敏感。当温度在 300℃～550℃的高温时，陶瓷敏感元件丧失了对水蒸气的敏感特性，对多种气体具有敏感特性。在 300℃～550℃的温度范围内，各种气体在 P 型半导体陶瓷材料晶粒表面上的化学吸附占主要地位，材料的电阻率则随其所吸附的气体类别不同和数量多少而发生变化。当氧化性气体在陶瓷材料晶粒表面吸附时，氧原子将从被吸附的位置（大都是表面 $Cr^{3+}$ 离子的格点位置）处俘获电子而以 $O^{2-}$ 离子的形式被吸附，使陶瓷材料晶粒表面上的正离子 $Cr^{4+}$ 增多，表面载流子浓度增加，材料电阻率减小。与此相反，当还原性气体在陶瓷材料晶粒表面吸附时，还原性气体则向陶瓷材料注入电子，主要发生在 $Cr^{4+}$ 的格点位置，而引起表面正离子 $Cr^{4+}$ 的减少，表面载流子浓度的减少，导致材料电阻率的增加。在此温度下，水蒸气易解吸而不易被吸附在晶粒的表

面与颈部,对水蒸气不敏感。在进行气体检测时,采用热清洗线圈加热元件,在高温下检测气体。利用 $MgCr_2O_4$-$TiO_2$ 陶瓷半导体材料,在常温时对湿度敏感和高温时对气体敏感的特性制成的湿—气多功能敏感元件,其典型特性如表 4-4 所列。

表 4-4　$MgCr_2O_4$-$TiO_2$ 系多功能敏感元件的典型特性

| 湿 敏 特 性 | | 气 敏 特 性 | |
| --- | --- | --- | --- |
| 湿 度 范 围 | $(1\sim100)\%RH$ | 温 度 范 围 | $200\sim500℃$ |
| 灵敏度 $R/R(400℃)$ | 500 | 灵敏度 $R/R(400℃)$ | $8\sim10$(乙醇 100ppm) |
| 响 应 时 间 | $<10s$ | 响 应 时 间 | $<10s$ |
| 工 作 电 压 | 25V | 加 热 功 率 | $\leqslant3W$ |

### 3. $MgCr_2O_4$-$TiO_2$ 湿敏元件制造工艺

$MgCr_2O_4$-$TiO_2$ 湿敏元件制造工艺流程如图 4-11 所示。

1）材料制备

选择质量优良的 $MgO$、$Cr_2O_3$ 和 $TiO_2$ 为原料,三种材料配比为 $MgO:Cr_2O_3:TiO_2=70:70:30$(摩尔分数)。配好的原料放入球磨罐中进行球磨,将粉料混合均匀,减小粉料的粒径。球磨后的粉料经干燥、过筛等工艺后,可制成粒径合适的粉料。粒径的大小决定着陶瓷感湿体的气孔率和孔径,直接影响元件的性能。粒径小于 $1\mu m$ 的超微细粉末可使湿敏元件性能明显提高。

2）成型

成型的方法有很多,多采用干压成型法,此法具有生产效率高、易于自动化、烧成后收缩小、不易变形等优点。干压成型时,先在加工好的粉体中加入有机黏结剂,如浓度为 $5\%$ 的聚乙烯醇溶液,其混合比例一般为 100g 粉料中加 12mL 聚乙烯醇溶液,搅拌均匀后,装入

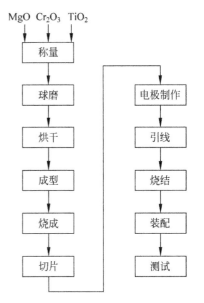

图 4-11　$MgCr_2O_4$-$TiO_2$ 湿敏元件制造工艺流程

模具内,经压力机加压成型。压力的大小对感湿体的孔径、孔径分布和密度、均匀性都有影响。通常压力在 $1000kg/cm^2$ 左右。

3）烧结

在多孔陶瓷感湿体制造过程中,烧结的作用特别重要。烧结时,从室温开始升温到 300℃左右,适当保温一段时间,把黏结剂从陶瓷坯体中排出,防止高温烧结时黏结剂燃烧出现裂纹。然后继续升温,最后在 1300℃下保温 $2\sim4h$,即可制成多孔陶瓷。

烧结对于晶粒的半导体化、晶粒大小、晶粒形状、晶界状态、孔径大小和孔径分布都有直接影响。烧结对陶瓷感湿体的机械强度、表面形貌和阻值大小等宏观性能也很重要。烧结气氛、升温与降温速率以及保温时间也都直接影响感湿陶瓷体的微观结构和宏观性能。因此烧结条件要严格控制。

4）电极制作

电极材料选用 $RuO_2$，$RuO_2$ 材料方块电阻很小，制得的 $RuO_2$ 电极具有多孔性，允许水分子通过电极到达陶瓷表面。$RuO_2$ 的热膨胀系数与陶瓷体一致，附着力比较好、化学性能稳定。电极的制作方法是将 $RuO_2$ 浆料用丝网印刷技术印刷在陶瓷体两侧，在温度 800℃ 下烧结 15min，然后焊接上 Pt-Ir 引线。

5）安置加热器

湿敏元件工作时，陶瓷体裸露在大气中，不可避免地要吸附一些油污、有害气体、灰尘等，致使元件灵敏度下降，甚至失效。在陶瓷感湿体的周围设置一个加热器，对受污染的感湿体进行加热清洗，使其再生复原重复使用。加热温度为 450℃，时间约 1min 即可。在利用湿敏元件作气敏元件使用时，清洗加热器还可以作为元件的工作加热器使用，在高温下对气体进行检测。

### 4.4.3　$ZrO_2$-$Y_2O_3$ 系厚膜陶瓷湿敏元件

烧结法制成的体型陶瓷湿敏元件存在一致性差、特性分散等问题。因此，利用厚膜技术与电子陶瓷技术相结合，发展了厚膜型陶瓷湿敏元件，具有分散性小、阻值易调整、产品合格率高、互换性好和易于集成等优点。厚膜湿敏材料有 $ZrO_2$-$Y_2O_3$ 系、$MnWO_4$ 系和 $NiWO_4$ 系等，下面介绍 $ZrO_2$-$Y_2O_3$ 系超微粉厚膜湿敏元件的制造、结构和性能。

**1. 超微细粉的制备**

$ZrO_2$-$Y_2O_3$ 固溶体简称 YSZ。通常采用共沉淀法来制得 YSZ 超微细粉料。把 $ZrOCl_2 \cdot 8H_2O$ 和 $YCl_3$ 以大于 $6mol\%$ 的比例溶于水中，加入 $NH_4OH$ 使溶液产生沉淀。随着 pH 值的上升，首先是 $Zr^{4+}$ 沉淀，其次是 $Y^{3+}$ 沉淀，此时生成原子量级的 $ZrO_2$ 和 $Y_2O_3$ 的混合体，其反应式如下：

$$Zr(OH)_2^{2+} + 2OH^- \rightarrow Zr(OH)_4 \rightarrow Zr(OH)_2 + H_2O \qquad (4-8)$$

将此混合体充分水洗干燥后，在 800℃ 下保温烧结 1h，然后再在 1350℃ 下保温烧结 12～15h，最后生成物为 $Zr_3Y_4O_{12}$，粒径约为 $1\mu m$，固溶体结构为立方晶系。

**2. $ZrO_2$-$Y_2O_3$ 系厚膜湿敏元件的制造与结构**

厚膜陶瓷湿敏元件的制造工艺如图 4-12 所示。基片为氧化铝陶瓷片，在基片上印刷梳状电极，梳状条间距越小，电阻就越小。将 97% 的超微细粉同 3% 的无铝硼硅盐玻璃在球磨机中搅拌混合均匀，加入适量的乙甘醇乙基有机溶剂和环氧树脂，混合成膏状的浆料，用丝网印刷方法把膏状的浆料印在梳状电极上，形成厚度约 $20\mu m$ 的感湿层。在 170℃ 下干燥 1h，再在 800～900℃ 下烧结 15～30min，焊上引线，就形成了厚膜陶瓷湿敏元件的主体部分，如图 4-13 所示。最后装上有机高分子过滤膜和开有窗口的聚丙烯塑料保护壳。

**3. $ZrO_2$-$Y_2O_3$ 系厚膜湿敏元件的特性**

1）湿度、温度特性

HS201 型 $ZrO_2$-$Y_2O_3$ 系湿敏元件的电阻值与温度和湿度的关系如图 4-14 所示。常温下，相对湿度大于 $30\%RH$ 时，电阻值小于 $1M\Omega$，当相对湿度从 $30\%RH$ 变化到 $90\%RH$ 时，电阻值大约变化了 3 个数量级。依据关系曲线，可知温度对阻—湿特性有影响，在低湿时影响较大。在相对湿度不变的情况下，随着温度的上升，阻值减小，呈现出 NTC 热敏电阻特性。

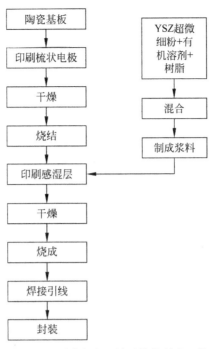

图 4-12　厚膜陶瓷湿敏元件的制造工艺

图 4-13　厚膜湿敏元件芯片结构

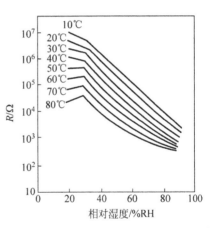

图 4-14　$ZrO_2$-$Y_2O_3$ 系湿敏元件温、湿度特性

2）响应特性

HS201 型 $ZrO_2$ 敏湿元件的响应特性如图 4-15 所示，湿度从 84%RH 变化到 53%RH 时响应速度要慢些，即脱湿过程慢。在室温下，吸湿时间为 20s，脱湿时间约为 1min。

3）耐环境特性

在对湿敏元件要求的各项性能中，最重要的是长期稳定性。对 HS201 型湿敏元件进行了大气中放置、低湿放置、耐腐蚀性气体试验和耐电

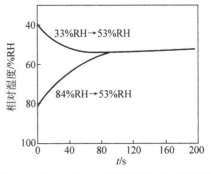

图 4-15　$ZrO_2$-$Y_2O_3$ 系湿敏元件的响应特性

压试验等 13 项试验,各项试验中引起的误差最大为 $2\%\sim4\%$RH。可见 HS201 型湿敏元件稳定性较好。HS201 型 $ZrO_2$-$Y_2O_3$ 系湿敏元件的主要性能见表 4-5。

表 4-5  HS201 型湿敏元件主要性能

| 项 目 | 参 数 | 项 目 | 参 数 |
|---|---|---|---|
| 最大供给功率 | 35mW | 使用频率范围 | $0.1\sim1000$Hz |
| 消耗功率($25℃$,$<90\%$RH) | $\leqslant$1mW | 使用温度范围 | $0\sim60℃$ |
| 最大施加电压 | $\leqslant$5V(AC) | 保存温度范围 | $0\sim80℃$ |
| 最大供给电流 | 7mA | 检测湿度范围 | $30\%\sim90\%$RH |

$ZrO_2$-$Y_2O_3$ 系厚膜湿敏元件不需要进行加热清洗,体积小质量轻,且有良好的响应特性和优良的耐久性,在空调、加热器、除湿器和衣服干燥机等方面得到了广泛的应用。

### 4.4.4  涂覆膜型 $Fe_3O_4$ 湿敏元件

除上述烧结型陶瓷外,还有一种由金属氧化物微粒经过堆积、黏结而成的材料,也具有较好的感湿特性。用这种材料制作的湿敏元件,一般称为涂覆型或瓷粉型湿敏元件。这种湿敏元件有很多种,其中比较典型且性能较好的是 $Fe_3O_4$ 湿敏元件。

#### 1. 元件的结构与感湿机理

涂覆膜型 $Fe_3O_4$ 湿敏元件,一般采用滑石陶瓷或氧化铝陶瓷作为元件的基片。在基片上用丝网印刷技术或真空蒸镀工艺制成梳状金电极。将纯净的黑色 $Fe_3O_4$ 胶粒用水调制成适当黏度的浆料,然后喷涂在已有金电极的基片上,经低温烘干后,引出电极即可使用,其结构如图 4-16 所示。

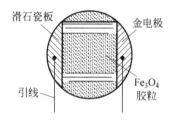

图 4-16  $Fe_3O_4$ 湿敏元件结构

$Fe_3O_4$ 胶体之间的接触呈凹状,粒子间的空隙使薄膜具有多孔性,当空气湿度增大时,$Fe_3O_4$ 胶膜吸湿。水分子的附着颗粒之间的接触,降低了粒间电阻,增加了更多的导流通路,元件阻值减小。当 $Fe_3O_4$ 湿敏元件处于干燥环境中时,胶膜脱湿,粒间接触面减小,元件阻值增大。当环境湿度不同时,涂覆膜上所吸附的水分也随之变化,使梳状金电极之间的电阻发生变化。

$Fe_3O_4$ 微粒是具有反尖晶石结构的晶粒,一般可表示为 $Fe^{3+}[Fe^{3+}\cdot Fe^{2+}]O_4$。因在 $Fe^{2+}$ 和 $Fe^{3+}$ 之间较易发生电子交换,使 $Fe_3O_4$ 具有较好的导电性。$Fe_3O_4$ 涂覆膜是结构疏松的 $Fe_3O_4$ 集合体,它与烧结型陶瓷相比缺少足够的机械强度。$Fe_3O_4$ 微粒之间,依靠分子力和磁力的作用构成接触型结合。因此,尽管 $Fe_3O_4$ 微粒本身的体电阻较小,但微粒间的接触电阻却很大,导致了感湿膜整体电阻偏高。对 $Fe_3O_4$ 感湿膜整体电阻起主导作用的是 $Fe_3O_4$ 微粒之间的接触电阻。

涂覆膜型 $Fe_3O_4$ 湿敏元件可用图 4-17 所示电路近似等效。图中 $R_j$ 和 $C_j$ 为金属电极及外引线的电阻和寄生电容,$R_d$ 和 $C_d$ 为 $Fe_3O_4$ 微粒之间的接触电阻和寄生电容,$R_c$ 和 $C_c$ 为 $Fe_3O_4$ 微粒体电阻和寄生电容,寄生电容的数值均在几十皮法拉以下,在使用低频信号测试时,电容支路实际上相当于开路,寄生电容影响可以忽略。等效电路可以简化为由 $R_j$、$R_d$ 和 $R_c$ 串联电路,其中 $R_j$ 很小且不随湿度变化,$Fe_3O_4$ 微粒的体电阻 $R_c$ 随湿度变化属于正感湿特性关系,即水分子在晶粒表面的吸附量越大则 $R_c$ 越大,但 $R_c$ 的增大量较小,当湿度由 $0\%RH$ 变化到 $100\%RH$ 时,$R_c$ 的增量约为 1 倍。感湿膜结构的松散、微粒间接触电阻的不紧密接触,造成了接触电阻 $R_d$ 的偏大,使这种多孔性感湿膜具有较强的感湿能力,因此,陶瓷微粒之间的接触电阻 $R_d$ 是起主导作用的高电阻项和感湿项。$R_d$ 随湿度的变化具有负感湿特性,当有极性、解离能力又很强的水分子在微粒表面上吸附时,扩大了微粒间的面接触,从而导致了接触电阻 $R_d$ 明显减小。即随着相对湿度增大,$R_d$ 减小。这也说明晶粒表面电子电导作用居次要地位,而晶粒界面处的离子电导起主导作用。而涂覆膜型 $Fe_3O_4$ 湿敏元件与烧结型 $Fe_3O_4$ 陶瓷湿敏元件截然不同,后者具有正的感湿特性。

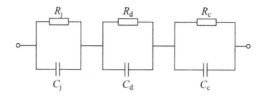

图 4-17　涂覆膜型 $Fe_3O_4$ 湿敏元件等效电路

**2. 元件的制备工艺**

涂覆膜型 $Fe_3O_4$ 湿敏元件的制备工艺流程如图 4-18 所示。这里仅介绍几个主要工序。

1) 基片

对基片的要求是表面平坦光洁,具有高的机械强度,热膨胀系数要与感湿膜的热膨胀系数相匹配,具有良好的憎水性、绝缘性和化学稳定性等。通常选用的基片材料为滑石陶瓷和氧化铝陶瓷。滑石陶瓷是以天然滑石($3Mg \cdot 4SiO_2 \cdot H_2O$)为主要原料制成的一种陶瓷,具有较高的机械强度且吸水率低,物理和化学性能稳定。

2) 电极制作

金电极用真空蒸镀的方法制成,为了增强金电极层与基片的结合强度,采用先在基片上蒸铬而后蒸金的工艺。蒸金后,在 300℃ 下恒温数分钟进行真空热处理。然后,自然冷却到 50℃ 以下即可。金电极形状为梳状,以减小电极条的电阻及分布电容。金属引线用镍丝,将镍丝焊在金电极上。

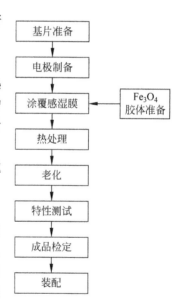

图 4-18　涂覆膜型 $Fe_3O_4$ 湿敏
元件的制备工艺流程

3) $Fe_3O_4$ 胶体的制备

$Fe_3O_4$ 是一种磁性物质,$Fe_3O_4$ 微粒之间除存在分子力的相互作用外,还存在磁作用。因此,$Fe_3O_4$ 微粒集合体比非磁性微粒集合体的结构要致密和牢固,无须添加黏结剂。

$Fe_3O_4$ 胶体用 $FeCl_2$ 和 $FeCl_3$ 混合液与 $NaOH$ 进行还原反应制成,其反应式如下:

$$FeCl_2 + 2FeCl_3 + 8NaOH \rightarrow Fe_3O_4 + 4H_2O + 8NaCl \qquad (4-9)$$

将生成的 $Fe_3O_4$ 过滤,反复清洗至无 $Cl^-$ 为止,最后得到粒径为 $200\overset{\circ}{A}$ 左右的胶体。

4）感湿膜的涂覆

感湿膜的涂覆方法有刷涂法和喷涂法两种。刷涂法是用经过酒精润湿的刷笔,浸蘸上 $Fe_3O_4$ 溶液,在已制备有金属电极的基片上,轻轻涂覆数次乃至十几次。涂覆膜厚约 $30\mu m$,涂覆膜后的基片在 $100\sim200℃$ 下恒温 1h 进行热处理。热处理温度不可过高,否则易生成 $\gamma$-$Fe_3O_4$,使元件阻值升高,感湿特性变坏。喷涂法是将 $Fe_3O_4$ 溶液稀释后,装入干燥清洁的喷枪中,垂直对准基片进行喷涂,经多次喷涂达到预期的厚度。在两次喷涂间,将喷涂膜在 $600℃$ 下进行 $30min$ 热处理。

**3. 元件的主要特性参数**

1）感湿特性

涂覆膜型 $Fe_3O_4$ 湿敏元件由于感湿膜中的微粒间不紧密接触,造成接触电阻偏高。当感湿膜吸附水分子后,扩大了微粒间的面接触,导致接触电阻 $R_d$ 明显减小。此时晶粒界面处的离子电导起主要作用。因此 $Fe_3O_4$ 膜状湿敏元件具有负感湿特性,其感湿特性曲线如图 4-19 所示。实践证明,刷涂法制备的元件阻值低、线性好,如图中曲线 3 所示。而喷涂法制备的元件阻值偏高,如图中曲线 1、2 所示。当感湿膜厚度过薄时,元件阻值偏高且线性不好、重复性差;感湿膜厚度过厚,则感湿膜结构不牢。图中曲线 1 膜厚 $1\sim15\mu m$,曲线 2 膜厚 $10\sim15\mu m$,曲线 3 膜厚 $20\sim100\mu m$。考虑到阻值范围、感湿特性和感湿膜强度等因素,感湿膜厚适宜在 $20\sim40\mu m$。$Fe_3O_4$

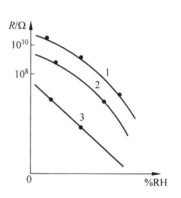

图 4-19 涂覆膜型 $Fe_3O_4$ 湿敏元件感湿特性($10^{10}$,$10^8$)

微粒不是完全稳定的氧化物,在空气中会被缓慢地氧化为 $\gamma$-$Fe_3O_4$,而使阻值变大敏感性能变坏,这种现象在高温时更明显,因此元件的工作温度不宜过高。

2）响应特性

涂覆膜型 $Fe_3O_4$ 湿敏元件属于体效应元件,当环境湿度变化时,水分子要在数十微米厚的感湿膜体内充分扩散才能与环境湿度达到新的平衡。因此扩散和平衡过程时间较长,即元件的响应时间较长,其响应特性如图 4-20 所示,脱湿响应时间比吸湿响应时间要长。元件在吸湿和脱湿过程中响应时间的差别,意味着元件在吸湿和脱湿过程中存在差异,因此,元件也将具有较明显的湿滞特性,其湿滞回线如图 4-21 所示,最大湿滞回差约 $\pm4\%RH$。

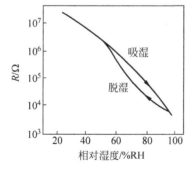

图 4-20 涂覆膜型 $Fe_3O_4$ 湿敏元件响应特性

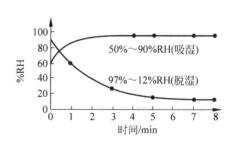

图 4-21 涂覆膜型 $Fe_3O_4$ 湿敏元件湿滞特性

涂覆膜型 $Fe_3O_4$ 湿敏元件主要技术指标、特性参数见表 4-6。

**表 4-6 涂覆膜型 $Fe_3O_4$ 湿敏元件主要技术指标**

| 参 数 名 称 | 技 术 指 标 | 参 数 名 称 | 技 术 指 标 |
| --- | --- | --- | --- |
| 测湿范围 | 30%～98%RH | 湿滞回差 | 6%RH |
| 工作温度/℃ | 5～40℃ | 稳定性 | 年变化率≤2%RH |
| 测湿精度 | ±6%RH | 使用条件 | 工作电压<7V<br>工作电流<1mA<br>工作频率<1kHz |
| 响应时间 | 60%～98%RH,1min<br>98%～12%RH,3min | | |

## 4.4.5 多孔 $Al_2O_3$ 薄膜型湿敏元件

多孔 $Al_2O_3$ 湿敏元件通过控制其结构(主要是膜厚)可以制成对环境湿度敏感的元件,主要作为绝对湿敏传感器加以应用。根据结构和形状不同,$Al_2O_3$ 湿敏元件分为片状、棒状和针状三种,其中以片状结构的元件最为常见,也最为实用。下面讨论片状结构元件。

**1. 片状多孔 $Al_2O_3$ 湿敏元件结构和感湿机理**

片状多孔 $Al_2O_3$ 薄膜型湿敏元件的结构如图 4-22 所示。图中,1 为铝基板兼下电极(厚 0.3～0.4mm);2 为致密 $Al_2O_3$ 膜区;3 为多孔 $Al_2O_3$ 膜区;4 为上电极(Au膜);5 为电极引线(用导电胶黏结铜丝或金丝);6 为上电极(铝基板引线安装孔),由铝基板 1、上电极 4 和多孔 $Al_2O_3$ 膜 3 构成一个典型的平行板电容器。上电极能让水分子自由出入,其厚度不超过 50nm,材料一般为金膜。为防止电极引线处捕集水蒸气而造成元件失效,在多孔 $Al_2O_3$ 膜外面生长的是一层致密的 $Al_2O_3$ 膜,并在此致密 $Al_2O_3$ 膜上方金膜处引出导线。

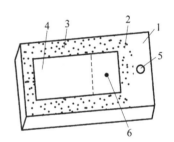

图 4-22 片状多孔 $Al_2O_3$ 湿敏元件的结构图

湿敏元件的核心是具有感湿特性的多孔 $Al_2O_3$ 膜。多孔结构 $Al_2O_3$ 膜的物理结构与阳极氧化时的工艺条件密切相关,工艺条件包括电解液的配方、温度、氧化时间以及氧化时的电流密度等。$Al_2O_3$ 感湿膜也可采用等离子喷涂法制备。作为电极的金属层,起着导电和透水的双重作用,其厚度需适中。

多孔 $Al_2O_3$ 膜中气孔形状近似细长形的圆管,而且均匀地从膜表面垂直地钻蚀到膜的底部。其剖面图如图 4-23 所示,气孔可以穿过 $Al_2O_3$ 层而到达铝基底,且这些气孔的直径和间隔变化不大,分布比较均匀。当环境湿度发生变化时,膜中气孔壁上所吸附的水分子的数量也随之发生变化,从而引起 $Al_2O_3$ 膜的电特性的变化。多孔 $Al_2O_3$ 膜的等效电路如图 4-24 所示。

图中 $R_1$ 为气孔内表面积电阻,其数值取决于吸附在气孔内壁上水分子的数量;$R_2$ 为气孔下面基底的电阻;$C_2$ 为气孔底与其下面金属之间的电容;$C_0$ 为固态 $Al_2O_3$ 介质所形成的电容;$R_0$ 为固态 $Al_2O_3$ 介质的电阻。将图 4-24 所示电路用电阻 $R_p$ 和电容 $C_p$ 并联电

路等效,则这个等效电路的阻抗 $Z$ 为

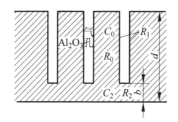

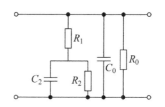

图 4-23  多孔 $Al_2O_3$ 湿敏元件剖面图      图 4-24  多孔 $Al_2O_3$ 膜的等效电路

$$Z = \cfrac{1}{\cfrac{1}{R_0} + j\omega C_0 + \cfrac{1}{R_1 + \cfrac{1}{\cfrac{1}{R_2} + j\omega C_2}}} \tag{4-10}$$

$$\frac{1}{Z} = \frac{1}{R_0} + \frac{R_1 + R_2 + \omega^2 C_2^2 R_1 R_2^2}{(R_1 + R_2)^2 + \omega^2 C_2^2 R_1^2 R_1^2} + j\omega C_0 + \frac{j\omega C_2 R_2^2}{(R_1 + R_2)^2 + \omega^2 C_2^2 R_1^2 R_2^2} \tag{4-11}$$

由此可得

$$C_p = C_0 + \frac{C_2 R_2^2}{(R_1 + R_2)^2 + 4\pi^2 f^2 C_2^2 R_1^2 R_2^2} \tag{4-12}$$

$$\frac{1}{R_p} = \frac{1}{R_0} + \frac{R_1 + R_2 + \omega^2 C_2^2 R_1 R_2^2}{(R_1 + R_2)^2 + 4\pi^2 f^2 C_2^2 R_1^2 R_2^2} \tag{4-13}$$

式中, $f$ 为测试频率; $R_p$ 和 $C_p$ 的值随着环境湿度变化而变化。

当 $Al_2O_3$ 膜的气孔吸附水蒸气时,其电特性既不是一个纯电阻 $R_p$,也不是一个纯电容 $C_p$,而等效为 $R_p$ 和 $C_p$ 的并联, $R_p$ 和 $C_p$ 的值取决于气孔中水蒸气的吸附量。因此,可以通过对 $R_p$ 和 $C_p$ 的测量来测定环境的湿度或环境中微量水分的含量,多数利用元件 $C_p$ 的值随环境湿度的变化来测湿。若将元件看作一个平行板电容器时,其电容值 $C_p = \dfrac{\varepsilon S}{4\pi d}$,其中, $S$ 为金属电极的面积; $d$ 为 $Al_2O_3$ 膜的厚度; $\varepsilon$ 为 $Al_2O_3$ 膜的介电常数。对于一个确定的湿敏元件而言, $S$ 和 $d$ 是确定的常数,则 $C_p$ 的变化就由 $\varepsilon$ 随环境的变化决定。当多孔 $Al_2O_3$ 膜吸附一定的水蒸气时, $\varepsilon$ 就成为水的介电常数、 $Al_2O_3$ 的介电常数以及其他气体的介电常数的综合参数。由于水的介电常数为 80,远大于一般气体的介电常数,则 $C_p$ 随 $\varepsilon$ 的变化就主要取决于气孔中水蒸气的吸附量,由环境的湿度而定。同时, $C_p$ 的数值与所使用的测试频率 $f$ 有关,在低频时, $C_p$ 随环境湿度的变化更为明显,因此通常使用的测试频率较低。

**2. 多孔 $Al_2O_3$ 薄膜型湿敏元件的特性参数**

1) 感湿特性曲线

薄膜型多孔 $Al_2O_3$ 湿敏元件感湿特性曲线如图 4-25 和图 4-26 所示,与式(4-12)和式(4-13)的分析结果相吻合。但是,对于不同膜厚的 $Al_2O_3$ 湿敏元件,其感湿特性略有差别。选用不同感湿特征量时,采用的 $Al_2O_3$ 膜的厚度有所不同。一般来说,对以电容 $C_p$ 为感湿特征量的元件, $Al_2O_3$ 膜的厚度 $d$ 越小越好;而以电阻 $R_p$ 为感湿特征量的元件,适当增加 $Al_2O_3$ 膜的厚度 $d$,会有利于元件灵敏度的提高。

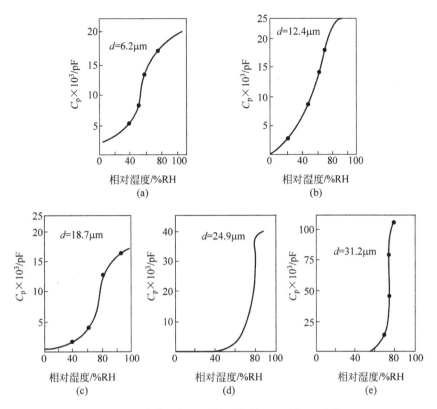

图 4-25 多孔 $Al_2O_3$ 湿敏元件的 $C_p \sim \%RH$ 曲线

(a) $d=6.2\mu m$；(b) $d=12.4\mu m$；(c) $d=18.7\mu m$；(d) $d=24.9\mu m$；(e) $d=31.2\mu m$

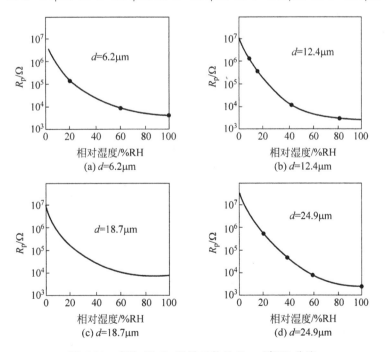

图 4-26 多孔 $Al_2O_3$ 湿敏元件的 $R_p \sim \%RH$ 曲线

(a) $d=6.2\mu m$；(b) $d=12.4\mu m$；(c) $d=18.7\mu m$；(d) $d=24.9\mu m$

当多孔 $Al_2O_3$ 湿敏元件进行绝对湿度测量时,其感湿特性曲线如图 4-27 所示,湿敏元件的感湿特性量 $C_p$ 与环境的绝对湿度(用露点温度表示)之间,呈指数关系,即

$$C_p = Ae^{BT} + C \qquad (4\text{-}14)$$

式中,$A$、$B$、$C$ 均为常数;$T$ 为环境气体的露点温度。

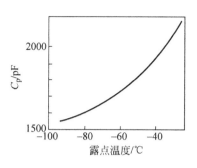

图 4-27　多孔 $Al_2O_3$ 湿敏件测绝对湿度的感湿特性曲线

显然,$C_p$ 值越大,$C_p$ 值随露点温度的变化越明显,元件的灵敏度越高。因此,最佳工艺条件的选择,以能够获得元件最大的电容值为依据。

2) 响应时间

湿敏元件响应时间的测量有多种方法,但都是将湿敏元件由某一初始湿度环境迅速换置于另一湿度环境中,然后测量元件的感湿特征量随时间的变化特性来实现。对于生产单位来说,采用简便的饱和盐溶液罐的方法更方便。湿敏元件的响应时间除与元件本身的性能有关外,还要受环境温度、气体流速、湿度变化幅度以及测试系统和方法等因素的影响。某一片状 $Al_2O_3$ 湿敏元件的响应时间 $\tau$ 的实测结果如表 4-7 所列。可见,环境温度越高,通气流速越大,则元件响应时间越短。

表 4-7　片状 $Al_2O_3$ 湿敏元件在不同温度、不同气体流速下的响应时间

| 湿度变化幅度:露点温度$-85\sim-30℃$ | | | |
| --- | --- | --- | --- |
| 流速 1000mL/min | | 室温(25±1)℃ | |
| 温度/℃ | 响应时间/s | 流速/(mL/min) | 响应时间 $t$/s |
| 13 | ≤24 | 100 | ≤35 |
| 15 | ≤19.5 | 1000 | ≤15 |
| 25 | ≤15 | — | — |

3) 湿滞特性

一般来说,薄膜型多孔 $Al_2O_3$ 湿敏元件都有一定的湿滞效应。造成滞后的原因很多,阳极氧化时生成的多孔 $Al_2O_3$ 有多个解离面,易于产生微细裂纹,以致在该处易于聚积水分而成缓慢的扩散源。其次,气孔孔形不规则、分布不均匀,外电极上有机物的沾污,过厚的外电极金属膜以及过大的感湿面积等,都是造成元件滞后效应的原因。

**3. 薄膜型多孔 $Al_2O_3$ 湿敏元件的制备工艺**

片状结构 $Al_2O_3$ 湿敏元件的感湿膜 $Al_2O_3$ 膜采用电化学中的阳极氧化方法制备,工艺流程如图 4-28 所示。高纯铝基片进行机械抛光和清洁去污后,厚度为 0.3～0.4mm,大小根据需要而定。电抛光时,将处理好的铝基片放入 65℃ 的碱性溶液($Na_2CO_3$ 300g/L,$Na_3PO_4$ 100g/L,NaOH 30g/L)中,加直流电压 4.5V,电抛光 5～6min。电抛光后的基片一端置于 0℃ 的浓度为 50% 的 $H_2SO_4$ 溶液中,通以 27V 直流电压进行阳极氧化,在铝基片一端形成致密(无孔)的 $Al_2O_3$ 膜,氧化的电流密度为 0.05～0.1mA/mm²,时间约为 30min。

多孔 $Al_2O_3$ 层制备,将基片的另一端置于上述溶液中,氧化条件与前相同,但溶液温度为 30℃,形成的多孔 $Al_2O_3$ 层应与致密 $Al_2O_3$ 层相重合接触。作绝对湿度敏感元件用的多孔 $Al_2O_3$ 膜厚度要薄,约 0.1μm。老化、氧化后的基片经水洗后,煮沸 30min,消除 $Al_2O_3$ 中气孔的细微裂纹。在整个 $Al_2O_3$ 膜上蒸镀一层薄金膜,厚度为 10～100nm,在致密 $Al_2O_3$

膜上面的金膜处用导电胶黏结或超声点焊电极引线,铝基片用机械固接的方法安装上另一电极引线,最后进行整个元件的装配即成。

图 4-28　薄膜型多孔 $Al_2O_3$ 湿敏元件制备工艺流程

# 4.5　元素半导体湿敏元件

元素半导体湿敏元件由 Ge、Se 或 Si 等薄膜制成。要求半导体膜为多晶结构且相当薄,使其晶粒界面及表面电导对整个薄膜电导起支配作用。当环境湿度发生变化时,水分子的吸附量将改变晶粒表面态的占据状态,并影响晶粒界面的势垒高度,因此,可有效地改变薄膜的电导。

**1. 锗(Ge)薄膜湿敏元件**

在一片清洁的石英板上,首先蒸镀一对条状金属电极后,再于其上蒸镀厚约 $0.1\mu m$ 的锗膜,经老化稳定后即可使用。其结构如图 4-29 所示。

Ge 薄膜湿敏元件的阻值偏高,适宜在高湿环境下使用,其感湿特性曲线如图 4-30 所示。在高湿段其感湿特性曲线线性度较好,阻值在 $10^5 \sim 10^7 \Omega$ 范围内,易于测量。

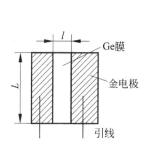 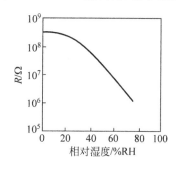

图 4-29　Ge 薄膜湿敏元件的结构　　　图 4-30　Ge 薄膜湿敏元件感湿特性曲线

Ge 薄膜湿敏元件具有较好的温度特性,如图 4-31 所示。在环境湿度为 76％RH 时元件湿度的温度系数很小,约为 $\pm 0.2$％RH/℃。

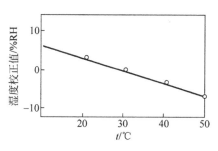

图 4-31　锗薄膜湿敏元件的温度特性

Ge 薄膜湿敏元件的最大优点是几乎不存在湿滞现象，湿滞回差极小，在灰尘较多和较恶劣的环境中也有较好的测湿精度。但此类元件的成品率低，互换性差。

**2. 烧结型硅(Si)湿敏元件**

烧结型 Si 湿敏元件是在 $Al_2O_3$ 基片上，烧结一对金电极，再在其上涂覆一层 Si 湿敏材料。Si 湿敏材料是以硅材料为主体，掺入 $Na_2O$ 或 $V_2O_5$ 等金属氧化物，在空气或还原性气氛中烧结而成。烧结型硅湿敏元件外形如图 4-32 所示。

将硅材料和添加剂加上芳香族或高沸点烷烃类有机黏结剂，经球磨成乳膏状后，涂覆到制备了金电极的基片上，在空气或还原性气氛中烧结。元件制成后，在温度 600℃、湿度 85%RH 的条件下老化 100h，即可标定使用。烧结型 Si 湿敏元件的感湿特性曲线如图 4-33 所示。在整个相对湿度范围内元件的阻值变化较大，为 $10^3 \sim 10^8\,\Omega$。

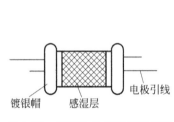

图 4-32　烧结型 Si 湿敏元件结构

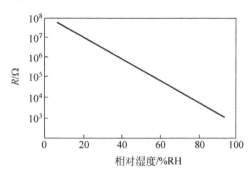

图 4-33　烧结型 Si 湿敏元件感湿特性

烧结型 Si 湿敏元件的温度系数较小，在 60%RH，10～300℃ 的范围内变化时，温度系数为 $-0.1\%$RH/℃。温度 200℃、风速 10m/s 时，湿度由 30%RH 增至 90%RH 时的响应时间不大于 1min；从 90%RH 脱湿至 30%RH 时，响应时间一般不大于 3min。

## 4.6　半导体结型和 MOS 型湿敏元件

半导体结型和 MOS 型湿敏元件采用半导体平面工艺制作，属于全硅固态型湿敏元件。这种半导体湿敏元件可以和信号处理电路集成在同一硅片上，有利于传感器的集成化、微型化和智能化，因此结型和 MOS 型湿敏元件很有发展前景。

**1. 湿敏二极管**

湿敏二极管是利用肖特基二极管或普通 PN 结二极管的反向电流或反向击穿电压随环境湿度变化而变化的性质制成的湿敏元件。在结型湿敏元件中，$SnO_2$ 湿敏二极管是典型代表。

1) $SnO_2$ 湿敏二极管的结构与感湿机理

$SnO_2$ 湿敏二极管的结构如图 4-34 所示。将 N 型单晶硅片衬底 1 置于通氧和水蒸气、温度达 520℃左右的石英管中，使其氧化一层有一定厚度的 $SiO_2$ 层 2，在 $SiO_2$ 层上再淀积一层透明而又导电的 $SnO_2$ 层 3，然后在硅片两面蒸镀 Ni 金属电极 4 和 7，在电极上焊上电极引线。电极膜的厚度不宜太厚，以便 $SnO_2$ 层和空气中的水蒸气相接触。在 N 型 Si 片没被 $SiO_2$ 覆盖的边缘区域上自然形成一层极薄的 $SiO_2$ 层，这种结构实际上已将势垒区边缘暴露于环境气氛中。$SnO_2$ 和硅衬底之间生成的 $SiO_2$ 薄层可以提高二极管的反向击穿电压。$SnO_2$ 二极管具有很好的导电性,可看做是一个肖特基结或异质结,具有整流性。

当湿敏二极管置于待测湿度的环境中时,二极管的结区边缘(图 4-34 中 5 处)将会吸附水分子,致使耗尽层展宽(主要向硅衬底一侧扩展),提高了二极管的反向击穿电压。当保持反向电压和外接负载电阻不变,使二极管处于反向击穿区附近的情况下,随着环境湿度的增大,二极管反向电流减小。反向电流与湿度的关系如图 4-35 所示,从低湿到高湿的整个范围内都有较高的灵敏度。

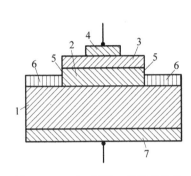

图 4-34 $SnO_2$ 湿敏二极管的结构

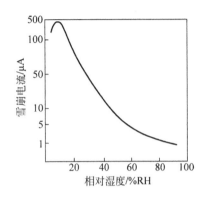

图 4-35 $SnO_2$ 湿敏二极管的感湿特性曲线

$SnO_2$ 湿敏二极管的反向击穿电压与 $SiO_2$ 层厚度有关,$SiO_2$ 越厚击穿电压越高,它们之间的关系如图 4-36 所示。由图可见,较为理想的 $SiO_2$ 厚度为 10nm 左右,最大不超过 50nm。$SnO_2$ 湿敏二极管的响应速度很快,从 $0\sim100\%RH$ 的变化,响应时间仅为 15s 左右。

2) 湿敏二极管的制备

制备 $SnO_2$ 湿敏二极管采用的是 N 型单晶硅片衬底,电阻率 $\rho$ 为 $5\Omega\cdot cm$。硅片尺寸大小为 $2mm\times$

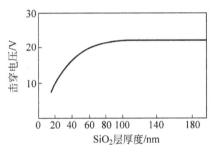

图 4-36 $SiO_2$ 厚度与 $SnO_2$ 湿敏二极管击穿电压的关系

$2mm$,厚为 $200\mu m$。在硅片表面生成厚 10nm 左右的 $SiO_2$ 后,淀积一层厚度为 $0.6\mu m$ 的 $SnO_2$ 膜。在 $SiO_2$ 膜形成后,用惰性气体携带二甲基二氯化锡$[(CH_3)_2SnCl_2]$蒸气进入石英管中与氧相遇,在 $400\sim600℃$ 下产生热分解和氧化反应,其反应方程为

$$(CH_3)_2SnCl_2 + O_2 \rightarrow SnO_2 + 2CH_3Cl \tag{4-15}$$

从而在 $SiO_2$ 层上获得 $SnO_2$ 淀积层。达到预定 $0.6\mu m$ 厚的 $SnO_2$ 膜大约用时 10min。$SnO_2$ 层是高度透明且具有良好导电性的薄膜。

完成 $SnO_2$ 膜淀积后,在 $SnO_2$ 层上及硅片背面用常规工艺形成镍金属电极。然后进行化学刻蚀,去除上金属电极中 $SnO_2$ 周边部分的镍膜,将结的表面裸露出来,并用 5% 的氢氟酸去除结外的 $SiO_2$ 层,使其自然形成一个极薄的 $SiO_2$ 膜,以使其性能稳定。最后焊接上、下电极引线即成。

$SnO_2$ 湿敏二极管的衬底材料,除了 N 型硅单晶外,还可使用 P 型硅单晶、锗单晶或砷

化镓材料。当使用锗单晶或砷化镓材料时,$SiO_2$ 层要用 $GeO_2$ 和 $Si_3N_4$ 代替。

**2. MOS 型湿敏元件**

在 MOS 场效应管的栅极上涂覆一层感湿薄膜,再在感湿薄膜上增设另一个金属电极构成 MOS 型湿敏元件,又称湿敏 MOSFET 或 SIM 元件(Surface Impedance Measurement Device)。

湿敏 MOSFET 的结构俯视图如图 4-37 所示,其剖面图如图 4-38 所示。湿敏 MOSFET 是 N 沟道耗尽型管子,它有两个梳状栅极,一个是覆盖在 MOSFET 栅区上的栅极,称为浮动栅极 G,另一个栅极称为驱动栅极 DG,在整个栅极上面覆盖感湿膜。湿敏 MOSFET 共有 4 个引出电极,即源极、漏极、衬底和驱动栅极,而它的浮动栅极不对外引出。栅电压的加入就由驱动栅极加入经两个栅极之间的寄生电容耦合到浮动栅极上,从而控制湿敏 MOSFET 的漏、源极间沟道电阻和漏源电流的变化。因湿敏 MOSFET 是 N 沟道耗尽型 MOSFET,即栅偏压为零时就有沟道存在。因此,工作时无须外加栅偏压。

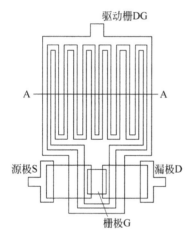

图 4-37 湿敏 MOSFET 结构示意图

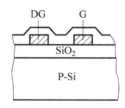

图 4-38 湿敏 MOSFET 沿 $AA'$ 向剖面图

通过以上分析,可以将湿敏 MOSFET 用图 4-39 所示的电路来等效。图中,$C_L$ 为栅极与衬底间电容,包括以 $SiO_2$ 为介质的栅与衬底间电容和栅与沟道间电容;$C_x$ 为驱动栅与浮动栅间寄生电容;$C_T$ 为以感湿膜和 $SiO_2$ 为双层介质的寄生电容。若将感湿膜和 $SiO_2$ 的介电常数认为是相同的话,则 $C_T$ 为

$$C_T = \frac{\varepsilon_{OX}WL}{t_{OX} + t_P} \qquad (4-16)$$

式中,$t_{OX}$ 为 $SiO_2$ 厚度;$t_P$ 为感湿膜厚度;$\varepsilon_{OX}$ 为 $SiO_2$ 和感湿膜的介电常数;$W$ 为梳状电极的长度;$L$ 为两梳状电极条的间距。

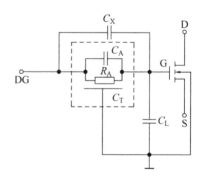

图 4-39 湿敏 MOSFET 的等效电路

梳状电极感湿电容 $C_A$ 为 $C_A=C_sW/L$,其中 $C_s$ 为感湿膜方块电容。$R_A$ 为两梳状电极间感湿膜的电阻,其大小为 $R_A=R_sW/L$,其中,$R_s$ 为感湿膜的方块电阻。湿敏 MOSFET 衬底硅片选用电阻率为 $0.1\sim0.4\Omega\cdot cm$ 的 P 型硅片,二氧化硅层厚度 $t_{OX}$ 为 $1\mu m$。金属电极为铝,梳状电极间距 $L=12.5\mu m$,梳状电极条总长 $W=10.15mm$,管子的夹断电压为

－4V,感湿膜厚度为(30±10)nm。

在实际应用中,一般将全部等效电路元件看作与频率无关,只有感湿膜电阻 $R_A$ 才是环境湿度的函数。由外部对湿敏 MOSFET 的驱动栅加一个测试信号,经 $C_A$ 和 $R_A$ 将信号耦合到浮动栅。由于栅极与衬底间电容 $C_L$ 和 $C_T$ 很小,所以这个信号将引起湿敏 MOSFET 沟道电阻的变化。当环境湿度发生变化时,引起 $R_A$ 变化,使耦合到栅极的信号发生变化,引起沟道电阻随湿度的变化而变化。沟道电阻的这一变化,可以通过和另一个与湿敏 MOSFET 共衬底、结构参数完全相同的普通 MOSFET 沟道电阻进行对比而测得。

应用湿敏 MOSFET 对湿度进行测量的电路如图 4-40 所示。图中 $VT_1$ 为湿敏 MOSFET; $VT_2$ 为与湿敏 MOSFET 制作于同一衬底上,且结构完全相同的普通 MOSFET,作为参考管。外加信号为交流信号,管子工作于零栅—源偏压下。漏源电压为 ＋1V,夹断电压为 －4V。交流信号加到 $VT_1$ 的驱动栅极上,运算放大器 $A_1$、$A_2$ 控制两个 MOS 管的电流,其差值被运算放大器 $A_3$ 放大并驱动 $VT_2$ 的栅极,以保证两个 MOS 管具有相同的漏—源电流和栅—源电压。湿敏 MOSFET 可以作为绝对湿度敏感元件应用。

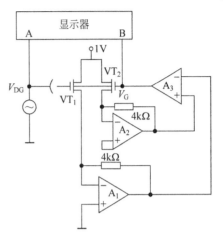

图 4-40 湿敏 MOSFET 测试电路

## 4.7 电解质系湿敏传感器

电解质是以离子形式导电的物质,分为固体电解质和液体电解质。若物质溶于水后,在极性分子的作用下,能全部或部分地解离为能自由移动的正、负离子,这类物质称为液体电解质。电解质溶液的电导率与溶液的浓度有关,在一定温度下,溶液浓度是环境湿度的函数,利用这个特性制成了电解质湿敏传感器。一般可分为无机电解质湿敏元件和高分子电解质湿敏元件两大类。

### 4.7.1 无机电解质湿敏元件

氯化锂(LiCl)湿敏元件是典型的无机电解质湿敏元件,具有灵敏高、准确和可靠等优点。在高湿的环境中,潮解性盐的浓度会被稀释,使用寿命缩短,当灰尘附着时,潮解性盐的吸湿能力降低,重复性变坏。氯化锂湿敏元件有以下三类典型产品:登莫(Dunmore)式湿敏元件、浸渍式湿敏元件和光硬化树脂电解质湿敏元件。

1) 登莫式湿敏元件

登莫式湿敏元件是以聚苯乙烯包封的圆管上两条相互平行的钯引线作为电极,在该聚苯乙烯管上涂覆一层经过适当碱化处理的聚醋酸乙烯酯(PVAC)和 LiCl 水溶液的混合液。当被涂覆溶液的溶剂挥发干后,形成一层其阻值可随环境湿度变化的感湿膜。最初有实用价值 LiCl 湿敏元件 1938 年由登莫首先制造出来,其结构如图 4-41 所示,A 为用聚苯乙烯包封的铝管,B 为钯丝。氯化锂浓度不同的单片湿敏元件,其感湿范围也不同,浓度低的单片湿敏元件对高湿敏感,浓度高的单片湿敏元件对低湿敏感。一般单片湿敏元件的感湿范围仅在30%RH 左右(如 20%～40%RH、70%～90%RH)。电阻—湿度特性如图 4-42 所示。通常将不同感湿范围的单片湿敏元件组合使用,使其相对湿度检测范围能达到 20%～90%RH。

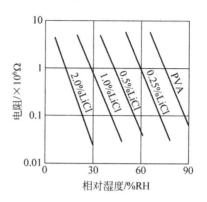

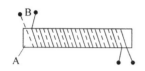

图 4-41　登莫式湿敏元件结构

图 4-42　登莫式湿敏元件感湿特性曲线
(0.25%LiCl, 0.5%、1.0%、2.0%)

2) 浸渍式湿敏元件

浸渍式湿敏元件是以天然树皮作为基片,直接浸渍氯化锂溶液构成的一种传感器。与登莫式湿敏元件不同,浸渍式湿敏元件部分地避免了高湿度下所产生的误差。元件具有小型化的特点,适用于微小空间的湿度检测。若仅使用一个这种湿敏元件,所能检测的湿度范围狭窄。因此,为了能使其相对湿度的检测范围达到 20%～90%RH,必须使用几个特性不同(改变氯化锂溶液浓度)的湿敏元件。

另一种浸渍式湿敏元件是在玻璃带基片上浸渍氯化锂溶液。采用两种不同氧化锂溶液浓度的湿敏元件能够检测出 20%～80%RH 的相对湿度。湿敏元件的结构示意图如图 4-43 所示。该湿敏元件的电阻—湿度特性如图 4-44 所示,电阻值的对数与相对湿度 50%～85%RH 呈线性关系。

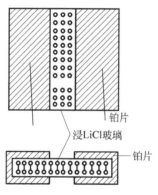

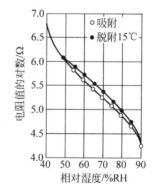

图 4-43　玻璃带上浸 LiCl 的湿敏元件结构

图 4-44　玻璃带上浸 LiCl 的湿敏元件感湿特性曲线

3) 光硬化树脂电解质湿敏元件

登莫式湿敏元件中的黏结剂——聚乙烯醇(PVA)不耐高温高湿的性质限制了它的使

用范围,采用光硬化树脂代替 PVA,即将树脂、氯化锂、感光剂和水按一定比例配成胶体溶液,浸涂在蒸镀有电极的塑料基片上,干燥后放置在紫外线下,加助膜剂曝光并热处理,即可形成耐温耐湿的感湿膜。其可在 80℃下使用,并且有较好的耐水性,不怕"冲蚀"。

## 4.7.2 高分子材料湿敏元件

针对无机电解质湿敏传感器遇高温或结露时,易造成 LiCl 电解质流失而损坏的问题,开发了高分子材料湿敏传感器。某些高分子电解质吸湿后,介电常数明显改变,可制成电容式湿敏传感器;某些高分子电解质吸湿后,电阻明显变化,可制成电阻式湿敏传感器;利用膨胀性高分子材料和导电粒子在吸湿后的开关特性,可制成结露传感器。

**1. 电容式高分子薄膜湿敏元件**

电容式高分子聚合物薄膜湿敏元件是 20 世纪 70 年代新发展起来的一类比较理想的湿敏元件。这类高分子聚合物材料主要有醋酸纤维素、聚苯乙烯及聚酰亚胺等。

1)结构与制备工艺

电容式高分子薄膜湿敏元件的制备工艺流程如图 4-45 所示。

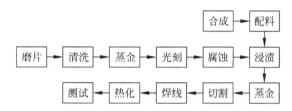

图 4-45 电容式高分子薄膜湿敏元件的制备工艺流程

醋酸纤维素是电容式湿敏元件的感湿材料。在洁净的玻璃基片上,蒸镀或溅射一层极薄金属,光刻形成梳状下电极,将醋酸纤维素按一定比例溶解于丙酮、乙醇(或乙醚)溶液中配成感湿溶液,然后通过浸渍或涂覆的方法,在基片上附着一层(0.5μm 左右)感湿膜,干涸成介质膜后,制作多孔透水的金属膜作为上电极,上下电极焊接引线,就制成了电容式高分子薄膜湿敏器件,如图 4-46 所示。通常在大面积基片上批量制作,再切割成单个元件。

2)感湿机理与性能

电容式高分子薄膜湿敏元件,多孔质的金上电极可通过水分子,常温条件下,水的相对介电系数大约为 80。感湿高分子材料相对介电系数较小,当水分子被高分子薄膜吸附时,介电常数发生变化。随着环境湿度的提高,高分子薄膜吸附的水分子增多,元件电容增加,根据电容量的变化可测得湿度。

电容式高分子薄膜湿敏元件的主要特性如下:

(1)电容—湿度特性。随着环境湿度的增加,湿敏传感器的电容逐渐增大。使用不同频率电源进行测试时,输出特性的线性度有较大差异。选择合适的电源频率,可以实现传感器电容—湿度的线性化。对于电容式高分子薄膜传感器,实验表明,当测试电源频率为 1.5MHz 左右时,输出特性有良好的线性度,如图 4-47 所示。对于线性度欠佳的湿敏传感器,可外接转换电路,使电容—湿度特性趋于线性。

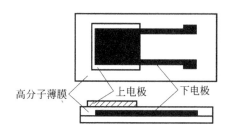

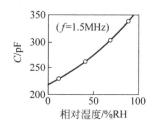

图 4-46 电容式高分子薄膜湿敏元件的结构　　　图 4-47 电容与湿度特性($f=1.5\text{MHz}$)

（2）响应特性。高分子薄膜可以做得极薄，响应时间都很短，一般都小于 5s，有的响应时间仅为 1s。

（3）电容—温度特性。电容式高分子薄膜湿敏传感器的感湿特性受温度影响非常小，在 0~50℃范围内，电容温度系数约为 0.06%RH/℃。

**2. 电阻式高分子薄膜湿敏元件**

电阻式高分子薄膜湿敏元件可采用的高分子材料很多，在此仅介绍采用高分子电解质——聚苯乙烯磺酸锂制作的湿敏元件。

1）结构与制备工艺

将 8%wt 二乙烯苯作交联剂与 92%wt 的苯乙烯共聚，制成聚苯乙烯基片。将基片浸入浓度 98% 的硫酸中进行磺化，硫酸中应加入约 1% 的 $Ag_2SO_4$ 催化剂，磺化温度为 40℃，历时 30~65min，然后用去离子水冲洗、烘干，在基片表面上制备一层亲水的磺化聚苯乙烯。将磺化聚苯乙烯基片放入 LiCl 饱和溶液中进行离子交换，温度为 20~40℃，把吸湿性很强的锂离子交换到磺化聚苯乙烯上，得到感湿性很强的聚苯乙烯磺酸锂感湿膜。制作梳状电极，制成高分子湿敏元件，如图 4-48 所示。

聚苯乙烯磺酸锂是一种强电解质，具有极强的吸水性，吸水后电离，在其水溶液里含有大量的锂离子。吸湿量不同，聚苯乙烯磺酸锂的阻值也不同，可根据阻值变化测量湿度。

2）主要特性

（1）电阻—湿度特性。当环境湿度变化时，元件的感湿特性曲线如图 4-49 所示。在整个湿度范围内，元件均有感湿特性，其阻值与相对湿度的关系在单对数坐标下近似线性。可以看出，吸湿和脱湿时，湿度指示的最大误差为（3~4）%RH。

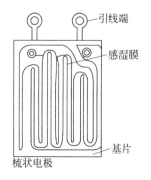

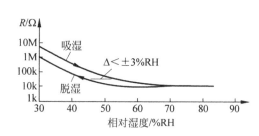

图 4-48 聚苯乙烯磺酸锂湿敏元件结构　　　图 4-49 电阻—湿度特性

（2）温度特性。聚苯乙烯磺酸锂的电导率随温度变化较为明显,具有负温度系数。元件的感湿特性随温度的变化如图 4-50 所示。在 0～55℃ 时,温度系数为（-0.6～-1.0)%RH/℃。

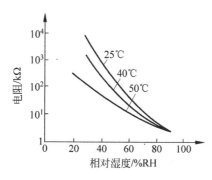

图 4-50　聚苯乙烯磺酸锂湿敏元件的温度特性

（3）其他特性。聚苯乙烯磺酸锂元件的升湿响应时间比较快,降湿响应时间比较慢,响应时间在 1min 内。湿滞比较小,在 1%～2%RH。元件具有良好的稳定性,存储 1 年后,最大变化率小于 2%RH/年。在含有有机溶媒气体的环境下测试时,器件易损坏,另外不能用于 80℃ 以上高温环境。

### 3. 高分子结露传感器

结露湿敏传感器利用掺入碳粉的有机高分子材料吸湿后的膨润现象进行湿度检测。它是利用在高湿情况下,高分子材料的膨胀引起其中所含碳粒间距变化而产生电阻突变开关特性制成的一种湿敏元件。

高分子系体电阻率的变化可用 D. Bulgin 公式表示,即

$$\rho_v \approx e^{(a/c)p} \tag{4-17}$$

式中,$\rho_v$ 为感湿膜材料的体电阻率;$c$ 为导电粉的浓度;$a$、$p$ 为感湿膜材料与导电微粒的相关常数。

由式(4-17)可以看出,如果感湿膜由某一吸湿树脂(例如纤维素或丙烯酸类高分子)和导电粒粉(如碳粉)组成,感湿膜体电阻大小随导电碳粉浓度下降而呈指数上升。当环境比较干燥时,感湿膜吸附的水分较少,吸湿性树脂处于一种收缩状态,导电碳粒间距离比较短,阻值较小。随着环境湿度的增加,感湿膜吸收的水分增多,吸湿性树脂膨胀,导电碳粒间距离增大,阻值也相应有所增加。当在露点附近,吸湿很多时,感湿膜急剧膨胀,碳粒构成的导电链越过临界状态,碳粒间的连接极弱,使阻值急剧增大,产生高湿下元件电阻突变的开关特性,其感湿前后状况如图 4-51 所示。

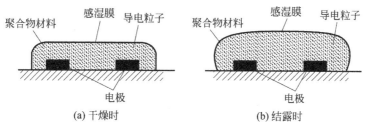

(a) 干燥时　　　　　　　　(b) 结露时

图 4-51　结露传感器湿敏示意图

胀缩物性型树脂结露传感器具有正的感湿特性,其电阻—湿度特性如图 4-52 所示。在湿度 94%RH 以上时,出现了电阻增大的开关特性,在湿度为 100%RH 时,其电阻值达 200kΩ 以上,能检测结露状态。这类传感器在使用中,即使有灰尘和其他气体对传感器表面产生污染,对电阻—湿度特性的影响也很小,可稳定、可靠地工作。

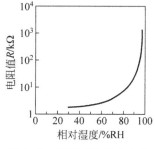

图 4-52　结露传感器的电阻
—湿度特性

## 4.8　湿敏元件的应用

湿敏元件在气象、粮仓、制药、纺织、造纸、医疗、食品、空调和电子等领域都有广泛的应用。使用场合不同,对敏感元件的要求也不相同。湿敏元件的种类很多,性能差别也很大。在实际使用时要合理选择,以保证测量精度。湿敏元件还需进行标定、温度补偿和信号线性化处理。

### 4.8.1　湿敏元件的标定

湿敏元件的标定需要有湿度发生器产生标准湿度。标准湿度的产生方法有双温法、双压法、双温双压法和饱和盐溶液法等。

#### 1. 双温法

双温法原理图如图 4-53 所示,将气体通过具有一定温度的饱和槽,使其成为饱和气体,饱和槽水的饱和蒸气压为 $e_t$,再将气体通入比饱和槽温度高的试验槽,试验槽温度对应的水饱和蒸气压为 $e_{ts}$,则相对湿度为

$$RH = \frac{e_t}{e_{ts}} \times 100\%(\%RH) \tag{4-18}$$

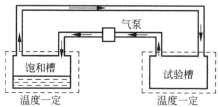

图 4-53　双温法原理图

该法的特点是装置简单,但难于精确控制温度,精度低。

#### 2. 双压法(压缩膨胀法)

双压法原理图如图 4-54 所示,将被压缩的干燥气体通入一定温度下的饱和槽内,使之变成饱和气体,饱和槽的气体压力为 $P_s$,再将这种饱和气体膨胀到同一温度下的试验槽中,由于压缩气体的膨胀,气体变成了非饱和的气体。若试验槽内的气体压力为 $P_t$,则相对湿度为

$$RH = \frac{P_t}{P_s} \times 100\%(\%RH) \tag{4-19}$$

该法的特点是因高、低湿时气体膨胀情形不一样,对调整压力精度的技术要求高。

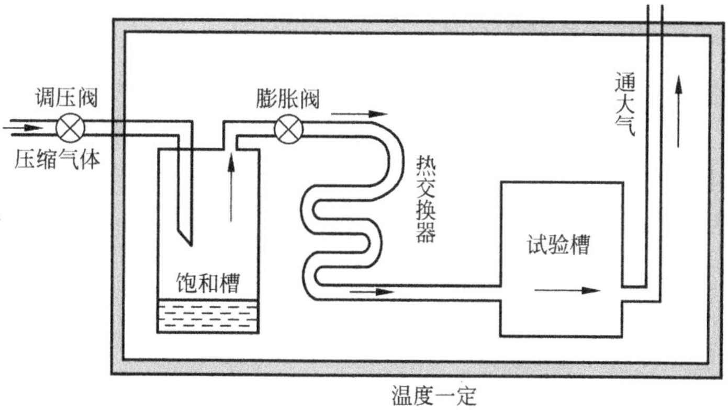

图 4-54 双压法原理图

### 3. 饱和盐溶液法

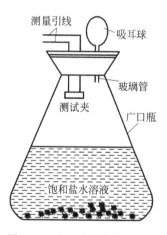

饱和盐溶液法原理图如图 4-55 所示,将盐的饱和水溶液置于封闭容器中,根据拉乌尔定律,在给定的温度下,盐溶液达到饱和时,其平衡蒸气压也将恒定,因而使饱和盐水溶液上方的空间保持恒定湿度。该湿度与盐的种类有关,标定湿敏元件时应同时选择几种具有一定湿度间隔的饱和盐水溶液。

在配制饱和盐水溶液时,一定要用较纯的盐,要保持水溶液的温度和上方气体的温度一致,以保持湿度的稳定性。为了缩短平衡时间可以搅拌溶液或气体。各种饱和盐水溶液的湿度固定点,一般均采用美国国家标准局(NBS)1976 年所提供的数据为准,NBS 饱和盐水溶液平衡时的相对湿度如表 4-8 所列。

图 4-55 饱和盐溶液法原理图

表 4-8 NBS 饱和盐水溶液平衡时的相对湿度

| 温度/℃ | $LiCl \cdot H_2O$ | $MgCl_2 \cdot 6H_2O$ | $Na_2Cr_2O_7 \cdot 2H_2O$ | $Mg(NO_3)_2 \cdot 6H_2O$ | NaCl | $(NH_4)_2SO_4$ | $KNO_3$ | $K_2SO_4$ |
|---|---|---|---|---|---|---|---|---|
| 0 | 14.7 | 35.0 | 60.6 | 60.6 | 74.9 | 83.7 | 97.6 | 99.1 |
| 5 | 14.0 | 34.6 | 59.3 | 59.3 | 75.1 | 82.6 | 96.6 | 98.4 |
| 10 | 13.3 | 34.2 | 57.9 | 57.8 | 75.2 | 81.7 | 95.5 | 97.9 |
| 15 | 12.8 | 33.9 | 56.6 | 56.3 | 75.3 | 81.1 | 94.4 | 97.5 |
| 20 | 12.4 | 33.6 | 55.2 | 54.9 | 75.5 | 80.6 | 93.2 | 97.2 |
| 25 | 12.0 | 33.2 | 53.8 | 53.4 | 75.8 | 80.0 | 92.0 | 96.9 |
| 30 | 11.8 | 32.8 | 52.5 | 53.0 | 75.6 | 80.0 | 90.7 | 96.6 |
| 35 | 11.7 | 32.5 | 51.2 | 50.6 | 75.5 | 79.8 | 89.3 | 96.4 |
| 40 | 11.6 | 32.1 | 49.8 | 49.2 | 75.4 | 79.6 | 87.9 | 96.2 |
| 45 | 11.5 | 31.8 | 48.5 | 47.7 | 75.1 | 79.3 | 86.0 | 96.0 |
| 50 | 11.4 | 31.4 | 47.1 | 46.3 | 74.7 | 79.1 | 85.0 | 95.3 |

### 4.8.2 湿敏元件的线性化

湿敏元件的感湿特征量与湿度之间的关系非线性,这给湿度的测量、控制和补偿带来了困难。需要通过变换使感湿特征量与湿度之间的关系线性化。线性化电路分为无源线性化和有源线性化两种。

**1. 无源线性化**

无源线性化电路比较简单、性能可靠,只要设计合理,可以获得足够高的精度。简单的无源线性化电路由固定参数的元件与湿敏元件并联或串联组成。下面介绍其电路工作原理。

设湿敏元件的感湿特征量为电阻 $R_p$,其中,$R_p$ 与相对湿度 RH 之间的关系即 $R_p \sim \%RH$ 曲线如图 4-56(a)所示,根据实际需要选择 $a$、$b$、$c$ 三点,对应的 $R_p$ 与 $\%RH$ 的值分别为 $R_a$、$R_b$、$R_c$ 和 $H_a$、$H_b$、$H_c$,且使 $H_c - H_b = H_b - H_a$。用一个固定电阻 R 与 $R_p$ 并联,如图 4-56(b)所示。并联后的阻值 $R'_p$ 与 $\%RH$ 关系在 $a$、$b$、$c$ 三点上参数 $R'_a$、$R'_b$、$R'_c$ 符合线性关系,则有

$$R'_a - R'_b = R'_b - R'_c \tag{4-20}$$

$$\frac{RR_a}{R + R_a} - \frac{RR_b}{R + R_b} = \frac{RR_b}{R + R_b} - \frac{RR_c}{R + R_c} \tag{4-21}$$

则得

$$R = \frac{R_a R_b + R_b R_c - 2R_c R_a}{R_a + R_c - 2R_b} \tag{4-22}$$

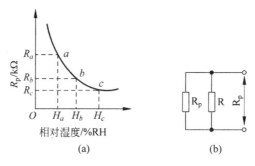

图 4-56　无源线性化原理图与并联线性化电路

式(4-22)给出的 $R$ 值即为所选择的固定电阻阻值。修正后的 $R'_p \sim \%RH$ 曲线呈 S 形,如图 4-57 所示。

若要直接输出线性化的电压值 $E_R$,可采用图 4-58(a)所示的串联电阻电路。对于图 4-58 中 $a$、$b$、$c$ 三点线性化后,应有

$$\frac{ER_a}{R + R_a} - \frac{ER_b}{R + R_b} = \frac{ER_b}{R + R_b} - \frac{ER_c}{R + R_c} \tag{4-23}$$

则有

$$R = \frac{R_a R_b + R_b R_c - 2R_c R_a}{R_a + R_c - 2R_b}$$

线性化电路的 $E_R \sim \%RH$ 关系曲线如图 4-58(b)所示,曲线为 S 形。从电阻 R 上取输出电压,得到随相对湿度增加而

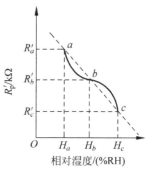

图 4-57　电阻并联后的
$R_p \sim \%RH$ 曲线

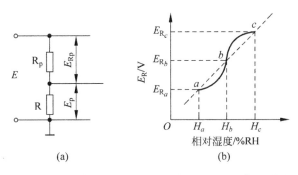

图 4-58　电阻串联线性化电路与线性化 $E_R \sim \%RH$ 曲线

增大的输出电压。上述电路中,电源 $E$ 换成交流电压源 $V$(有效值),得到线性化的交流电压输出。

**2. 有源线性化**

无源线性化电路以降低元件灵敏度为代价,这是无源线性化的缺点。有源线性化电路则无此缺点,利用集成运放、晶体管这些有源元件实现线性化。集成运放具有高增益、高输入阻抗、灵活多变的接法,可以获得多种线性化变换特性。

相当多湿敏元件的电阻 $R_p$ 值与相对湿度 $\%RH$ 成指数关系,即 $\lg R_p$ 与 $\%RH$ 成线性关系(斜率为负)。因此,有源线性化可以通过对数电路进行变换,将元件的电阻值变成相应的电压值 $V_R$,然后再作 $\lg V_R$ 变换。

对数放大电路利用晶体二极管 PN 结的伏安特性进行转换,流过 PN 结的电流 $I$ 与其两端的电压 $V_D$ 之间的关系为

$$I = I_S\left(e^{\frac{q}{kT}V_D} - 1\right) \tag{4-24}$$

式中,$q$ 为电子电荷,$q = 1.6 \times 10^{-19}$C;$k$ 为玻耳兹曼常数,$k = 1.38 \times 10^{-23}$J/K;$T$ 为绝对温度;$I_S$ 为 PN 的反向漏电流。

当 $V_D > 100$mV 时,$e^{\frac{q}{kT}V_D} \gg 1$,式(4-24)可简化为

$$I = I_S e^{\frac{q}{kT}V_D} \tag{4-25}$$

则有

$$V_D = \frac{kT}{q}(\ln I - \ln I_S) = \frac{kT}{q}\ln I + C \tag{4-26}$$

式中,$C = -\dfrac{kT}{q}\ln I_S$。

式(4-26)说明流过 PN 结的正向电流 $I$ 与其两端电压 $V_D$ 成对数关系。将式(4-25)换成常用对数,则有

$$V_D = \frac{kT}{q\lg e}\lg \frac{I}{I_S} = E_0 \lg \frac{I}{I_S} \tag{4-27}$$

式中,$E_0 = \dfrac{kT}{q\lg e}$。

对于小功率硅二极管或 C-B 短接成二极管的硅三极管,可以有 3～6 个数量级的对数变换动态范围,其伏安特性都能很好地遵从上述指数关系。比较复杂的对数运算电路如图 4-59 所示。$T_1$、$T_2$ 的 be 结电流和电压之间都有对数关系的特性。运放 $A_1$ 的同相端外

接电阻调零电路。电容 $C_1$ 是相位补偿电容,二极管 $D_1$ 保证运放闭环稳定性。二极管 $D_1$ 的接入可以防止当输入电压反极性输入时,对数晶体管的发射结承受过高的反向电压而击穿。$T_1$ 是对数运算管,$T_2$ 是温度补偿管。

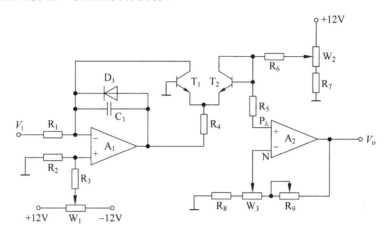

图 4-59　对数放大器电路原理图

当有输入电压 $V_i$ 加入时,运放 $A_1$ 的反相输入端虚地(可调),故输入电流 $I_1 = V_i/R_1$,忽略运放 $A_1$ 的输入端电流,则 $T_1$ 的电流 $I_1 = V_i/R_1$,因而

$$V_{be1} = E_0 \lg \frac{V_i}{I_s R_1}, \quad V_{be2} = E_0 \lg \frac{I_{R_6}}{I_s} \tag{4-28}$$

P 点的电位为

$$u_P = V_{be2} - V_{be1} = -E_0 \lg \frac{V_i}{I_{R_6} R_1} \tag{4-29}$$

$u_P = u_N$,因此输出电压

$$V_o = -\left(1 + \frac{R_9 + R_{W_3''}}{R_8 + R_{W_3'}}\right) E_0 \lg \frac{V_i}{I_{R_6} R_1} \tag{4-30}$$

式中,$E_0$、$R_1$ 和 $R_8$ 为常量,$R_9$ 和 $R_W$ 可调,$P_{W_3'}$ 和 $R_{W_3''}$ 分别为 $R_W$ 的左侧部分和右侧部分,$V_o$ 与 $V_i$ 之间是对数关系,实现了有源线性化。若外接电阻 $R_8$ 为热敏电阻,则可补偿的 $E_0$ 温度特性。$R_8$ 应具有正温度系数,当环境温度升高时,$R_8$ 阻值增大,使得放大倍数减小,以补偿 $E_0$ 的增大,使 $V_o$ 在 $V_i$ 不变时基本不变。

### 3. 湿敏元件的温度补偿

湿敏元件的种类很多,大多数湿敏元件都具有一定的温度系数,湿敏元件的种类不同,其温度系数的正负和大小也不相同,工作温区也有宽有窄。在考虑是否对湿敏元件进行补偿时,要根据实际情况来确定。

半导体陶瓷湿敏元件,其电阻与温度和湿度的关系一般为指数函数关系,通常具有负温度系数(NTC)特性,即

$$R = R_0 e^{\frac{B}{T} - AH} \tag{4-31}$$

式中,$H$ 为相对湿度(%RH);$R_0$ 为湿敏元件在 $T = 0 ℃$,$H = 0$ 时的阻值;$A$ 为湿度常数;$T$ 为绝对温度,$B$ 为温度常数。

将式(4-31)对温度和湿度求偏导数,则温度系数(TCR)和湿度系数(HCR)分别为

$$TCR = \frac{1}{R}\frac{\partial R}{\partial T} = -\frac{B}{T^2} \tag{4-32}$$

$$HCR = \frac{1}{R}\frac{\partial R}{\partial H} = -A \tag{4-33}$$

$$湿度的温度系数 = \left|\frac{TCR}{HCR}\right| = \left|\frac{\partial H}{\partial T}\right| \tag{4-34}$$

若湿度传感器的湿度温度系数为 $0.07\%RH/℃$,工作温度差为 $30℃$,测量误差仅为 $0.21\%RH$,则不必考虑温度补偿;若湿度温度系数为 $0.4\%RH/℃$,则会引起 $12\%RH$ 的误差,必须进行温度补偿。

对于负温度系数的湿敏元件,最简单且有效的温度补偿方法是在测湿探头回路中串接正温度系数(PTC)型热敏电阻,其回路电阻与温度的关系为

$$R = R_n e^{\frac{B_n}{T}} + R_p e^{B_p T} \tag{4-35}$$

式中,$n$ 和 $p$ 分别代表 NTC 和 PTC。设 $R_n = R_p$,要使 $R$ 不随温度变化,必须使 $|TCR_n| = |TCR_p|$,即

$$B_p = \frac{B_n}{T^2} \tag{4-36}$$

所选择的正温度系数热敏电阻,只要满足上式,就可以在一定温区内达到比较好的温度补偿。由于正、负温度系数很难完全相同,故只能得到一定程度的温度补偿,不可能完全抵消。

**4. 湿敏传感器的应用**

自动去湿装置电路如图 4-60 所示。图中,H 为湿敏传感器,$R_L$ 为加热电阻丝,$BG_1$ 和 $BG_2$ 构成施密特触发器,$BG_2$ 的集电极负载 J 为继电器线圈,$BG_1$ 的基极回路电阻是 $R_1$、$R_2$ 和 H 的等效电阻 $R_p$。在常温常湿情况下,调好各电阻值,使 $BG_1$ 导通,$BG_2$ 截止。当环境湿度增大,导致 H 的阻值下降达到某值时,$R_2$ 与 $R_p$ 并联后的阻值小到不足以维持 $BG_1$ 导通,由于 $BG_1$ 截止而使 $BG_2$ 导通,其负载继电器 J 通电,J 的常开触点 II 闭合,加热电阻丝 $R_L$ 通电加热,驱散湿气。当湿度减小到一定程度时,施密特电路又翻转到初始状态,$BG_1$ 导通,$BG_2$ 截止,常开触点 II 断开,$R_L$ 断电停止加热,实现了防湿自动控制。

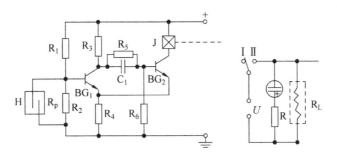

图 4-60　自动去湿装置电路

# 小结

本章首先简要阐述了湿度的表示方法,详细介绍湿敏元件的特性参数,包括湿度量程、感湿特征量、感湿灵敏度、温度系数、响应时间、湿滞回线和湿滞回差、电压特性、频率特性、

精度、稳定性、寿命和老化特性等。然后详细论述了 $MgCr_2O_4$-$TiO_2$ 系陶瓷湿敏元件、$ZrO_2$-$Y_2O_3$ 系厚膜陶瓷湿敏元件、涂覆膜型 $Fe_3O_4$ 湿敏元件、薄膜型多孔 $Al_2O_3$ 湿敏元件、元素半导体湿敏元件、半导体结型和 MOS 型湿敏元件、电解质系和有机高分子式湿敏元件感湿机理、特性参数、制备工艺以及实际应用。最后,介绍了湿敏元件的标定方法、线性化及温度补偿原理。近年来,国内外在湿敏传感器研发领域取得了长足进步,湿敏传感器正从简单的湿敏元件向集成化、智能化、多参数检测的方向迅速发展,为开发新一代湿度测控系统创造了有利条件。

## 习题

1. 填空题

(1) 对于 $MgCr_2O_4$-$TiO_2$ 系湿敏元件,属于离子键晶体,正、负离子交替分布。表面上的正离子就从导带中分离出来,形成_____能级。表面上的负离子从价带中分裂出来,形成_____能级。

(2) 空气中含有水蒸气的量称为湿度。含有水蒸气的空气是一种混合气体,在某一温度下,其水蒸气压同饱和蒸气压的百分比,定义为_____。

(3) 湿敏元件的线性化电路分为_____和_____。

(4) 产生标准湿度的方法有_____、_____和_____等。

2. 湿敏传感器的主要特性参数有哪些?

3. 试用电子导电理论解释半导体陶瓷元件感湿机理。

4. 阐述涂覆膜型 $Fe_3O_4$ 湿敏元件感湿机理及工艺。

# 第 5 章

CHAPTER 5

# 半导体热敏元件与温度传感器

　　温度是和人类生活环境有着密切关系的物理量,很久以来,这方面已有多种测量元件和传感器得到普及。但是直到今天,为了适应产业部门、科学研究、医疗、家用电器等方面的广泛要求,仍在不断研究开发新型热敏元件及传感器,并使之逐步得到应用。热敏元件是一种对外界温度或辐射具有响应和转换功能的元件,利用其电磁参数(电阻、磁导、电势、电压、电流等)随温度变化的特性测量温度。能感受温度并能转换成可用信号的传感器称为温度传感器。作为一个理想的温度传感器,应该具备各种理想特性,如测温范围宽、高精度、高可靠性、时漂小、体积小、响应速度快、价格便宜并能大量生产等。但是,同时满足以上所有要求的温度传感器并不存在,应该按不同的用途灵活使用各种温度传感器。

　　各种温度传感器可以按照工作方式、工作原理、测温范围、用途等进行分类。本章依据工作方式和原理特征,对热电阻、热敏二极管、集成温度传感器、热电偶等进行分类介绍。

## 5.1　热电阻

　　热电阻温度传感器利用导体或半导体的电阻率随温度变化而变化的特性制成,实现了将温度变化转化为元件电阻值变化的功能。它主要用于对温度或与温度有关的参数进行检测。采用纯金属热敏元件制作的热电阻称为金属热电阻,采用半导体材料制作的热电阻称为半导体热敏电阻。下面分别对这两种热电阻进行介绍。

### 5.1.1　金属热电阻

　　热电阻的材料应具有以下特性:①电阻温度系数大而且稳定,电阻值与温度之间具有良好的线性关系;②电阻率高,热容量小,反应速度快;③材料的复现性和工艺性好,价格低;④在测温范围内化学物理性能稳定。目前在工业中铂热电阻和铜热电阻最为常见,并已做成标准测温热电阻。

**1. 铂热电阻**

　　铂易于提纯,复制性好,在氧化性介质中,甚至高温下,其物理化学性质极其稳定,但在还原性介质中,特别是高温下很容易被从氧化物中还原出来的蒸气所污染,使铂丝变脆,并改变其电阻与温度的关系。此外,铂是一种贵重金属,价格较贵。尽管如此,从对热电阻的要求来衡量,铂在极大程度上能满足要求,仍然是制造基准热电阻、标准热电阻和工业用热电阻的最好材料。至于它在还原性介质中不稳定的特点可用保护套管设法避免或减轻。铂电阻温度计的使用范围是 $-200\sim850℃$,铂热电阻和温度的关系如下:

在 $-200\sim0℃$ 的范围内

$$R_T = R_0[1 + AT + BT^2 + C(T-100)T^3] \tag{5-1}$$

在 $0\sim850℃$ 的范围内

$$R_T = R_0(1 + AT + BT^2) \tag{5-2}$$

式中,$R_T$ 为温度为 $T$ 时的阻值;$R_0$ 为温度为 $0℃$ 时的阻值;$A$、$B$、$C$ 为温度系数,由实验得到,$A = 3.90802\times10^{-3}/℃$,$B = -5.802\times10^{-7}/℃^2$;$C = -4.27350\times10^{-12}/℃^4$。

铂热电阻标称值如表 5-1 所列,$R_{100}/R_0$ 代表温度范围为 $0\sim100℃$ 时电阻值变化的倍数。

表 5-1 铂热电阻标称值

| 分度号 | 0℃时电阻值 $R_0/\Omega$ | | 电阻比 $R_{100}/R_0$ | | 温度范围/℃ |
| --- | --- | --- | --- | --- | --- |
| | 名义值 | 允许误差 | 名义值 | 允许误差 | |
| Pt10 | 10(0~850℃) | A 级 $\pm0.006$<br>B 级 $\pm0.012$ | 1.385 | $\pm0.001$ | $-200\sim850$ |
| Pt100 | 100(-200~850℃) | A 级 $\pm0.06$<br>B 级 $\pm0.12$ | | | |

**2. 铜热电阻**

铜热电阻的温度系数比铂大,价格低,而且易于提纯,但存在电阻率小、机械强度差等缺点。在测量精度要求不是很高、温度测量范围较小的情况下,经常采用。

铜热电阻在 $-50\sim150℃$ 的使用范围内,其电阻值与温度的关系几乎成线性,可表示为

$$R_T = R_0(1 + \alpha T) \tag{5-3}$$

式中,$R_T$ 为温度为 $T$ 时的阻值;$R_0$ 为温度为 $0℃$ 时的阻值;$\alpha$ 为铜电阻的电阻温度系数,$\alpha = (4.25\sim4.28)\times10^{-3}/℃$。

铜热电阻标称值如表 5-2 所列。

表 5-2 铜热电阻标称值

| 分度号 | 0℃时电阻值 $R_0/\Omega$ | | 电阻比 $R_{100}/R_0$ | | 温度范围/℃ |
| --- | --- | --- | --- | --- | --- |
| | 名义值 | 允许误差 | 名义值 | 允许误差 | |
| Cu50 | 50 | $\pm0.05$ | 1.428 | $\pm0.002$ | $-50\sim150$ |
| Cu100 | 100 | $\pm0.1$ | | | |

**3. 热电阻的结构**

热电阻主要由电阻体、绝缘套管和接线盒等组成,其结构如图 5-1(a)所示。电阻体主要包括电阻丝、引出线、骨架等,如图 5-1(b)所示。

1) 电阻丝

通常铂丝的直径在 $(0.03\sim0.07)\pm0.005$mm,可单层绕制。若铂丝太细,电阻体可做得小,强度低;若铂丝粗,强度大,电阻体大,热惰性也大,成本高。由于铜的机械强度较低,电阻丝的直径需较大,一般为 $\phi(0.1\pm0.005)$mm 的漆包铜线或丝包线分层绕在骨架上,并

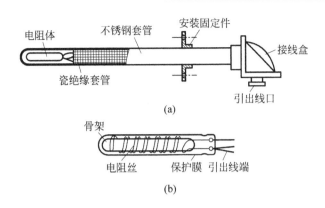

图 5-1　热电阻的结构

涂上绝缘层而成。由于铜电阻的使用温度低,故可以重叠多层绕制,一般多用双绕法,即两根丝平行绕制,在末端把两个头焊接起来,这样工作电流从一根热电阻丝进入,从另一根丝反向出来,形成两个电流方向相反的线圈,其磁场方向相反,产生的电感就互相抵消,故又称无感绕法。这种双绕法也有利于引线的引出。

2）骨架

热电阻丝绕制在骨架上,骨架用来支撑和固定电阻丝。骨架应使用电绝缘性能好、高温下机械强度高、体膨胀系数小、物理化学性能稳定、对热电阻丝无污染的材料制造,常用云母、石英、陶瓷、玻璃及塑料等材料。

3）引出线

引出线的直径应当比热电阻丝大几倍,尽量减小引出线的电阻,增加引出线的机械强度和连接的可靠性。对于工业用的铂热电阻一般采用 $\phi1mm$ 的银丝作为引出线,对于标准的铂热电阻则可采用 $\phi0.3mm$ 的铂丝作为引出线,对于铜热电阻则常用 $\phi0.5mm$ 的铜线。

在骨架上绕制好热电阻丝,并焊好引线后,在其外面加上云母片进行保护,再装入保护套管中,并和接线盒外部导线相连接,即得到热电阻传感器。

**4. 热电阻测量电路**

热电阻传感器的测量电路常用电桥电路,导线本身的阻值必然和热电阻的阻值串联在一起。如果每根导线的阻值为 $r$,测量结果中必然含有绝对误差 $2r$,因为导线阻值 $r$ 随其所处的环境温度变化,很难修正,这就注定了两线制连接方式不宜采用。为了减小或消除引出线电阻的影响,目前,热电阻 $R_T$ 引出线的连接方式经常采用三线制和四线制。

1）三线制

在热电阻 $R_T$ 的一端连接两根引出线,另一端连接一根引出线,三根引出线直径和长度均相同,阻值为 $r$,此种引出线形式称为三线制。热电阻的三线制电桥测量电路如图 5-2 所示,其中一根引出线串联在电桥的电源上,另外两根分别串联在电桥桥臂上,电桥的输出 $V_O$ 为

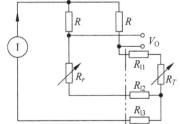

图 5-2　热电阻的三线制电桥测量电路

$$V_O = \frac{(R_T - R_r)}{2 + (R_T + R_r + 2r)/R} I \tag{5-4}$$

式中,$R_T$ 为热电阻;$R_r$ 为可调电阻;$R$ 为固定电阻;$r$ 为热电阻的引线电阻;$I$ 为恒流源输出电流。

当 $R \gg R_T$、$R_r$、$r$ 时,有

$$V_O = \frac{(R_T - R_r)}{2} I \tag{5-5}$$

三线制接法虽然不能完全消除连接导线电阻 $r$ 对测温的影响,但采用三线制接法会减少它的影响,提高测量精度。三线制热电阻最为实用,所以工业热电阻多采用这种方法。

2)四线制

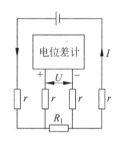

图 5-3  热电阻的四线制接法

在热电阻 $R_T$ 两端各连接两根引出线称为四线制,热电阻的四线制接法如图 5-3 所示。恒流源电流 $I$ 流过热电阻 $R_T$,产生压降 $V$,再利用电位差计测出 $V$,便可以求出 $R_T$。此处供给电流和测量电压分别使用热电阻上四根引线,尽管有引线电阻 $r$,但电流在导线上形成的压降 $V_r$ 不在测量范围内。电位差计引线上虽有电阻,但无电流,所以四根引线对测量均无影响。四线制和电位差计配合使用测量热电阻是比较完善的方法,不仅消除连接线电阻的影响,而且可以消除测量电路中寄生电势引起的误差。这种引出线方式主要用于高精度温度测量,测量时保证电流 $I$ 的稳定,而且电流的精确度应该和 $R_T$ 测量精度相适应。

## 5.1.2  半导体热敏电阻

半导体热敏电阻器是电阻值随温度的变化而显著变化的一种半导体热敏元件,它对温度非常敏感,使用的热敏电阻器大多属陶瓷热敏电阻器。热敏电阻与温度的关系曲线如图 5-4 所示,根据其基本物理特性可以分为三类:①负温度系数(Negative Temperature Coefficient,NTC)热敏电阻,热敏电阻的阻值随温度上升呈指数关系减小;②正温度系数(Positive Temperature Coefficient,PTC)热敏电阻,热敏电阻的阻值随温度上升呈非线性关系显著增大;③临界温度电阻器式(Critical Temperature Resistor,CTR)热敏电阻,具有正或负温度系数特性,但在某一温度范围内,阻值会急剧变化。

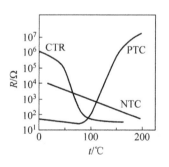

图 5-4  热敏电阻与温度的关系曲线

### 1. NTC

通常由 Mn、Co、Ni、Cu 等过渡金属氧化物经烧结而成,其电阻值与温度的关系可近似地用经验公式表示为

$$R_T = R_{T_0} e^{B\left(\frac{1}{T} - \frac{1}{T_0}\right)} \tag{5-6}$$

式中,$R_T$ 为温度为 $T$ 时的电阻值;$R_{T_0}$ 为温度为 $T_0$(25℃)时的电阻值;$B$ 为与材料激活能 $\Delta E$ 有关的材料常数。电阻的温度系数 $\alpha$ 为

$$\alpha = \frac{1}{R_T} \frac{dR_T}{dT} = -\frac{B}{T^2} \tag{5-7}$$

温度系数并非常数，它随温度上升迅速减小。NTC 热敏电阻使用温度范围为 $-50\sim$ 400℃，一般用于温度测量。

**2. PTC**

PTC 热敏电阻通常以钛酸钡（$BaTiO_3$）系列为基本材料，掺入适量镧（La）、铌（Nb）、钇（Y）等稀土元素，再利用陶瓷工艺经高温烧结而成。其电阻值与温度的关系可近似地用经验公式表示为

$$R_T = R_{T_0} e^{B(T-T_0)} \tag{5-8}$$

式中，$B$ 为正温度系数的热敏材料常数；$R_0$ 为温度为 $T_0$（25℃）时，PTC 热敏电阻的阻值；$R_T$ 为温度为 $T$ 时，PTC 热敏电阻的阻值。电阻的温度系数 $\alpha$ 为

$$\alpha = \frac{1}{R(T)} \frac{dR(T)}{dT} = B \tag{5-9}$$

从式（5-9）可以看出 PTC 热敏电阻的温度系数 $\alpha$ 与温度无关，等于材料常数 $B$。在温度较低时，PTC 电阻呈现负温度系数的性质，当温度高于居里温度时，呈现很大的正温度系数特性。PTC 热敏电阻一般用作温度开关，使用温度范围为 $-55\sim150$℃。

**3. CTR**

CTR 热敏电阻也属于负温度系数的热敏电阻，在居里点温度 $T_c$ 附近其电阻值随温度的增加而急剧减小，在狭小温区内电阻值可以减小 $3\sim4$ 个数量级。典型的 CTR 热敏材料为 $V_2O_5$，它是用 V 和 P 等材料的氧化物混合，在其中添加钡（Ba）、锗（Ge）、镍（Ni）、钨（W）或锰（Mn）等元素烧结而成，是半玻璃状的玻璃烧结体半导体材料。此类半导体材料在居里点温度上发生金属—半导体相变，引起电导率极大变化。其居里温度随玻璃体中添加 Ge 和 W 等氧化物而变化。其线性范围很窄，所以一般 CTR 热敏电阻不被用作测温元件，而用作温度开关元件，其使用温度范围为 $0\sim150$℃。

## 5.1.3　硅温度传感器

半导体材料的电阻率对温度非常敏感，这对半导体器件的可靠性产生不利影响。但是，可以利用半导体材料电阻率随温度变化的特性制成温度传感器。

**1. 硅温度传感器的工作原理**

半导体的电阻率 $\rho$ 可以用下式表示

$$\rho = \frac{1}{nq\mu_n + pq\mu_p} \tag{5-10}$$

式中，$\rho$ 为电阻率，$n$ 为电子浓度，$p$ 为空穴浓度，$q$ 为电荷量，$\mu_n$ 为电子迁移率，$\mu_p$ 为空穴迁移率。上式表明，半导体的电阻率主要取决于载流子（电子或空穴）浓度和迁移率，而载流子浓度和迁移率又密切依赖于温度。

1）迁移率与温度的关系

半导体中载流子迁移率与载流子在电场作用下的散射机理有关。对于掺杂的锗、硅等半导体材料，主要散射机制是声学波散射和电离杂质散射。声学波散射迁移率和电离杂质散射迁移率分别可写成

$$\mu_i = \frac{q}{m^*} \frac{T^{3/2}}{BN_i} \tag{5-11}$$

$$\mu_s = \frac{q}{m^*} \frac{1}{AT^{3/2}} \tag{5-12}$$

式中，$A$、$B$ 为常数；$m^*$ 为载流子有效质量；$N_i$ 为电离杂质浓度；$T$ 为绝对温度。

由于

$$\frac{1}{\mu} = \frac{1}{\mu_s} + \frac{1}{\mu_i} \tag{5-13}$$

所以

$$\mu = \frac{q}{m^*} \frac{1}{AT^{3/2} + BN_i/T^{3/2}} \tag{5-14}$$

硅中电子和空穴迁移率随温度和杂质浓度的变化而变化，在高纯样品（如 $N_i = 10^{13}/cm^3$）或杂质浓度较低的样品（$N_i = 10^{17}/cm^3$）中，迁移率随温度升高迅速减小，这是因为 $N_i$ 小，电离杂质散射可忽略，晶格散射起主要作用，所以迁移率随温度增加而减小。当杂质浓度增加后，迁移率下降趋势就不太显著，这说明杂质散射的影响在逐渐加强。当杂质浓度很高时（$10^{19}/cm^3$），在低温范围，随温度的升高，电子迁移率反而缓慢上升，直到很高温度（约250℃）才稍有下降，这说明杂质散射比较显著。温度很低时，电离杂质散射起主要作用，相比来说，晶格振动散射影响不大，所以迁移率随温度升高而增大。温度继续升高后，虽然 $N_s$ 很大，但因为 $T$ 升高，可以使 $BN_i/T^{3/2}$ 降低，起主导作用的是 $AT^{3/2}$ 项，这时又以晶格振动散射为主，故迁移率下降。

2）电阻率与温度的关系

对本征半导体材料，电阻率主要由本征载流子浓度 $n_i$ 决定，$n_i$ 随温度上升而急剧增加，室温附近，温度每增加 8℃，硅的 $n_i$ 就增加一倍，因为迁移率只稍有下降，所以电阻率将相应地降低一半左右；对锗来说，温度每增加 12℃，$n_i$ 增加一倍，电阻率降低一半。本征半导体电阻率随温度增加而单调地下降，这是半导体区别于金属的一个重要特征。

对于杂质半导体，有杂质电离和本征激发两种因素，又有电离杂质散射和晶格散射两种散射机制，因而电阻率随温度的变化关系更为复杂。当硅的杂质浓度一定时，电阻率与稳定度的关系如图 5-5 所示。曲线大致分为三段：①AB 段，温度很低，本征激发可忽略，载流子主要由杂质电离提供，它随温度升高而增加；散射主要由电离杂质决定，迁移率也随温度升高而增大，所以，电阻率随温度升高而下降。②BC 段，温度继续升高（包括室温），杂质全部电离，本征激发还不十分显著，载流子

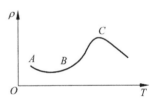

图 5-5　硅电阻率与温度关系示意图

基本上不随温度变化。晶格振动散射上升为主要矛盾，迁移率随温度升高而降低，所以，电阻率随温度升高而增大。③C 段，温度继续升高，本征激发很快增加，大量本征载流子的产生远超过迁移率减小对电阻率的影响。这时，本征激发成为矛盾的主要方面，杂质半导体的电阻率将随温度的升高而急剧下降，表现出同本征半导体相似的特性。材料的禁带宽度越大，同一温度下的本征载流子浓度就越低，进入本征导电的温度越高。温度高到本征导电起主要作用时，一般器件就不能正常工作，这就是器件的最高工作温度。通常情况下，锗器件最高工作温度为 100℃，硅为 200℃，砷化镓可达 450℃。由于电流自身热效应会使电阻增大，因此，硅温度传感器的工作电流应小于 1mA。

## 5.2 半导体热敏二极管

半导体热敏二极管是以半导体 PN 结的温度特性为理论基础的热敏元件,主要有锗、硅、砷化镓、碳化硅热敏二极管。

### 5.2.1 热敏二极管工作原理

根据 PN 结理论,当 PN 结正向电压或反向电压保持不变时,其相应的正向电流或反向电流都随温度的变化而变化;反之,当正向电流保持不变时,PN 结的正向电压随着温度的变化而近似线性变化。热敏二极管利用 PN 结的正向压降与温度的关系实现温—电转换。

对于理想的 PN 结,当其正向电压 $U_f$ 大于几个 $k_0T/q$ 时,其正向电流 $I_f$ 和温度 $T$ 之间的关系可表示为

$$I_f = I_s e^{\frac{qU_f}{k_0T}} \tag{5-15}$$

式中,$I_s$ 为二极管的反向饱和电流。

$$I_s = Aq\left(\frac{D_n n_{p0}}{L_n} + \frac{D_p p_{n0}}{L_p}\right) = Aq n_i^2\left(\frac{D_n}{L_n N_A} + \frac{D_p}{L_p N_D}\right) \tag{5-16}$$

式中,$A$ 为 PN 结的面积;$q$ 为电子电荷;$D_p$、$D_n$ 为空穴和电子的扩散系数;$L_n$、$L_p$ 为电子和空穴的扩散长度;$N_{p0}$ 为 P 区平衡电子浓度;$P_{n0}$ 为 N 区平衡空穴浓度;$N_A$ 为受主浓度;$N_D$ 为施主浓度;$n_i$ 为本征浓度。

由半导体物理可知,$n_i^2 = CT^3 e^{-\frac{E_g}{k_0T}}$,其中 $C$ 为常数,$E_g$ 为半导体的禁带宽度。则式(5-16)变为

$$I_s = AqCT^3 e^{-\frac{E_g}{k_0T}}\left(\frac{D_n}{L_n N_A} + \frac{D_p}{L_p N_D}\right) \tag{5-17}$$

令 $B = AqC\left(\frac{D_n}{L_n N_A} + \frac{D_p}{L_p N_D}\right)$,则

$$I_s = BT^3 e^{-\frac{E_g}{k_0T}} = BT^3 e^{-\frac{qV_g}{k_0T}} \tag{5-18}$$

式中,$B$ 为与温度无关的常数。

将式(5-18)代入式(5-15)得

$$I_f = BT^3 e^{\frac{qV_g}{k_0T} + \frac{qU_f}{k_0T}} \tag{5-19}$$

由上式解得

$$U_f = V_g - \frac{k_0T}{q}\ln\frac{BT^3}{I_f} \tag{5-20}$$

当 $I_f$ 为固定不变的常数时,对上式对 $T$ 的求导,得到

$$\frac{dU_f}{dT} = \frac{U_f - V_g}{T} - \frac{3k_0}{q} \tag{5-21}$$

当工作温度在 300K,且硅管 $U_f = 0.65V$ 时,$dU_f/dT \approx -2mV/°C$,表明在一定的正向电流 $I_f$ 下,随着温度的升高,其正向压降表现为负温度系数特性。这是因为随着温度升高,P 区和 N 区的载流子浓度增加,导致 PN 结空间电荷区变窄,正向压降 $U_f$ 降低。

### 5.2.2　热敏二极管的基本特性

**1. 灵敏度 $S$**

热敏二极管的灵敏度为其正向电压对温度的变化率。由式(5-21)可以看出,灵敏度不仅是温度 $T$ 的函数,也是正向电压 $U_f$ 的函数。

**2. 非线性误差**

热敏二极管的非线性误差是指热敏二极管理想的 $U_f^*$ 与 $T$ 线性曲线与其理论 $U_f$ 与 $T$ 特性曲线间的偏差。设在某一温度 $T_1$(如室温)下,已知热敏二极管的正向电流为 $I_f(T_1)$,相应的正向电压 $U_f(T_1)$ 应满足式(5-20),即

$$U_f(T_1) = V_g - \frac{k_0 T_1}{q} \ln \frac{BT_1^3}{I_f(T_1)} \tag{5-22}$$

解得 $B = I_f(T_1) / T_1^3 e^{\frac{q(V_g - U_f(T_1))}{k_0 T_1}}$,代入式(5-20)得

$$U_f = V_g - (V_g - U_f(T_1)) \frac{T}{T_1} - \frac{k_0 T}{q} \ln \left[ \left( \frac{T}{T_1} \right)^3 \left( \frac{I_f(T_1)}{I_f} \right) \right] \tag{5-23}$$

式(5-23)是热敏二极管正向电压与温度之间关系的另一种表示式。热敏二极管的非线性误差 $\Delta U_f(T)$ 表达式为

$$\Delta U_f(T) = U_f^*(T) - U_f(T) \tag{5-24}$$

将式(5-24)函数 $U_f(T)$ 在 $T = T_1$ 附近用泰勒级数展开,得

$$U_f(T) = U_f(T_1) + U_f'(T_1)(T - T_1) + \frac{1}{2} U_f^*(T_1)(T - T)^2 + \cdots \tag{5-25}$$

将上式舍掉高次项即为热敏二极管理想的 $U_f^*$ 与 $T$ 线性曲线表达式,即

$$U_f^*(T) = U_f(T_1) + U_f^*(T_1)(T - T_1) \tag{5-26}$$

将由式(5-21)求得的 $U_f^*(T_1)$ 代入式(5-26)得

$$U_f^*(T) = V_g + \frac{U_f(T_1) - V_g}{T_1} T - \frac{3k_0}{q}(T - T_1) \tag{5-27}$$

将式(5-27)和式(5-23)代入式(5-24)可得非线性误差 $\Delta U_f(T)$ 为

$$\Delta U_f(T) = \frac{3k_0}{q}(T_1 - T) + \frac{k_0 T}{q} \ln \left[ \left( \frac{T}{T_1} \right)^3 \left( \frac{I_f(T_1)}{I_f} \right) \right] \tag{5-28}$$

式(5-28)表明,非线性误差不仅与温度有关,而且与 $I_f$ 也有密切关系,因此,可以通过选择 $I_f$ 来改善热敏二极管的非线性特性。

## 5.3　半导体热敏晶体管

二极管作为温度传感器虽然工艺简单,但线性较差,它利用 PN 结在恒定电流下,其正向电压与温度之间忽略高次项的近似线性关系的原理实现测温。但实际上,二极管的电压—温度特性为非线性。在前面分析时,只考虑了 PN 结的扩散电流,忽略了空间电荷区中复合电流成分和表面复合电流成分,这两种电流也与温度有关。若采用晶体管作热敏传感器件则不存在这个问题。在晶体管发射结正向偏置的条件下,虽然发射极电流也包括上述三种成分,但只有扩散电流成分能够到达集电极形成集电极电流,另两个电流成分则作为基极电流漏掉,不影响集电极电流,从而改善了 $I_C \sim V_{be}$ 的线性关系。热敏晶体管利用其 $I_C$ 恒

定不变时，$V_{be}$ 与温度近似线性关系来进行测温。

## 5.4　集成温度传感器

集成温度传感器(温度 IC)是将热敏元件、放大电路和补偿电路等部分，采用微电子技术和集成工艺集成在一片芯片上，构成了温度测量、信号放大、电源供电于一体的高性能测温传感器。这种传感器输出信号大、线性好、小型化、成本低、使用方便、测温精度高，因此得到广泛使用。集成温度传感器可分为模拟型集成温度传感器和数字型集成温度传感器，模拟型集成温度传感器又分为两类，一类是输出电流与绝对温度成正比的温度传感器，典型产品有美国模拟器件公司(Analog Devices Inc.)的 AD590 系列，灵敏度为 $1\mu A/℃$；另一类是输出电压与绝对温度成正比的温度传感器，典型产品有美国国家半导体公司的 LM135/235/335 系列，灵敏度一般为 $10mV/℃$。数字型集成温度传感器又可分为开关输出型、并行输出型、串行输出型等几种不同的形式。

### 5.4.1　电流型集成温度传感器

#### 1. 集成电路对管温度传感器

集成电路对管温度传感器如图 5-6 所示。$VT_1$ 和 $VT_2$ 为两只性能相同的 PNP 型晶体管，组成一个电流镜恒流源。$VT_3$ 和 $VT_4$ 是用相同工艺条件制成的两只 NPN 型热敏晶体管。$VT_3$ 管的发射极面积是 $VT_4$ 管的 $\gamma$ 倍，其他参数相同。

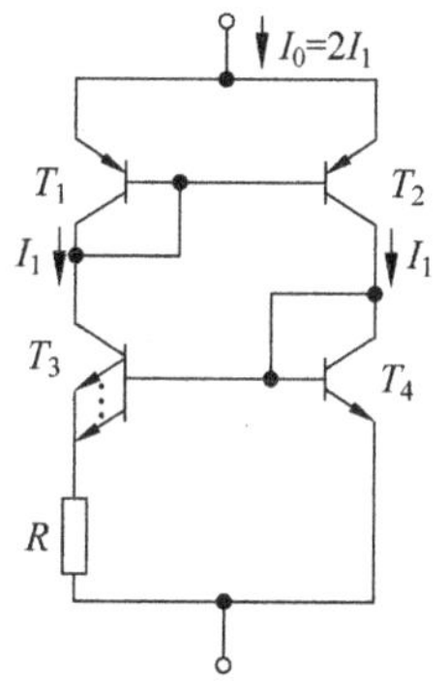

根据镜像电流源原理，在忽略基极电流的情况下，$VT_1$、$VT_2$、$VT_3$ 和 $VT_4$ 的集电极电流都相等，即

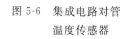

$$I_{C1} = I_{C2} = I_{C3} = I_{C4} = I_1 \tag{5-29}$$

晶体管的反向饱和电流与发射结面积成正比，所以

$$I_{C3} = I_{S3} e^{\frac{q}{k_0 T} V_{be3}}, \quad I_{C4} = I_{S4} e^{\frac{q}{k_0 T} V_{be4}} \tag{5-30}$$

$$\frac{I_{C4}}{I_{C3}} = \frac{I_{S4}}{I_{S3}} e^{\frac{q}{k_0 T}(V_{be4}-V_{be3})} \tag{5-31}$$

图 5-6　集成电路对管温度传感器

因 $I_{S3} = \gamma I_{S4}$，$I_{C3} = I_{C4} = I_1$，故

$$\Delta V_{be} = V_{be4} - V_{be3} = I_1 R = \frac{k_0 T}{q} \ln\gamma \tag{5-32}$$

$$I_0 = 2I_1 = \frac{2k_0 T}{qR} \ln\gamma \tag{5-33}$$

式(5-33)表明，$I_0$ 与温度具有良好的线性关系，可以通过对 $I_0$ 的测量，从而实现对温度的测量。

#### 2. AD590 集成温度传感器工作原理

差分对管温度传感器，测温精度的关键在于保证两管集电极电流要严格相等且不随温度变化，图 5-7 所示电路由于基极电流的影响，使 $VT_1$ 和 $VT_3$ 的集电极电流不完全相等，引起测温误差。同时，由于 $VT_1$ 与 $VT_2$ ($VT_3$ 与 $VT_4$)的集电极电压也不相等，使集电极电压对这些管子的基区调制效应影响不同，引起测温误差。为减小此误差，采用如图 5-7(a)所示的电路,这个电路为电流型集成温度传感器 AD590 内部电路主要部分。AD590 是美国模拟器件公司生产的采用激光修正的精密集成温度传感器,中国也开发出了同类型产品 SG590。图 5-7 中,$VT_1$、$VT_3$、$VT_9$、$VT_{11}$ 是最关键的元件,管子旁边标注的数字是发射区的等效倍数,无数字者为 1。$VT_7$、$VT_8$ 的工作电流来自二极管接法的晶体管 $VT_{10}$。

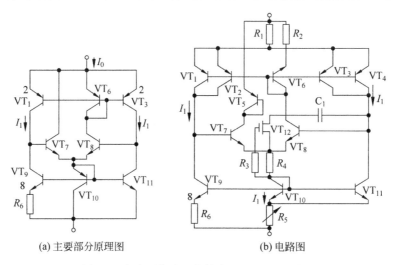

(a) 主要部分原理图          (b) 电路图

图 5-7    电流型集成温度传感器 AD590 电路图

由于 $VT_1$ 和 $VT_3$ 的等效发射区都是 2 个,基极又连在一起,因此它们的集电极电流都是 $I_1$。$VT_{10}$ 和 $VT_{11}$ 的几何尺寸相同,$VT_{11}$ 的集电极电流数值上等于 $VT_{10}$ 的集电极电流,这就意味着 $VT_7$、$VT_8$ 的总工作电流也为 $I_1$。因 $VT_8$ 的发射区面积为 $VT_3$ 管的 $1/2$,则流过 $VT_8$ 的集电极电流($VT_6$ 管电流)为 $I_1/2$,显然流过 $VT_7$ 的集电极电流也为 $I_1/2$,即

$$I_{C8} = I_{C6} = \frac{1}{2}I_1, \quad I_{C8} = I_{C7} = \frac{1}{2}I_1 \tag{5-34}$$

$$I_{C10} = I_{C7} + I_{C8} = I_{C1} = I_{C3} = I_1 \tag{5-35}$$

且

$$I_{C9} = I_{C11} = I_{C1} = I_{C3} \tag{5-36}$$

$$V_{be11} - V_{be9} = \frac{k_0 T}{q}\ln 8 = I_1 R_6 \tag{5-37}$$

$$I_0 = 3\frac{k_0 T}{q R_6}\ln 8 \tag{5-38}$$

由上可见,总电流 $I_0$ 与绝对温度成正比误差较小,且线性良好。通过对 $I_0$ 测量可实现对温度的测量。电流型集成温度传感器 AD590 的完整电路图如图 5-7(b)所示。关于电路的几点说明如下:

(1) $VT_{10}$ 管的作用是为 $VT_1$、$VT_3$、$VT_9$ 和 $VT_{11}$ 管的基极电流提供一个通路,使它们不影响左、右两支管的电流对称性。为了得到良好的温度特性,应采用小温度系数的材料制作电阻 $R_6$。

(2) 图中 $VT_1$、$VT_2$、$VT_3$ 和 $VT_4$ 的发射极都连接到 $R_1$ 上,$VT_6$ 的发射极则接到 $R_2$ 上,$R_2 = 4R_1$ 使得流过晶体管 $VT_1 \sim VT_4$ 的总电流与流过 $VT_6$ 的电流之比为 4∶1。这样可克服 $VT_6$ 集电极电位与其他 PNP 管集电极电位不同而引起的误差。

(3) $VT_5$ 管的作用一方面是与 $VT_6$ 管对称以平衡 $VT_7$、$VT_8$ 的集电极电压,减小 $VT_7$、

$VT_8$管的基区调制效应引起的误差;另一方面它还有保护器件的作用。如果无 $VT_5$,万一电源极性接反,就会有大电流流过而烧坏器件。

(4) $VT_{12}$是一个结型场效应管,实际是一个高阻值的沟道电阻,它的作用是保证电路在接上电源后能可靠地启动工作,电容 $C_1$ 及电阻 $R_3$、$R_4$ 的作用是防止寄生电势产生。

(5) 电阻 $R_5$ 和 $R_6$ 的作用是调节总电流 $I_0$ 的大小。

因为
$$V_{be9} + I_1 R_6 = V_{be11} + 2I_1 R_5 \tag{5-39}$$

则有
$$V_{be11} - V_{be9} = I_1 R_6 - 2I_1 R_5 = \frac{k_0 T}{q}\ln 8 \tag{5-40}$$

$$I_0 = 3I_1 = \frac{3k_0 T}{q(R_6 - 2R_5)}\ln 8 \tag{5-41}$$

可见,增大 $R_6$ 可使 $I_0$ 减小,增大 $R_5$ 可使 $I_0$ 增大。$R_5$ 可以在片子上采用激光进行修调,在 $+25$℃校准,激光修调精度到 $\pm 0.5$℃(M 挡)。

### 3. AD590 特性

AD590 线性电流输出,其伏安特性曲线如图 5-8(a)所示。可以看出,在 4~30V,AD590 等效为一个高阻抗的温控电流源,其电流值 $I$ 与温度成正比。因此,AD590 在电路中通常以恒流源符号表示。AD590 依据标定精度分为 I、J、K、L 和 M 五挡,其中 M 挡精度最高。AD590 温度特性如图 5-8(b)所示,在 $-55$℃~$150$℃温度范围内有较好线性,其非线性误差因挡次而异,若略去非线性项,则有

$$I = K_T T + 273.2(\mu A) \tag{5-42}$$

式中,$K_T$ 为标度因子,$K_T = 1\mu A/$℃;$T$ 为摄氏温度(℃);$I$ 的单位为 $\mu A$。

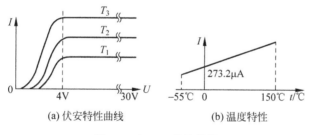

(a) 伏安特性曲线  (b) 温度特性

图 5-8 AD590 特性曲线

AD590 非线性曲线如图 5-9 所示,I 挡 $\Delta T < \pm 3$℃,M 挡 $\Delta T < \pm 0.3$℃,其余挡在两者之间。可以看出,在 $-55$℃~$100$℃范围内,$\Delta T$ 递增,容易补偿;在 $100$℃~$150$℃为递减,可进行分段补偿。

### 4. AD590 应用电路

1) 基本应用电路

AD590 的封装及基本应用电路如图 5-10 所示,因流过 AD590 的电流与热力学温度成正比,当电阻 $R_1$ 和电位器 $R_2$ 的电阻之和为 $1k\Omega$ 时,输出电压 $V_o$ 随温度的变化为 $1mV/K$。但由于 AD590 的增益有偏差,电阻也有偏差,因此应对电路进行调整,调整方法为:把 AD590 放入冰水混合物中,调整电位器 $R_2$ 的阻值,使 $V_o = 273.2mV$。或在室温(25℃)条件下调整电位器,使 $V_o = 273.2 + 25 = 298.2mV$。但这样调整只可保证在 0℃或 25℃附近有较高精度。

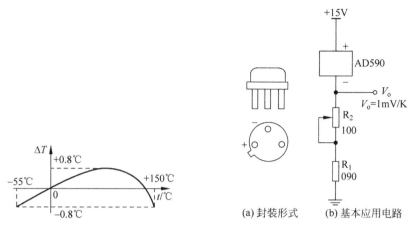

图 5-9　AD590 非线性曲线　　　　图 5-10　AD590 的封装及基本应用电路

### 2) 摄氏温度测量电路

摄氏温度测量电路如图 5-11 所示,电位器 $R_2$ 用于调整零点,$R_4$ 用于调整运放 LF355 的增益。调整方法:在 0℃时调整 $R_2$,使输出 $V_o=0$,然后在 100℃时调整 $R_4$ 使 $V_o=100\text{mV}$。如此反复调整多次,直至 0℃时,$V_o=0\text{mV}$,100℃时,$V_o=100\text{mV}$ 为止。最后,在室温下进行实验,例如,若室温为 25℃,那么 $V_o$ 应为 25mV,冰水混合物是 0℃环境,沸水为 100℃环境。可通过增大反馈电阻($R_3$ 和 $R_4$),使输出为 200mV/℃。另外,测量华氏温度时,因华氏温度等于热力学温度减去 255.4 再乘以 9/5,故若要求输出为 1mV/℉,则调整反馈电阻约为 180kΩ,使得温度为 0℃时,$V_o=17.8\text{mV}$;温度 100℃时 $V_o=197.8\text{mV}$。AD581 是高精度集成稳压器,输入电压最大为 40V,输出 10V。

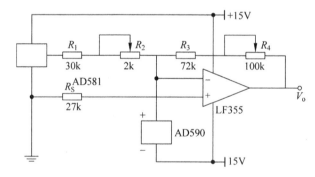

图 5-11　用于测量摄氏温度的电路

### 3) 温差测量电路

利用两个 AD590 测量两点温度差的电路如图 5-12 所示,在反馈电阻为 100kΩ 的情况下,设 1# 和 2# AD590 处的电压分别为 $f_1$(℃)和 $f_2$(℃),则输出电压为($f_1-f_2$)100mV/℃。图中电位器 $R_2$ 用于调零,电位器 $R_4$ 用于调整运放 LF355 的增益。

由基尔霍夫电流定律 $I+I_1=I_2+I_3+I_0$,由运算放大器的特性知:$I_0=0$,$V_A=0$,调节调零电位器 $R_2$ 使 $I_0=0$,可得 $I=I_2-I_1$,设 $R=90\text{kΩ}$,则有

$$V_o=I(R_3+R_4)=(I_2-I_1)(R_3+R_4)=(T_2-T_1)100\text{mV/℃} \qquad (5\text{-}43)$$

式中,$(T_2-T_1)$为温度差,单位为℃。改变$(R_3+R_4)$的值可以改变$V_o$的大小。

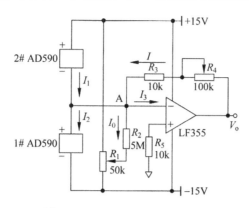

图 5-12 测量两点温度差的电路

**5. BICMOS 集成温度传感器**

1) 弱反型区 MOS 管饱和漏电流

当 N 型 MOSFET 工作在弱反型区时,若源极电压不为 0,则其漏电流可表示为

$$I_D \approx I_{DO} \frac{W}{L} e^{\frac{V_{GB}}{mV_T}} \cdot \left[ e^{\frac{-V_{SB}}{V_T}} \cdot e^{\frac{-V_{DB}}{V_T}} \right] \tag{5-44}$$

式中,$V_{GB}$、$V_{SB}$和$V_{DB}$分别为栅极、源极和漏极对衬底的电位;$m$为与衬偏调制系数相关的常数;$W$为沟道宽度;$L$为沟道长度;$I_{DO}$为$W/L=1$及各电极对衬底电位为 0 时的漏电流;$V_T=k_0 T/q$。当器件工作于饱和区时,$e^{\frac{-V_{SB}}{V_T}}$项可忽略。

2) BICOMS 集成温度传感器电路

BICOMS 集成温度传感器主要由与绝对温度成正比(PTAT)电流源产生电路、启动电路和输出电路三部分组成,电路原理如图 5-13 所示。

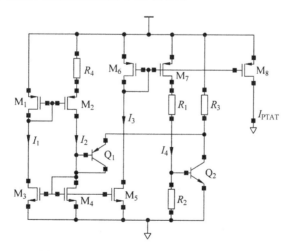

图 5-13 BICOMS 集成温度传感器电路图

MOS 管 $M_1$、$M_2$、$M_3$、$M_4$ 和电阻 $R_4$ 组成 PTAT 恒流源产生电路,恒流源电路正常工作后,均工作在弱反型区,其饱和漏电流和端口电压之间满足式(5-44),图中,$M_1$ 和 $M_2$ 的栅电

压相等，$V_{SB1}=0$，$V_{SB2}=I_2R_4=V_{R4}$，由上式可得

$$\frac{I_{D1}}{I_{D2}} = \frac{W_1/L_1}{W_2/L_2}e^{-V_{R4}/V_T} \tag{5-45}$$

同样地，对于 $M_3$ 和 $M_4$，$V_{SB1}=V_{SB2}$，可得

$$\frac{I_{D3}}{I_{D4}} = \frac{W_3/L_3}{W_4/L_4} \tag{5-46}$$

流过 $M_1$、$M_2$ 与 $M_3$、$M_4$ 的电流分别相等，所以有

$$\frac{I_{D1}}{I_{D2}} = \frac{I_{D3}}{I_{D4}} = \frac{W_1/L_1}{W_2/L_2}e^{-V_{R4}/V_T} = \frac{W_3/L_3}{W_4/L_4} \tag{5-47}$$

由上式可得

$$V_{R4} = V_T\ln\left(\frac{W_1/L_1}{W_2/L_2} \cdot \frac{W_4/L_4}{W_3/L_3}\right) = \frac{KT}{q}\ln\left(\frac{W_1/L_1}{W_2/L_2} \cdot \frac{W_4/L_4}{W_3/L_3}\right) \tag{5-48}$$

所以

$$I_2 = \frac{V_{R4}}{R_4} = \frac{KT}{qR_4}\ln\left(\frac{W_1/L_1}{W_2/L_2} \cdot \frac{W_4/L_4}{W_3/L_3}\right) \tag{5-49}$$

可以看出，$I_2$ 与绝对温度 $T$ 成正比。

电阻 $R_1$、$R_2$、$R_3$ 和双极晶体管 $Q_1$、$Q_2$ 及 $M_7$ 构成 PTAT 恒流源电路的启动电路。系统上电，电阻 $R_3$ 将 $Q_1$ 的发射极和 $Q_2$ 的集电极电压设置为电源电压，此时，$Q_1$ 和 $Q_2$ 基极初始电压为 0，随着电源电压的升高，晶体管 $Q_1$ 的发射结电压升高，$Q_1$ 管导通，$Q_1$ 的基极和集电极向 PTAT 恒流源电路注入启动电流，恒流源电路开始启动，产生 PTAT 电流 $I_2$。$M_5$ 镜像 $M_4$ 上的电流，得到

$$I_3 = \frac{W_5/L_5}{W_4/L_4}I_2 \tag{5-50}$$

$M_6$ 为 $M_5$ 的有源负载，$M_7$ 与 $M_6$ 镜像连接，流过 $M_7$ 的电流 $I_4$ 为

$$I_4 = \frac{W_7/L_7}{W_6/L_6}I_3 = \frac{W_7/L_7}{W_6/L_6}\frac{W_5/L_5}{W_4/L_4}I_2 \tag{5-51}$$

$I_4$ 经电阻 $R_1$、$R_2$ 分压，在 $R_2$ 产生 $I_4R_2$ 的电压，使 $Q_2$ 管的基极电压升高并导通，$Q_1$ 管的发射极电位被拉低，$Q_1$ 管截止，启动结束。

$M_8$ 镜像流过 $M_6$ 的电流，得到与绝对温度成正比的 PTAT 输出电流：

$$I_{PTAT} = \frac{W_8/L_8}{W_6/L_6}I_3 \tag{5-52}$$

把式(5-48)、式(5-49)代入上式，可得

$$I_{PTAT} = \frac{KT}{qR_4}\frac{W_8/L_8}{W_6/L_6} \cdot \frac{W_5/L_5}{W_4/L_4}\ln\left(\frac{W_1/L_1}{W_2/L_2} \cdot \frac{W_4/L_4}{W_3/L_3}\right) \tag{5-53}$$

通过调整的宽长比及电阻的阻值，可调整的温度灵敏度，即温度系数。

## 5.4.2 电压型集成温度传感器

稳压管利用 PN 结的反向击穿电压来稳压，PN 结的反向击穿电压也是温度的函数，当保持稳压管的电流恒定不变时，稳压管上电压随温度每升高 1℃而增大约 2mV，稳压管也可以用作热敏元件。LM135 系列温度传感器是一种电压型精密集成温度传感器，工作类似于齐纳二极管，利用集成电路的电压随温度而变化的特性测量温度，其特性要比稳压管好得

多,输出电压随绝对温度以 10mV/K 的比例变化,工作电流
为 0.4~5mA,动态阻抗仅为 1Ω。LM135 系列温度传感器的
测温范围很宽(−155~150℃)。LM135 的封装和引脚功能
如图 5-14 所示。

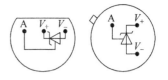

图 5-14　LM135 的封装
和引脚功能

　　LM135 系列的内部电路原理图如图 5-15 所示,$V_{15}$ 和 $V_{16}$
是两只发射结面积不同的晶体管,$V_{15}$ 的发射结面积为 $V_{16}$ 的
10 倍,它们作为基本感温元件。因 $R_5 = R_6$,如果流过 $V_{15}$ 和
$V_{16}$ 的电流不相等,$R_5$ 和 $R_6$ 上的压降不同,偏差电压经 $V_7$ 和 $V_8$ 构成的差分放大器放大后,
使调整管 $V_1$、$V_2$ 和 $V_3$ 的电流发生变化,使外加限流电阻 $R_s$ 上的电压发生改变,故 $V_+$ 和 $V_-$
间的电压差 $\Delta V$ 也随之变化。而 $\Delta V$ 通过电阻 $R_7$、$R_8$ 和 $R_{10}$ 分压,在 $V_{15}$ 和 $V_{16}$ 的基极之间产
生电压差 $\Delta V_{BE}$ 变化,使流过 $V_{15}$ 和 $V_{16}$ 两只三极管的电流相等。$\Delta V_{BE}$ 可由下式表示:

$$\Delta V_{BE} = \Delta V \cdot R_8/(R_7 + R_8 + R_{10}) \tag{5-54}$$

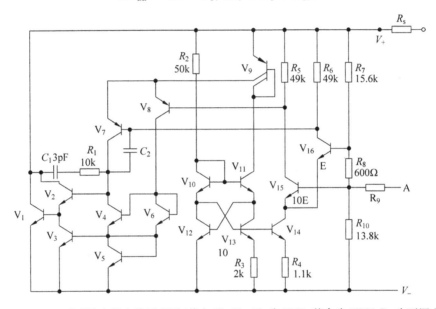

图 5-15　LM135 系列的内部电路原理图(其中 $V_7$、$V_8$、$V_9$ 为 PNP,其余为 NPN,$R_2$ 为可调电阻)

因 $V_{15}$ 发射结面积是 $V_{16}$ 的 10 倍,流过两晶体管发射极的电流又相等,则 $V_{15}$ 和 $V_{16}$ 发射结
电流密度比为 10,两 $V_{BE}$ 结电压差为

$$\Delta V_{BE} = V_{BE16} - V_{BE15} = (k_0 T/q)\ln 10 = 2.3 k_0 T/q \tag{5-55}$$

式中,$k_0$ 为玻耳兹曼常数;$q$ 为单位电子电荷电量。

　　由上述两式可得

$$\Delta V = 2.3 k_0 T(R_7 + R_8 + R_{10})/q R_8 \tag{5-56}$$

可以看出,$V_+$ 和 $V_-$ 间的电压差 $\Delta V$ 仅随环境温度成正比变化。当 $R_7$、$R_8$ 和 $R_{10}$ 取值如图 5-16
中参数时,可获得 10mV/K 的灵敏度,即

$$\Delta V = T \cdot 10 \, (\text{mV/K}) \tag{5-57}$$

　　实际上,由于制作工艺问题,所有产品均存在一定的离散性,使温度传感器两端压降并
不严格对应于以上关系。可通过校正端子 A,改变 $R_8$ 上的分压,使测量误差在一定范围内

得到修正。$V_{10}$、$V_{11}$、$V_{12}$ 和 $V_{13}$ 等构成电流源,为 $V_{15}$ 和 $V_{16}$ 提供稳定的偏置电流。

$$V_{be10} + V_{be13} + I_{c13}R_3 = V_{be11} + V_{be12} \tag{5-58}$$

因 $V_{10}$、$V_{11}$、$V_{12}$ 参数完全相同,且 $I_{C10} = I_{C12}$,故 $V_{be10} = V_{be12}$,因 $V_{13}$ 发射结面积是 $V_{11}$ 的 10 倍(其他参数相同),则上式变为

$$I_{C13}R_2 = V_{be11} - V_{be13} = \frac{KT}{q}\ln 10 \tag{5-59}$$

$$I_{C13} = \frac{KT}{qR_2}\ln 10 \tag{5-60}$$

$V_{14}$ 和 $V_{13}$ 的工作电流 $I_{C14}$ 和 $I_{13}$ 的关系近似为 $I_{C13}R_3 = I_{C14}R_4$。

### 5.4.3　集成温控开关

对于简单的温度测量与控制场合,通常需要温度传感器、信号放大电路、比较器、触发器等电路,这些电路多少需要占据一定的空间。同时,由于电路的相对复杂性而增加了电路测试的工作量。为此,出现了将上述测温—比较—控制电路集成为一体的温度测量与控制电路,称作集成温控开关。例如,美国模拟器件 Device 公司的 AD22105 就是一种集温度测量与控制于一体的器件。

**1. AD22105 结构**

AD22105 的内部结构如图 5-16 所示。采用 8 脚 SOIC SO-8 和 DIP 两种封装形式,包括引脚在内,外形结构为 1.75mm×5mm×6.2mm。AD22105 有 8 个引脚,其功能分别为:1——内部 200kΩ 上拉电阻(可选);2——输出;3——地;4,5,8——空闲;6——温度设置点电阻;7——电源。

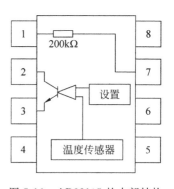

AD22105 是一个单电源半导体固态温控开关,在一片集成电路中实现了温度传感器、设置点比较器和输出级的功能组合,借助于一个 6 脚外接的预置电阻,可以在 −40～150℃ 的工作温度范围内设置温度控制点。当环境温度超过所设置的温度时,电路通过一个集电极开路输出端(2 脚)输出开

图 5-16　AD22105 的内部结构

关控制信号。电路内置一个施密特触发器,使温度控制有大约 4℃ 的迟滞。此外,该芯片还包括一个可选择的内部 200kΩ 上拉电阻,以便于驱动像 CMOS 输入那样的轻负载,也可以直接驱动一个低功耗 LED 指示灯。当然,也可以通过 1、2 脚的接线加以选择是否使用上拉电阻,如果不将 1、2 脚相连接,就不使用片内的上拉电阻。

**2. AD22105 工作原理**

当器件的环境温度超过编程的温度控制点时,输出晶体管导通,使它的集电极变为低阻抗。输出级的集电极浮空,需要一个上拉电阻,才能观察到输出电压的变化。电路生产厂家可能考虑到增加输出级的灵活性,没有将片内的上拉电阻固定地连接到输出引脚,而是供用户选用。使用内置的 200kΩ 上拉电阻可以驱动最大达 10mA 的负载。

用于设置温度控制的外接电阻接 6 脚与接地引脚(3 脚)之间,设置电阻 $R_{set}$ 可以为任意类型的电阻器,设置电阻 $R_{set}$ 阻值由以下公式决定:

$$R_{set} = \frac{39}{T + 281.6} - 90.3 \times 10^{-3}(\text{M}\Omega) \tag{5-61}$$

作为温控开关,AD22105 可以在系统设计者选择的－40～150℃范围内的任意温度点上进行开关切换。内部比较器被设计成在周围温度上升到超过设置点时能非常精确地进行开关切换。当周围温度下降时,比较器在比原来进行开关切换的温度稍微低一些时释放输出。AD22105 的输出是 NPN 晶体管的集电极。

AD22105 温控开关可用于工业过程控制、热控制系统、CPU 监控、计算机热管理电路、风扇控制、手持/便携电子设备等。

### 5.4.4　数字型集成温度传感器

传统的模拟温度传感器与微处理器接口时,需要信号调理电路和 A/D 转换器,而数字型温度传感器的输出为数字信号,更适用于各种微处理器接口组成的自动温度控制系统,被广泛应用于工业控制、家用电器、汽车、电子测温计、医疗仪器等各种温度控制系统中。其中,比较有代表性的数字温度传感器有 DS18B20、AD7416、MAX6635 等。下面以常用的 DS18B20 为例,详细介绍数字型温度传感器。

**1. DS18B20 基本知识及管脚**

DS18B20 为美国 DALLAS 公司生产的单线数字型温度传感器,可把温度信号直接转换成串行数字信号供微处理器处理。由于每片 DS18B20 含有唯一的产品号并可存入其 ROM 中,所以在一条总线上可挂接多个 DS18B20 芯片。从 DS18B20 读出的信息或写入 DS18B20 的信息,仅需要一根接口线(单线接口)。读写及温度变换功率来源于数据总线,总线本身也可以向所挂接的 DS18B20 供电,而不需要额外电源。DS18B20 提供 9 位温度读数,构成多点温度检测系统而不需要任何外围硬件。

DS18B20 有多种封装可选,如 TO-92、SOIC 及 CSP 封装。DS18B20 的引脚排列图如图 5-17 所示,其引脚功能见表 5-3。

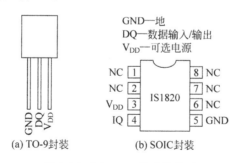

图 5-17　DS18B20 的引脚排列

**表 5-3　DS18B20 引脚功能**

| 序　号 | 名　　称 | 引脚功能描述 |
| --- | --- | --- |
| 1 | GND | 地信号 |
| 2 | DQ | 数据输入/输出引脚,开漏单总线接口引脚。当被用在寄生电源下,也可以向器件提供电源 |
| 3 | $V_{DD}$ | 可选择的 $V_{DD}$ 引脚。当工作于寄生电源时,此引脚必须接地 |

**2. DS18B20 内部结构**

DS18B20 内部结构如图 5-18 所示,主要包括:①64 位 ROM,ROM 从高位到低位依次由 8 位 CRC、48 位序列号和 8 位家族代码(28H)组成;②热敏元件;③非易失性温度报警触发器 TH 和 TL、配置寄存器,可自设定温度报警上下限值 TH 和 TL(掉电后依然保存),可通过软件写入用户报警上下限值,DS18B20 在完成温度变换后,所测温度值将自动与存储在 TH 和 TL 内的触发值相比较,如果测温结果高于 TH 或低于 TL,DS18B20 内部的报警标志就会被置位,表示温值超出了测量范围,同时还有报警搜索命令识别出温度超限的DS18B20;④配置寄存器,可以设置 DS18B20 温度转换的精度,精度为 9 位、10 位、11 位、12位,上电默认的分辨率为 12 位精度,用户可根据需要改写配置寄存器以获得合适的分辨率。DS18B20 工作时,被测温度值直接以"单总线"的数字方式传输,大大提高了系统的抗干扰能力。

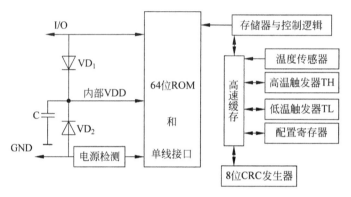

图 5-18　DS18B20 内部结构

**3. DS18B20 的测温原理**

内部采用在线温度测量技术,测量范围为-55~125℃,在-10~85℃时,精度为±0.5℃。DS18B20 的内部测温电路框图如图 5-19 所示,低温度系数振荡器的振荡频率受温度的影响很小,用于产生固定频率的脉冲信号送给减法计数器 1,高温度系数振荡器随温度变化,其振荡频率明显改变,产生的信号作为减法计数器 2 的脉冲输入。当计数门(图中没有画出)打开时,DS18B20 对低温度系数振荡器产生的时钟脉冲进行计数,完成温度测量。计数门的开启时间由高温度系数振荡器来决定,每次测量前,将-55℃所对应的基数分别置入减法计数器 1 和温度寄存器中,减法计数器 1 和温度寄存器被预置在-55℃所对应的一个基数值。减法计数器 1 对低温度系数振荡器产生的脉冲信号进行减法计数,当减法计数器 1的预置值减到 0 时,温度寄存器的值将加 1,减法计数器 1 的预置将重新被装入,减法计数器 1 重新开始对低温度系数振荡器产生的脉冲信号进行计数,如此循环直到减法计数器 2 计数到 0,停止温度寄存器值的累加,此时温度寄存器中的数值即为所测温度。图中的斜率累加器用于补偿和修正测温过程中的非线性误差,其输出用于修正减法计数器的预置值。

被测温度 $T_x$ 同时调制低温度系数晶体振荡器和高温度系数晶体振荡器,其输出周期分别为

$$\tau_1 = f_1(T_x), \quad \tau_2 = f_2(T_x) \tag{5-62}$$

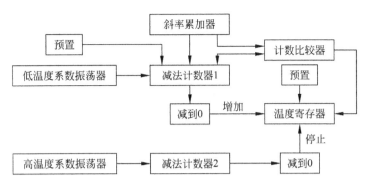

图 5-19　DS18B20 的内部测温电路框图

为了简化分析,假定

$$\tau_1 = k_1(1+\alpha_1 T_x)T_x, \quad \tau_2 = k_2(1+\alpha_2 T_x)T_x \tag{5-63}$$

式中,$k_1$ 和 $k_2$ 为系数;$\alpha_1$ 和 $\alpha_2$ 为温度系数。$\alpha_1 T_x \ll 1$,$\alpha_2 T_x \gg 1$ 时,式(5-61)可简化为

$$\tau_1 = k_1 T_x, \quad \tau_2 = k_2\alpha_2 T_x^2 \tag{5-64}$$

若让减法计数器 1 被预置在与 $-55℃$(温度量程下限)相应的某个数值 $m$,$\tau_1$ 在计数器 1 中从 0 开始计数,当计满至 $m$ 时,计数器自动复零并产生溢出脉冲,其周期为

$$\tau_x = mk_1 T_x \tag{5-65}$$

现以 $\tau_2$ 作为 $\tau_x$ 的门控信号,在开门时限内,如果计数器 1 有溢出脉冲输出,表示高于 $-55℃$,被预置在 $-55℃$ 的温度寄存器的值就增加 1℃,然后反复重复这个过程,直到计数器 2 的门控信号关门为止,于是,温度寄存器的温度转换值为

$$N_x = \frac{\tau_2}{\tau_x} = \frac{k_2\alpha_2 T_x^2}{mk_1 T_x} = kT_x \tag{5-66}$$

式中,$k = k_2\alpha_2/k_1 m$ 为常数。

温度转换值 $N_x$ 将存放到存储器中,再由主机通过触发存储器命令读出。

**4. DS18B20 与单片机的典型接口设计**

以 8051 单片机为例,硬件连接如图 5-20 所示,将 DS18B20 的信号线与单片机的一位双向端口相连即可。图 5-20(a)为三线制方式,外部电源供电方式是 DS18B20 的最佳工作方式,工作电源由 $V_{DD}$ 引脚接入,此时 I/O 线不需要强上拉,不存在电源电流不足的问题,可以保证转换精度,同时总线理论上可以挂接任意多个 DS18B20 传感器,组成多点测温系统。图 5-20(b)采用寄生电源供电方式,具有以下特点:①进行远距离测温时,无须本地电源;②可以在没有常规电源的条件下读取 ROM;③电路更加简洁,仅用一根 I/O 口实现测温;④只适应于单一温度传感器测温情况下使用,不适于采用电池供电系统中。为保证有效的 DS18B20 时钟周期内,提供足够的电流,采用一个 MOSFET 管和单片机 I/O 完成对 DS18B20 总线的上拉,如图 5-20(c)所示。当 DS18B20 处于写存储器操作和温度 A/D 变换操作时,总线上必须有强的上拉,上拉开启时间最大为 $10\mu s$。采用寄生电源供电方式时 $V_{DD}$ 必须接地。由于单线制只有一根线,发送接收口必须三态,P1.1 口作发送口 TX,P1.2 口作接收口 RX。由于读、写在操作上分开,不存在信号竞争问题。缺点就是要多占用一根 I/O 口线进行强上拉切换。

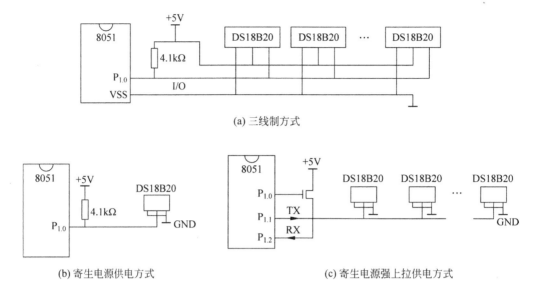

图 5-20　DS18B20 的硬件连接

**5. DS18B20 的操作顺序**

为了保证数据的可靠传输,任一时刻单总线上只能有一个控制信号或数据。进行数据通信时应符合单总线协议,访问 DS18B20 的操作顺序遵循以下 3 个步骤:

(1) 初始化。基于单总线上的所有传输过程都以初始化开始,主机发出复位脉冲,从机响应应答脉冲。应答脉冲使主机知道总线上有从机设备,且准备就绪。

(2) ROM 命令。在主机检测到应答脉冲后,就可以发出 ROM 命令。这些命令与各个从机设备的唯一 64 位 ROM 代码相关,允许主机在 1Wire 总线上连接多个从机设备时,指定操作某个从机设备。这些命令还允许主机能够检测到总线上有多少个从机设备以及其设备类型,或者有没有设备处于报警状态。ROM 命令包括读 ROM、搜索 ROM、匹配 ROM、跳过 ROM、报警搜索等。对于只有一个温度传感器的单点系统,跳过 ROM(SKIP ROM)命令特别有用,主机不必发送 64 位序列号,节约了大量时间。对于 1Wire 总线的多点系统,通常先把每个温度传感器 DS18B20 的序列号测出,要访问某一个从属节点时,发送匹配 ROM 命令(MATCH ROM),然后发送序列号,这时可以对指定的从属节点进行操作。

(3) DS18B20 功能命令。在主机发出 ROM 命令,以访问某个指定的 DS18B20 后,接着就可以发出 DS18B20 支持的某个功能命令。这些命令允许主机写入或读出 DS18B20 暂存器、启动温度转换以及判断从机的供电方式。DS18B20 的功能命令有温度转换、写暂存器(WRITE SCRACHPAD)、读暂存器、拷贝暂存器(COPY SCRACHPAD)、恢复 $E^2$PROM(RECALL E2)、读取电源供电方式(READ POWER SUPPLY)。主机发出温度转换命令后,DS18B20 采集温度并进行 A/D 转换,结果保存在暂存器的字节 0 和字节 1。写暂存器(WRITE SCRACHPAD)命令,主机把 3 个字节的数据按照从 LSB 到 MSB 的顺序写入到暂存器的 TH、TL 和配置寄存器中。拷贝暂存器(COPY SCRACHPAD)命令将暂存器中 TH、TL 和配置寄存器的值保存到 $E^2$PROM 中。读暂存器(READ SCRACHPAD)命令将读取暂存器中 9 个字节的数值,其中最后一个字节是循环冗余校验 CRC,用于检验读取数据的有效性。

**6. 1Wire 总线信号时序**

所有的 1Wire 总线器件要求采用严格的信号时序,以保证数据的完整性。DS18B20 共有 6 种信号类型:复位脉冲、应答脉冲、写 0、写 1、读 0 和读 1。所有这些信号,除了应答脉冲以外,都由主机发出同步信号,并且发送所有的命令和数据都是字节的低位在前。

1) 复位脉冲和应答脉冲

1Wire 总线上的所有通信都是以初始化序列开始。初始化时序如图 5-21 所示,主机输出低电平,保持低电平时间至少 480μs,以产生复位脉冲。接着主机释放总线,4.7kΩ 上拉电阻将 1Wire 总线拉高,延时 15～60μs,并进入接收模式(Rx)。接着 DS18B20 拉低总线 60～240μs,以产生低电平应答脉冲,若为低电平,再延时 480μs。

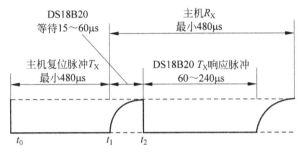

图 5-21　初始化时序

2) 写时隙

写时隙如图 5-22 所示,包括写"0"时隙和写"1"时隙。所有写时隙至少需要 60μs,且在 2 次独立的写时隙之间至少需要 1μs 的恢复时间,两种写时隙均起始于主机拉低总线。写"1"时隙:主机输出低电平,延时 2μs,然后释放总线,延时 60μs。写"0"时隙:主机输出低电平,延时 60μs,然后释放总线,延时 2μs。

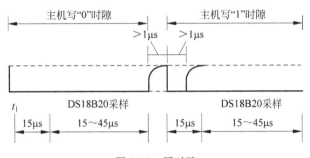

图 5-22　写时隙

3) 读时隙

读时隙如图 5-23 所示,1Wire 总线器件仅在主机发出读时隙时,才向主机传输数据。在主机发出读数据命令后,必须马上产生读时隙,以便从机能够传输数据。所有读时隙至少需要 60μs,且在 2 次独立的读时隙之间至少需要 1μs 的恢复时间。每个读时隙都由主机发起,至少拉低总线 1μs。主

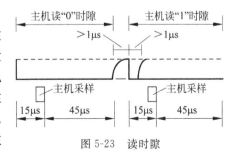

图 5-23　读时隙

机在读时隙期间必须释放总线,并且在时隙起始后的 $15\mu s$ 之内采样总线状态。典型的读时隙过程为:主机输出低电平延时 $2\mu s$,然后主机转入输入模式延时 $12\mu s$,读取 1Wire 总线当前的电平,再延时 $50\mu s$。

## 5.5 热电偶传感器

热电偶传感器是目前应用最广泛、发展比较完善的温度传感器,它在很多方面都具备了理想温度传感器的条件。

### 5.5.1 热电偶的测温原理

两种不同导体(或半导体)A 和 B 串联成一个闭合回路,如图 5-24 所示,如果两个接点的温度不同,则回路中就有电流产生。这种由于温度不同而产生电动势的现象称为热电效应(赛贝克效应)。两种不同导体(或半导体)的组合称为热电偶,导体 A 和 B 称为热电偶的热电极或热偶丝。热电偶的两个接点中,置于温度为 $T$ 的被测对象中的结点称为测量端,又称工作端或热端;而温度为参考温度 $T_0$ 的另一结点称为参比端或参考端,又称自由端或冷端;热电偶产生的电动势 $E_{AB}(T,T_0)$ 是由两种导体的接触电势(珀尔帖电势)和单一导体的温差电势(汤姆逊电势)所组成。当热电偶两电极材料确定后,其热电势的变化仅与两接点的温度有关。

**1. 接触电势**

接触电势是由于两种不同导体的自由电子密度不同,而在接触处形成的电动势。在两种不同导体 A、B 接触时,由于材料不同,两者具有不同的电子密度,如 $N_A > N_B$,则在单位时间内,从导体 A 扩散到导体 B 的自由电子数比相反方向的多,即自由电子主要从导体 A 扩散到导体 B,这时导体 A 因失去电子而带正电,导体 B 因得到电子而带负电,如图 5-25 所示。因此,在接触面上形成了自 A 到 B 的内部静电场,产生了电位差,即接触电势。接触电势不会不断增加,而是很快地稳定在某个值,这是因为电子扩散运动建立的内部静电场或电动势将产生相反方向的电子漂移运动,加速电子在反方向的转移,使从 B 到 A 的电子速率加快,并阻止电子扩散运动的继续进行,最后达到动态平衡,即单位时间内从 A 扩散的电子数目等于反方向漂移的电子数目,此时在一定温度($T$)下的接触电势 $E_{AB}(T)$ 也就不发生变化而稳定在某个值上。

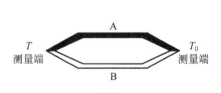

图 5-24 热电效应原理图

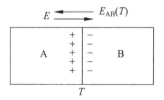

图 5-25 接触电势示意图

接触电势可表示

$$E_{AB}(T) = \frac{kT}{q}\ln\frac{N_A(T)}{N_B(T)} \tag{5-67}$$

式中,$q$ 为单位电荷,$q=1.6\times10^{-19}$C;$k_0$ 为玻耳兹曼常数,$k=1.38\times10^{-23}$J/K;$N_A(T)$ 为材料 A 在温度为 $T$ 时的自由电子密度;$N_B(T)$ 为材料 B 在温度为 $T$ 时的自由电子密度。

由式(5-65)可知,接触电势的大小与温度高低及导体中的电子密度有关,温度越高,接触电势越大;两种导体电子密度的比值越大,接触电势也就越大。

**2. 温差电势**

单一导体中,如果两端温度不同,在两端间会产生电势,即单一导体的温差电势。这是由于导体内自由电子在高温端具有较大的动能,因而向低温端扩散,使得高温端因失去电子而带正电荷,低温端因得到电子而带负电荷,从而形成一个静电场,如图 5-26 所示。该电场阻碍电子的继续扩散,当达到动态平衡时,在导体的两端便产生一个相应的电位差,该电位差称为温差电势。温差电势的大小可以表示为

$$E_A(T,T_0)=\int_{T_0}^{T}\sigma dT \tag{5-68}$$

式中,$E_A(T,T_0)$ 为导体 A 在两端温度分别为 $T$ 和 $T_0$ 时的温差电势;$\sigma$ 为汤姆逊系数,表示单一导体两端温度差为 1℃时所产生的温差电势,其值与材料性质及导体两端温度有关。

**3. 热电偶回路的热电势**

对于由导体 A、B 组成的热电偶闭合回路,当温度 $T>T_0$,$N_A>N_B$,总的热电势为 $E_{AB}(T,T_0)$,如图 5-27 所示,包括两个接触电势和两个温差电势,即

$$E_{AB}(T,T_0)=E_{AB}(T)+E_B(T,T_0)-E_{AB}(T_0)-E_A(T,T_0)$$

$$=\frac{kT}{q}\ln\frac{N_{AT}}{N_{BT}}+\int_{T_0}^{T}\sigma_B dT-\frac{kT_0}{q}\ln\frac{N_{AT_0}}{N_{BT_0}}-\int_{T_0}^{T}\sigma_A dT \tag{5-69}$$

式中,$N_{AT}$、$N_{AT_0}$ 为导体 A 在接点温度为 $T$ 和 $T_0$ 时的电子密度;$N_{BT}$、$N_{BT_0}$ 为导体 B 在接点温度为 $T$ 和 $T_0$ 时的电子密度;$\sigma_A$、$\sigma_B$ 为导体 A 和 B 的汤姆逊系数。

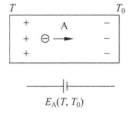

图 5-26　温差电势

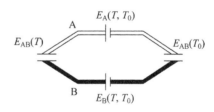

图 5-27　回路总电动势

由式(5-67)可以得出如下几个结论:

(1) 如果构成热电偶的两个热电极为材料相同的均质导体,则无论两接点温度如何,热电偶回路内的总热电势为零。因此,热电偶必须采用两种不同的材料作为电极。

(2) 尽管采用两种不同的金属,若热电偶的两接点温度相等,即 $T=T_0$,回路总电势为零。

(3) 热电偶 AB 的热电势只与接点处温度有关,与材料 A、B 的中间各处温度无关。

金属导体中自由电子数很多,以致温度不能显著改变它的电子浓度,因此,同一种金属导体内,温差电势很小,可以忽略。两个接点处产生的与温度有关的接触电势在热电偶回路中起主要作用。式(5-67)可改写为

$$E_{AB}(T, T_0) = \frac{kT}{q}\ln\frac{N_A}{N_B} - \frac{kT_0}{q}\ln\frac{N_A}{N_B} \qquad (5\text{-}70)$$

从式(5-70)可以看出,回路总电动势随 $T$ 和 $T_0$ 的变化而改变。如果使冷端温度 $T_0$ 固定,则对一定材料的热电偶,其总电势就只与温度 $T$ 成单值函数关系,即

$$E_{AB}(T, T_0) = f(T) - C \qquad (5\text{-}71)$$

式中,$C$ 为由固定温度 $T_0$ 决定的常数。

## 5.5.2 热电偶基本定律

### 1. 中间导体定律

在热电偶回路中,接入第三种导体 C,如图 5-28 所示,只要第三种导体两端温度相同,则热电偶所产生的热电势保持不变。即第三种导体 C 的引入对热电偶回路的总电势没有影响。

热电偶回路接入中间导体 C 后的总热电势为

$$E_{ABC}(T, T_0) = E_{AB}(T) + E_{CA}(T_0) + E_{BC}(T_0) - E_A(T, T_0) +$$
$$E_C(T_0, T_0) + E_B(T, T_0) \qquad (5\text{-}72)$$

因为

$$E_{CA}(T_0) + E_{BC}(T_0) = \frac{kT_0}{q}\ln\frac{N_{BT_0}}{N_{AT_0}} = E_{BA}(T_0) = -E_{AB}(T_0) \qquad (5\text{-}73)$$

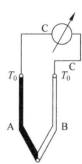

图 5-28　接入导体 C 的
热电偶回路

又 $E_C(T_0, T_0) = 0$,代入式(5-72)得

$$E_{ABC}(T, T_0) = E_{AB}(T) - E_{AB}(T_0) + E_B(T, T_0) -$$
$$E_A(T, T_0) = E_{AB}(T, T_0) \qquad (5\text{-}74)$$

同理,热电偶回路中接入多种导体后,只要保证接入的每种导体的两端温度相同,则对热电偶的总电势没有影响。根据热电偶这一性质,可以在热电偶的回路中引入各种仪表和连接导线等。如在热电偶的自由端接入一个测量电势的仪表,并保证两个接点的温度相等,就可以对热电势进行测量,而且不影响热电势的输出。

### 2. 中间温度定律

在热电偶回路中,两接点温度为 $T$、$T_0$ 时的热电势等于该热电偶在结点温度为 $T$、$T_a$ 和 $T_a$、$T_0$ 时热电势的代数和,即

$$E_{AB}(T, T_0) = E_{AB}(T, T_a) + E_{AB}(T_a, T_0) \qquad (5\text{-}75)$$

根据这一定律,只要给出自由端为 0℃时的热电势和温度关系,就可以求出冷端为任意温度 $T_0$ 时的热电偶热电势,即

$$E_{AB}(T, T_0) = E_{AB}(T, 0) + E_{AB}(0, T_0) \qquad (5\text{-}76)$$

### 3. 标准电极定律

如图 5-29 所示,当温度为 $T$、$T_0$ 时,用导体 A、B 组成的热电偶的热电势等于热电偶 AC 和 CB 的热电势的代数和,即

$$E_{AB}(T, T_0) = E_{AC}(T, T_0) + E_{CB}(T, T_0) \qquad (5\text{-}77)$$

导体 C 称为标准电极,故把这一定律称为标准电极定律。

国际电工委员会推荐了 8 种类型的热电偶作为标准化热电偶,分别为 T 型、E 型、J 型、K 型、N 型、B 型、R 型和 S 型,各种热电偶的名称、分度号、材料成分、使用温区详见表 5-4。

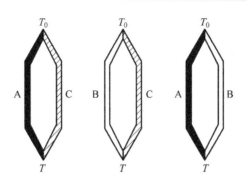

图 5-29　标准电极

表 5-4　标准化热电偶的名称、分度号、材料成分、使用温区

| 名　　称 | 分度号 | 材　料　成　分 | 使用温区/℃ |
|---|---|---|---|
| 铂铑 10-铂 | S | （＋）90％Pt,10％Rh；（－）100％Pt | 0～1600 |
| 铂铑 13-铂 | R | （＋）87％Pt,13％Rh；（－）100％Pt | 0～1600 |
| 铂铑 30-铂铑6 | B | （＋）70％Pt,30％Rh；（－）94％Pt,6％Rh | 0～1800 |
| 镍铬-镍硅（镍铝） | K | （＋）90％Ni,10％Cr；（－）97.5％Ni,2.5％Si(Al) | －40～1300 |
| 铁-康铜 | J | （＋）100％Fe；（－）55％Cu,45％Ni | －40～700 |
| 铜-康铜 | T | （＋）99.95％Cu；（－）55％Cu,45％Ni | －40～350 |
| 镍铬-康铜 | E | （＋）90％Ni,10％Cr；（－）55％Cu,45％Ni | －40～900 |
| 镍铬硅-镍硅镁 | N | （＋）84.4％Ni,14.2％Cr,1.4％Si；（－）95.5％Ni, 4.4％Si,0.1％Mg | －270～1300 |

　　热电偶具有原材料确定后,能得到相同特性的特征,对每只传感器不需要再进行调整。因此,它们在制造和使用上都非常方便,在各个领域被广泛使用。但是,如果要想在测量和控制中得到满意的效果,还需要根据实际使用环境、温区等进行合理的选择。

### 5.5.3　热电偶的结构

**1. 普通型热电偶**

　　普通型热电偶主要用于测量气体、蒸气、液体等介质的温度。由于使用的条件基本相似,所以这类热电偶已做成标准型,其基本组成部分大致一样,通常都是由热电极、绝缘管、保护套管和接线盒等主要部分组成,如图 5-30 所示。

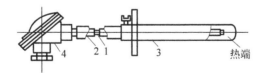

图 5-30　普通的工业用热电偶结构示意图
1—热电极；2—绝缘管；3—保护套管；4—接线盒

1）热电极

　　热电偶常以热电极材料种类来命名,其直径大小由价格、机械强度、电导率以及热电偶的用途和测量范围等因素来决定。贵金属热电极直径大多是在 0.13～0.65mm,普通金属热电极直径为 0.5～3.2mm。热电极长度有使用、安装条件,特别是工作端由在被测介质中

插入深度来决定,通常为 350～2000mm,常用的长度为 350mm。

2)绝缘管

又称绝缘子,用来防止两根热电极短路,其材料的选用要根据使用的温度范围和对绝缘性能的要求而定,通常是氧化铝和耐火陶瓷。绝缘管一般制成圆形,中间有孔,长度为20mm,使用时根据热电极的长度,可多个串联起来使用。

3)保护套管

为使热电极与被测介质隔离,并使其免受化学侵蚀或机械损伤,热电极在套上绝缘管后再装入保护套管内。

对保护套管的要求一方面要经久耐用,能耐温度急剧变化,耐腐蚀,不分解出对电极有害的气体,有良好的气密性及足够的机械强度;另一方面要传热良好,传热性能越好,热容量越小,能改善电极对被测温度变化的响应速度就越好。常用的材料有金属和非金属两类,应根据热电偶类型、测温范围和使用条件等因素来选择保护套管材料。

4)接线盒

接线盒供热电偶与补偿导线连接用。接线盒固定在热电偶保护套管上,一般用铝合金制成,分普通式和防溅式(密封式)两类。为防止灰尘、水分及有害气体侵入保护套管内,连接端子上注明热电极的正、负极性。

**2. 铠装热电偶**

铠装热电偶是由热电极、绝缘材料和金属套管经拉伸加工而成的组合体,其断面结构如图 5-31所示,分单芯和双芯两种。它可以做得很长、很细,在使用中可以随测量需要进行弯曲。

套管材料为铜、不锈铜等,热电极和套管之间填满了绝缘材料的粉末,目前常用的绝缘材料有氧化镁、氧化铝等。目前生产的铠装热电偶外径一般

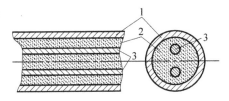

图 5-31　铠装热电偶断面结构
1—热电极;2—绝缘材料;3—金属套管

为 0.25～12mm,有多种规格。它的长短根据需要来定,最长的可达 10m 以上。

铠装热电偶的主要特点是:测量端热容量小,动态响应快,机械强度高,抗干扰性好,耐高压、耐强烈振动和耐冲击,可安装在结构复杂的装置上,因此已被广泛用在许多工业部门中。

## 5.5.4　热电偶冷端温度补偿

由热电偶的作用原理可知,热电偶热电势的大小不仅与测量端的温度有关,而且与冷端的温度有关,是测量端温度 $T$ 和冷端温度 $T_0$ 的函数差。为了保证输出电势是被测温度的单值函数,就必须使一个结点的温度保持恒定,而使用的热电偶分度表中的热电势值,都在冷端温度为 0℃ 时给出。因为如果热电偶的冷端温度不是 0℃,而是其他某一数值,且又不加以适当处理,那么即使测得了热电势的值,仍不能直接应用分度表,即不可能得到测量端的准确温度,会产生测量误差。但在工业使用时,要使冷端的温度保持为 0℃ 比较困难,通常采用如下一些温度补偿办法。

**1. 补偿导线法**

随着工业生产过程自动化程度的提高,要求把测量的信号从现场传送到集中控制室里,或者由于其他原因,显示仪表不能安装在被测对象的附近,而需要通过连接导线将热电偶延

伸到温度恒定的场所。由于热电偶一般做得比较短(除铠装热电偶外),特别是贵金属热电偶就更短。这样热电偶的冷端距离被测对象很近,使冷端温度较高且波动较大,如果用很长的热电偶使冷端延长到温度比较稳定的地方,则由于热电极线不便于敷设,且对于贵金属很不经济,因此并不可行。所以,一般用一种导线(称补偿导线)将热电偶的冷端伸出来(图 5-32),这种导线采用廉价金属,在一定温度范围内(0~100℃)具有和所连接的热电偶有相同的热电性能。选择补偿导线时应注意:①各种补偿导线只能与相应型号的热电偶配用;②补偿导线与热电偶连接点的温度,不能超过规定的使用温度范围,一般在100℃以下,以免引起较大的测量误差;③补偿导线与电极材料并不完全相同,两接点温度必须相同,否则会引入误差。

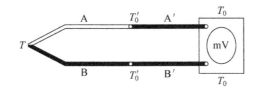

图 5-32　补偿导线在测温回路的连接

A、B—热电偶电极;A′、B′—补偿导线;$T_0'$—热电偶原冷端温度;$T_0$—热电偶新冷端温度

**2. 计算法**

当热电偶冷端温度不是0℃,而是 $T_0$ 时,根据热电偶中间温度定律,可得热电势的计算校正公式:

$$E(T,0) = E(T,T_0) + E(T_0,0) \tag{5-78}$$

式中,$E(T,0)$ 表示冷端为0℃,而热端为 $T$ 时的热电势;

$E(T,T_0)$ 表示冷端为 $T_0$,而热端为 $T$ 时的热电势,即实测值;

$E(T_0,0)$ 表示冷端为0℃,而热端为 $T_0$ 时的热电势,即为冷端温度不为0℃时热电势校正值。

因此,只要知道了热电偶参比端的温度 $T_0$,就可以从分度号表中查出对应于 $T_0$ 的热电势 $E(T_0,0)$,然后将这个热电势值与显示仪表所测的读数值 $E(T,T_0)$ 相加,得出的结果就是热电偶的参比端温度为0℃时,对应于测量端的温度为 $T$ 时的热电势 $E(T,0)$,最后就可以从分度号表中查得相对应于 $E(T,0)$ 的温度,这个温度的数值就是热电偶测量端的实际温度。

例:K 型镍铬-镍硅热电偶(温度范围-200℃~1300℃)在工作时,自由端温度 $T_0$=30℃,现测得热电偶的电势为 2.851mV,求被测介质的实际温度。

因为,已知热电偶测得的电势为 $E(T,30)$,即 $E(T,30)$=2.851mV,其中 $T$ 为被测介质温度。

由分度表可查得 $E(30,0)$=1.203mV,则 $E(T,0)=E(T,30)+E(30,0)$=(2.851+1.203)mV=4.054mV,由附录 B K 型热电偶分度号表,可查得 $E(T,0)$=4.054mV 对应的温度为99℃,则被测介质的实际温度为99℃。

**3. 补偿电桥法**

补偿电桥法是利用不平衡电桥产生的电势来补偿热电偶因冷端温度变化而引起的热电势变化值,如图 5-33 所示。不平衡(即补偿电桥)由电阻 $R_1$、$R_2$、$R_3$(锰铜丝烧制)、$R_{Cu}$(铜丝烧制)4 个桥臂和桥路稳压电源所组成,串接在热电偶测量回路中,热电偶冷端与电阻 $R_{Cu}$ 感受相同的温度,通常取 20℃ 时电桥平衡($R_1 = R_2 = R_3 = R_{Cu}$),此时对角线 a、b 两点电位相等,即 $U_{ab} = 0$,电桥对仪表的度数无影响。当环境温度高于 20℃ 时,$R_{Cu}$ 增加,平衡被破坏,a 点电位高于 b 点,产生一不平衡电压 $U_{ab}$,与热端电势相叠加,一起送入测量仪表。通过适当选择桥臂电阻和电流的数值,可使电桥产生的不平衡电压 $U_{ab}$ 正好补偿由于冷端温度变化而引起的热电势变化值,仪表即可指示出正确的温度。由于电桥是在 20℃ 时平衡,所以采用这种补偿电桥须把仪表的机械零位调整到 20℃。

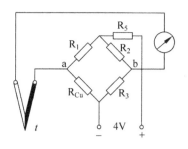

图 5-33　冷端温度补偿电桥

**4. 冰浴法**

冰浴法是在科学实验中经常采用的一种方法。为了测量准确,可以把热电偶的冷端置于冰水混合物的容器里,保证使 $T_0 = 0$℃。这种方法最为妥善,然而不够方便,所以仅限于科学实验中应用。为了避免冰水导电引起 $T_0$ 处的结点短路,必须把结点分别置于两个玻璃试管里,如果浸入同一冰点槽,要使之相互绝缘,如图 5-34 所示。

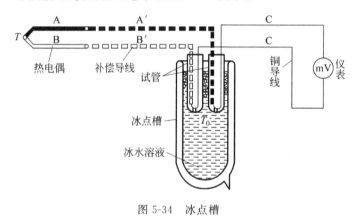

图 5-34　冰点槽

## 5.5.5　热电堆

热电堆(Thermopile)是一种热释红外线传感器,由两个或多个热电偶串接组成,各热电偶输出的热电势互相叠加,如图 5-35 所示。按用途不同,实用的热电堆可以制成细丝型和薄膜型,亦可制成多通道型和阵列型器件。目前,它在耳式体温计、放射温度计、电烤炉、食品温度检测等领域中,作为温度检测器件获得了广泛的应用。

热电堆截面结构如图 5-36 所示,被红外线照射的吸收膜是一种热容量小、温度容易上升的薄膜。在紧靠衬底中央的下部为一空洞结构,这种结构的设计确保了冷端和测温端的温度差。热电偶由多晶硅与铝构成,两者串联连接。当各个热电偶测温端温度上升时,热电偶之间就会产生热电动势 $V_i$,因此在输出端就可以获得它们的电压之和,即

$$E = \sum_{i=1}^{n} V_i \tag{5-79}$$

采用微机械制造工艺制作热电堆,在一片〈100〉单晶硅上,用低压化学气相沉积(LPCVD)氮化硅膜与多晶硅膜,将后者全部热氧化生成氧化硅,两者构成介质复合支撑膜。再沉积多

晶硅膜,掺杂,经光刻、刻蚀形成多晶硅条,作为组成热电偶的一种组分。沉积金属,金属可选用铝、金、铂等。通过光刻、腐蚀方法形成金属线条,退火后,就形成多晶硅与金属的热电堆结构。然后光刻背面,用各向异性腐蚀剂如氢氧化钾(KOH)腐蚀硅,形成硅杯结构,得到薄膜支撑膜结构。最后,形成红外吸收层,得到了一个完整的微机械红外热电堆探测器。

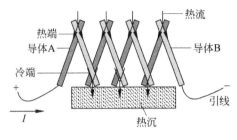

图 5-35　热电堆的原理图

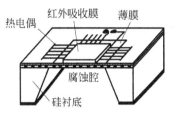

图 5-36　热电堆截面结构

## 小结

　　本章主要阐述了热电阻、半导体热敏二极管和半导体热敏晶体管三大类热敏元件。热电阻分为金属热电阻与半导体热敏电阻,从金属电阻的种类、结构和测量电路等方面对金属电阻做了介绍;从硅温度传感器的工作原理、迁移率与温度的关系、电阻率与温度的关系等方面对半导体热敏电阻的特性做了介绍。集成温度传感器按其工作方式分为多种类型,以AD590 为例介绍了电流型集成温度传感器,以 LM135 为例介绍了电压型集成温度传感器,介绍了 BICMOS 型集成温度传感器,以 AD22105 为例介绍了集成控制开关,以 DS18B20 为例介绍了数字型集成温度传感器。除此之外,介绍了热电偶的测温原理、基本定律、结构、温度补偿和热电堆等相关内容。近年来,温度传感器的研制仍朝着精度更高、体积更小的趋势发展。

## 习题

　　1. 填空题

　　(1) 热电偶所产生的热电势是由_____电势和_____电势组成。

　　(2) 补偿导线法常用作热电偶的冷端温度补偿,理论依据是_____定律。

　　(3) 热电阻引线方式有三种,其中_____适用于工业测量,一般精度要求场合;_____适用于引线不长,精度要求较低的场合;_____适用于实验室测量,精度要求高的场合。

　　(4) 已知某铜热电阻在 0℃时的阻值为 50Ω,则其分度号是_____,对于镍铬-镍硅热电偶其正极是_____。

　　2. 选择题

　　(1) 在热电偶测温回路中,使用补偿导线的目的是(　　　)。

　　　　A. 补偿热电偶冷端热电势的损失　　　　B. 起冷端温度补偿作用

　　　　C. 将热电偶冷端延长到远离高温区的地方　D. 提高灵敏度

(2)（　　）的数值越大,热电偶的输出热电势就越大。

  A. 热端直径         B. 热端和冷端的温度

  C. 热端和冷端的温差       D. 热电极的电导率

(3)用热电阻测温时,热电阻在电桥中采用三线制的目的是(　　)。

  A. 接线方便

  B. 减小引线电阻变化产生的测量误差

  C. 减小桥路中其他电阻对热电阻的影响

  D. 减小桥路中电源对热电阻的影响

(4)热电偶测量温度时(　　)。

  A. 需加正向电压         B. 需加反向电压

  C. 加正向、反向电压都可以     D. 不需加电压

(5)在实际的热电偶测温应用中,引用测量仪表而不影响测量结果是利用了热电偶的(　　)定律。

  A. 中间导体          B. 中间温度

  C. 标准电极          D. 均质导体

(6)半导体热敏电阻包括(　　)。

  A. 正温度系数热敏电阻      B. 负温度系数热敏电阻

  C. 临界温度系数热敏电阻     D. 非温度系数热敏电阻

(7)要形成测温热电偶,下列哪个条件可以不需要？(　　)

  A. 必须使用两种不同的金属材料   B. 热电偶的两端温度必须不同

  C. 热电偶的冷端温度一定要是 0℃   D. 热电偶的冷端温度没有固定要求

(8)热电偶的最基本组成部分是(　　)。

  A. 热电极     B. 保护管     C. 绝缘管     D. 接线盒

3. 已知镍铬-镍硅(K)热电偶的热端温度 $T=80℃$,冷端温度 $T_0=25℃$,热电偶测得的电 $E(T,T_0)$ 是多少 mV？

4. AD590 测温原理简图如图 5-37 所示,一个 AD590 两端集成温度传感器的灵敏度为 $1\mu A/℃$；并且当温度为 25℃ 时,输出电流为 $298.2\mu A/℃$。若将该传感器接入如图 5-37 所示电路中,问：温度分别为 $-30℃$ 和 $+120℃$ 时,电压表的读数为多少？（不考虑非线性误差）

5. 热电偶利用哪两种效应工作？六种不同的导体在不同温度下组成回路,如图 5-38 所示,写出回路中总的热电势。

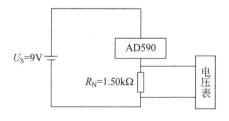

图 5-37 AD590 测温原理简图

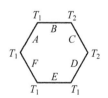

图 5-38 六种不同的导体在不同温度下组成的回路示意图

6. 某集成温度如图 5-39 所示，$T_1$、$T_2$、$T_3$、$T_4$、$T_5$工艺相同，均工作在放大区，$T_2$管发射结面积为其他管发射结面积的 $\beta = e^2$ 倍（注：指数函数），若取 $R_1 = 100\Omega$，$R_2 = 1\text{k}\Omega$，求输出电压 $V_o$。

7. 如图 5-40 所示为一传感器的工作原理，这是什么传感器？利用了何种效应？写出图中的 $e_{AB}(T)$、$e_A(T, T_0)$。

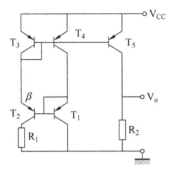

图 5-39 某集成温度传感器原理

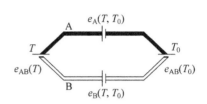

图 5-40 某传感器结构

| 第6章 | 半导体磁敏元件与传感器 |
|---|---|
| CHAPTER 6 | |

磁敏传感器是一种把磁学物理量转变成电信号的器件,广泛应用于自动控制、信息传递、电磁测量等领域。早在 1856 年和 1879 年就发现了磁阻效应和霍尔效应,不过,作为实用的磁敏传感器则产生于半导体材料发现之后,主要的半导体材料有锑化铟、砷化铟、锗和硅等。半导体磁敏传感器具有灵敏度高、体积小、响应速度快等特点,主要的半导体磁敏传感器有霍尔元件、磁阻元件、磁敏二极管、磁敏三极管和磁敏集成电路等。

## 6.1 半导体的磁敏效应

半导体的磁敏效应是指半导体在电场和磁场作用下表现出来的霍尔效应、磁阻效应、热磁效应和光磁电效应等,磁敏效应理论是半导体磁敏元件的理论基础。

### 1. 霍尔效应

霍尔效应是电磁效应的一种,这一现象是美国物理学家霍尔在研究金属的导电机制时发现的。当电流垂直于外磁场通过导体时,载流子发生偏转,垂直于电流和磁场的方向会产生一附加电场,在导体的两端产生电势差,这一现象就是霍尔效应,电势差被称为霍尔电压。

霍尔效应原理图如图 6-1 所示,一块长为 $l$、宽为 $w$、厚度为 $d$ 的半导体薄片,薄片置于磁感应强度为 $B$ 的外磁场中,当沿薄片长度方向通以电流 $I$ 时,假设载流子以电子为主,并设其正电荷所受洛伦兹力方向为正,设电子以相同的速度 $v$ 运动,则电子受到的洛伦兹力为

$$f_l = -evB \tag{6-1}$$

式中,$e$ 为电子电荷量。

在力 $f_l$ 的作用下,电子被推向半导体一侧,并在该侧面积累负电荷,而在另一侧积累正电荷,这样在薄片两侧面间建立起静电场,电子受到电场力 $f_E$ 的作用。

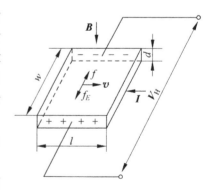

图 6-1 霍尔效应原理图

$$f_E = (-e)(-E_H) = eV_H/w \tag{6-2}$$

式中,$E_H$ 为霍尔电场强度; $V_H$ 为霍尔电压。$f_E$ 将阻止电子继续偏移,当 $f_E = f_l$ 时,电荷积

累处于动态平衡,即

$$eV_H/w = -evB \qquad (6-3)$$

通过薄片的电流 $I$ 与基片材料中的载流子浓度 $n$ 和速度 $v$ 的关系为

$$v = -I/newd \qquad (6-4)$$

将式(6-4)代入式(6-3)中,则

$$V_H = -\frac{BI}{ned} = \frac{R_H}{d}BI = K_H IB \qquad (6-5)$$

式中,$R_H = -(1/ne)$,称为霍尔系数,其大小反映霍尔效应的强弱,由薄片材料的物理性质决定;$K_H = (R_H/d)$ 为乘积灵敏度系数,表示在单位磁感应强度和单位控制电流时的霍尔电势大小,其单位为 $V/(A \cdot T)$。

当磁场感应强度 $B$ 和霍尔片平面法线 $n$ 成角度 $\theta$ 时霍尔电势为

$$V_H = K_H IB\cos\theta \qquad (6-6)$$

同理,若薄片为 P 型,则其霍尔系数为 $R_H = (1/pe)$,$p$ 为空穴浓度。霍尔电压为

$$V_H = IB/ped \qquad (6-7)$$

可见 N 型和 P 型半导体的霍尔系数符号相反,霍尔电压极性也相反。根据霍尔电压的正负极性可以判别材料的类型。

由电阻率公式,得

$$R_H = \rho\mu \qquad (6-8)$$

若希望霍尔效应强,则需要较大的霍尔系数 $R_H$,要求霍尔片材料有较大的电阻率和载流子迁移率。一般金属材料载流子迁移率很高,但电阻率很小;而绝缘材料电阻率极高,但载流子迁移率极低。因此,半导体材料比较适于制作霍尔元件;同时,一般情况下电子的迁移率大于空穴的迁移率,制作霍尔元件采用电子迁移率大的 N 型半导体材料,如 N 型锗(Ge)、锑化铟(InSb)和砷化铟(InAs)等。

**2. 磁阻效应**

磁阻效应是指某些金属或半导体的电阻值随外加磁场变化而变化的现象。同霍尔效应一样,磁阻效应由于载流子在磁场中受到洛伦兹力而产生。在达到稳态时,某速度的载流子所受到的电场力与洛伦兹力相等,载流子在两端聚集产生霍尔电场,比该速度慢的载流子将向电场力方向偏转,比该速度快的载流子则向洛伦兹力方向偏转。这种偏转导致载流子的漂移路径增加。或者说,沿外加电场方向运动的载流子数减少,从而使电阻增加,这种现象称为磁阻效应。当磁场方向与电流方向垂直时产生的磁阻效应称为横向磁阻效应。下面的研究主要是指横向磁阻效应。

研究表明,霍尔效应是磁场的一级效应(与 $B$ 的一次方成正比),而磁阻效应是磁场的二级效应(与 $B$ 的平方成正比)。在弱磁场时,半导体电阻率的相对变化率 $\Delta\rho/\rho_0$ 与磁感应强度 $B$ 的平方成正比;随着磁场的增大,$\Delta\rho/\rho_0$ 又与 $B$ 成正比;当磁场增大到无限大时,$\rho$ 趋向于饱和。对于只有电子参与导电的最简单情况,在弱磁场情况下,理论推导出磁阻效应的表达式为

$$\rho_B = \rho_0(1 + 0.273\mu_n^2 B^2) \qquad (6-9)$$

式中,$\rho_B$ 为磁感应强度为 $B$ 时的电阻率;$\rho_0$ 为零磁场时的电阻率;$\mu_n$ 为电子迁移率;$B$ 为磁感应强度。电阻率的相对变化率为

$$\frac{\rho_B - \rho_0}{\rho_0} = \frac{\Delta\rho}{\rho_0} = 0.273\mu_n^2 B^2 = K\mu_n^2 B^2 \tag{6-10}$$

式(6-10)表明,磁场一定时,载流子迁移率高的材料磁阻效应明显。锑化铟(InSb)、砷化铟(InAs)、锑化镍(NiSb)等半导体材料的载流子迁移率都很高,更适合于制作磁敏电阻。在式(6-10)中,令 $m_t = K\mu_n^2$,$m_t$ 称为磁阻平方系数。

$$m_t = \frac{\rho_B - \rho_0}{\rho_0 B^2} = \frac{\Delta\rho}{\rho_0 B^2} \tag{6-11}$$

## 6.2 霍尔元件

### 6.2.1 霍尔元件的结构

利用半导体霍尔效应制成的对磁场敏感的元件称为霍尔元件,膜片式霍尔元件的结构如图 6-2 所示,在长方形半导体片上制作 A、B、C、D 4 个欧姆接触电极,分别焊上两对导线,其中 A、B 为控制电流端子,C、D 为霍尔电压输出端子。在霍尔片上焊引出线,外面封装上非磁性金属、陶瓷或环氧树脂等外壳即成为霍尔元件。

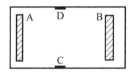

图 6-2　膜片式霍尔元件

依据半导体的霍尔效应,当霍尔元件控制端 A、B 通以电流 $I$,并且受到磁感应强度为 $B$ 的磁场垂直于片子表面作用时,在 C、D 两输出端子间输出的霍尔电压为 $(R_H IB)/d$。霍尔电压正比于控制电流和磁感应强度。在电流恒定时,霍尔电压与磁感应强度成正比。磁场方向改变时,霍尔电压的符号也随之改变。霍尔元件可以用来测量磁场的大小和方向。霍尔元件的灵敏度与霍尔片厚度成反比,片子越薄灵敏度越高。

由于磁场的作用,霍尔元件中电场 $E$ 和电流密度 $J_n$ 不在同一方向,它们之间的夹角 $\theta_H$ 称为霍尔角。在霍尔电场作用力与洛伦兹力达到动态平衡时,$y$ 轴方向无电流,控制电流方向仍为 $x$ 方向,而在半导体片内部合成电场 $E$ 不是 $x$ 方向,此时霍尔角 $\theta_H$ 为

$$\tan\theta_H = \frac{E_y}{E_x} \tag{6-12}$$

霍尔元件在工作时,有两种驱动方式。式(6-5)表示的是恒定电流驱动方式。另一种驱动方式为恒定电压驱动方式,因为霍尔元件的输入电阻 $R_{in}$ 就是控制电流两个输入端之间的体电阻,可以表示为 $R_{in} = \rho L/(Wd)$。通过它可以求出霍尔片的厚度 $d$,再代入式(6-5)可得

$$V_H = \frac{WR_{in}R_H BI}{L\rho} = \frac{W}{L}V_{in}\mu_n B \tag{6-13}$$

式中,$V_{in} = IR_{in}$,称为霍尔元件的输入电压。

电压 $V_{in}$ 驱动霍尔元件的工作方式称为恒定电压驱动方式。根据上述公式计算的霍尔电压 $V_H$ 值,与实际测量值不相符。

实际测量时,霍尔片的电流控制电极对霍尔电压存在短路作用。另外,霍尔片的几何形状也影响霍尔电压和内阻的大小。控制电流电极与霍尔片的欧姆接触处把该处的霍尔电压短路,即:$V_{H(x=0)} = V_{H(x=L)} = 0$。如果霍尔元件的长宽比($L/W$)较小,那么这种短路效应将影响输出电极($x=L/2$)处的霍尔电压,若增大 $L/W$,这种影响将减小。考虑上述影响后的霍尔电压表达式可改为如下形式:

$$V_H = R_H \frac{IB}{d} f\left(\frac{L}{W}, \theta_H\right) \tag{6-14}$$

式中，$f\left(\frac{L}{W}, \theta_H\right)$ 为形状效应系数，它与元件的长宽比 $L/W$ 和霍尔角 $\theta_H$ 有关，其值小于 1。

霍尔角 $\theta_H$ 的大小反映出作用在霍尔元件上磁感应强度 $B$ 的大小，$\theta_H$ 越大表示 $B$ 越强，控制电流电极的短路效应影响越小。$L/W$ 越大短路效应也越小。当 $L/W > 2$ 时，$\theta_H$ 在很宽的变化范围内可使 $f(L/W, \theta_H)$ 保持在 0.9～1，当 $L/W = 4$ 时，$f(L/W, \theta_H)$ 已很接近于 1。在设计霍尔元件时，通常选择 $L/W > 2$。形状效应系数 $f(L/W, \theta_H)$ 与 $L/W$ 之间的关系见表 6-1。

表 6-1 形状效应系数

| $L/W$ | 0.5 | 1.0 | 1.5 | 2.0 | 2.5 | 3.0 | 4.0 |
|---|---|---|---|---|---|---|---|
| $f\left(\frac{L}{W}, \theta_H\right)$ | 0.370 | 0.675 | 0.841 | 0.923 | 0.967 | 0.984 | 0.996 |

另外，为了减小控制电流电极的短路作用，霍尔电压输出电极在霍尔片上的位置一般取在其长度的中心位置，尺寸要小于元件长度的 1/10。

## 6.2.2 基本测试电路

霍尔元件的基本测试电路如图 6-3 所示，控制电流由电源 $E$ 供给，R 为调整电阻，以保证元件得到所需要的控制电流。霍尔片输出端接负载 $R_L$，$R_L$ 可以是一般电阻，也可以是放大器输入电阻或表头内阻等。

霍尔元件型号命名方法如图 6-4 所示。

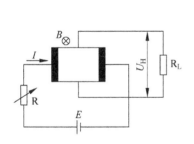

图 6-3 霍尔元件基本测试电路

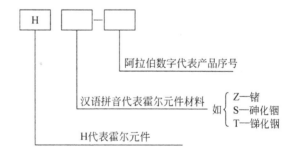

图 6-4 霍尔元件命名法

几种霍尔元件型号及参数如表 6-2 所列。

表 6-2 几种霍尔元件型号及参数

| 型号 | 额定控制电流 $I$/mA | 磁灵敏度 /(mV/mA·T) | 使用温度 /℃ | 霍尔电势温度 系数/℃$^{-1}$ | 尺寸/mm× mm×mm |
|---|---|---|---|---|---|
| HZ-1 | 18 | ≥1.2 | −20～45 | 0.04% | 8×4×0.2 |
| HZ-2 | 15 | ≥1.2 | −20～45 | 0.04% | 8×4×0.2 |
| HZ-3 | 22 | ≥1.2 | −20～45 | 0.04% | 8×4×0.2 |
| HZ-4 | 50 | ≥0.4 | −30～75 | 0.04% | 8×4×0.2 |

### 6.2.3　电磁特性

#### 1. $V_H \sim I$ 特性

当磁场恒定时,在一定温度下测定控制电流 $I$ 与霍尔电压 $V_H$,可以得到良好的线性关系,如图 6-5 所示。其直线斜率为控制电流灵敏度,以符号 $K_I$ 表示,可写成

$$K_I = (V_H/I)_{B = \text{const}} \tag{6-15}$$

式(6-5)代入上式,可得到

$$K_I = K_H \cdot B \tag{6-16}$$

可以看出,灵敏度 $K_H$ 大的元件,其控制电流灵敏度一般也很大。但是控制电流灵敏度大的元件,其霍尔电压输出并不一定大,因为霍尔电压与控制电流成正比。建立霍尔电压所需的时间很短,因此控制电流采用交流频率可以很高,而且元件的噪声系数较小,如锑化铟的噪声系数约为 7.66dB。

#### 2. $V_H \sim B$ 特性

控制电流保持不变,元件的开路霍尔电压随磁场的增加成非线性关系。霍尔元件的 $V_H \sim B$ 特性曲线如图 6-6 所示。可以看出,InSb 的霍尔电压对磁场的线性度不如 Ge。对 Ge 而言,沿着(100)面切割的晶体,其线性度优于沿着(111)晶面的晶体。如 HZ-4 由(100)晶面制作,HZ-1、2、3 采用(111)晶面制作。通常霍尔元件工作在 0.5T 以下时,线性度较好。若对线性度要求很高时,可以采用 HZ-4,线性偏离一般不大于 0.2%。

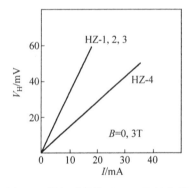

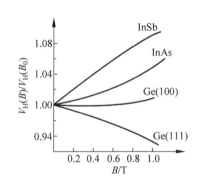

图 6-5　霍尔元件的 $U_H - I$ 特性曲线　　　　图 6-6　霍尔元件的 $V_H \sim B$ 特性曲线

### 6.2.4　霍尔元件的制备工艺

霍尔元件根据用途不同,可分为分立元件型和集成电路型。在分立元件型中,由于材料和制造工艺的不同,又分为单晶型和薄膜型。下面介绍分立元件型霍尔元件的制备工艺。

#### 1. 单晶型霍尔元件的制备工艺

单晶型霍尔元件所用的半导体材料有硅、锗、砷化镓和锑化铟等单晶材料,制备工艺一般采用平面工艺或合金工艺。工艺流程主要包括氧化、腐蚀、光刻、扩散、制作电极、焊接引线、涂保护层、中测和封装等。

制备霍尔片材料采用高电阻率的单晶,在高电阻率 N 型硅片上直接制作良好的欧姆接触电极比较困难。因此,多采用多种金属合金化的方法降低接触点整流效应和接触电阻,通

常在浓磷 $N^+$ 接触孔上镀一层金属镍,经高温处理后使镍扩散到 $N^+$ 区。在其上再镀一层金作为引线焊接点,使金属和 N 型半导体形成良好的欧姆接触区。也可利用离子注入技术和外延层生长技术,在高阻 GaAs 单晶片上生成非常薄的 N 型层。通过光刻等工艺可制备出厚度 $d$ 很小的高灵敏度霍尔元件。

**2. 薄膜霍尔元件的制备**

InSb 材料的电子迁移率 $\mu$ 较大,因此薄膜霍尔元件多采用 InSb 薄膜制造。另外,薄膜厚度 $d$ 可以做到 $1\mu m$ 左右。这样,InSb 薄膜霍尔元件的灵敏度也可以达到近似单晶体型 InSb 霍尔元件水平。

无论选用磁性基底还是非磁性基底材料,都要经过切、磨、抛使其厚度和表面的平整光亮程度符合工艺要求。因为基底表面的平整光亮程度直接影响 InSb 薄膜的性能特性,所以对基底的磨抛要求很高,其表面一定要平整光亮如镜。磨抛好的基片表面还需要形成一层高绝缘、高致密的介质薄膜,以防止蒸镀 InSb 时,基底中的元素向 InSb 中扩散而影响薄膜的性能。另外,基底与 InSb 薄膜之间绝缘与否将直接影响以后制作出的 InSb 霍尔元件的性能好坏。使用最广泛的制备绝缘膜层的方法是采用低压化学气相沉积方法在硅片或铁氧体基片上生长 $SiO_2$ 膜,厚度只需 $1\mu m$ 就可以满足 DC100V 时,绝缘电阻大于 $1M\Omega$ 的技术要求。同时,该介质膜绝缘性、致密性好,与基片及 InSb 薄膜的热性能匹配良好。

InSb 薄膜的制备方法包括真空蒸镀法(包括闪蒸法)、分子束外延法(MBE)、有机金属外延法(MOCVD)、磁控溅射法、电子束蒸镀法、离子束薄膜淀积技术等,其中真空蒸镀法是运用最广泛的方法。利用真空镀膜技术,以单晶或多晶 InSb 作为蒸发源,在高真空并具有一定内烘温度状态下,用分级控制法控制不同的蒸发源温度,以得到不同的蒸发速率进行蒸镀,获得符合化学计量配比的 InSb 薄膜。在氮气、氩气等保护性气氛下,通过对 InSb 薄膜两个阶段的热处理,可以获得电子迁移率为 $4\times10^4 cm^2/(V \cdot S)$ 的 InSb 薄膜。采用三温区法,控制两个蒸发源和基底的温度,使成膜后 Sb 的分子浓度较低,即处于富 In 状态。在热处理过程的后半部分,由于共晶点的退化,会析出 In 固相,得到 InSb-In 共晶体。通过工艺控制结晶条件和过程,使得析出的 In 成为针状排列而起到短路电极的作用,提高了灵敏度。同时,采用选择性湿法刻蚀工艺在 InSb-Au 欧姆接触层制作电极,工艺成品率高。

## 6.2.5　霍尔元件的特性参数

(1) 输入电阻 $R_{in}$:在规定条件下(一般为技术条件所规定,通常 $B=0$,$I_c=0.1mA$),霍尔元件控制(激励)电流两个电极之间的电阻。

(2) 输出电阻 $R_{out}$:在规定条件下(一般为技术条件所规定,通常 $B=0$,$I_c=0.1mA$),无负载情况时,霍尔元件两个输出(霍)电极之间的电阻。

(3) 额定控制电流 $I_c$:在磁感应强度 $B=0$ 时,静止空气中环境温度为 $25℃$ 的条件下,霍尔元件由焦耳热引起的温度升高 $\Delta T=10℃$ 时,所通过的控制电流。

(4) 最大允许控制电流 $I_{cm}$:元件在最高允许使用温度 $T_j$ 时的最大控制电流为最大允许控制电流。因霍尔电势随控制电流增加而线性增加,所以使用中希望选用尽可能大的控制电流以获得较高的霍尔电势输出,但是由于受到最大允许温升的限制,可以通过改善霍尔元件的散热条件,使控制电流增加。一般元件 $T_j=80℃$,硅元件 $T_j=175℃$,砷化镓元件 $T_j=250℃$。

(5) 不等位电势 $V_M$:当磁感应强度 $B=0$ 时,霍尔元件的控制电流为额定值,其输出的霍尔电势应该为零,但实际不为零,用直流电位差计可以测得空载霍尔电势,称为不等位电势。产生不等位电势的原因主要有:霍尔电极安装位置不对称或不在同一等电位面上;半导体材料不均匀造成电阻率不均匀或是几何尺寸不均匀;激励电极接触不良造成激励电流不均匀分布等。

(6) 不等位电阻 $R_M$:不等位电势 $V_M$ 与额定控制电流 $I_c$ 之比称为不等位电阻 $R_M$。

(7) 磁灵敏度 $S_B$:在额定控制电流 $I_c$ 和单位磁感应强度的作用下,霍尔元件输出极开路时的霍尔电压称为磁灵敏度 $S_B$。

$$S_B = \frac{V_H}{B}(V/T) \tag{6-17}$$

(8) 乘积灵敏度 $K_H$:在单位控制电流和单位磁感应强度的作用下,霍尔元件输出端开路时输出的霍尔电压称为乘积灵敏度 $K_H$,单位为 $V/(A \cdot T)$,其表达式为

$$K_H = \frac{V_H}{I_c B} = \frac{R_H}{d} \tag{6-18}$$

(9) 寄生直流电势 $V_g$:在外加磁场为零,霍尔元件通以交流控制电流时,霍尔电极输出除了交流不等位电势外,还有一直流电势,称为寄生直流电势。寄生直流电势 $V_g$ 产生的原因主要有控制电流电极的欧姆接触不良或存在整流接触,使控制电流正、反向电流分量大小不相等,存在一定直流分量,该直流分量在输出极的反映即为寄生直流电势;霍尔电压输出电极欧姆接触不良存在整流接触也可产生寄生直流电势;霍尔电压输出极焊点大小不一致使两焊点热容量不一样而产生温差电势也是寄生直流电势产生的原因之一。

(10) 霍尔电压的温度系数 $a$:在一定的磁场和控制电流作用下,温度每变化 1℃时,霍尔电压值的相对变化率称为霍尔电压的温度系数 $a$,单位是 %/℃。

$$a = \frac{V_H(T_2) - V_H(T_1)}{(T_2 - T_1)V_H(0℃)} \times 100 \tag{6-19}$$

式中,$V_H(T_2)$ 和 $V_H(T_1)$ 分别为霍尔元件处于上限和下限工作温度 $T_2$ 和 $T_1$ 时的霍尔电压;$V_H(0℃)$ 为零度时的霍尔电压。

(11) 内阻的温度系数 $\beta$:温度每变化 1℃时,霍尔元件输入电阻 $R_{in}$(输出电阻 $R_{out}$)的相对变化率,称为内阻温度系数 $\beta$,其表达式为

$$\beta = \frac{R(T_2) - R(T_1)}{(T_2 - T_1)R(0℃)} \times 100 \tag{6-20}$$

式中,$R(0℃)$、$R(T_1)$、$R(T_2)$ 分别为 0℃、下限工作温度 $T_1$、上限工作温度 $T_2$ 时的内阻。

(12) 热阻 $R_{th}$:霍尔元件工作时功耗每增加 1W,霍尔元件升高的温度值称为它的热阻。热阻反映了元件散热的难易程度,单位为 ℃/W。

几种霍尔元件主要特性参数如表 6-3 所示。

表 6-3　几种霍尔元件主要特性参数表

| 参数名称 | 符号 | 单位 | HZ-1 型 | HZ-2 型 | HZ-3 型 | HZ-4 型 | HT-1 型 | HT-2 型 | HS-1 型 |
|---|---|---|---|---|---|---|---|---|---|
| | | | 材料(N 型) | | | | | | |
| | | | Ge(111) | Ge(111) | Ge(111) | Ge(100) | InSb | InSb | InAs |
| 电阻率 | $\rho$ | $\Omega \cdot cm$ | 0.8~1.2 | 0.8~1.2 | 0.8~1.2 | 0.4~0.5 | 0.003~0.01 | 0.003~0.05 | 0.01 |

续表

| 参数名称 | 符号 | 单位 | HZ-1 型 | HZ-2 型 | HZ-3 型 | HZ-4 型 | HT-1 型 | HT-2 型 | HS-1 型 |
|---|---|---|---|---|---|---|---|---|---|
| | | | 材料(N 型) | | | | | | |
| | | | Ge(111) | Ge(111) | Ge(111) | Ge(100) | InSb | InSb | InAs |
| 几何尺寸 | $L \times b \times d$ | mm | 8×4×0.2 | 8×4×0.2 | 4×2×0.2 | 8×4×0.2 | 6×3×0.2 | 8×4×0.2 | 8×4×0.2 |
| 输入电阻 | $R_{in}$ | Ω | 110±20% | 110±20% | 110±20% | 45±20% | 0.8±20% | 0.8±20% | 1.2±20% |
| 输出电阻 | $R_{out}$ | Ω | 100±20% | 100±20% | 100±20% | 40±20% | 0.5±20% | 0.5±20% | 1±20% |
| 乘积灵敏度系数 | $K_H$ | mV/(mA·T) | >12 | >12 | >12 | >4 | 1.8±20% | 1.8±20% | 1±20% |
| 不等位电阻 | $R_M$ | Ω | <0.07 | <0.05 | <0.07 | <0.02 | <0.005 | <0.005 | <0.003 |
| 寄生直流电势 | $V_g$ | μV | <150 | <200 | <150 | <100 | | | |
| 额定控制电流 | $I_c$ | mA | 20 | 15 | 25 | 50 | 250 | 300 | 200 |
| 霍尔电势温度系数 | $\alpha$ | 1/℃ | 0.04% | 0.04% | 0.04 | 0.03% | −15% | −1.5% | |
| 内阻温度系数 | $\beta$ | 1/℃ | 0.5% | 0.5% | 0.5% | 0.3% | −0.5% | −0.5% | |
| 热阻 | $R_{th}$ | ℃/mW | 0.4 | 0.25 | 0.2 | 0.1 | | | |
| 工作温度 | $T$ | ℃ | −40~45 | −40~45 | −40~45 | −40~75 | 0~40 | 0~40 | −40~60 |

## 6.2.6 霍尔元件的补偿技术

实际应用时,存在多种因素影响霍尔元件测量精度。造成测量误差的主要因素有两类,一类是半导体的固有特性,另一类是制造工艺的缺陷。其表现形式为零点误差和温度变化引起的误差。因此,对霍尔元件的补偿主要就是温度补偿和零点补偿。

**1. 霍尔元件的温度补偿**

霍尔片采用半导体材料制造,许多参数都具有较大的温度系数,如半导体材料的电阻率、迁移率和载流子浓度等都随温度而变化。其性能参数也随温度而变化,如输入和输出电阻、霍尔系数等,使霍尔电势变化,产生温度误差。为了减小温度误差,可选用温度系数较小的材料(如砷化铟),也可采用适当的补偿电路。

1) 采用恒流源并联电阻进行温度补偿

霍尔元件的温度补偿电路如图 6-7 所示。$I$ 为供电恒流源电流,在两控制电流电极之间并联一个补偿电阻 $r_0$,这个电阻起分流作用。当温度升高时,霍尔元件的内阻增大,通过元件的电流减小,通过补偿电阻的电流增加。这样利用霍尔片输入电阻温度特性和一个补偿电阻,就能调节通过霍尔片的控制电流,起到温度补偿作用。下面导出补偿的电阻 $r_0$ 的大小。

设在一基准温度 $T_0$ 时,电流关系如下式:

$$I = I_{c0} + I_0 \tag{6-21}$$

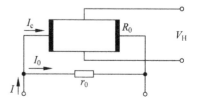

图 6-7 霍尔元件的温度补偿电路

$$I_{c0}R_0 = I_0 r_0 \tag{6-22}$$

式中，$I$ 为恒流源输出电流；$I_{c0}$ 为温度为 $T_0$ 时霍尔元件的控制电流；$I_0$ 为 $T_0$ 时通过补偿电阻的电流；$R_0$ 为温度为 $T_0$ 时霍尔元件的输入电阻；$r_0$ 为温度为 $T_0$ 时补偿电阻的阻值。

将式(6-21)代入式(6-22)并经整理后，得温度为 $T_0$ 时的霍尔元件控制电流为

$$I_{c0} = \frac{r_0}{R_0 + r_0}I \tag{6-23}$$

当温度升高为 $T$ 时，同理可得

$$I_c = \frac{r}{R + r}I \tag{6-24}$$

式中，$R$ 为温度为 $T$ 时，霍尔元件的内阻输入电阻，$R = R_0(1 + \beta t)$，$\beta$ 为霍尔元件内阻的温度系数，$t$ 为相对于基准温度的温差，$t = T - T_0$；$r$ 为温度为 $T$ 时，补偿电阻的阻值，$r = r_0(1 + \delta t)$，$\delta$ 为补偿电阻的温度系数。

当温度为 $T_0$ 时，霍尔电压 $V_{H0}$ 为

$$V_{H0} = K_{H0}I_{c0}B \tag{6-25}$$

式中，$K_{H0}$ 为温度为 $T_0$ 时霍尔元件的乘积灵敏度系数。

当温度为 $T$ 时，霍尔电势 $V_H$ 为

$$V_H = K_H I_c B = K_{H0}(1 + \alpha t)I_c B \tag{6-26}$$

式中，$K_H$ 为温度 $T$ 时霍尔元件的乘积灵敏度系数；$\alpha$ 为霍尔电压的温度系数。

在补偿以后，输出的霍尔电压不随温度变化，即应满足条件：$V_H = V_{H0}$，即

$$K_{H0}(1 + \alpha t)I_c B = K_{H0}I_{c0}B \tag{6-27}$$

经整理得

$$(1 + \alpha t)(1 + \delta t) = 1 + \frac{R_0 \beta + r_0 \delta}{R_0 + r_0}t \tag{6-28}$$

将上式展开，并略去高次项 $\alpha \delta t^2$（$t < 100{℃}$ 时此项很小），则有

$$r_0 \alpha = R_0(\beta - \alpha - \delta) \tag{6-29}$$

$$r_0 = \frac{\beta - \alpha - \delta}{\alpha}R_0 \tag{6-30}$$

由于霍尔电压温度系数 $\alpha$ 和补偿电阻的温度系数 $\delta$ 比霍尔元件内阻的温度系数 $\beta$ 小得多，式(6-30)可简化为

$$r_0 = \frac{\beta}{\alpha}R_0 \tag{6-31}$$

当选用的霍尔元件确定以后，其内阻的温度系数 $\beta$ 和霍尔电压温度系数 $\alpha$ 可以从元件参数表中查得，而元件的输入电阻可以测量出来。这样，$\alpha$ 和 $\beta$ 及内阻 $R_0$ 就确定了，补偿电阻 $r_0$ 也可确定。试验表明，补偿后霍尔电势受温度影响很小，而且这种补偿方法对霍尔元件的其他性能并无影响，只是输出电压稍有降低。只要适当加大恒流源输出电流，使通过霍尔元件的电流达到额定电流，输出电压就可以达到原来数值。

2）采用恒压源串联电阻进行温度补偿

霍尔元件采用恒压源激励时，在输入回路串联适当的电阻 $r_0$ 时，霍尔电势可得到温度补偿，如图 6-8 所示。当温度为 $T_0$ 时，霍

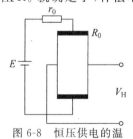

图 6-8 恒压供电的温度补偿电路

尔电压 $V_{H0}$ 为

$$V_{H0} = K_{H0} I_0 B = K_{H0} \frac{E}{R_0 + r_0} B \tag{6-32}$$

式中，$K_{H0}$ 为温度为 $T_0$ 时霍尔元件的乘积灵敏度系数；$E$ 为恒压源电压；$I_0$ 为 $T_0$ 时通过补偿电阻的电流；$R_0$ 为温度为 $T_0$ 时霍尔元件的内阻(输入电阻)；$r_0$ 为温度为 $T_0$ 时补偿电阻的阻值。

当温度为 $T$ 时，霍尔电压 $V_H$ 为

$$V_H = K_H I B = (1 + \alpha \Delta T) K_{H0} \frac{E}{(1 + \beta \Delta T) R_0 + (1 + \delta \Delta T) r_0} B \tag{6-33}$$

式中，$K_H$ 为温度为 $T$ 时霍尔元件的乘积灵敏度系数；$\alpha$ 为霍尔电压的温度系数；$\beta$ 为霍尔元件内阻的温度系数；$\Delta T$ 为相对于基准温度的温差，$\Delta T = T - T_0$；$\delta$ 为补偿电阻的温度系数。

补偿以后，输出的霍尔电压不随温度变化，应满足条件：$V_H = V_{H0}$。整理得

$$r_0 = \frac{(\beta - \alpha) R_0}{\alpha - \delta} \tag{6-34}$$

若不考虑 $r_0$ 的温度系数，则

$$r_0 = \frac{(\beta - \alpha) R_0}{\alpha} \tag{6-35}$$

查出霍尔元件的 $\alpha$、$\beta$ 和 $R_0$ 的值，即可由式(6-35)求得补偿电阻 $r_0$。

**2. 霍尔元件不等位电势的补偿**

霍尔元件不等位电势的补偿比较复杂，这是因为在直流激励时不等位电势的大小和极性由激励电流的大小和方向决定，在交流激励时不等位电势的大小和极性随激励电流的变化而变化。不等位电势和激励电流间是非线性关系，而且不等位电势还受温度的影响，若想使霍尔元件的不等位电势 $V_M$ 补偿为零相当困难。

分析不等位电势时，可以把霍尔元件等效为一个电桥，用分析电桥平衡来补偿不等位电势。霍尔元件的等效电路如图 6-9 所示，其中 A、B 为霍尔电极，C、D 为激励电极，电极分布电阻分别用 $R_1$、$R_2$、$R_3$、$R_4$ 表示，把它们看作电桥的 4 个桥臂。理想情况下，电极 A、B 处于同一等位面上，$R_1 = R_2 = R_3 = R_4$，电桥平衡，不等位电势 $V_M = 0$。实际上，由于 A、B 电极不在同一等位面上，此 4 个电阻阻值并不相等，电桥不平衡，不等位电势不等于零。此时可根据 A、B 两点电位的高低，判断应在某一桥臂上并联一定的电阻，使电桥达到平衡，从而使不等位电势为零。

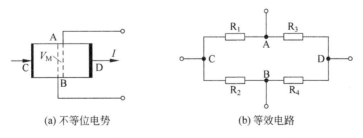

(a) 不等位电势　　　　　　　　(b) 等效电路

图 6-9　霍尔元件的不等位电势及其等效电路

几种常用的补偿方法如图 6-10 所示。为了消除不等位电势，可在阻值较大的桥臂上并联电阻，如图 6-10(a)所示，或在两个桥臂上同时并联电阻，如图 6-10(b)、图 6-10(c)所示。

显然方案(c)调节比较方便。不等位电压 $V_M$ 受温度影响,可采用如图 6-10(d)所示的桥路补偿。图中 $R_P$ 用来补偿 $V_0$。在霍尔片输出端串接温度补偿电桥,$R_t$ 是热敏电阻。桥路输出随温度变化的补偿电压与霍尔片输出的电压相加并作为传感器输出。它在 ±40℃ 范围内补偿效果很好。应该指出,霍尔元件因控制电流 $I$ 而有升温,其 $I$ 变动,温升改变,会影响元件的内阻和霍尔片输出。为使温升不超过所需值,必须对霍尔元件的额定控制电流加以限制,尤其在安装元件时,要尽量做到散热情况良好,只要有可能应选用面积大的元件,以降低温升。

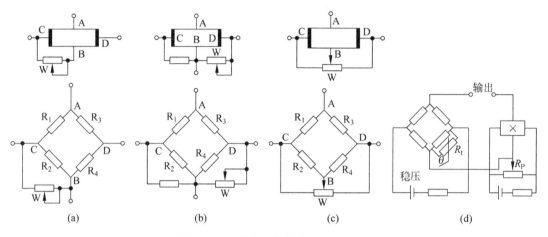

图 6-10  不等位电势补偿电路原理图

## 6.2.7  基本电路

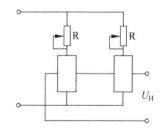

霍尔元件的转换效率较低,霍尔电势一般在毫伏量级,可将几个霍尔元件的输出串联,如图 6-11 所示;或采用运算放大器对信号进行放大,如图 6-12 所示,以获得较大的 $U_H$。如果霍尔电压信号仅为交流输出时,可采用图 6-13 所示差动放大电路,用电容隔掉直流信号即可,具体电路原理分析见力敏传感器。

图 6-11  霍尔元件的输出串联

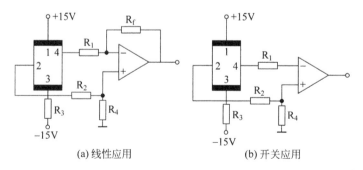

(a) 线性应用　　　　　　　(b) 开关应用

图 6-12  霍尔元件基本应用电路

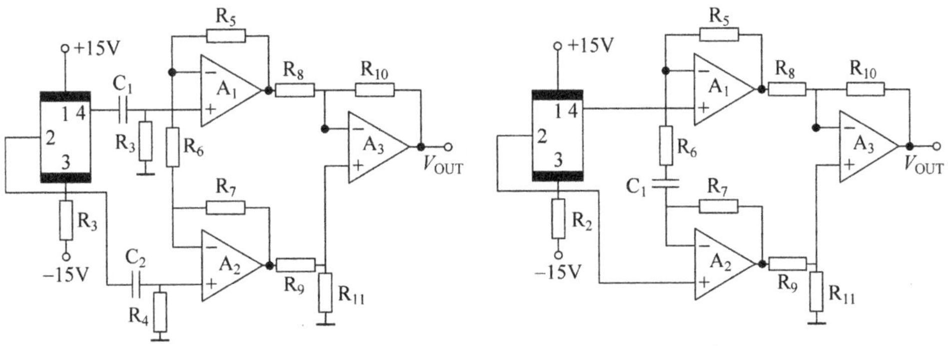

图 6-13 交流霍尔电压放大电路

## 6.2.8 霍尔元件的应用

霍尔元件组成的传感器结构简单,体积小,频响宽,输出电压变化范围大,寿命长,在测量技术、自动化技术和信息处理等方面有着广泛应用。

根据霍尔输出电压与控制电流和磁感应强度的乘积成正比关系,可分别使其中一个量保持不变,另一个作为变量;或两者都作变量。因此,霍尔元件的应用大致分为三种类型:①保持元件的控制电流恒定,则元件的输出电压正比于磁感应强度,这方面的应用有测量恒定和交变磁场的高斯计;②当保持通过元件的磁感应强度恒定时,元件的输出电压正比于控制电流,这方面的应用有钳形电流表、电压表、电流传感器等;③当通过元件的控制电流和磁感应强度都为变量时,元件的输出电压与两者乘积成正比,这方面的应用有乘法器和功率计等。另外,用霍尔元件组成的位移、压力、流量、加速度等传感器也得到广泛应用。下面以位移、电流传感器以及转速传感器为例说明霍尔元件的应用。

**1. 霍尔位移传感器**

霍尔位移传感器的磁路结构示意图如图 6-14(a)所示。在极性相反、磁感应强度相等的两个磁钢气隙中放置一块霍尔片,当霍尔元件的控制电流 $I$ 保持恒定不变时,输出电压 $V_H$ 与磁感应强度 $B$ 成正比。若磁场在一定范围内沿 $x$ 方向的变化梯度 $\mathrm{d}B/\mathrm{d}x$ 为一常数,如图 6-14(b)所示,则当霍尔元件沿 $x$ 方向移动时,霍尔电压的变化为

$$\frac{\mathrm{d}V_H}{\mathrm{d}x} = R_H I \frac{\mathrm{d}B}{\mathrm{d}x} = K \tag{6-36}$$

式中,$K$ 为位移传感器的输出灵敏度。

将式(6-36)积分后得

$$V_H = Kx \tag{6-37}$$

由式(6-37)可知,霍尔电压与位移量 $x$ 成线性关系,同时霍尔电压的极性反映了位移的方向。实践证明,磁感应强度的梯度越大,灵敏度越高;磁场梯度越均匀,则输出线性越好。式(6-37)还说明,当霍尔元件位于磁钢中间位置,即 $x=0$ 时,霍尔电压 $V_H=0$,这是由于在此位置霍尔元件受到方向相反、大小相等的磁通作用的结果。

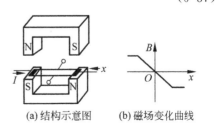

(a) 结构示意图　　(b) 磁场变化曲线

图 6-14 霍尔位移传感器磁路结构示意图

基于霍尔效应制成的位移传感器一般可用来测量 $1\sim2\,\mathrm{mm}$ 的小位移,其特点是惯性小、响应速度快。根据上述原理可将各种非电量转换成机械位移量进行测量,例如微压、压差、压力、高度、加速度和机械振动等。

### 2. 霍尔电流传感器

霍尔电流传感器分为直接检测式(也称磁强计式)和磁平衡式两种。载有电流 $I$ 的导线周围会产生磁场,磁场方向用右手定则判断。磁感应强度 $B$ 的大小与导线中电流大小成正比,它们的关系用安培环路定律描述,即 $\oint B\mathrm{d}t=\mu I$($\mu$ 为磁钢的磁导率)。沿半径 $r$ 的圆,围导线一周进行积分,$B\cdot2\pi r=\mu I$,则 $B=\mu I/2\pi r$。所以电流的检测可以简化为对被测电流产生磁场的检测。

直接检测式(又称磁强计式)霍尔电流传感器如图 6-15 所示,它是把被测电流导线周围的磁场用软磁材料(坡莫合金、矽钢片等)制成的磁路收集起来,在磁路上开出的一个窄小气隙,内装一个霍尔元件,来检测上述磁场的大小,通过信号处理标定出被测电流的大小。

这种单气隙式电流传感器只能检测小电流。要制作能够检测大电流的大量程电流传感器,可采用双气隙双霍尔元件并联式结构,如图 6-16 所示。由霍尔效应原理可知,霍尔电压是由运动的载流子受到磁场作用而改变运动方向所产生的正负电荷 $q$ 的积累,这与充电后的平行板电容器相类似。因此,图 6-16 中霍尔电压两个输出端子 $V_{\mathrm{H}^{+}}$ 和 $V_{\mathrm{H}^{-}}$ 之间的霍尔电压为

$$V_{\mathrm{H}}=\frac{q}{C}=\frac{q_1+q_2}{C_1+C_2} \tag{6-38}$$

式中,$C_1$、$C_2$ 分别为两霍尔元件等效电容;$q_1$、$q_2$ 分别为两霍尔元件积累电荷。

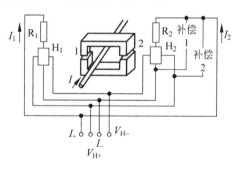

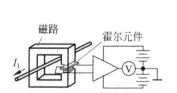

图 6-15　磁强计式霍尔电流传感器原理示意图　　图 6-16　磁强计式双霍尔元件电流传感器原理示意图

因为两个霍尔元件相同,故 $C_1=C_2$,$C_1+C_2=2C_1=2C_2$。当被测电流导线在磁路环中不同位置时,作用在两只霍尔元件处产生的磁感应强度 $B_1$ 和 $B_2$ 不同,它们分别产生的电荷为 $q_1$、$q_2$ 在每一瞬间也不同,则

$$V_{\mathrm{H}}=\frac{q_1+q_2}{2C_1}=\frac{1}{2}\left(\frac{q_1}{C_1}+\frac{q_2}{C_2}\right)=\frac{1}{2}(V_{\mathrm{H1}}+V_{\mathrm{H2}})$$
$$=\frac{1}{2}(K_{\mathrm{H1}}I_1B_1+K_{\mathrm{H2}}I_2B_2) \tag{6-39}$$

式中,$K_{\mathrm{H1}}$ 和 $K_{\mathrm{H2}}$ 分别为两只霍尔元件的乘积灵敏度系数;$I_1$ 和 $I_2$ 分别为两只霍尔元件的控制电流;$B_1$ 和 $B_2$ 为在两霍尔元件处产生的磁感应强度。

因此,双气隙双霍尔元件电流传感器除了可避免大电流引起磁路磁饱和外,比起单气隙单霍尔元件,还可补偿被测电流导线位置不同带来的测量误差。由式(6-39)可知,因被测电流导线所处的位置不同,而引起两只霍尔元件处的磁感应强度 $B_1$ 和 $B_2$ 不同,使两元件产生不相等的霍尔电压,而这两个霍尔电压经电路并联输出。由等效电容分析可知,传感器的输出电压值为两只霍尔元件输出值的算术平均值。这样可以实现位置误差的补偿,即在传感器设计理论上保证不带来位置误差。

同理,若要检测更大电流,可采用多气隙多霍尔元件并联结构式。由窄小气隙的串联组成的气隙闭合磁路,可以避免大电流时磁路的磁饱和。

若是多个气隙多个霍尔元件并联,其输出电压与式(6-39)类似,如下式:

$$V_H = \frac{1}{n}(V_{H1} + V_{H2} + \cdots + V_{Hn}) \tag{6-40}$$

式中,$n$ 为气隙个数即霍尔元件的个数。

磁平衡式电流传感器工作原理示意图如图 6-17 所示,由原边电路、聚磁环路、位于空隙中的霍尔元件、次级线圈和放大电路等组成。这种传感器的工作原理是磁平衡原理,主电流回路所产生的磁场通过一个次级线圈电流所产生的磁场来进行补偿,使霍尔元件始终处于检测零磁通工作状态。具体工作过程:当主回路有一大电流 $I_p$ 流过时在导线周围产生一个强的磁场,这一磁场被聚磁环路收集感应霍尔元件,使其有一个霍尔电压 $V_H$ 输出。$V_H$ 经放大器 $A$ 放大后,输入到末级功率放大器,使相应的功率放大管导通,输出一个补偿电流 $I_s$。由于 $I_s$ 要通过匝数很多的次级线圈绕组,次级绕组产生的磁场与主电路电流 $I_p$ 产生的磁场极性相反,互相消弱,霍尔元件输出电压减小,最后达到平衡即零输出状态。当 $I_s$ 与次级绕组匝数乘积(安匝数)所产生的磁场等于原边电流 $I_p$ 所产生的磁场时(原边为 1 匝),$I_s$ 不再增加,这时霍尔元件处于零磁通检测状态。

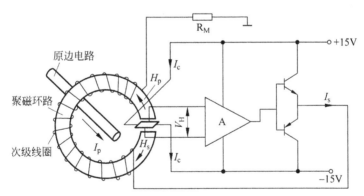

图 6-17 磁平衡式电流传感器原理示意图

上述过程在非常短的时间内进行,平衡建立的时间一般小于 $1\mu s$,这是一个动态平衡过程。主电路电流 $I_p$ 的任何变化都会破坏这一平衡。一旦磁场失去平衡,霍尔元件输出就会发生相应的变化,经放大后,立即有相应的电流 $I_s$ 通过次级绕组,对原变化磁场进行补偿。因此,任何时候初、次级的安匝数相等,即

$$N_p I_p + N_s I_s = 0 \tag{6-41}$$

式中,$N_p$ 为原边匝数($N_p=1$);$N_s$ 副边匝数;$I_p$ 为原边电流;$I_s$ 为副边电流。

所以,若已知原、副边匝数 $N_p$、$N_s$,且测出副边电流 $I_s$,电路中电阻 $R_M$ 为 $I_s$ 的取样电阻,测出 $R_M$ 上的电压 $V_M$ 则可测得次级电流 $I_s$,根据式(6-41)即可测出主电流 $I_p$ 的值。

### 3. 霍尔转速传感器

当磁场感应强度 $B$ 和霍尔片平面法线 $n$ 成角度 $\theta$ 时,霍尔电势为

$$V_H = K_H IB\cos\theta \tag{6-42}$$

由上式可知,当 $\theta$ 角变化时,也将引起霍尔电势 $V_H$ 的改变。利用这一原理可以制成方位传感器、转速传感器。霍尔元件在恒定电流作用下,感受的磁场强度变化时,输出的霍尔电势 $V_H$ 的值也要发生变化。

转速传感器原理图如图 6-18 所示,将一个非磁性圆盘固定在被测轴上,圆盘的边上等距离嵌装着一些永磁铁氧体,相邻两铁氧体的极性相反。由磁导体和置于磁导体间隙中的霍尔元件组成测量头,见图 6-18(a)右上角,测量头两端的距离与圆盘上两相邻铁氧体之间的距离相等。磁导体尽可能安装在铁氧体边上,当圆盘转动时,霍尔元件输出正负交变的周期电势。

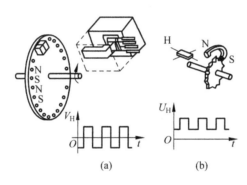

图 6-18 转速传感器原理图

在被测转速轴上安装一个齿轮状的磁导体,对着齿轮,固定着一个马蹄形的永久磁铁,霍尔元件粘贴在磁极的端面上,如图 6-18(b)所示。当被测轴旋转时,带动齿轮状磁导体转动,于是霍尔元件磁路中的磁阻发生周期性变化,其变化周期是被测轴转速的函数。磁阻的变化使霍尔元件感受的磁场强度发生变化,从而输出一列频率与转速成比例的单向电压脉冲。

## 6.3 磁阻元件

磁敏电阻是一种电阻随磁场变化而变化的磁敏元件,也称 MR 元件,其工作原理是基于磁阻效应。当半导体片受到与通过其电流方向垂直的磁场作用时,在产生霍尔效应的同时,还会出现电流密度下降、电阻值增大的现象,称为物理磁阻效应,前文已详细介绍。磁阻的大小除了与材料有关外,还和磁敏电阻的几何形状有关,在相同的磁场和控制电流作用下,由于半导体片几何形状、尺寸和结构的不同出现电阻率变化值不同的现象,称为几何磁阻效应。半导体磁阻元件就是综合利用这两种效应而制成的磁敏元件。磁阻元件和普通电阻元件一样,只有两个引线端子,结构简单,安装方便。

### 6.3.1　几何磁阻效应

对于长方形($L>W$)的半导体磁阻样片,如图 6-19 所示。控制电流电极使霍尔电压被短路,载流子受洛伦兹力作用运动发生偏斜,电流与电场不在一个方向上。在半导体片中间部分霍尔电场 $E_y$ 不受电流电极短路作用,载流子运动同时受到霍尔电场 $E_y$ 作用力及洛伦兹力的共同作用,其运动方向发生偏斜较小,合成电场方向与电流方向仍不一致。这样,当半导体片长度 $L$ 减少、宽度 $W$ 增大时,霍尔电场 $E_y$ 受电流电极短路作用增强,几何磁阻效应也越加显著。因此,扁条状磁阻半导体样品($L\ll W$)比长条状的样品磁阻效应更显著,如图 6-20 所示。

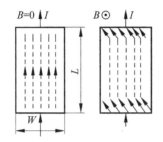

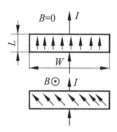

图 6-19　长方形($L>W$)样品内电流分布示意图　　图 6-20　扁条状($L\ll W$)样品电流分布示意图

理论分析表明,在弱磁场时,磁阻比 $R_B/R_0$ 为

$$\frac{R_B}{R_0} = <\frac{\varrho_B}{\rho_0}><1+g\tan^2\theta_H> \tag{6-43}$$

式中,$g$ 为样品的形状效应系数;$\theta_H$ 为霍尔角。

当样品长为 $L$、宽为 $W$ 时,$g$ 与 $L/W$ 的关系如图 6-21 所示。$0\leqslant L/W\leqslant 0.35$ 时,$g=1-0.524L/W$;$L/W\gg1$ 时,$g=0.524W/L$。从图中可见,$L/W$ 值越小,$g$ 值越大,磁阻效应越显著。

在强磁场时,磁阻比 $R_B/R_0$ 为

$$\frac{R_B}{R_0} = \frac{\rho_B}{\rho_0}\left(\frac{W}{L}\tan\theta_H+G\right) \tag{6-44}$$

式中,$G$ 为强磁场时的形状效应系数。$G$ 与 $L/W$ 的关系如图 6-22 所示。由图中可见,$G$ 的最大值为 1,最小值为负无穷大。

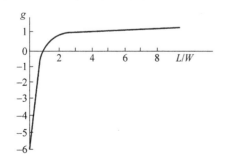

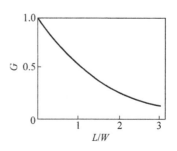

图 6-21　形状效应系数 $g$ 与 $L/W$ 关系曲线　　图 6-22　形状效应系数 $G$ 与 $L/W$ 关系曲线

在中等磁场时,磁阻比可用下式表示:

$$\frac{R_B}{R_0} = \left(\frac{\varrho_B}{\rho_0}\right)(1 + g\tan^n\theta_H) \tag{6-45}$$

式中,$1 < n < 2$。

特别当半导体磁阻元件为圆盘形状时,如图6-23所示,其中一个电极焊接在圆盘的中央处,另一个电极焊接在圆盘外周侧面上。电流从圆盘中央以辐射形状漂移到外周电极。当有外加磁场作用时,圆盘中任何地方都不能积累起电荷,不会产生霍尔电压和霍尔电场。因此,从圆盘中流进的电流在到达外周电极前始终只受到磁场洛伦兹力的作用。电流方向总是偏向于与半径方向成霍尔角$\theta_H$的方向,结果是电流以螺旋状路径流出电极。因此,电流路径被大大地拉长,电阻显著增大,这种圆盘状磁阻元件称为科比诺(Corbino)圆盘。不同形状样品的磁阻比$R_B/R_0$与磁场$B$的关系如图6-24所示,其中$R_B$表示外加磁场的磁感应强度为$B$时的电阻值;$R_0$为磁场为零时的电阻值。

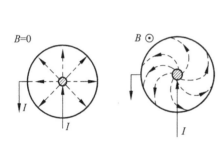

图6-23 圆盘状样品电流分布示意图

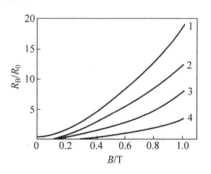

图6-24 不同形状样品的磁阻比
1—科比诺元件;2—扁平状元件;
3—正方形元件;4—长方形元件

可以看出,几何磁阻效应与物理磁阻效应不同,两个电流控制电极对霍尔电压的短路效应(科比诺圆盘自身内部就有短路效应)将不同程度地提高$R_B/R_0$。

## 6.3.2 长方形磁阻元件

长方形磁阻元件的结构如图6-25所示,长为$L$、宽为$W$、厚为$d$,在两端制成电极。长方形磁阻元件的工作原理主要是物理磁阻效应。

在弱磁场时,依据式(6-9)和式(6-10),它的磁阻比为

$$\frac{R_B}{R_0} = (1 + m_t B^2) \tag{6-46}$$

式中,$m_t$为磁阻平方系数。

在强磁场时,磁阻比$R_B/R_0$为

$$\frac{R_B}{R_0} \approx \left(\frac{\varrho_B}{\rho_0}G + \frac{W}{L}\frac{R_H}{\rho_0}B\right) \tag{6-47}$$

式中,$G$为强磁场时的形状效应系数。

因为$R_0 = \rho_0 L/(dW)$,将其代入式(6-47),得

$$R_B = R_0\frac{\varrho_B}{\rho_0}G + \frac{R_H}{d}B \tag{6-48}$$

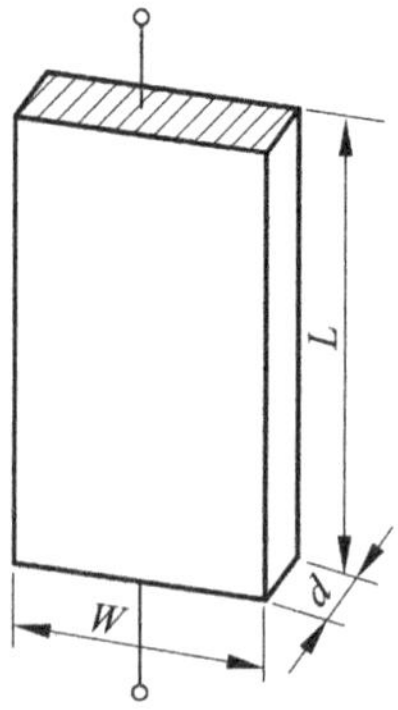

图6-25 长方形磁阻
器件外形图

可以看出,霍尔系数 $R_H$ 与磁感应强度 $B$ 无关,则在强磁场条件下,磁敏电阻值 $R_B$ 与 $B$ 成正比关系。当磁场增大到无限大时,$\rho$ 趋向于饱和。

### 6.3.3　栅格结构型磁阻元件和科比诺磁阻元件

从上述讨论知道,长方形磁阻元件在 $L<W$ 时呈现出较高的灵敏度。如果把这种 $L<W$ 的扁平状元件串联起来,就会成为零磁场电阻值较大,且具有较高灵敏度的磁阻元件。栅格型磁阻元件就是在 $L>W$ 的长方形半导体薄片上面沉积许多等间距平行的金属短路条(即栅格),以短路霍尔电压,如图 6-26 所示。这种栅格结构就相当于许多扁平状磁阻元件的串联。因此,栅格结构的磁阻元件既增加了磁阻元件零磁场电阻,又提高了灵敏度。

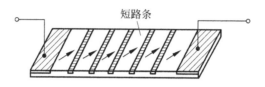

图 6-26　栅格型磁阻元件结构

设每一个子元件在磁场有和无时的电阻分别为 $R_B$ 和 $R_0$,则这种元件的总零磁场电阻 $R_{0n}=(n+1)R_0$,总的有磁场电阻 $R_{Bn}=(n+1)R_B$,其中 $n$ 为短路条的条数。磁敏电阻的结构形式通常有两端型和三端型两种,如图 6-27 所示,其技术性能如表 6-4 所列。

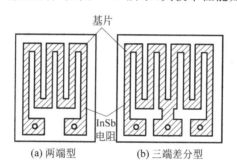

(a) 两端型　　　　　(b) 三端差分型

图 6-27　磁敏电阻的结构

表 6-4　磁敏电阻技术性能

| 技 术 参 数 | 两 端 型 | 三 端 型 |
|---|---|---|
| 零磁场阻值 $R_0/\Omega$ | $20\sim400$ | $2\times(20\sim50)$ |
| 磁阻比 $R_B/R_0(0.3\text{T})$ | $1.5\sim3$ | $1.5\sim3$ |
| 额定工作电流/mA | 5 | 5 |
| 最大工作电流/mA | 10 | 10 |
| 平均失效率 $\lambda$ | $<1\times10^{-5}/\text{h}$ | $<1\times10^{-5}/\text{h}$ |
| 电阻温度系数 $\alpha$ | $-0.8\%/℃$ | $-0.8\%/℃$ |

科比诺磁阻元件的结构如图 6-23 所示,由于它不存在霍尔电场,电流始终受到磁场力的作用,走过的路径大为加长,即由磁场引起电阻值的变化很大。设其内电极半径为 $r_1$、外电极半径为 $r_2$,其电阻为

$$R = R_s \ln \frac{r_2}{r_1} \qquad (6\text{-}49)$$

式中，$R_s$ 为半导体的薄层电阻。

由于受工艺条件的限制，$r_1$ 不可能做得太小，可视为一个常数。因此，$R$ 仅随 $r_2$ 的变化而变化。由于霍尔电压被全部短路而不在外部出现，电场呈放射形，电流方向的切线和半径方向形成霍尔角 $\theta_H$，电流表现为螺旋状流动。

### 6.3.4　磁阻元件的特性参数

（1）全电阻：不施加磁场时，在规定的条件下，单个磁阻元件或由它组成的半桥或全桥的电阻值，也称为零磁感强度电阻值。

（2）磁阻系数：在某一规定的磁感强度下，磁敏电阻器由单位磁感应强度引起的电阻变化量与零磁感应强度下电阻值之比，即

$$磁阻系数 = (R_B - R_0)/(R_0 B)$$

（3）磁阻比：在计算时，常用磁场强度为 0.3T（或 1T）时的磁阻元件电阻值 $R_B$ 与零磁场时的磁阻元件电阻值 $R_0$ 的比值求得，即

$$磁阻比 = R_B/R_0$$

（4）磁阻灵敏度：在某一规定的磁感应强度下，由单位磁感应强度引起的磁敏电阻器的电阻值变化量，即

$$磁阻灵敏度 = (R_B - R_0)/B$$

（5）磁线性灵敏度：在某特定的磁感应强度范围内，磁阻灵敏度为恒定值时的灵敏度。

（6）磁阻平方灵敏度 $m_t$：在某特定的磁感应强度范围内，磁敏电阻器的电阻随磁感应强度平方的变化率，即

$$m_t = (R_B - R_0)/B^2$$

（7）最大输入电压：能保证磁阻元件的规定性能，在单个或由它组成的半桥或全桥上加上的最大电压。

（8）输出电压：在一定的输入电压和一定的磁感应强度下，磁敏电阻器或由它组成的半桥或全桥输出端输出电压与零磁场强度下的输出电压之差。

（9）温度系数：在规定的磁感应强度和温度下，磁敏电阻值随温度变化的相对变化率。

（10）热阻：磁敏电阻器的平均温度和环境参考温度之差与磁敏电阻器的耗散功率比。

（11）工作温度范围：在规定条件下磁敏电阻器能正常工作并保证其相应性能的温度范围。

（12）线性误差：磁阻元件的磁阻—磁感应强度关系特性曲线上各点与最佳拟合直线的最大偏差。最佳拟合直线应使曲线上各点的正、负偏差关于该直线对称。

（13）平方律误差：磁阻元件的磁阻与磁感应强度平方关系曲线上各点对最佳拟合直线的最大偏差。

### 6.3.5　磁阻元件的制备工艺

磁阻元件的制备方法目前有三种方式，即单晶法、薄膜法和共晶材料法。这三种方法工艺虽然不同，但也存在一些共性的问题，例如材料的选择、短路条尺寸的确定等，下面分别叙述。

### 1. 材料的选择

磁阻元件的灵敏度磁阻比 $R_B/R_0$ 不但和磁感应强度 $B$ 或其平方 $B^2$ 成正比关系,还与材料的电子迁移率 $\mu_n$ 或其平方 $\mu_n^2$ 成正比。为保证足够的磁阻比,通常要求 $\mu \times B > 1$,在 $B=0.3T$ 的情况下,材料的电子迁移率 $\mu_n$ 须满足 $\mu_n > 3.3 \times 10^4 \, cm^2/(V \cdot s)$。满足要求的半导体材料主要有 InSb 和 InAs,它们的电子迁移率 $\mu_n$ 分别为 $7.8 \times 10^4 \, cm^2/(V \cdot s)$ 和 $3.3 \times 10^4 \, cm^2/(V \cdot s)$。

对于衬底材料,根据不同的使用要求可以选用陶瓷、微晶玻璃或铁氧体材料。当选用陶瓷或微晶玻璃衬底时,为了提高磁阻元件的灵敏度,在衬底的另一面要粘贴能收集磁力线的纯铁集束片。对衬底材料的厚度和均匀性均有严格要求,其误差应在 $1\mu m$ 左右。

### 2. 短路条尺寸的确定

为了提高磁阻元件的灵敏度,除了 InSb-NiSb 共晶材料外,其他材料都采用金属短路条将磁阻元件做成栅格型结构。依据实验结果,若要提高磁阻平方灵敏度和磁线性灵敏度,金属短路条的数量 $n$ 须满足下列条件:

$$n + 1 \geqslant \frac{L}{0.35W} \qquad (6\text{-}50)$$

### 3. 单晶 InSb 磁阻元件的制备

首先,将单晶材料切割成厚度 $d=0.5 \sim 1.0mm$ 的不同形状的小晶片。经研磨抛光去掉切割中造成的机械损伤层之后,粘贴到准备好的衬底上,再经过进一步研磨抛光减薄之后,使 InSb 晶片达到 $10 \sim 30\mu m$ 的厚度。通过光刻和腐蚀形成所需要的几何图形,再制作金属短路条和欧姆接触电极。最后,焊接引出线、测试和封装便制成 InSb 单晶型磁阻元件。薄膜型 InSb 磁阻元件的制备基本与薄膜型 InSb 霍尔元件的工艺相同。

### 4. 共晶材料法

由 InSb 和 NiSb 构成的共晶磁阻元件(在拉制 InSb 单晶时,加入 1% 的 Ni,可得到 InSb 和 NiSb 的共晶材料)磁敏电阻如图 6-28 所示,这种共晶里,NiSb 呈具有一定排列方向的针状晶体,导电性好,针的直径在 $1\mu m$ 左右,长约 $100\mu m$,许多这样的针横向排列,代替了金属条起短路霍尔电压的作用。由于 NiSb 的温度特性不佳,往往在材料中加入一些 N 型锑或硒,形成掺杂的共晶,但灵敏度要损失一些。在结晶过程中,有方向性地析出金属而制成磁敏电阻。其他工序基本上与单晶法相同。

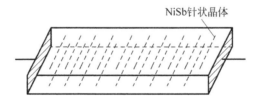

图 6-28　InSb-NiSb 共晶磁阻元件

## 6.3.6　磁阻元件的应用举例

### 1. 无触点电位器

磁阻元件制作的无触点电位器如图 6-29 所示,采用 InSb 或 InSb-NiSb 磁敏电阻器制作。其结构是在两个半圆形磁阻元件 $R_A$ 和 $R_B$ 上放置一个半圆形的磁钢,磁钢与一旋转轴连接,旋转轴可带动磁钢转动改变磁钢在磁阻元件上的位置。当半圆形磁钢完全覆盖右半部磁阻元件 $R_B$ 时,输出电压最大。磁钢逆时针方向旋转至中央位置时,使磁阻元件 $R_A$ 和 $R_B$ 各 $1/2$ 部分受到磁钢覆盖,此时输出电压恰好为输入电压的 $1/2$。磁钢继续旋转至全部覆盖磁阻元件 $R_A$ 时,输出电压达最小值,由于 $R_A$ 和 $R_B$ 都有一定阻值,这种电位器的最小输出不为零,最大输出小于输入电压。磁钢每旋转 $360°$ 就得到一个类似三角形的输出特性曲线。在 $E_c = 6V$ 时,输出电压与磁钢旋转角度的关系曲线如图 6-30 所示,在 $0° \sim 180°$、$180° \sim 360°$ 的范围内大部分区域具有线性关系。

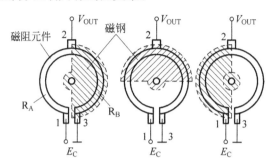

图 6-29 磁阻元件无触点电位器

这种无触点电位器通过磁钢与磁阻元件相对位置的变化来改变输出电压。它的分辨率比触点式电位器高 2 个数量级,不会发生由触点引起的摩擦噪声。用此无触点电位器可制成角度传感器等。

**2. 倾斜角传感器**

倾斜角传感器结构示意图如图 6-31 所示,由悬臂板簧、配重、磁钢及磁阻元件和阻尼油密封在一起组成。当传感器本体倾斜时,板簧发生挠曲,两磁钢相对于磁阻元件产生位移,从而输出与倾斜角度成比例的信号电压。这种传感器输出电压比较大,倾斜角在 $\pm 10°$ 时,输出电压达 $(42\% \sim 50\%)V_{cc}$,完全可以直接输出使用。

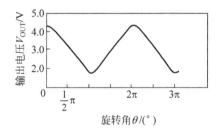

图 6-30 输出电压与旋转角度的关系曲线

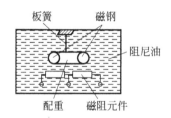

图 6-31 倾斜角传感器示意图

## 6.3.7 巨磁阻传感器

1988 年,彼得·格林贝格和艾尔伯·费尔分别独立发现巨磁阻(Giant Magneto Resistance,GMR)效应,并共同获得 2007 年诺贝尔物理学奖。巨磁阻效应是一种量子力学和凝聚态物理学现象,可以在磁性材料和非磁性材料相间的薄膜层(几个纳米厚)结构中观察到。这种结构的电阻值与铁磁性材料薄膜层的磁化方向有关,两层磁性材料磁化方向相反情况下的电阻值,明显大于磁化方向相同时的电阻值,电阻在很弱的外加磁场下具有很大的变化量。

　　某巨磁阻传感器利用4个巨磁电阻组成惠斯通电桥,其内部结构如图6-32所示。其中 $R_1$ 和 $R_3$ 作为参考电阻, $R_2$ 和 $R_4$ 为感应电阻。 $D_1$ 表示两个磁场集中区之间的间隔长度, $D_2$ 表示磁场集中区的长度。 $R_2$、$R_4$ 放置在磁场集中区的间隙,而 $R_1$、$R_3$ 密封在磁场集中区内部,使它与外界磁场隔绝,阻值不因为外部磁场的变化而变化。由于4个巨磁电阻都是由相同材料制作,温度系数都相同,温度系数小。当施加外部磁场时, $R_2$、$R_4$ 的阻值会随着外部磁场的变化而变化,而 $R_1$、$R_3$ 阻值不变,导致电桥不平衡,将磁场信号转换为电压信号输出。因为结构及退磁的原因,GMR 传感器只能检测到平行方向的磁场,而不能检测垂直方向的磁场。目前,无论对 GMR 效应还是对 GMR 传感器的研究都还处于探索阶段,随着研究的深入,预计 GMR 传感器未来将有极大的发展。

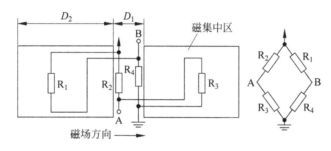

图 6-32　巨磁阻芯片内部结构

## 6.4　磁敏二极管

　　磁敏二极管是电特性随外界磁场变化而变化的一种二极管,利用磁阻效应进行磁电转换。磁敏二极管具有磁灵敏度高、能识别磁场的极性、体积小、电路简单等特点,在检测、控制等方面得到普遍应用。

### 6.4.1　磁敏二极管的结构和工作原理

　　普通二极管 PN 结的基区很短,以避免载流子在基区里复合。磁敏二极管为 $P^+$-I-$N^+$ 结构,具有一个很长的基区(I区),大于载流子的扩散长度,基区由接近本征半导体的高阻材料构成,因此称为长基区二极管。在高纯度半导体的两端用合金法制成高掺杂的 P 型和 N 型两个区域,并在本征区的一个侧面上,设置高复合 r 区,r 区载流子复合的速率较大;而与 r 区相对的另一侧面,保持为光滑无复合表面,构成了磁敏二极管的管芯。磁敏二极管的结构和符号如图6-33所示。

　　在 $P^+$-I-$N^+$ 二极管中,高阻 I 区若是接近本征的弱 N 型,称为 $P^+$-v-$N^+$ 型;若是弱 P 型,则称为 $P^+$-$\pi$-$N^+$ 型。在普通 $P^+$-I-$N^+$ 二极管(无高复合区)加正向偏压 $V^+$ 时,有

$$V^+ = V_1 + V_p + V_n \tag{6-51}$$

式中, $V_1$ 为 I 区的压降, $V_p$、$V_n$ 为分别为 $P^+$I 结和 I$N^+$ 结的压降。在外电场作用下,大部分

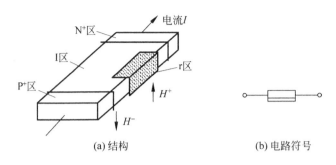

(a) 结构　　　　　　　　　　(b) 电路符号

图 6-33　磁敏二极管的结构和符号

空穴由 $P^+$ 区向 I 区注入,而电子则由 $N^+$ 区向 I 区注入,即所谓"双注入"。注入 I 区的空穴和电子数基本相等,由于运动的"空间"很大,除少数载流子在体内复合之外,大多数分别达到 $N^+$ 和 $P^+$ 区,形成电流,总电流为 $I = I_p + I_n$,$I_p$、$I_n$ 分别为空穴和电子电流。这种二极管对磁场无敏感特性,磁场对电流影响很小。

在磁敏二极管中,由于在其 I 区一侧存在高复合的 r 区,情况就大大不同。磁敏二极管的工作原理如图 6-34 所示。当磁敏二极管的 P 区接电源正极,N 区接电源负极,即外加正向偏置电压时,随着磁敏二极管所受磁场的变化,流过二极管的电流也在变化,也就是说二极管等效电阻随着磁场的不同而不同。当没有外界磁场作用时,如图 6-34(a)所示,由于外加正向偏置电压,大部分空穴通过 I 区进入 N 区,大部分电子通过 I 区进入 P 区,从而产生电流。只有很少的电子空穴在 I 区复合掉。

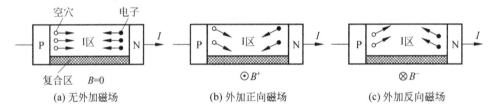

(a) 无外加磁场　　　　　(b) 外加正向磁场　　　　　(c) 外加反向磁场

图 6-34　磁敏二极管的工作原理

当受到正向磁场作用时,如图 6-34(b)所示,I 区的载流子(电子和空穴)受到洛伦兹力的作用向 r 区偏转,因为 r 区的电子和空穴复合速度比 I 区快,从而使 I 区的载流子数目减少,I 区电阻增大,则 I 区的电压 $V_I$ 增加,在两个结上的电压 $V_p$ 和 $V_n$ 相应减小,使磁敏二极管的正向电流 I 减小。结电压的减小又进而使载流子注入量减少,以致 I 区电阻进一步增加,直到某一稳定状态。

相反,当磁敏二极管受到反向磁场作用时,如图 6-34(c)所示,电子和空穴向 r 区对面——低(无)复合区偏转,则使其在 I 区复合减小,同时载流子继续注入 I 区,使 I 区中载流子密度进一步增加,电阻减小,电流增大,$V_I$ 减小,$V_p$、$V_n$ 增大,进而促使更多的载流子注入 I 区,一起使 I 区电阻减小,直到进入某一稳定状态时为止。

由上述分析可知,随着磁场方向和大小的变化,可引起磁敏二极管电流大小的变化,产生由正、负磁场引起的输出电压的变化,磁敏二极管即利用这一原理对磁场进行测量。因 $P^+$-I-$N^+$ 二极管反向漏电流很小,它对正向电流的影响可忽略不计。

## 6.4.2 磁敏二极管的特性参数

### 1. 伏安特性

伏安特性是指加在磁敏二极管两端的电压与通过它的电流之间的关系特性。锗磁敏二极管的伏安特性如图 6-35 所示。图中 $B=0T$，$B=-0.1T$ 和 $B=0.1T$ 等表示磁感应强度的方向和大小。由图可见，当磁敏二极管两端电压为定值，磁场为正向时，随着磁场增加，二极管的电流减小，表明磁阻增大；磁场方向为负时，随着磁场向负方向增加，电流增加，表明磁阻减小。在磁场不变时，若电流增大，其两端电压变化量也增大。

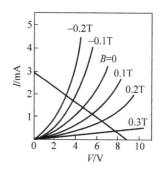

图 6-35　锗磁敏二极管的
伏安特性

硅磁敏二极管的伏安特性曲线如图 6-36 所示，有两种不同的形状。由图中可见，其伏安特性曲线表现出一定的负阻特性。有些硅磁敏二极管表现出的这种负阻特性，是因为受到高阻 I 区存在的复合中心影响。在硅磁敏二极管内部，尤其在两个 PN 结附近存在大量复合中心时，本征热平衡载流子浓度低，复合中心处于未被填满状态。由 $P^+$ 区和 $N^+$ 区注入的空穴和电子很快被复合中心所俘获，开始通过二极管区的电流显得小些。因为在 I 区非平衡载流子少，使外加偏压大部分就降在 I 区，因此在外加偏压较大范围内通过 I 区的电流小且曲线平坦。随着外加偏压进一步增加，复合中心被逐渐填满，直到复合中心被完全填满时电流很快增加，由于 I 区空间电荷增多，电导率增大，使 I 区电压突然下降同时两个结偏压突然增加，进一步促进了对 I 区电导率的调制作用，结果就产生外加偏压突然跌落，同时电流猛增，即如图 6-36(b) 所示的负阻特性。图 6-36(a) 表示的是复合中心比较少时，硅磁敏二极管的伏安特性曲线。由于锗材料的本征载流子浓度比硅高 3 个数量级，常温下锗中的复合中心都被热平衡载流子填满，因此不会出现负阻特性。

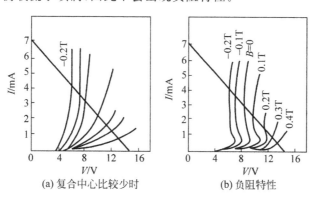

(a) 复合中心比较少时　　　(b) 负阻特性

图 6-36　硅磁敏二极管的伏安特性

### 2. 磁灵敏度

磁敏二极管的磁灵敏度有三种定义方法。

1）电压相对磁灵敏度 $S_V$

在恒定电流的条件下，加在磁敏二极管两端的电压随磁感应强度的变化而产生的相对变化量,称为电压相对磁灵敏度 $S_V$。

$$S_{V\pm} = \frac{|V_{\pm B} - V_0|}{BV_0} \times 100\%/\text{T} \tag{6-52}$$

式中,$V_0$ 为磁感应强度为零时,磁敏二极管两端的电压;$V_{\pm B}$ 为磁感应强度分别为 $\pm B$ 时,磁敏二极管两端的电压。

电压相对磁敏灵度 $S_V$ 的测试电路如图 6-37(a)所示,测试条件为 $B = \pm 0.1\text{T}$,$I = 3\text{mA}$。

2)电流相对磁灵敏度 $S_I$

在磁敏二极管两端加上恒定电压的条件下,通过磁敏二极管的电流随磁感应强度变化的相对变化量称为电流相对磁灵敏度 $S_I$。

$$S_{I\pm} = \frac{|I_{\pm B} - I_0|}{BI_0} \times 100\%/\text{T} \tag{6-53}$$

式中,$I_0$ 为磁感应强度为 0 时,通过磁敏二极管的电流;$I_{\pm B}$ 为磁感应强度分别为 $\pm B$ 时通过磁敏二极管的电流。

$S_I$ 的测量电路如图 6-37(b)所示,测试条件为 $B = \pm 0.1\text{T}$,锗磁敏二极管偏压 $V = 6\text{V}$,硅磁敏二极管偏压 $V = 8\text{V}$。

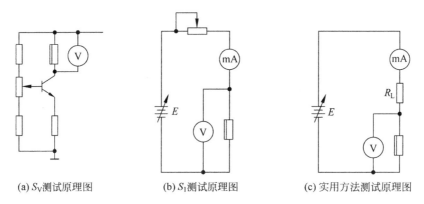

(a) $S_V$测试原理图    (b) $S_I$测试原理图    (c) 实用方法测试原理图

图 6-37  磁灵敏度测试电路原理图

上述两种灵敏度的测试方法不适用于有负阻特性的磁敏二极管。从实用角度看,用恒压驱动磁敏二极管时,总要在磁敏二极管上串联负载电阻。这样,在磁场作用下它的工作电流和偏压要同时发生变化。因此,上述两种测试方法在实用中存在许多不方便的地方。下面介绍比较实用的磁灵敏度测试方法。

3)实用测试方法

实用测试磁灵敏度方法在一定的电源电压 $E$ 和负载电阻 $R_L$ 的条件下,采用磁感应强度为 $\pm B$ 时的电压相对磁灵敏度 $S_{RV}$ 和电流相对磁灵敏度 $S_{RI}$ 来表示。

$$S_{RV\pm} = \left|\frac{V_{\pm B} - V_0}{BV_0}\right| \times 100\%/\text{T} \tag{6-54}$$

$$S_{RI\pm} = \left|\frac{I_{\pm B} - I_0}{BI_0}\right| \times 100\%/\text{T} \tag{6-55}$$

式中,$V_0$、$I_0$ 分别为磁场为零时磁敏二极管上的电压和电流;$V_{\pm B}$、$I_{\pm B}$ 分别为磁感应强度为 $B = \pm 0.1\text{T}$ 时,磁敏二极管上的电压和电流。

实用测试方法测试电路如图 6-37(c)所示,测试条件一般为 $E = 9\text{V}$,$R_L = 2\text{k}\Omega$。

根据上述测试方法可知,当 $R_L \to \infty$ 时相当于恒压源条件下测试的电压相对磁灵敏度,即 $\lim\limits_{R_L \to \infty} S_{RV} = S_V$。同理,当 $R_L \to 0$ 时,相当于恒压源条件下的电流相对磁灵敏度,即 $\lim\limits_{R_L \to 0} S_{RI} = S_I$。

**3. 磁电特性**

在实用测试方法的测试条件下,磁敏二极管输出电压的变化量 $\Delta V$ 与外加磁场的磁感应强度 $B$ 之间的关系,称为磁敏二极管的磁电特性。锗磁敏二极管和硅磁敏二极管的磁敏—电压特性曲线如图 6-38 所示。

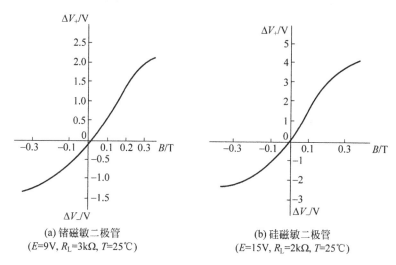

(a) 锗磁敏二极管
($E$=9V, $R_L$=3kΩ, $T$=25℃)

(b) 硅磁敏二极管
($E$=15V, $R_L$=2kΩ, $T$=25℃)

图 6-38  磁敏二极管的磁敏—电压特性曲线

由图 6-38 可以看出,正向电压磁灵敏度 $S_{V+}$ 大于负向电压磁灵敏度 $S_{V-}$,并且正向磁敏电压 $\Delta V$ 与磁感应强度 $B$ 的关系在 0~0.1T 范围内基本满足线性关系

**4. 频率特性**

硅磁敏二极管的响应时间,几乎等于注入载流子漂移过程中被复合并达到动态平衡的时间。所以,频率响应时间与载流子的有效寿命相当。硅管的响应时间小于 1μs,即响应频率高达 1MHz。锗磁敏二极管的响应频率小于 10kHz。

**5. 温度特性**

磁敏二极管的温度特性包括其伏安特性、零磁场输出电压 $V_0$ 和电压磁灵敏度随温度变化而变化的特性。硅磁敏二极管伏安特性曲线随温度变化的规律如图 6-39 所示。

在小电流区域随着温度的升高,磁敏二极管的电流增加,其伏安特性曲线具有正的温度系数;在大电流区域随着温度的升高,磁敏二极管的电流减小,其伏安特性曲线具有负的温度系数。在曲线的某一温度点上存在一个正、负温度系数转变的无温度漂移点,此无温漂点随温度升高而逐渐上升。如图 6-39 中 $A \to B \to C$ 点所示。

锗和硅磁敏二极管在实用测试条件下,零磁场输出电压 $V_0$ 的温度特性如图 6-40 所示。

因为锗材料的禁带宽度比较小,载流子浓度随温度升高急剧增加,将会超过注入载流子的浓度,因此引起锗磁敏二极管工作电流很快增大,如图 6-40(a)所示。它的零磁场电压 $V_0$ 随温度的升高而很快减小,具有负的温度系数,温度从 0℃ 增加到 40℃ 时,其零磁场电压 $V_0$

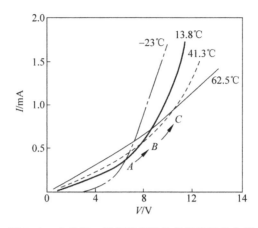

图 6-39    硅磁敏二极管伏安特性的温度特性曲线

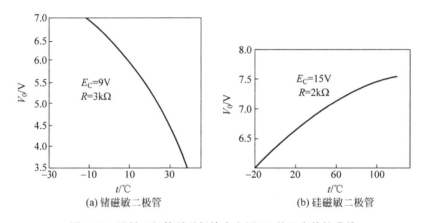

图 6-40    磁敏二极管零磁场输出电压 $V_0$ 的温度特性曲线

从 6.5V 降到 3.5V,变化了 3V。锗磁敏二极管的零磁场电压 $V_0$ 的温度系数约为 $-60\text{mV}/℃$。硅磁敏二极管零磁场电压 $V_0$ 的温度特性与锗磁敏二极管相反,具有正温度系数,温度从 $-20℃$ 升高到 $120℃$ 时,零磁场电压 $V_0$ 从 6V 升高到 7.5V,温度系数为 $10\text{mV}/℃$,如图 6-40(b) 所示。

锗和硅磁敏二极管电压磁灵敏度 $S_{B\pm}$ 随温度变化的特性曲线如图 6-41 所示。锗磁敏二极管在 $60\sim70℃$ 范围内磁灵敏度很小, $|S_{v\pm}|\approx2\text{V/T}$,所以其高温特性较差。其温度系数为 $-1\%/℃$。硅磁敏二极管的电压磁灵敏度 $S_v$ 也是随温度升高而下降,在 $120℃$ 时仍然较大,其温度系数约为 $-0.6\%/℃$。一些磁敏二极管的型号与参数见表 6-5。

表 6-5    磁敏二极管的型号与参数

| 型　　号 | 负载电阻/kΩ | 工作电压/V | 工作电流/mA | 输入电压灵敏度($\pm0.1$T)/V | | 最大耗散功率/mW | $\Delta U_+$ 的温度系数/(%/℃) | 使用温度范围/℃ | 频率响应/kHz |
|---|---|---|---|---|---|---|---|---|---|
| | | | | $\Delta U_+$ | $\Delta U_-$ | | | | |
| 2ACM-1A | 3 | 4~6 | 2~2.5 | <0.6 | <0.4 | 50 | 1.5 | $-40\sim+60$ | <10 |
| 2ACM-1B | 3 | 4~6 | 2~2.5 | ≥0.6 | ≥0.4 | 50 | 1.5 | $-40\sim+60$ | <10 |

续表

| 型 号 | 负载电阻/kΩ | 工作电压/V | 工作电流/mA | 输入电压灵敏度（±0.1T）/V | | 最大耗散功率/mW | ΔU₊的温度系数/(%/℃) | 使用温度范围/℃ | 频率响应/kHz |
|---|---|---|---|---|---|---|---|---|---|
| | | | | $\Delta U_+$ | $\Delta U_-$ | | | | |
| 2ACM-1C | 3 | 4～6 | 2～2.5 | ≥0.8 | ≥0.6 | 50 | 1.5 | −40～+60 | <10 |
| 2ACM-2A | 3 | 6～7 | 1.5～2 | <0.6 | <0.4 | 50 | 1.5 | −40～+60 | <10 |
| 2ACM-2B | 3 | 6～7 | 1.5～2 | ≥0.6 | ≥0.4 | 50 | 1.5 | −40～+60 | <10 |
| 2ACM-2C | 3 | 6～7 | 1.5～2 | ≥0.8 | ≥0.6 | 50 | 1.5 | −40～+60 | <10 |
| 2ACM-3A | 3 | 7～9 | 1～1.5 | <0.6 | <0.4 | 50 | 1.5 | −40～+60 | <12 |
| 2ACM-3B | 3 | 7～9 | 1～1.5 | ≥0.6 | ≥0.4 | 50 | 1.5 | −40～+60 | <10 |
| 2ACM-3C | 3 | 7～9 | 1～1.5 | ≥0.8 | ≥0.6 | 50 | 1.5 | −40～+60 | <10 |
| 2DCM-2A | 3 | ≥1.25 | ≤2.8 | 0.5～0.75 | ≥0.25 | 40 | ≤−0.6 | −40～+85 | >100 |
| 2DCM-2B | 3 | ≥1.25 | ≤2.8 | 0.75～1.25 | ≥0.35 | 40 | ≤−0.6 | −40～+85 | >100 |
| 2DCM-2C | 3 | ≥1.25 | ≤2.8 | ≥1.25 | ≥0.6 | 40 | ≤−0.6 | −40～+85 | >100 |

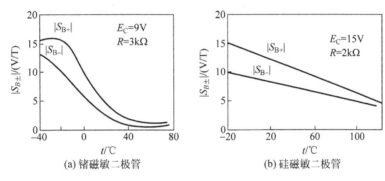

图 6-41 磁敏二极电压磁灵敏度 $S_{V\pm}$ 的温度特性

## 6.4.3 磁敏二极管的温度补偿

磁敏二极管与其他半导体器件一样,其特性参数温漂较大,给应用带来困难,应用时必须进行温度补偿。补偿的方法是选择 2 只或 4 只特性接近的管子,按互为相反的磁敏感极性进行组合,即管子磁敏感面相对或相背重叠放置,组成互补式、差分式或电桥式补偿电路,还可以应用热敏电阻进行补偿,如图 6-42 所示。

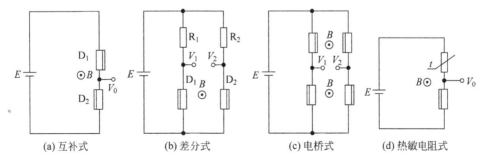

图 6-42 磁敏二极管的温度补偿

图 6-42(a)为互补电路,输出电压 $V_0$ 由两只磁敏二极管 $D_1$ 和 $D_2$ 的等效电阻 $R_{D1}$ 和 $R_{D2}$ 分压得到,选择两管的温度特性一致,则在同一环境中 $V_0$ 将不随温度变化,但电路的工作电流可能发生较大的变化。互补电路的电压磁灵敏度等于磁敏二极管的正、负向电压磁灵敏度之和。采用互补电路除了可以进行温度补偿外,还提高了磁灵敏度。图 6-42(b)为差分式温度补偿电路,也须选择两管的温度特性一致,它还可以通过选择 $R_1$ 和 $R_2$ 的阻值,在磁场为零时使 $V_0=0$,同样可起到温度补偿提高灵敏度的作用。图 6-42(c)为电桥式温度补偿电路,由两个磁极性相反的互补电路组成。该电路工作点只能选在小电流区,且不能使用有负阻特性的管子,有较高的磁灵敏度。但它需要选择特性一致的 4 只管子,这不太容易实现,同时组合的管子越多,稳定性也越不好控制,故不常采用。图 6-42(d)是采用热敏电阻进行温度补偿的电路,选择热敏电阻的温度系数要与磁敏二极管的温度系数一致。

## 6.5　磁敏三极管

磁敏三极管在磁敏二极管的基础上设计制作。磁敏三极管按所用半导体材料分为硅磁敏三极管和锗磁敏三极管,按结构又可分为 NPN 型和 PNP 型磁敏三极管。

### 6.5.1　磁敏三极管的结构

锗 NPN 型磁敏三极管的结构和符号如图 6-43 所示,在弱 P 型准本征半导体锗单晶上用合金法或扩散法形成 3 个极:$N^+$ 发射极、N 集电极和 $P^+$ 基极,在相当于磁敏二极管长基区的一个侧面制成一个高复合的 r 区。磁敏三极管的基区宽度 $W$ 要大于载流子有效扩散长度 $L_{eff}$,因此称为长基区三极管。长基区三极管的发射极—基区—基极(e-I-b 极)构成长基区二极管,因此长基区三极管在长基区二极管基础上形成。

硅磁敏三极管用平面工艺制成,结构如图 6-44 所示,它一般采用 N 型硅单晶材料,通过两次硼扩散工艺,分别形成发射区和集电区,然后进行磷扩散形成基极,制成 PNP 型硅磁敏三极管。磁敏三极管不设置高复合 r 区。若要制成 NPN 型硅磁敏三极管,则应采用高阻 P 型硅单晶作衬底。由于 $SiO_2$ 中可动离子的感应作用,易使 P-Si 表面形成反型层,使发射极与集电极之间产生 N 型导电沟道。NPN 型硅磁敏三极管工艺上不易控制 e-c 间的表面漏电流,因此硅 NPN 型磁敏三极管很少采用。

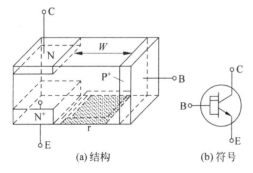

图 6-43　NPN 型锗磁敏三极管的结构和符号

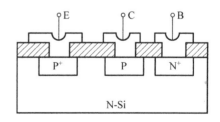

图 6-44　PNP 型硅磁敏三极管

### 6.5.2　磁敏三极管的工作原理

与普通三极管一样,磁敏三极管工作时,发射结加上正向偏置电压,集电结加上反向偏置电压。当无磁场作用时,由于磁敏三极管基区宽度大于载流子的有效扩散长度,因此发射区注入到长基区的载流子除少部分输运到集电极形成 $I_c$ 外,大部分在基区与基极注入的空穴复合掉形成基极电流 $I_b$,如图 6-45(a)所示。因此,磁敏三极管的基极电流 $I_b$ 大于集电极电流 $I_c$,电流放大系数 $\beta = I_c/I_b$。由于 $I_c = \beta I_b$,从磁敏三极管的结构可以看出,从发射极到基极构成长基区二极管,因此,基极电流 $I_b$ 对磁场也有敏感特性。整个磁敏三极管的磁敏特性是由集电极电流增益磁敏特性和基极电流磁敏特性两部分组成。对于锗磁敏三极管,当其受到正向磁场 $B_+$ 作用时,由于受到洛伦兹力作用,载流子向发射区一侧偏转,即向高复合区 r 一侧偏转,增大了基区复合部分,使集电极电流明显下降,如图 6-45(b)所示。当锗磁敏三极管受到反向磁场 $B_-$ 作用时,载流子受到与上述方向相反的洛伦兹力作用向集电区一侧偏转,如图 6-45(c)所示。在基区复合部分减少,使集电极电流明显增大。因此,磁敏三极管的磁敏效应由集电极电流 $I_c$ 的变化来反映。

由于硅磁敏三极管没有设置高复合区,所以其基极电流对磁场没有敏感特性,只有其电流增益 $\beta$ 随磁场变化而变化,从而引起集电极电流变化。

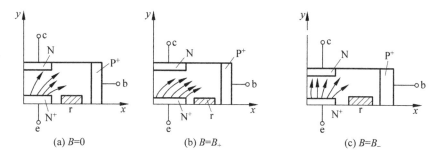

图 6-45　磁敏三极管工作原理示意图

### 6.5.3　磁敏三极管的特性参数

**1. 伏安特性**

磁敏三极管的伏安特性曲线如图 6-46 所示,图 6-46(a)为磁感应强度为零时的伏安特性曲线。由图可见,其 $\beta < 1$。图 6-46(b)为 $I_b = 3\text{mA}$ 时,在正向和反向磁场作用下的伏安特性曲线,在不同方向的磁场作用下,集电极电流 $I_c$ 不同。$\Delta I_c \sim B$ 接近线性关系。

**2. 磁灵敏度**

磁敏三极管的磁灵敏度用其集电极电流 $I_c$ 的相对磁灵敏度 $S_B$ 来表示,其定义为

$$S_B = \frac{1}{I_{cB}}\frac{\mathrm{d}I_{cB}}{\mathrm{d}B} \tag{6-56}$$

式中,$I_{cB}$ 为磁场为 $B$ 时的集电极电流。

因

$$I_{cB} = \beta_B I_b \tag{6-57}$$

式中,$\beta_B$ 为有磁场作用时,磁敏三极管电流放大系数的值。

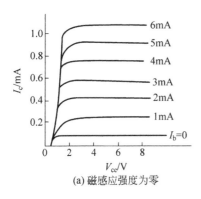
(a) 磁感应强度为零

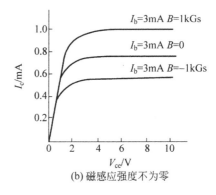
(b) 磁感应强度不为零

图 6-46　磁敏三极管的伏安特性曲线

因此
$$S_B = \frac{1}{I_{cB}}\frac{\mathrm{d}I_{cB}}{\mathrm{d}B} = \frac{1}{I_{cB}}\left(\beta_B \frac{\partial I_b}{\partial B} + I_b \frac{\partial \beta_B}{\partial B}\right) = \frac{1}{I_b}\frac{\partial I_b}{\partial B} + \frac{1}{\beta_B}\frac{\partial \beta_B}{\partial B} \tag{6-58}$$

令 $S_b = \frac{1}{I_b}\frac{\partial I_b}{\partial B}$，$S_\beta = \frac{1}{\beta_B}\frac{\partial \beta_B}{\partial B}$ 分别表示基极电流 $I_b$ 和电流增益 $\beta_B$ 的相对磁灵敏度,则

$$S_B = S_b + S_\beta \tag{6-59}$$

由此可见,磁敏三极管的集电极电流 $I_c$ 的相对磁灵敏度 $S_B$ 等于基极电流相对磁灵敏度 $S_b$ 和电流增益相对磁灵敏度 $S_\beta$ 之和。基极电流相对磁灵敏度 $S_b$ 就是磁敏三极管中由发射极-I基区-基极(e-I-b)构成的长基极二极管的电流相对磁灵敏度。硅磁敏三极管用平面工艺制作,3个电极均在硅片的表面上,未设置高复合区 r。因此,它的相对磁灵敏度就等于电流增益的相对磁灵敏度 $S_\beta$。

在测试磁敏三极管的磁灵敏度时,测试条件规定在基极电流恒定条件下进行测量,可以不考虑基极电流的影响,即 $S_b = 0$,因此 $S_B = S_\beta$。在基极电流恒定的条件下,磁敏三极管在磁感应强度为 $\pm B$ 的磁场作用下,其集电极电流的相对变化量定义为磁敏三极管集电极电流的相对磁灵敏度 $S_B$,即

$$S_{B\pm} = \left|\frac{I_{c\pm} - I_{c0}}{I_{c0}B}\right| \times 100\% = \left|\frac{\Delta I_{c\pm}}{I_{c0}B}\right| \times 100\% \tag{6-60}$$

式中,$I_{c\pm}$ 为磁感应强度为 $\pm B$ 时的集电极电流;$I_{c0}$ 为磁感应强度为 0 时的集电极电流。

锗磁敏三极管的测试条件是在恒压电源 $E = 6\mathrm{V}$,基极恒定电流 $I_b = 2\mathrm{mA}$,$B = \pm 0.1\mathrm{T}$ 的磁场中测试集电极磁敏电流 $\Delta I_{c\pm}$。锗磁敏三极管的集电极电流相对磁灵敏度一般为 $S_{B\pm} = (160\% \sim 200\%)/\mathrm{T}$,有的可达 $350\%/\mathrm{T}$。硅磁敏三极管集电极电流相对磁灵敏度的测试条件是 $E = 6\mathrm{V}$,$I_B = 3\mathrm{mA}$,在 $B = \pm 0.1\mathrm{T}$ 的磁场中测试其集电极电流相对磁灵敏度 $S_{B\pm}$。硅磁敏三极管的集电极电流相对磁灵敏度 $S_{B\pm}$ 平均为 $(60\% \sim 70\%)/\mathrm{T}$,最大可达 $150\%/\mathrm{T}$。

### 3. 磁电特性

磁敏三极管集电极 $\Delta I_c$ 与外加磁场的磁感应强度 $B$ 之间的关系,称为磁敏三极管的磁电特性。3BCM(NPN 型)锗磁敏三极管的磁电特性曲线如图 6-47 所示。可见,在弱磁场作用

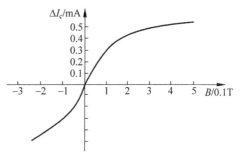
图 6-47　3BCM 锗磁敏三极管磁电特性

时,曲线近似于一条直线。

**4. 温度特性**

磁敏三极管的温度特性主要是指其集电极电流 $I_c$ 随温度变化的特性,用 $I_c$ 的温度系数 $\alpha_1$ 来表示,即

$$\alpha_1 = \frac{1}{I_c} \frac{dI_c}{dT} \tag{6-61}$$

$$\alpha_1 = \frac{1}{\beta} \frac{\partial \beta}{\partial T} + \frac{1}{I_b} \frac{\partial I_b}{\partial T} = \alpha_\beta + \alpha_b \tag{6-62}$$

式中,$\alpha_\beta = \frac{1}{\beta} \frac{\partial \beta}{\partial T}$ 为电流增益 $\beta$ 的温度系数;$\alpha_b = \frac{1}{I_b} \frac{\partial I_b}{\partial T}$ 为基极电流 $I_b$ 的温度系数。

式(6-62)说明磁敏三极管集电极电流 $I_c$ 的温度系数 $\alpha_1$ 是其电流增益的温度系数和基极电流的温度系数之和,即 $\alpha_\beta + \alpha_b$。若使其基极电流保持恒定,则集电极电流的温度系数就等于其电流增益的温度系数,即 $\alpha_1 = \alpha_\beta$。

锗磁敏三极管的集电极电流在其基极电流恒定时随温度变化的关系曲线如图 6-48(a) 所示。由图可见,其温度系数为正值。在低温(0℃以下)时其集电极电流的温度系数不大。但是,从 30～40℃ 开始,它的温度系数增大很快,到 50～60℃ 时,它的温度特性几乎直线上升。由于锗磁敏三极管集电极电流的温度系数 $\alpha_1$ 在不同的温度范围内差别很大,因此很难用一个平均值来表示。

硅磁敏三极管集电极电流在基极电流恒定时随温度变化的曲线如图 6-48(b)所示。它的温度系数为负值。在 −40℃ 左右,温度系数较大,且灵敏度也大;在高温 60℃ 以上时,温度系数较小,且灵敏度也较小;在 100℃ 仍有较大的磁灵敏度。在一定的温度范围内集电极电流的温度系数可用下式求得:

$$\alpha_1 = \frac{I_c(T_2) - I_c(T_1)}{I_c(T_0)(T_2 - T_1)} \times 100\% / ℃ \tag{6-63}$$

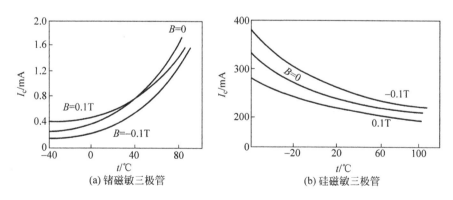

(a) 锗磁敏三极管　　　　　　　　　(b) 硅磁敏三极管

图 6-48　磁敏三极管集电极电流的温度特性

式中,$I_c(T_0)$、$I_c(T_1)$ 和 $I_c(T_2)$ 分别是温度在 25℃、$T_1$ 和 $T_2$ 时的集电极电流。

3CCM 型硅磁敏三极管参数如表 6-6 所列。

表 6-6　3CCM 型硅磁敏三极管参数

| 参　数 | 单　位 | 测 试 条 件 | 规　范 |
|---|---|---|---|
| 磁灵敏度 $S=\dfrac{I_{CB}-I_{CO}}{I_{CO}}\times100\%$ | % | $E_c=6\mathrm{V},R_L=100\Omega$ $I_B=3\mathrm{mA}$ $B=\pm0.1\mathrm{T}$ | >5% |
| 击穿电压 | V | $I_c=10\mu\mathrm{A}$ | ≥20 |
| 漏电流 | $\mu\mathrm{A}$ | $I_c=6\mathrm{A}$ | ≤5 |
| 功耗 | mW | | 20 |
| 使用温度 | ℃ | | -40~35 |
| 最高温度 | ℃ | | 100 |
| 温度系数 | %/℃ | | -0.10~-0.25 |

## 6.5.4　磁敏三极管的温度补偿技术

磁敏三极管的集电极电流 $I_c$ 和磁灵敏度 $S_B$ 都随温度的变化而变化,要使之稳定地工作,必须进行温度补偿。硅磁敏三极管的集电极电流 $I_c$ 具有负的温度系数,通常采用如图 6-49 所示三种补偿方法。

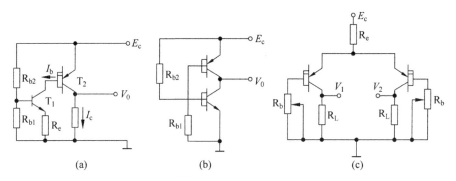

图 6-49　硅磁敏三极管集电极电流的温度补偿

利用普通硅三极管 $T_1$ 对硅磁敏三极管 $T_2$ 进行温度补偿如图 6-49(a)所示。普通三极管的集电极电流具有正的温度系数。当温度升高时,$T_1$ 的集电极电流 $I_{c1}$ 上升,即 $T_2$ 的基极电流上升,引起 $T_2$ 的集电极电流 $I_{c2}$ 上升,补偿由于温度升高引起的 $I_{c2}$ 的下降。由硅 PNP 型和 NPN 型两种磁敏三极管按相反的磁敏感极性组成的互补式温度补偿电路如图 6-49(b)所示。选择两管的集电极电流温度特性相同,它们的互补电路输出电压则不随温度的变化而变化。由于它们磁敏感极性相反,输出电压 $V_0$ 的磁灵敏度为管子的正、负电压磁灵敏度之和。差分式温度补偿电路图如图 6-49(c)所示,选择两只特性一致的磁敏三极管,按相反的磁敏感极性组成如图所示的差分电路,由于两管的温度特性一致,温度变化时,两管的集电极电流和电压具有大小相同方向相同的变化量。它们的输出电压 $V_0$ 则是两管的集电极电压之差,故其变化也为零,$V_0$ 不随温度的变化而变化。差分电路输出电压 $V_0$ 的磁灵敏度等于磁敏三极管的正、负向电压磁灵敏度之和。

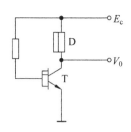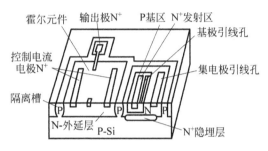

锗磁敏三极管的温度补偿原则上也可采用上述硅磁敏三极管的温度补偿方法。另外,因为锗磁敏三极管的集电极电流具有正的温度系数,锗磁敏二极管的电流也具有正的温度系数,因此可用如图 6-50 所示的电路,对锗磁敏三极管进行温度补偿,即用锗磁敏二极管作锗磁敏三极管的负载电阻,温度变化时,它们的电流变化量相同,可以使输出电压不随温度变化。

图 6-50 锗磁敏三极管的温度补偿电路

## 6.6 磁敏集成电路

在制备霍尔元件的半导体材料中,由于硅单晶的载流子迁移率较小,不是制备单个霍尔元件的理想材料。利用集成电路技术,把霍尔元件与相应的放大器和信号处理电路等集成在一个芯片上,制成霍尔集成电路,可以提高霍尔传感器的性能并扩展功能,霍尔元件和NPN 晶体管在集成电路中的结构示意图如图 6-51 所示。

图 6-51 霍尔集成电路结构示意图

霍尔集成电路按其输出的功能来分,有开关型和线性两种;按结构和工艺,又分为双极型和 MOS 型。下面分别介绍双极型霍尔开关集成电路和线性霍尔集成电路。

### 6.6.1 双极型霍尔开关集成传感器

霍尔开关集成传感器是利用霍尔效应与集成电路技术结合而制成的一种传感器,它能感知一切与磁信息有关的物理量,并以开关信号形式输出,典型电路如图 6-52 所示。电路由电源电路、霍尔元件、温度补偿电路、差分放大器、施密特触发器和输出电路六部分组成。霍尔开关集成传感器具有使用寿命长、无触点磨损、无火花干扰、无转换抖动、工作频率高、温度特性好、能适应恶劣环境等优点。

霍尔元件 H 由 $\rho=1\Omega\cdot cm$ 左右的 N 型外延层制成,两控制电流极之间的电阻约为 $2k\Omega$,在磁感应强度为 0.1T 的磁场作用下,霍尔元件的开路输出电压约为 20mV。当有负载时,输出约为 10mV。霍尔元件输出电压经由 $T_1$、$T_2$、$R_1$、$R_2$、$R_3$ 和 $R_4$ 组成的差分放大器放大后,送到由 $T_3$、$T_4$、$T_5$ 和 $T_6$ 组成的施密特触发器进行鉴别,以提高抗干扰能力。触发器输出的开关信号,经 $T_5$ 和 $T_6$ 组成的输出缓冲电路放大后,由 $T_7$ 输出。当磁感应强度 $B=0$ 时,霍尔电压 $V_H=0$,电源电压 $V_{cc}=5V$,霍尔元件两个控制电流电极间电阻为 $2k\Omega$,$T_1$、$T_2$ 的基极电位相等,即 $V_{b1}=V_{b2}=1.8V$,$R_1$ 上的电流 $I_{R1}$ 为

$$I_{R1}=\frac{V_{b1}-V_{be1}}{R_1}=\frac{1.8V-0.7V}{1.1k\Omega}=1mA \tag{6-64}$$

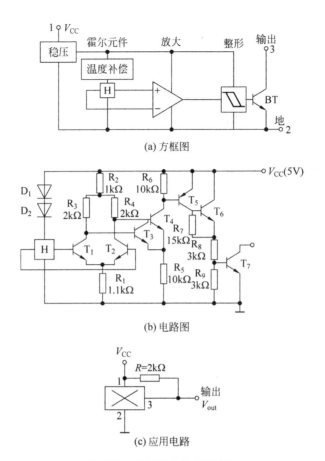

(a) 方框图

(b) 电路图

(c) 应用电路

图 6-52　霍尔开关集成传感器

$T_1$、$T_2$ 的集电极电流相等,即 $I_{c1} = I_{c2} = 1/2 I_{R1} = 0.5\mathrm{mA}$。但由于 $T_1$、$T_2$ 集电极接不同负载 $T_3$ 和 $T_4$,因此 $R_3$ 和 $R_4$ 上电流不相等。

$$I_{R3} = I_{c1} + I_{b3} \tag{6-65}$$

$$I_{R4} = I_{c2} + I_{c3} + I_{b4} \tag{6-66}$$

故使 $I_{R4} > I_{R3}$,$V_{c1} > V_{c2}$,这样将引起强烈的正反馈:

$$V_{c1} \uparrow \rightarrow I_{b3} \uparrow \rightarrow I_{c3} \uparrow \rightarrow I_{R4} \uparrow \rightarrow V_{c2} \downarrow \rightarrow I_{c4} \downarrow \rightarrow V_{e3}(V_{e4}) \downarrow$$

这个正反馈过程一直进行到 $T_3$ 饱和导通、$T_4$ 截止。$T_4$ 集电极电位为高电平 $V_{c4} \approx V_{cc}$,$R_5$、$R_6$、$T_7$ 均截止,整个电路输出高电平 $V_{OH}$。这是电路的初始状态。

当磁感应强度为正(产生的霍尔电压使 $V_{b1} > V_{b2}$)时,霍尔电压 $V_H = V_{b1} - V_{b2}$,随着正向磁场的增大,电阻 $R_2$ 上的电流 $I_{R2}$ 中更多的电流从 $T_2$ 转移到 $T_1$,使 $V_{c1}$ 下降,$V_{c2}$ 上升,当磁感应强度大到某一阈值 $R_{T1}$,使 $V_{c1} = V_{b3} = V_{e3} + 0.6\mathrm{V}$ 时,则 $T_3$ 从饱和状态转为放大状态,于是发生如下强烈的正反馈:

$$V_{b3} \downarrow \rightarrow I_{c3} \downarrow \rightarrow V_{b4} \uparrow \rightarrow I_{c4} \uparrow \rightarrow V_{e4}(V_{e3}) \uparrow$$

这个正反馈过程一直进行到 $T_4$ 饱和导通、$T_3$ 截止为止。此时，$T_4$ 集电极处于低电平为：$V_{c4} = V_{CES4} + I_{CES4}R_5$，$V_{CES4}$ 和 $I_{CES4}$ 分别为 $T_4$ 管的饱和压降和饱和电流。于是 $T_5$ 导通，使 $T_6$ 和 $T_7$ 均饱和导通。电路输出状态由高电平突然转成低电平 $V_{OL}$，电路由输出高电平向低电平转换时的正向磁感应强度 $B_{T1}$ 称为导通磁感应强度 $B(H\text{-}L)$。

当正向磁感应强度减小时，霍尔电压也相应减小，$T_1$ 和 $T_2$ 的集电极电位 $V_{c1} = V_{b3}$ 升高，$V_{c2} = V_{b4}$ 下降。当磁感应强度减小到另一阈值 $B_{T2}$ 时，使 $V_{b3}$ 升高为 $V_{b3} = V_{e3} + 0.6\text{V}$，$T_3$ 开始导通，于是发生下列强烈的正反馈过程：

$$V_{b3} \uparrow \rightarrow I_{c3} \uparrow \rightarrow V_{b4} \downarrow \rightarrow I_{c4} \downarrow \rightarrow V_{e3}(V_{e4}) \downarrow$$

这个正反馈过程一直进行至 $T_3$ 饱和导通、$T_4$ 截止为止。此时 $T_4$ 的集电极电位 $V_{c4}$ 处于高电平，$T_5$、$T_6$ 和 $T_7$ 均截止，恢复到初始状态。使电路输出状态由低电平转变为高电平时的磁感应强度 $B_{T2}$ 称为截止磁感应强度，记作 $B(L\text{-}H)$。$T_4$ 集电极电位 $V_{c4}$ 随磁感应强度变化而变化的关系曲线如图 6-53 所示。

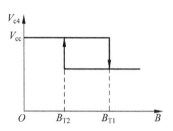

图 6-53  $T_4$ 集电极电位随磁场变化的曲线

由上述分析可知，施密特触发器在电路中有两个作用：①利用其正反馈作用，使电路输出电压的上升和下降的转变过程加快；②利用它的回差作用，为输出电压随磁感应强度变化而变化的特性提供两个阈值磁感应强度 $B_{T1}$ 和 $B_{T2}$。磁感应强度由小变大时，只有在变化到大于阈值 $B_{T1}$ 时，才能使电路输出由高电平变为低电平。当磁感应强度由大变小时，只有在变化到小于阈值 $B_{T2}$ 时，才能使电路输出由低电平变为高电平。通常，$B_{T2} < B_{T1}$。这一特性使电路在磁场缓慢变化的情况下，不致因磁场变化缓慢跨过阈值点而引起输出不稳定，提高了电路的稳定性和可靠性。图 6-52 中，二极管 $D_1$、$D_2$ 是作温度补偿用的二极管。其补偿原理是当霍尔元件由恒压源供电时，其电阻率具有正的温度系数，即温度升高时，霍尔元件本体电阻增大，控制电流下降，霍尔电压减小。$D_1$ 和 $D_2$ 的正向导通电压具有负的温度系数。用 $D_1$、$D_2$ 与霍尔元件串联，温度升高时，$D_1$ 和 $D_2$ 上电压减小，霍尔元件上的电压增大，电流增大，补偿其电阻增大引起的电流减小，使输出霍尔电压保持不变。电路输出为集电极开路形式，使用时可在电源 $V_{cc}$ 与 $T_7$ 集电极引出端之间连接电阻或继电器线圈，如图 6-52(c) 所示。带有内部电源电压调整电路的霍尔开关集成电路如图 6-54 所示，由于内部稳压电源的作用，使它的外加工作电压 $E$ 可在 $5\sim20\text{V}$ 范围内任意变化而不影响电路的性能。图中内部电源电压 $V_{cc}$ 为

$$V_{cc} = V_{be3} + I_2 R_2 \tag{6-67}$$

$T_1$、$T_2$ 和 $R_3$ 构成小电源恒流源，其电流 $I_2$ 为

$$I_2 = \frac{V_{be2} - V_{be1}}{R_3} = \frac{1}{R_3}\Delta V_{be} = \frac{kT}{qR_3}\ln\frac{I_1}{I_2} \tag{6-68}$$

将式(6-68)代入式(6-67)得

$$V_{cc} = V_{be3} + \frac{R_2}{R_3}\Delta V_{be} = V_{be3} + \frac{kT}{q}\frac{R_2}{R_3}\ln\frac{I_1}{I_2} \tag{6-69}$$

式(6-69)右端第一项具有负的温度系数，第二项具有正的温度系数，只要适当选取电阻比

$R_2/R_3$ 和电流比 $I_1/I_2$，就可使这两项的温度系数相互抵消，获得零温度系数的内部电源电压。

在图 6-54(b)所示的电路图中，H 为霍尔元件，当受到磁场作用时就有霍尔电压输出。$T_4$ 和 $T_5$ 组成双端输入/双端输出的差分放大器，其输入信号电压即为霍尔电压。霍尔电压经差分放大器放大后，经由 $T_6$ 与 $T_7$ 组成的两个射随器输出给由 $T_8$ 和 $T_9$ 组成的施密特触发器整形电路。最后由 $T_{10}$、$T_{11}$、$T_{12}$ 和 $R_8$、$R_9$、$R_{10}$、$R_{11}$ 组成的输出电路输出由磁场控制的开关信号。这个电路的工作原理和特性与图 6-52(b)所示的电路基本相同。

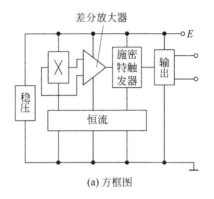

(a) 方框图

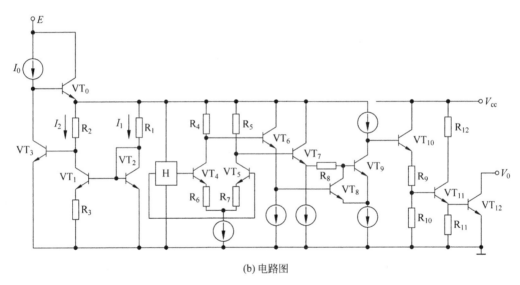

(b) 电路图

图 6-54　带有内部电源调整电路的霍尔开关集成传感器电路

霍尔开关集成传感器的特性参数如下。

(1) 导通磁感应强度 $B(H\text{-}L)$：霍尔开关集成电路输出状态由高电平向低电平转换，即由"关"态转换到"开"态时所必须作用到霍尔元件上的磁感应强度称为导通磁感应强度 $B(H\text{-}L)$。

(2) 截止磁感应强度 $B(L\text{-}H)$：霍尔开关集成电路输出状态由低电平向高电平转换，即由"开"态转换到"关"态时所必须作用到霍尔器件上的磁感应强度，称为截止磁感应强度 $B(L\text{-}H)$。

(3) 磁滞回差 $\Delta B$：导通磁感应强度 $B(H\text{-}L)$ 与截止磁感应强度 $B(L\text{-}H)$ 的差值，称为

磁滞回差。

（4）输出高电平 $V_{oH}$：输出管截止、电路输出端开路时的输出电平为输出高电平，它接近电源电压。当电路输出端接有负载电阻 $R_L$，输出管截止时输出为高电平，流过 $R_L$ 的电流 $I_{oH}$ 是输出管的漏电流，一般很小。此时电路输出高电平为

$$V_{oH} = V_{cc} - I_{oH}R_L \tag{6-70}$$

（5）输出低电平 $V_{oL}$：在磁感应强度超过规定的工作点时，输出管饱和工作，输出电平为输出低电平 $V_{oL}$。输出低电平数值取决于输出管的饱和压降，一般为 $0.1 \sim 0.3\text{V}$，规范值要求 $V_{oLmax} \leqslant 0.4\text{V}$。

（6）负载电流 $I_{oL}$：在满足输出为低电平 $V_{oLmax} \leqslant 0.4\text{V}$ 的条件下，流过输出管集电极的电流为负载电流 $I_{oL}$，规范值要求 $I_{oL} \geqslant 12\text{mA}$。

（7）输出漏电流 $I_{oH}$：在输出管截止，输出高电平时流过输出管的漏电流为输出漏电流 $I_{oH}$。其测试条件是在输出端加规定的正电压，测试通过输出管的电流。其规范值 $I_{oHmax} = 10\mu\text{A}$。

（8）截止电源电流 $I_{CCH}$：电路输出为高电平时，在给定的电源电压情况下，通过霍尔开关集成电路的总电流。

（9）导通电源电流 $I_{CCL}$：电路输出为低电平时，在给定的电源电压情况下，通过霍尔开关集成电路的总电流。

## 6.6.2 双极型霍尔线性集成传感器

差分输出型霍尔线性集成电路的方框图和电路原理图如图 6-55 所示。霍尔线性集成电路的输出电压与作用在其上的磁感应强度成比例。霍尔元件输出的霍尔电压先经由 $T_1$、$T_2$ 和 $R_1 \sim R_5$ 组成的第一级差分放大器放大。$T_1$ 和 $T_2$ 的射极电阻 $R_3$ 和 $R_4$ 可增大差分放大器的输入阻抗，改善放大器的线性和动态范围。第一级放大器的输出信号由第二级差分放大器放大后输出。第二级差分放大器由达林顿对管 $T_3 \sim T_6$、$R_6$ 和 $R_7$ 组成，其射极电阻 $R_8$ 外接。通过适当选择 $R_8$ 的阻值可以调节该级工作点，改变电路的增益。

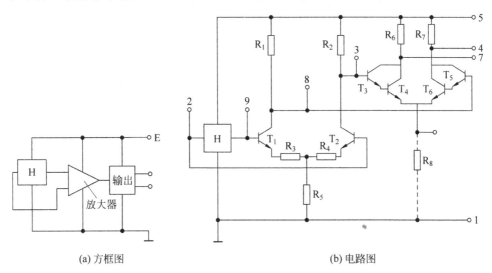

(a) 方框图　　　　(b) 电路图

图 6-55 双极型霍尔线性集成传感器

　　由于霍尔电极的不对称性、材料的不均匀性,霍尔电压存在不等位电势;此外,差分对管也存在失调电压,电阻也有不对称性,整个电路在磁感应强度为零时,输出可能不为零。为了调节电路的失调,电路输出端2、9或3、8可以用来进行失调调零,一些接法如图6-56所示。

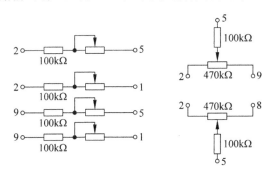

图 6-56　电路调零的接法

　　这个电路没有内部电源稳定电路,因此,外接电源电压的变化会引起输出电压的变化。电源电压高时,电路灵敏度高,输出电压大,反之输出电压小,这是该电路的缺点。但在有的应用场合,则可利用这一性能,通过改变电源电压来调节输出信号的大小。另外,该电路没有温度补偿措施,温度系数较大。

## 6.7　微型磁通门

　　磁通门是利用被测磁场中高导磁铁芯在交变磁场的饱和激励下,其磁感应强度与磁场强度的非线性关系,来测量弱磁场的一种传感器,也称磁强计,由探头和接口电路组成。传统制作磁通门的方法是在高导磁铁芯上用机械的方法缠绕励磁线圈和感应线圈制成探头,再与接口电路连接起来,这种方法制作的磁通门在体积、质量以及功耗等许多方面都难以实现微型化。利用 MEMS 技术与半导体集成电路工艺相结合是研制微型磁通门传感器的突破口。

### 6.7.1　磁通门工作原理

　　磁通门主要原理是电磁感应定律和安培环路定律。当任一导体回路所交的磁通链发生变化时,回路中就产生感应电动势 $e$,$e$ 的大小与穿过回路的磁通链的变化率 $\mathrm{d}\psi/\mathrm{d}t$ 成正比,根据右手螺旋法则,电磁感应定律可表示为

$$e = - \, \mathrm{d}\psi/\mathrm{d}t \tag{6-71}$$

式中,$e$ 为感应电动势;$\psi$ 为磁通量。

　　安培环路定律表明,磁场强度矢量沿任一闭合路径的线积分等于穿过此闭合路径的电流的代数和,即

$$\oint_{l} H \, \mathrm{d}l = \sum I \tag{6-72}$$

式中,$H$ 为磁场强度;$l$ 为闭合回路的长度;$I$ 为激励电流。

　　在磁通门结构中,由于线圈是密绕在高磁导率的磁芯上,使得在计算中可以做相应近似,认为所产生的磁场全部集中在磁芯上,且分布均匀,故对条形磁芯有

$$HL = NI \qquad (6\text{-}73)$$

即

$$H = NI/L \qquad (6\text{-}74)$$

式中，$N$ 为线圈匝数；$L$ 为线圈总周长。

磁通门是在高磁导率材料做成的铁芯上绕制激励线圈和测量线圈而成。工作时，激励线圈中通一固定频率、固定波形的交变电流进行激励，使铁芯往复磁化到饱和。若此时不存在外测磁场，则测量线圈输出的感应电动势作傅里叶级数展开时，只包含激励频率的奇次谐波。当存在直流（或极低频）外磁场时，则铁芯中同时存在直流磁场和激励交变磁场，外磁场在铁芯中形成的磁通被交变磁场所调制，直流外磁场在一半周期内帮助激励场使铁芯提前到达饱和，而在另外半个周期内使铁芯推迟饱和。因此，造成激励周期内正、负半周不对称，从而使输出电压曲线中出现偶次谐波或振幅差。偶次谐波中主要成分为二次谐波，它与被测磁场成正比，可以利用这些二次谐波或振幅差来检测外磁场。

单芯磁通门探头结构如图 6-57 所示，磁芯材料可采用坡莫合金（NiFe）制成，上面绕有激励线圈 $n_1$ 和测量输出线圈 $n_2$，磁芯截面积为 $A$。单芯磁通门传感器采用纵向激励，被测外磁场 $H_0$ 方向与激励场 $H$ 方向平行。

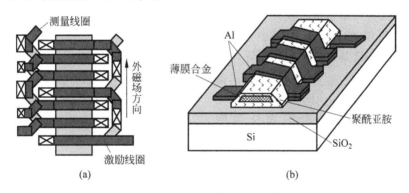

图 6-57　单芯微型磁通门结构

## 6.7.2　磁通门制作工艺

依据基片所使用的材料，微型磁通门传感器可分为三种：①利用 PCB 板加工制作的磁通门传感器；②在非半导体（如钒、玻璃等）衬底上制作的磁通门传感器；③在半导体材料，特别是硅衬底上制作的磁通门传感器。下面简要介绍在硅衬底上制作磁通门传感器的工艺，其结构如图 6-57(b) 所示。首先，在表面有 $SiO_2$ 的硅衬底上加工出底部 Al 线，采用聚酰亚胺作为绝缘体，沉积铜种子层以便电镀磁芯。然后，电镀坡莫合金（理想情况为 $\omega(Ni)=81\%$ 和 $\omega(Fe)=19\%$），电镀工艺是核心工艺，电镀后进行聚酰亚胺层制备，图形化形成与底部 Al 线间的接触，最后是顶层 Al 线的沉积与图形化。

## 小结

半导体在电场和磁场作用下表现出来霍尔效应、磁阻效应、热磁效应和光磁电效应等。本章详细探讨了霍尔效应与磁阻效应，阐述了霍尔元件的结构、电磁特性、制备工艺、性能参数、补偿电路、基本电路及应用。介绍了几何磁阻元件效应、长方形磁阻效应、栅格结构型和科比诺磁阻效应、性能参数、制备工艺、补偿电路及应用等。阐述了磁敏二极管与磁敏三极管的结构、工作原理、特性参数、温度补偿方面内容。并以双极型霍尔开关与线性集成传感器为例,介绍了磁敏集成传感器原理与制备工艺。最后,论述了微型磁通门的工作原理与制作工艺。近40年来,磁敏传感器产业发展迅猛。现在,可以说任何一台计算机、一辆汽车、一家工厂离开磁敏传感器就不能正常工作。同时,磁敏传感器已深入到人们的日常生活,许多家用电器都大量使用着磁敏传感器。

## 习题

1. 填空题

(1) 磁敏二极管主要利用_____效应进行磁电转换,因此,必须用本征半导体材料制成_____二极管才可能对磁场敏感。

(2) 霍尔元件在工作时,有两种驱动方式,若采用恒压方式驱动,输出霍尔电压与载流子迁移率成_____关系,与霍尔片宽度成_____关系。

(3) 半导体材料霍尔系数较大,适于制作霍尔元件,霍尔系数主要取决于_____与_____的乘积,霍尔系数大,有助于提高霍尔元件输出电压。

(4) 磁敏二极管是 $P^+$-$I$-$N^+$ 二极管,有很长的基区,又称为长基区二极管。基区长度 $L$ 应大于载流子的_____。在施加正向偏压时,$P^+I$ 结向基区注入空穴,$IN^+$ 结向基区注入电子,又称为_____长基区二极管。

(5) 霍尔元件的 4 根引线分为两对,其中一对称为_____,另一对称为_____。

2. 选择题

(1) 霍尔片的霍尔电压与( )。

    A. 磁场强度成正比               B. 霍尔系数成反比

    C. 霍尔元件的厚度成正比        D. 霍尔元件的厚度成反比

(2) 霍尔片不等位电势产生的原因是( )。

    A. 由于高频交流的作用         B. 霍尔传感器没有放置在中间位置

    C. 霍尔电极不能焊接在同一等位面上    D. 导线焊接不牢固

(3) 利用霍尔片,可以测量哪些物理量?( )

    A. 磁场        B. 电功率        C. 载流子浓度       D. 载流子类型

(4) 减小霍尔片不等位电势通常最行之有效的方法是( )。

    A. 机械修磨               B. 化学腐蚀

    C. 通过补偿网络进行补偿       D. 无法解决

(5) 最适合制作霍尔传感器的材料是( )。

    A. 绝缘体       B. 金属       C. P 型半导体     D. N 型半导体

(6) 霍尔元件的霍尔系数与( )有关。

    A. 载流材料物理性质        B. 霍尔元件几何尺寸

    C. 通过霍尔元件的电流       D. 磁场磁感应强度

3. 试解释什么是霍尔元件的不等位电势,并给出补偿电路。

4. 已知某霍尔元件尺寸长 $L=100$mm,宽 $b=3.5$mm,厚 $d=1$mm。沿 $L$ 方向通以电流 $I=1.0$mV,在垂直于 $b$、$d$ 两方向上加均匀磁场 $B=0.3$T,输出霍尔电势 $V_H=6.55$mV。求该霍尔元件的乘积灵敏度系数 $K_H$ 和载流子浓度 $n$ 是多少。

5. 试分析霍尔元件输出电阻为 $R_L$ 时,利用在输入回路中串联电阻 $r$ 进行温度补偿的条件。

6. 某霍尔压力计,弹簧管最大位移为 $\pm1.5$mm,控制电流 $I=10$mA,要求变送器输出电动势变动为 $\pm20$mV,选用 HZ-3 型霍尔元件时,所要求线性磁场梯度至少要多大?

# 第7章

**CHAPTER 7**

# 半导体力敏元件与传感器

力敏元件和力学量传感器主要用于测量力、加速度、扭矩、压力和流量等物理量。这些物理量的测量通常与机械应力有关,测量这些物理量的传感器种类繁多,性能差别较大,不同类型的力学量传感器的工作原理、使用材料、特性参数及制作工艺等各不相同,表 7-1 总结了常用的力学传感器。当选择这些器件时,需要认真考虑的事项包括对局部电路的需求、传感器件是否具有直流响应、温度系数、长期漂移性、整个系统的复杂性以及其他等。

**表 7-1  几种常用的传感器主要特性比较**

| 器　件 | 感应参数 | 是否需要局部电路 | 是否直流响应 | 系统复杂程度 | 线　性　度 | 其　他 |
|---|---|---|---|---|---|---|
| 金属应变片 | 应变 | 否 | 是 | + | +++ | 灵敏度低,非常简单 |
| 压阻 | 应变 | 否 | 是 | + | +++ | 温度影响显著,易集成 |
| 压电 | 力 | 否 | 否 | ++ | ++ | 灵敏度高,加工制作工艺复杂 |
| 电容 | 位移 | 是 | 是 | ++ | 差 | 很简单,温度系数很低 |
| 隧道 | 位移 | 是 | 是 | +++ | 差 | 对表面状态敏感,漂移特性未验证 |
| 光学 | 位移 | 否 | 是 | +++ | +++ | 很少用于机械式的微传感器 |

本章主要介绍电阻应变片、压阻式、电容式和压电式力敏元件和力学量传感器。

## 7.1　力学的基本概念

**1. 轴向应力和应变**

当对一个表面施加一个力时,称表面受到应力。应力的平均值等于所加的力 $F$ 除以力作用的面积 $A$,即

$$\sigma = F/A \quad (\text{N/m}^2 \text{ 或 Pa}) \tag{7-1}$$

垂直于表面的力称作轴向力或法向力,并产生轴向或法向应力。按惯例,拉应力为正,压应力为负。

在应力作用下,材料会产生压缩(或拉伸)变形,应变 $\varepsilon$ 就是这种变形的度量。在材料的弹性极限范围内,其值等于物体长度的变化量 $\Delta L$ 除以其原长度 $L$,即

$$\varepsilon = \Delta L/L \tag{7-2}$$

微应变较为常用,指 $\varepsilon \times 10^{-6}$。在许多实际情况下,应变一般在 $1 \sim 100$ 微应变范围。

对于服从胡克定律的材料,变形与载荷成线性关系。载荷与应力成正比,并且变形与应变成正比,所以应力和应变成线性关系,比例常数就是材料的弹性模量或杨氏模量,通常以符号 $E$ 表示。

$$E = 应力 / 应变 = \sigma/\varepsilon \quad (\mathrm{N/m^2}) \tag{7-3}$$

材料的弹性模量越大,对于给定的应力,变形就越小,因而就越硬。而"软"材料在一定应力作用下,将产生明显变形,弹性模量相当小。

例如,Si 的弹性模量为 $190\mathrm{GPa}(1\mathrm{Pa} = 1\mathrm{N/m^2})$,$SiO_2$(石英)的弹性模量为 $73\mathrm{GPa}$。需要指出的是,晶体材料的弹性模量与晶向有关,表现为各向异性。

**2. 剪应力和剪应变**

剪应力就是由施加平行于物体表面的力而产生的应力,剪应力用符号 $\tau$ 表示。

$$\tau = F/A \quad (\mathrm{N/m^2} \text{ 或 } \mathrm{Pa}) \tag{7-4}$$

剪应变 $\gamma$ 与物体变形后的边与物体变形前的对应边之间的角度有关,如图 7-1 所示。与轴向受力时的情况一样,剪切应变与剪应力成线性关系,比例常数 $G$ 称作剪切弹性模量 $G = 剪切应力/剪切变形角度(弧度) = \tau/\gamma = (F/A)/(\Delta X/L) \ (\mathrm{N/m^2})$。

对各向同性材料来说,剪切弹性模量 $G$ 与拉伸弹性模量 $E$ 的关系如下:

$$E = 2G(1 + \mu) = 3K(1 - 2\mu) \tag{7-5}$$

式中,$\mu$ 为泊松比;$K$ 为体积弹性模量,其数值为应力与体积压缩的比率,$K = 静力学应力/体积压缩量 = (F/A)/(\Delta V/V) \ (\mathrm{N/m^2})$。

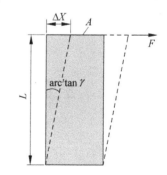

体积弹性模量代表相同压力作用下,材料体积的变化。一般来讲,固体具有较大的 $K$ 值。例如,对于铝,$K = 7 \times 10^{10} \ \mathrm{N/m^2}$;对于钢,$K = 14 \times 10^{10} \ \mathrm{N/m^2}$。

**3. 泊松比**

当物体受到一个轴向载荷作用时,在载荷方向产生变形,在垂直于载荷方向也会产生变形,如图 7-2 所示。

图 7-1　剪应力与剪切应变示意图

在这种情况下,存在两种应变:① 轴向应变($\varepsilon_l$),$\varepsilon_l = \Delta L/L$;② 横向应变($\varepsilon_t$),$\varepsilon_t = \Delta D/D$。轴向应变是拉应变,横向应变是压缩应变($\varepsilon_l$ 和 $\varepsilon_t$ 通常为相反的符号)。泊松比就是横向应变和轴向应变的比率。

$$\mu = 横向应变 / 轴向应变 = -\varepsilon_t/\varepsilon_l = -(\Delta D/D)/(\Delta L/L) \tag{7-6}$$

$\mu$ 总是正值,对大多数材料,泊松比的典型值是 $0.2 \sim 0.5$,大部分金属材料的泊松比约为 $0.3$,橡胶的泊松比接近 $0.5$。

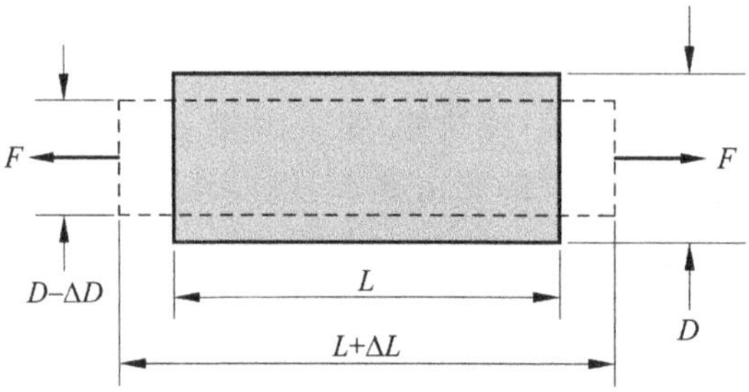

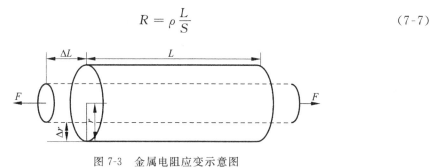

图 7-2  对梁施加拉力引起的尺寸变化

## 7.2  电阻应变片

应变式传感器是一种具有较长应用历史的传感器,具有尺寸小、质量轻、结构简单、使用方便、响应速度快等优点,被广泛应用于工程测量和科学实验中。这种传感器一般由弹性元件和电阻应变片构成,利用弹性元件受力后发生形变,使贴在弹性元件表面的电阻应变片产生应变效应,将被测物变形转换成电阻变化。

### 1. 金属电阻应变片的基本原理

金属电阻应变片利用金属导体的电阻,随它所产生的机械变形(拉伸或压缩)发生变化,这种现象称为金属的电阻应变效应。金属材料在承受机械变形的过程中,材料的电阻率 $\rho$ 和几何尺寸(长 $L$ 和截面 $S$)都会发生变化。

设有一段长为 $L$、截面为圆形、面积为 $S$、电阻率为 $\rho$ 的金属导体,如图 7-3 所示,不受力时其电阻 $R$ 为

$$R = \rho \frac{L}{S} \tag{7-7}$$

图 7-3  金属电阻应变示意图

当导体受到轴向拉力 $F$ 的作用时,其长度伸长 $\Delta L$,截面积 $S$ 相应减少 $\Delta S$,电阻率 $\rho$ 改变 $\Delta\rho$,引起电阻 $R$ 的变化量 $\Delta R$。对式(7-7)全微分,并利用相对变化量来表示,则有

$$\frac{\mathrm{d}R}{R} = \frac{\mathrm{d}L}{L} + \frac{\mathrm{d}\rho}{\rho} - \frac{\mathrm{d}S}{S} \tag{7-8}$$

由于 $S = \pi r^2$,$\mathrm{d}S = 2\pi r \mathrm{d}r$,则式(7-8)可表示为

$$\frac{\mathrm{d}R}{R} = \frac{\mathrm{d}L}{L} + \frac{\mathrm{d}\rho}{\rho} - \frac{2\mathrm{d}r}{r} \tag{7-9}$$

依据式(7-2),并令 $\frac{\mathrm{d}L}{L} = \varepsilon$,则有 $\frac{\mathrm{d}r}{r} = -\mu\varepsilon$,代入式(7-9)整理得

$$\frac{\mathrm{d}R}{R} = \left[1 + 2\mu + (\mathrm{d}\rho/\rho)/\varepsilon\right] \times \varepsilon = K\varepsilon \qquad (7\text{-}10)$$

式中,$K = 1 + 2\mu + (\mathrm{d}\rho/\rho)/\varepsilon$,称为金属材料的应变灵敏系数,即单位应变所引起的电阻变化率。

由式(7-10)可知,金属材料的应变灵敏系数 $K$ 的大小由两个因素决定:① $(1+2\mu)$ 项,由金属电阻丝几何尺寸的变化引起。② $(\mathrm{d}\rho/\rho)/\varepsilon$ 项,由金属电阻丝的电阻率随应变的变化引起。对大部分金属而言,电阻率基本上与应力无关,可以忽略,决定金属材料 $K$ 值大小的主要是 $(1+2\mu)$。金属材料的应变灵敏系数较小,在弹性限度范围内,$K = 1.5 \sim 2$。

金属电阻应变片常用的材料有康铜、镍铬合金、镍铬铝合金、铁镍铬合金、铂、铂钨合金等。

**2. 金属电阻应变片的结构和类型**

金属电阻应变片种类繁多,形式多样,常见的基本结构包括金属丝式应变片、金属箔式应变片和薄膜式应变片。其中金属丝式因制作简单、性能稳定、价格低廉、易于粘贴而被广泛使用。

金属电阻应变片的典型结构如图 7-4 所示。它由五部分组成,包括由金属电阻丝组成的敏感栅、基片、黏结剂、面胶(覆盖层)、引出线等。敏感栅是由金属细丝(或金属箔经光刻腐蚀)制成栅形,金属丝的直径在 $0.015 \sim 0.05$mm,阻值为 $60 \sim 200\Omega$,通常为 $120\Omega$ 左右,栅长有 $200$mm、$100$mm、$1$mm、$0.5$mm 和 $0.2$mm 等规格。

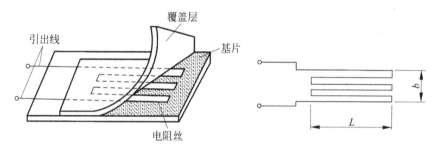

图 7-4 电阻丝应变片结构示意图

基片是将传感器弹性体表面的应变传递到敏感栅上的中间介质,同时也是敏感栅与弹性体之间的绝缘层。基片由黏结剂和有机树脂薄膜制成,基片厚一般为 $0.02 \sim 0.04$mm。面胶是保护敏感栅的覆盖层,由黏结剂和树脂制成。黏结剂的作用是将敏感栅与基座粘贴在一起,并将应变片粘贴在被测试件上。引线为直径 $0.1 \sim 0.15$mm 的镀锡铜线或用扁带形金属材料制成的导线。

金属箔式应变片的基本结构如图 7-5 所示,其敏感栅由很薄的金属箔片制成,厚度只有 $0.01 \sim 0.10$mm,用光刻、腐蚀等技术制作。箔式应变片的横向部分特别粗,可减少横向效应,且敏感栅的粘贴面积大,能更好地随同试件变形。此外,与金属丝式应变片相比,金属箔式应变片还具有散热性能好、允许电流大、灵敏度高、寿命长、可制成任意形状、易加工、生产效率高等优点,所以其使用范围日益扩大,已逐渐取代丝式应变片而占主要的地位。但需要注意,制造箔式应变片的电阻值的分散性要比丝式的大,有的能相差几十欧姆,故需要进行阻值的调整。

对金属电阻应变片敏感栅材料的基本要求如下:① 灵敏系数 $K$ 值大,并且在较大应变

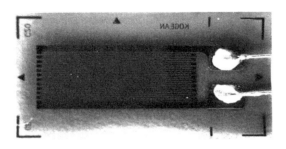

图 7-5　金属箔式应变片

范围内保持常数；②电阻温度系数小；③电阻率大；④机械强度高，且易于拉丝或辗薄；⑤与铜丝的焊接性好，与其他金属的接触热电势小。

　　薄膜式应变片与丝式和箔式两种传统的金属粘贴式电阻应变片不同，它采用真空蒸发或真空沉积的方法，将金属敏感材料直接镀制于弹性基片上。相对于金属粘贴式应变片而言，薄膜式应变片的应变传递性能得到了极大的改善，几乎无蠕变，并且具有应变灵敏度系数高、稳定性好、可靠性高、工作温度范围宽（－100℃～180℃）、使用寿命长、成本低等优点，是一种很有发展前景的新型应变片。

　　按应变片敏感栅结构形状不同，可分为单轴应变片和应变花。应变花是由两个或两个以上轴线相交成一定角度的单轴敏感栅组成的应变片（多轴应变片），用于测量平面的应变，如图 7-6 所示。

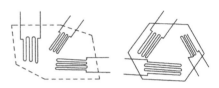

图 7-6　应变花示意图

### 3. 半导体电阻应变片

　　金属电阻应变片虽然有很多优点，但却存在一大弱点，即灵敏系数低。随着微电子学的发展，在 20 世纪 50 年代中期出现了半导体电阻应变片。

　　使用最多的半导体应变片是由 P 型单晶硅经切割、研磨加工成〈111〉晶向的薄片矩形条，此晶向上压阻系数最大，如图 7-7 所示。对 N 型单晶硅而言，在〈100〉晶向的压阻系数最大。

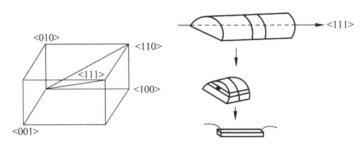

图 7-7　硅单晶电阻条制备示意图

　　对于半导体材料，在式（7-10）中，$(\mathrm{d}\rho/\rho)/\varepsilon$ 远大于 $(1+2\mu)$，约为 $(1+2\mu)$ 的 $50\sim70$ 倍，故半导体的电阻变化率主要由 $\mathrm{d}\rho/\rho$ 的变化引起。

$$\frac{\mathrm{d}R}{R} = \frac{\mathrm{d}\rho}{\rho} \tag{7-11}$$

当半导体应变片只沿其纵向受到应力 $\sigma$，应力引起电阻率的相对变化与应力成正比。

$$\frac{\mathrm{d}R}{R} = \frac{\mathrm{d}\rho}{\rho} = \pi\sigma = \pi E\varepsilon \tag{7-12}$$

式中，$\pi$ 为材料的压阻系数。

半导体的电阻灵敏系数很大，一般在 $70\sim170$，半导体的电阻灵敏系数比金属高得多，这是因为当力作用于硅单晶上时，使其晶格发生变化，引起能带结构发生改变，从而影响载流子在能谷中的迁移，使硅的电阻率发生显著变化。硅的压阻效应与晶向有关。利用半导体优良的压阻特性与其完美的弹性性能相结合，构成了半导体压阻式压力传感器的基础。

**4. 电阻应变片的测量电路**

由于电阻应变片的机械应变一般都很小，引起电阻的变化率也很小。要把微小的电阻变化率测量出来，同时要把这种变化转变为电压或电流的变化以供输出，需要设计专用的测量电路来实现。下面介绍几种电阻应变片常用测量电路。

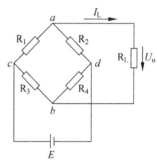

图 7-8  直流电桥电路[①]

直流电桥的基本电路形式如图 7-8 所示，图中 $R_1$、$R_2$、$R_3$、$R_4$ 称为电桥的桥臂电阻，$R_L$ 为其负载。$R_L$ 可以是测量仪表的内阻或其他外接电阻。$E$ 为外接电源电压，$U_o$ 为电桥输出电压。当 $R_L \to \infty$ 即电桥输出开路时，电桥的输出电压为

$$U_o = \left(\frac{R_1}{R_1+R_2} - \frac{R_3}{R_3+R_4}\right)E \tag{7-13}$$

当电桥平衡，即 $U_o=0$ 时，由上式可得到

$$R_1 R_4 = R_2 R_3 \quad \text{或} \quad \frac{R_1}{R_2} = \frac{R_3}{R_4} \tag{7-14}$$

式(7-14)即是电桥的平衡条件。

在实际测量中，往往用电阻应变片来代替电桥中 1 个、2 个或 4 个电阻。例如，桥臂电阻 $R_1$ 用电阻应变片来代替。当后接放大器的输入电阻 $R_L$ 比桥路输出电阻大很多时，仍可视电桥为开路情况。当应变片有应变，引起 $R_1$ 电阻值的变化量为 $\Delta R_1$ 时，其他桥臂电阻不变，且满足 $R_1 R_4 = R_2 R_3$，则电桥输出电压 $U_o$ 为

$$U_o = \left(\frac{R_1+\Delta R_1}{R_1+\Delta R_1+R_2} - \frac{R_3}{R_3+R_4}\right)E = \frac{R_4 \Delta R_1}{(R_1+\Delta R_1+R_2)(R_3+R_4)}E$$

$$= \frac{\left(\dfrac{R_4}{R_3}\right)\left(\dfrac{\Delta R_1}{R_1}\right)}{\left(1+\dfrac{\Delta R_1}{R_1}+\dfrac{R_2}{R_1}\right)\left(1+\dfrac{R_4}{R_3}\right)}E \tag{7-15}$$

由于 $\Delta R_1 \ll R_1$，式(7-15)分母中 $\Delta R_1/R_1$ 可忽略，并考虑初始平衡条件 $R_2/R_1 = R_4/R_3 = n$，上式可变为

$$U_o = \frac{n}{(1+n)^2}\frac{\Delta R_1}{R_1}E \tag{7-16}$$

电桥灵敏度 $S_V$ 定义为

$$S_V = \frac{U_o}{\dfrac{\Delta R_1}{R_1}} = \frac{n}{(1+n)^2}E \tag{7-17}$$

注：①说明：本书图片中的电阻统一用正体字，正文中涉及运算时使用斜体字母。

由式(7-17)可知,电桥的灵敏度 $S_\mathrm{V}$ 正比于电桥供电电压 $E$;另外,$S_\mathrm{V}$ 还与桥臂电阻之比 $n$ 有关。理论分析证明,$n=1$ 时,$S_\mathrm{V}$ 最大。即在电桥供电电压一定,当 $R_1=R_2=R_3=R_4=R$ 时,电桥灵敏度最高,这样可以分别将式(7-15)~式(7-17)简化为

$$U_\mathrm{o} = \frac{1}{4}\, \frac{1}{1+\dfrac{\Delta R}{2R}}\, \frac{\Delta R}{R} E \qquad (7\text{-}18)$$

$$U_\mathrm{o} = \frac{1}{4}\, \frac{\Delta R}{R} E \qquad (7\text{-}19)$$

$$S_\mathrm{V} = \frac{1}{4} E \qquad (7\text{-}20)$$

在上述分析中,没有考虑应变片参数的变化,并忽略了式(7-15)分母中 $\Delta R_1/R_1$ 项,这是一种理想情况,实际上输出电压 $U_\mathrm{o}$ 与 $\Delta R_1/R_1$ 非线性。为了消除测量中非线性引起的误差,可以采用半桥差动电路、全桥差动电路或高内阻恒流源电桥电路等。

半桥差动电路如图 7-9 所示,将两个应变片接入电桥的相邻两臂(图中 $R_1$、$R_2$)。应变片受力时,应使一个应变片受压应力,另一个受拉应力,且受力后的变化量 $|\Delta R_1|=|\Delta R_2|=\Delta R$,则半桥差动电路的输出电压 $U_\mathrm{o}$ 为

$$U_\mathrm{o} = \left( \frac{R_1+\Delta R_1}{R_1+\Delta R_1+R_2-\Delta R_2} - \frac{R_3}{R_3+R_4} \right) E \qquad (7\text{-}21)$$

当 $R_1=R_2=R_3=R_4=R$ 时,有

$$U_\mathrm{o} = \frac{1}{2}\, \frac{\Delta R}{R} E \qquad (7\text{-}22)$$

$U_\mathrm{o}$ 与 $\Delta R/R$ 成线性关系,且灵敏度 $S_\mathrm{V}=\dfrac{1}{2}E$ 比使用一支应变片提高了 1 倍,同时具有温度补偿作用。

全桥差动电路如图 7-10 所示,将电桥四臂都接入应变片,受力时两个受拉应力,另两个受压应力。若满足受力后的变化量 $|\Delta R_1|=|\Delta R_2|=|\Delta R_3|=|\Delta R_4|=\Delta R$,则输出电压为

$$U_\mathrm{o} = \frac{\Delta R}{R} E \qquad (7\text{-}23)$$

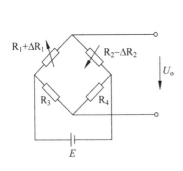

图 7-9　半桥差动电路

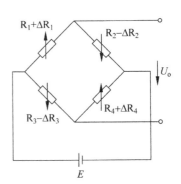

图 7-10　全桥差动电路

可见,全桥电路的电压灵敏度是单臂工作电桥的 4 倍。全桥电路和相邻臂工作的半桥电路不仅灵敏度高,而且当负载电阻 $R_\mathrm{L}=\infty$ 时,没有非线性误差,同时还起到温度补偿

作用。

高内阻恒流源供电的电桥电路如图 7-11 所示,采用这种恒流供电以减小由于供电电流不稳定引起的非线性误差。电桥可以在一臂、二臂或四臂上接应变片,电桥输出电压为

$$U_{\circ} = \frac{R_1 R_4 - R_2 R_3}{R_1 + R_2 + R_3 + R_4} I \tag{7-24}$$

现在以单臂 $R_1$ 为应变片,且满足不受力时,$R_1 = R_2 = R_3 = R_4 = R$,当受力作用时,$R$ 变为 $R + \Delta R$,则

$$U_{\circ} = \frac{\Delta R_1 R_4}{R_1 + \Delta R_1 + R_2 + R_3 + R_4} I = \frac{1}{4} \frac{1}{\left(1 + \frac{\Delta R}{4R}\right)} \Delta R I \tag{7-25}$$

将式(7-25)与式(7-18)相比较,分母中 $\Delta R$ 被 $4R$ 除,说明非线性误差减小了。

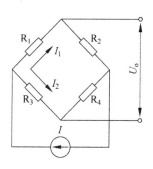

图 7-11　恒流源电桥电路

**5. 温度误差及补偿**

1) 温度误差

作为测量用的应变片,希望其电阻只随应变而变,不受其他因素的影响。实际上,应变片的电阻受环境温度(包括试件的温度)的影响很大。因环境温度改变引起电阻变化的主要因素有两方面:①应变片电阻丝的温度系数;②电阻丝材料与试件材料的线膨胀系数不同。

温度变化引起的敏感栅电阻的相对变化为$(\Delta R/R)$,设温度变化 $\Delta t$。栅丝电阻温度系数为 $\alpha_t$,则

$$\left(\frac{\Delta R}{R}\right)_1 = \alpha_t \Delta t \tag{7-26}$$

试件与电阻丝材料的线膨胀系数不同所引起的变形使电阻有相对变化。

$$\left(\frac{\Delta R}{R}\right)_2 = K(\alpha_g - \alpha_s)\Delta t \tag{7-27}$$

式中,$K$ 为应变片灵敏系数;$\alpha_g$ 为试件膨胀系数;$\alpha_s$ 为应变片敏感栅材料的膨胀系数。

因此,由于温度变化而引起总电阻相对变化为

$$\left(\frac{\Delta R}{R}\right) = \left(\frac{\Delta R}{R}\right)_1 + \left(\frac{\Delta R}{R}\right)_2 = \alpha_t \Delta t + K(\alpha_g - \alpha_s)\Delta t \tag{7-28}$$

2) 温度误差补偿

温度的变化会引起电阻应变片阻值的变化,造成测量误差,因此,在使用中必须对电阻应变片进行温度补偿。通常温度误差的补偿方法包括自补偿法和线路补偿法。

(1) 单丝自补偿法。

从式(7-28)可看出,为使温度变化而引起总电阻变化为零,必须满足

$$\alpha_t = -K(\alpha_g - \alpha_s) \tag{7-29}$$

对于给定的试件($\alpha_g$ 给定),适当选取栅丝的温度系数 $\alpha_t$ 及膨胀系数 $\alpha_s$,以满足式(7-29),可在一定温度范围内进行补偿。例如,对于给定的试件材料和选定的康铜或镍铬铝合金栅丝($\alpha_g$、$\alpha_s$ 及 $K$ 均已给定),适当地选择或控制、调整栅丝温度系数 $\alpha_t$,如改变栅丝合金成分,

进行冷却或不同的热处理规范来拉制栅丝温度系数 $\alpha_t$。康铜丝温度系数 $\alpha_t$ 与退火温度的关系如图 7-12 所示。

如试件为不锈钢，$\alpha_g = 14 \times 10^{-6}$，敏感栅选用康铜丝，$\alpha_s = 15 \times 10^{-6}$，$K = 2$，要满足温度自补偿条件，按式(7-29)，可求出 $\alpha_t = 2 \times 10^{-6}$，康铜丝相应退火温度应为 380℃。这种自补偿应变片容易加工，成本低，缺点是只适用特定试件材料，温度补偿范围也较窄。

（2）组合式应变片自补偿。

应变片敏感栅丝由两种不同温度系数的金属丝串接组成，包括两种类型。一种类型是选用两者具有不同符号的电阻温度系数，结构如图 7-13 所示。通过实验与计算，调整 $R_1$ 和 $R_2$ 的比例，使温度变化时，电阻变化满足 $(\Delta R_1)_t = -(\Delta R_2)_t$，经变换得

$$R_1/R_2 = (\Delta R_2/R_2)_t / (\Delta R_1/R_1)_t \tag{7-30}$$

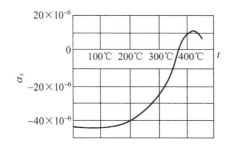

图 7-12　康铜丝温度系数曲线

图 7-13　组合式自补偿法之一

通过调节两种敏感极的长度来控制应变片的温度自补偿，可达 $\pm 0.45 \mu\varepsilon/℃$ 的高精度。栅丝可用康铜—镍铬或康铜—镍串联组成。

另一种类型是串接的电阻丝具有相同符号的温度系数，其结构及电桥连接方式如图 7-14 所示。

在电阻丝 $R_1$ 和 $R_2$ 串接处焊接一引线 2，$R_2$ 为补偿电阻，具有高的温度系数及低应变灵敏系数。$R_1$ 作为电桥的一臂，$R_2$ 与一个温度系数很小的附加电阻 $R_B$ 共同作为电桥的一臂，且作为 $R_1$ 的相邻臂。适当调节 $R_1$ 和 $R_2$ 的长度比和外接电阻 $R_B$ 阻值，使之满足条件

$$(\Delta R_1/R_1)_t = -(\Delta R_2)_t/(R_2 + R_B) \tag{7-31}$$

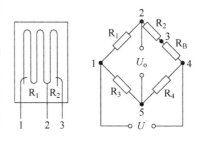

图 7-14　组合式自补偿法之二

从电桥原理可知，温度变化引起的电桥相邻两臂(1-2，2-4)的电阻变化相等或很接近，相应的电桥输出电压为零或很小。经计算这种补偿可以达到 $\pm 0.1 \mu\varepsilon/℃$ 的高精度。其缺点是只适合于特定试件材料；此外，补偿电阻 $R_2$ 比 $R_1$ 小得多，但总要敏感应变，在桥路中与工作栅 $R_1$ 敏感的应变起抵消作用，从而使应变片的灵敏度下降。

（3）线路补偿法。

常用的补偿方法是线路补偿法，如图 7-15 所示，工作应变片 $R_1$ 安装在被测试件上，另选一个特性与 $R_1$ 相同的补偿片 $R_B$，安装在材料与试件相同的某补偿件上，补偿件温度系数

与试件相同,但不承受应变。温度变化时,$(\Delta R_1)_t = (\Delta R_B)_t$,根据电桥理论可知,其输出电压 $U_o$ 与温度变化无关。

有些情况下,可以比较巧妙地安装应变片,而不需补偿件并兼得灵敏度的提高。差动电桥补偿法如图 7-16 所示,测量梁的弯曲应变时,将两个应变片分贴于上下两面对称位置,$R_1$ 与 $R_B$ 特性相同,所以二电阻变化值相同而符号相反。但 $R_1$ 与 $R_B$ 接入相邻桥臂,电桥输出比单片时增加 1 倍。当梁上下面温度一致时,可起到温度补偿作用。

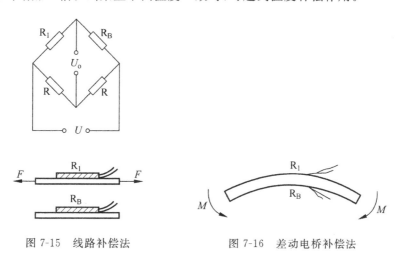

图 7-15　线路补偿法　　　　图 7-16　差动电桥补偿法

也可以采用热敏电阻进行补偿,如图 7-17 所示。热敏电阻补偿法是将热敏电阻 $R_t$ 与应变片置于同一温度环境中,将分流电阻 $R_5$ 与热敏电阻 $R_t$ 并联后串接到电桥的输出回路中。适当选择 $R_5$ 与 $R_t$ 的阻值和温度系数,使电桥输出值得到补偿。

**6. 电阻应变片的应用与命名**

用电阻应变片作为敏感元件组成的电阻应变传感器可以用来测量力、力矩、加速度和质量等。电阻应变片采用粘贴技术固定在弹性体上,如图 7-18 所示。粘贴步骤:①贴片处用细砂纸打磨干净;②在应变片基底上滴一小滴 502 胶水;③用电烙铁将应变片引线焊接到引线上;④用 704 硅橡胶覆于应变片上,防止受潮。

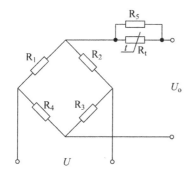

图 7-17　热敏电阻补偿法　　　　图 7-18　电阻应变片粘贴图

电阻应变片的命名方法如下：

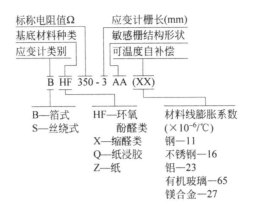

## 7.3 扩散硅压阻式压力传感器

硅晶体具有良好的弹性形变性能和显著的压阻效应。早期的硅压力传感器就是前面介绍的半导体应变片，使用时把芯片粘贴在弹性元件上，由于采用粘贴结构，存在较大的滞后和蠕变现象，并且固有频率低、精度不高、集成化困难，限制了其使用和发展。20世纪70年代，采用微电子技术制成了周边固定支撑的电阻与硅膜片一体化的硅杯结构扩散型压阻式传感器，使硅压阻式力学量传感器获得了极大的发展。

### 7.3.1 半导体的压阻系数

在半导体仅承受拉伸应力情况下，7.2节中给出了压阻系数 $\pi$ 这一物理量。由于半导体晶体材料各向异性，压阻系数具有较复杂的形式。下面对压阻系数进行深入讨论。

**1. 应力张量**

弹性体内某一点的应力，要用9个应力分量组成的应力张量来描述。假想在弹性体内取一正平行六面微分体，整个弹性体可以看成是由无数小微分体组成。若正平行六面微分体足够小，则其各面上的应力矢量便相当于通过其内部一点作用在这些面上的应力矢量。选择坐标系的3个轴1、2、3与正平行六面微分体的3个棱边平行，则各个面上的应力矢量均可用如图7-19所示的应力分量来表示。

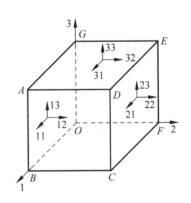

图7-19 立方体各面上的应力分布

平面 $ABCD$ 上的应力分量为 $\sigma_{11}$、$\sigma_{12}$、$\sigma_{13}$，平面 $CDEF$ 上的应力分量为 $\sigma_{21}$、$\sigma_{22}$、$\sigma_{23}$，平面 $ADEG$ 上应力分量为 $\sigma_{31}$、$\sigma_{32}$、$\sigma_{33}$。其中 $\sigma_{11}$ 为作用在平面1上指向平面1的法向（方向1）的应力分量，$\sigma_{12}$ 为作用在平面1上指向平面1切向（方向2）的应力分量，$\sigma_{13}$ 为作用在平面1上指向平面1的切向（方向3）的应力分量，其余面上依此类推。正平行六面体另外3个平面的应力分量与上述3个平面应力分量对应相等，方向相反，从而保证弹性体内各点的内力平衡。这样，只须引入上述9个应力分量就可以完全给出正平行六面微分体的应力分布。当微分体的体积足够小时,则上面 9 个分量每个都与 2 个方向有关,而每个方向上只有 3 个分量,因此这 9 个应力分量构成一个二阶张量,可表示为

$$\sigma = \begin{bmatrix} \sigma_{11} & \sigma_{12} & \sigma_{13} \\ \sigma_{21} & \sigma_{22} & \sigma_{23} \\ \sigma_{31} & \sigma_{32} & \sigma_{33} \end{bmatrix} \tag{7-32}$$

由于弹性体中任意正平行六面体不仅满足内力平衡条件,而且满足内力矩平衡条件,即剪切应力应当相等,因此有

$$\sigma_{12} = \sigma_{21}, \quad \sigma_{23} = \sigma_{32}, \quad \sigma_{31} = \sigma_{13} \tag{7-33}$$

式(7-33)就是切应力成对定律的数学表示。由此可知,应力张量是二阶对称张量,独立的应力分量只有 6 个。为了表示应力分量只有 6 个独立分量,把应力张量的 2 个下标按下列规定缩写成一个下标:

$$11 \rightarrow 1 \quad 22 \rightarrow 2 \quad 33 \rightarrow 3 \quad 23 = 32 \rightarrow 4 \quad 31 = 13 \rightarrow 5 \quad 12 = 21 \rightarrow 6$$

并用一列矩阵表示为

$$\sigma = \begin{bmatrix} \sigma_1 \\ \sigma_2 \\ \sigma_3 \\ \sigma_4 \\ \sigma_5 \\ \sigma_6 \end{bmatrix} \tag{7-34}$$

式中,$\sigma_1$、$\sigma_2$、$\sigma_3$ 称为法向应力分量;$\sigma_4$、$\sigma_5$、$\sigma_6$ 称为切向应力分量。应力单位为 Pa,通常张应力取正值,压应力取负值。

**2. 压阻系数**

半导体材料的电阻率随外加作用力大小而变化,这种现象称为半导体的压阻效应。半导体材料的电阻率与其载流子的浓度和迁移率等因素有关。半导体的禁带宽度和杂质能级的深度随压力而改变,均可引起载流子浓度的改变。

1) N 型硅中压阻效应

对于锗、硅等一些具有多个不同极值能带结构的半导体材料,在受到应力作用时,往往会引起能带极值的移动,使不同的能谷之间发生电子转移,改变了各能谷中电子的原来分布,使材料的电子(空穴)迁移率发生变化,从而引起电阻率的变化。下面以硅为例定性进行讨论。硅的导带等能面是极值沿〈100〉方向的 6 个旋转椭球面,如图 7-20 所示。

设在无应力作用时,电子浓度为 $n$,由于能带结构的对称性,6 个能谷中电子数均为 $n/6$。当沿〈100〉方向施加压缩应力 $\sigma$ 时,硅晶体沿〈100〉方向被压缩,晶格间距变小。同时在〈010〉和〈001〉方向要发生膨胀,晶格间距增大。实验证明,硅的禁带宽度随压力的增加而减小。所以,沿〈100〉方向施加压缩力后,〈100〉方向极值能量降低,而〈010〉和〈001〉方向的极值能量升高。等能面的变化如图 7-20 中虚线所示。虚线画在实线之外表示极值下降。

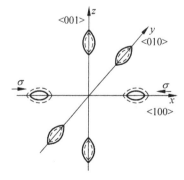

图 7-20  在应力作用下硅等
能面变化示意面

因此,引起$\langle 010 \rangle$和$\langle 001 \rangle$方向能谷中能量较高的电子向$\langle 100 \rangle$能谷中转移而电子减少,使电子分布发生了新的变化。由于等能面为椭球面的电子有效质量$m_n^*$包括两个分量——纵向有效质量$m_l$和横向有效质量$m_t$,且$m_l > m_t$。由公式

$$\mu_n = \frac{q\tau}{m_n^*} \tag{7-35}$$

可知,沿椭球主轴方向纵向迁移率$\mu_l$小于垂直于主轴方向的横向迁移率$\mu_t$,即$\mu_l < \mu_t$。

由上述分析可知,沿$\langle 100 \rangle$方向施加压缩应力,并沿$\langle 100 \rangle$方向通电流测电阻率,那么$\langle 010 \rangle$和$\langle 001 \rangle$方向 4 个能谷中的部分电子转移到$\langle 100 \rangle$能谷中,设其转移的电子浓度为$\Delta n$,这些电子在原来能谷中对$\langle 010 \rangle$和$\langle 001 \rangle$方向的电导率贡献为$\Delta n q \mu_t$,而转移到$\langle 100 \rangle$能谷后,对电导率的贡献变成了$\Delta n q \mu_l$,从而使电导率变化了$\Delta n q (\mu_l - \mu_t)$,使材料的电导率降低,电阻率增大。这与表 7-2 给出的压阻系数一致,在这种情况下,$\Delta \rho / \rho = \pi_{11} \sigma$,N 型硅的$\pi_{11} = -102.2$,对压缩应力,$\sigma < 0$,所以$\Delta \rho / \rho > 0$,电阻率增大。

当应力沿$\langle 100 \rangle$方向,在与之垂直的$\langle 010 \rangle$和$\langle 001 \rangle$方向通电流测电阻率,则电导率改变为$\Delta n q (\mu_t - \mu_l)$,这时材料的电导率增大,电阻率减小。这与表 7-2 给出的 N 型硅的$\pi_{12}$正值相一致。

2)P 型硅中压阻效应

硅的价带顶存在 3 个能带,不受力时,重空穴能带$V_h$和轻空穴能带$V_l$在价带顶简并。另外,还有一个分裂带。晶体受拉伸作用时,价带顶能带的简并度取消,$V_h$和$V_l$的极大点向相反方向移动,如图 7-21 所示。这就造成了轻、重空穴浓度的变化,重空穴能带$V_h$向上移动,重空穴浓度增加;轻空穴能带$V_l$向下移动,轻空穴浓度减小。分裂能带$V_s$对压阻效应没有贡献。因为价带的空穴总浓度不变,故有

$$\Delta P_h = -\Delta P_l > 0 \tag{7-36}$$

P 型硅电导率的变化

$$\Delta \sigma = q \Delta P_h (\mu_{ph} - \mu_{pl}) = q^2 \Delta P_h <\tau> (1/m_{ph}^* - 1/m_{pl}^*) < 0 \tag{7-37}$$

式中,重空穴的有效质量$m_{ph}^* = 0.49 m_0$;轻空穴的有效质量$m_{pl}^* = 0.16 m_0$。

在承受拉应力时,电导率降低,而承受压应力时电导率升高,这就是 P 型硅中压阻效应的起因。

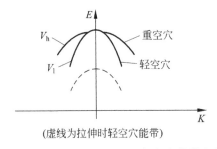

(虚线为拉伸时轻空穴能带)

图 7-21　P 型硅受拉伸应力时,重空穴和轻空穴能带向相反方向移动

半导体的压阻效应具有明显的各向异性的性质,沿晶体某一方向施加作用力,再沿相同或不同的方向通电流,并测电流方向上的电阻率,发现电阻率的变化量随力或电流方向不同而不同。

当沿晶体$\langle 100 \rangle$方向通电流,在不受力的情况下测得这个方向的电阻率为$\rho_0$时,同样沿

$\langle 100 \rangle$方向施加应力$\sigma$,再测电阻率为$\rho$,则电阻率的相对变化量$(\rho - \rho_0)/\rho_0 = \Delta\rho/\rho_0$与应力$\sigma$成正比,即

$$\frac{\Delta\rho}{\rho_0} = \pi_{11}\sigma \tag{7-38}$$

式中,$\pi_{11}$称为$\langle 100 \rangle$方向的纵向压阻系数。

若沿$\langle 100 \rangle$方向施加应力$\sigma$,而沿与之垂直的$\langle 010 \rangle$方向通电流,并测这个方向的电阻率,则$\Delta\rho/\rho_0$与$\sigma$成正比,但比例系数与前面的不同,用$\pi_{12}$表示,$\pi_{12}$称为$\langle 100 \rangle$方向的横向压阻系数,即

$$\frac{\Delta\rho}{\rho} = \pi_{12}\sigma \tag{7-39}$$

如果电流沿$\langle 100 \rangle$方向,受剪切应力$\sigma$作用,$\Delta\rho/\rho_0$与$\sigma$成正比,但比例系数与前面的不同,用$\pi_{44}$表示,称为剪切压阻系数,即

$$\frac{\Delta\rho}{\rho} = \pi_{44}\sigma \tag{7-40}$$

6个独立应力分量$\sigma_1$、$\sigma_2$、$\sigma_3$、$\sigma_4$、$\sigma_5$、$\sigma_6$引起电阻率的变化率分别为$(\mathrm{d}\rho/\rho)_1$、$(\mathrm{d}\rho/\rho)_2$和$(\mathrm{d}\rho/\rho)_3$。剪切应力引起的电阻率变化率分别为$(\mathrm{d}\rho/\rho)_4$、$(\mathrm{d}\rho/\rho)_5$和$(\mathrm{d}\rho/\rho)_6$。用$\delta$表示电阻率的变化率,将上述6个独立电阻率的变化率写成$\delta_1$、$\delta_2$、$\delta_3$、$\delta_4$、$\delta_5$和$\delta_6$。电阻率的变化率与应力间的关系由压阻系数联系起来,它们之间的关系用下列矩阵方程给出:

$$
\begin{bmatrix} \delta_1 \\ \delta_2 \\ \delta_3 \\ \delta_4 \\ \delta_5 \\ \delta_6 \end{bmatrix} =
\begin{bmatrix}
\pi_{11} & \pi_{12} & \pi_{13} & \pi_{14} & \pi_{15} & \pi_{16} \\
\pi_{21} & \pi_{22} & \pi_{23} & \pi_{24} & \pi_{25} & \pi_{26} \\
\pi_{31} & \pi_{32} & \pi_{33} & \pi_{34} & \pi_{35} & \pi_{36} \\
\pi_{41} & \pi_{42} & \pi_{43} & \pi_{44} & \pi_{45} & \pi_{46} \\
\pi_{51} & \pi_{52} & \pi_{53} & \pi_{54} & \pi_{55} & \pi_{56} \\
\pi_{61} & \pi_{62} & \pi_{63} & \pi_{64} & \pi_{65} & \pi_{66}
\end{bmatrix}
\begin{bmatrix} \sigma_1 \\ \sigma_2 \\ \sigma_3 \\ \sigma_4 \\ \sigma_5 \\ \sigma_6 \end{bmatrix} \tag{7-41}
$$

由于法向应力不产生剪切压阻效应,则

$$\pi_{41} = \pi_{42} = \pi_{43} = \pi_{51} = \pi_{52} = \pi_{53} = \pi_{61} = \pi_{62} = \pi_{63} = 0 \tag{7-42}$$

由于剪切应力不产生正向压阻效应,则

$$\pi_{14} = \pi_{15} = \pi_{16} = \pi_{24} = \pi_{25} = \pi_{26} = \pi_{34} = \pi_{35} = \pi_{36} = 0 \tag{7-43}$$

由于剪切应力只在剪切平面内产生压阻效应,不在该剪切应力所在平面之外产生压阻效应,则

$$\pi_{45} = \pi_{46} = \pi_{54} = \pi_{56} = \pi_{64} = \pi_{65} = 0 \tag{7-44}$$

由于单晶硅是立方晶体,3个晶轴完全等效,且坐标轴与晶轴重合,正向压阻效应相等,即$\pi_{11} = \pi_{22} = \pi_{33}$,横向压阻效应相等,即$\pi_{12} = \pi_{21} = \pi_{13} = \pi_{31} = \pi_{23} = \pi_{32}$,剪切压阻效应相等,即$\pi_{44} = \pi_{55} = \pi_{66}$,因此,式(7-41)压阻系数矩阵变为

$$
\begin{bmatrix}
\pi_{11} & \pi_{12} & \pi_{12} & 0 & 0 & 0 \\
\pi_{12} & \pi_{11} & \pi_{12} & 0 & 0 & 0 \\
\pi_{12} & \pi_{12} & \pi_{11} & 0 & 0 & 0 \\
0 & 0 & 0 & \pi_{44} & 0 & 0 \\
0 & 0 & 0 & 0 & \pi_{44} & 0 \\
0 & 0 & 0 & 0 & 0 & \pi_{44}
\end{bmatrix} \tag{7-45}
$$

　　由上述分析可知,独立的压阻系数分量仅有 $\pi_{11}$、$\pi_{12}$ 和 $\pi_{44}$ 3 个。$\pi_{11}$、$\pi_{12}$ 和 $\pi_{44}$ 分别为晶轴方向上的纵向压阻系数、横向压阻系数和剪切压阻系数。$\pi_{11}$、$\pi_{12}$ 和 $\pi_{44}$ 也称为基本压阻系数。

　　如果在晶轴坐标系中,欲求任意方向即任意晶向的压阻系数,可分为两种情况来考虑:一种是求纵向压阻系数,另一种是求横向压阻系数。

　　若电流 $I$ 通过单晶硅的任一方向 $P$,如图 7-22 所示,图中坐标轴 1、2、3 与硅的晶轴重合。测量电阻率也沿 $P$ 方向,则 $P$ 方向称为纵向。如有应力沿此方向作用在单晶硅上,则称此应力为纵向应力 $\sigma_l$。纵向应力 $\sigma_l$ 在单晶硅 $P$ 方向上引起电阻率变化率的压阻系数称为纵向压阻系数 $\pi_l$,欲求 $\pi_l$,必须将式(7-45)中各压阻系数分量全部投影到 $P$ 方向上才能得到。为此取一新坐标系 $1'$、$2'$、$3'$,使 $1'$ 与 $P$ 方向重合。设 $P(1'$ 轴)在晶轴坐标系 1、2、3 中的方向余弦为 $L_1$、$m_1$、$n_1$,根据张量变换公式计算得到纵向压阻系数 $\pi_l$ 为

$$\pi_l = \pi_{11} - 2(\pi_{11} - \pi_{12} - \pi_{44})(L_1^2 m_1^2 + m_1^2 n_1^2 + n_1^2 L_1^2) \tag{7-46}$$

　　如 $Q$ 方向与 $P$ 方向垂直,如图 7-22 所示,称 $Q$ 为 $P$ 的横向。若有应力 $\sigma_t$ 沿 $Q$ 方向作用在单晶硅上,称此应力 $\sigma_t$ 为横向应力,横向应力 $\sigma_t$ 在纵向 $P$ 引起电阻率变化率的压阻系数称为横向压阻系数 $\pi_t$。欲求 $\pi_t$,可利用类似于求 $\pi_l$ 的方法,使 $2'$ 轴与 $Q$ 方向重合,若 $Q$($2'$ 轴)在晶轴坐标系中的方向余弦为 $L_2$、$m_2$ 和 $n_2$,可得到横向压阻系数 $\pi_t$ 的计算公式为

$$\pi_t = \pi_{12} + (\pi_{11} - \pi_{12} - \pi_{44})(L_1^2 L_2^2 + m_1^2 m_2^2 + n_1^2 n_2^2) \tag{7-47}$$

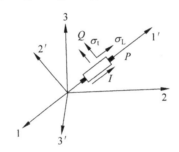

图 7-22　求任意晶向压阻系数示意图

　　任意晶向的纵向压阻系数和横向压阻系数求出后,如果单晶硅在此晶向同时受到纵向应力和横向应力的作用,则在此晶向(即电流通过的方向)上的电阻变化率,可将式(7-38)和式(7-39)联立,按下式计算:

$$\frac{\Delta R}{R} = \pi_l \sigma_l + \pi_t \sigma_t \tag{7-48}$$

　　表 7-2 中列出了室温下,单晶硅 $\pi_{11}$、$\pi_{12}$ 和 $\pi_{44}$ 的数值。在计算纵向和横向压阻系数时,必须注意所求晶向是否在同一晶面上,如在 $\langle 100 \rangle$ 晶面,可以计算 $\langle 100 \rangle$ 和 $\langle 011 \rangle$ 晶向的压阻系数,而不能求 $\langle 110 \rangle$ 和 $\langle 1\overline{1}0 \rangle$ 晶向的压阻系数。表 7-3 列出了单晶硅一些主要晶向的纵向压阻系数和横向压阻系数的计算公式。

表 7-2　硅单晶 $\pi_{11}$、$\pi_{12}$ 和 $\pi_{44}$ 的数值($\times 10^{-11} \mathrm{m}^2/\mathrm{N}$)

| 导电类型 | 电阻率/$(\Omega \cdot \mathrm{cm})$ | $\pi_{11}$ | $\pi_{12}$ | $\pi_{44}$ |
| --- | --- | --- | --- | --- |
| P | 7.8 | 6.6 | $-1.1$ | 138.1 |
| N | 11.7 | $-102.2$ | 53.4 | $-13.6$ |

表 7-3  硅主要晶向的纵向压阻系数和横向压阻系数

| 纵 向 晶 向 | 纵向压阻系数 | 横 向 晶 向 | 横向压阻系数 |
|---|---|---|---|
| 001 | $\pi_{11}$ | 010 | $\pi_{12}$ |
| 001 | $\pi_{11}$ | 110 | $\pi_{12}$ |
| 111 | $1/3(\pi_{11}+2\pi_{12}+2\pi_{44})$ | $1\bar{1}0$ | $1/3(\pi_{11}+2\pi_{12}-\pi_{44})$ |
| 111 | $1/3(\pi_{11}+2\pi_{12}+2\pi_{44})$ | $11\bar{2}$ | $1/3(\pi_{11}+2\pi_{12}-\pi_{44})$ |
| $1\bar{1}0$ | $1/2(\pi_{11}+\pi_{12}+\pi_{44})$ | 111 | $1/3(\pi_{11}+2\pi_{12}-\pi_{44})$ |
| $1\bar{1}0$ | $1/2(\pi_{11}+\pi_{12}+\pi_{44})$ | 001 | $\pi_{12}$ |
| $1\bar{1}0$ | $1/2(\pi_{11}+\pi_{12}+\pi_{44})$ | 110 | $1/2(\pi_{11}+\pi_{12}-\pi_{44})$ |
| $1\bar{1}0$ | $1/2(\pi_{11}+\pi_{12}+\pi_{44})$ | $11\bar{2}$ | $1/6(\pi_{11}+5\pi_{12}-\pi_{44})$ |
| $11\bar{2}$ | $1/2(\pi_{11}+\pi_{12}+\pi_{44})$ | $1\bar{1}0$ | $1/6(\pi_{11}+5\pi_{12}-\pi_{44})$ |
| $1\bar{1}0$ | $1/2(\pi_{11}+\pi_{12}+\pi_{44})$ | $22\bar{1}$ | $1/9(4\pi_{11}+5\pi_{12}-4\pi_{44})$ |
| $22\bar{1}$ | $\pi_{11}-16/27(\pi_{11}-\pi_{12}-\pi_{44})$ | $1\bar{1}0$ | $1/9(4\pi_{11}+5\pi_{12}-4\pi_{44})$ |

### 3. 影响压阻系数的一些因素

半导体压阻系数的大小,主要受扩散杂质浓度和工作温度影响。压阻系数与扩散杂质的表面浓度 $N_S$ 的关系如图 7-23 所示。图中一条曲线为 P 型硅扩散层的压阻系数 $\pi_{44}$ 与其表面杂质浓度 $N_S$ 的关系曲线;另一条曲线为 N 型硅表面扩散层的压阻系数 $\pi_{11}$ 与其表面杂质浓度 $N_S$ 的关系曲线。由曲线可知,压阻系数随扩散杂质浓度的增大而减小,而且在相同的表面杂质浓度下,P 型硅的压阻系数比 N 型硅的高,因此,选用 P 型层有利于提高器件的灵敏度。

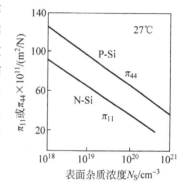

图 7-23  压阻系数与扩散杂质的表面浓度 $N_S$ 的关系

压阻系数与温度的关系如图 7-24 所示。图 7-24(a) 为 P 型硅电阻 $\pi_{44}$ 与温度的关系;7-24(b) 为 N 型硅电阻 $\pi_{44}$ 与温度的关系。由图可见,表面杂质浓度低时,温度升高,压阻系数下降得快;表面杂质浓度高时,温度升高,压阻系数下降得慢。为减小温度影响,扩散杂质浓度高些好。但杂质浓度高时,压阻系数要降低,而且浓度高时,扩散层 P 型层与 N 型衬底之间的隔离 PN 结的击穿电压也要降低,降低了器件的工作耐压。在决定采用多大表面浓度扩散时,应该全面考虑压阻系数、击穿电压和温度影响等要求。

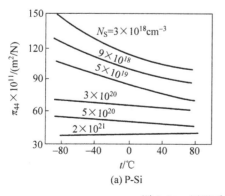

(a) P-Si

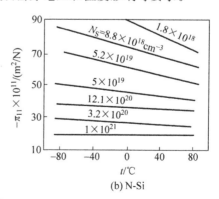

(b) N-Si

图 7-24  压阻系数与温度的关系

### 7.3.2 压阻式压力传感器的结构设计

**1. 硅压力膜片的应力分析**

扩散硅压阻式压力传感器的核心是一个周边固支的上面扩散有硅应变电阻条的弹性膜片,即硅压阻芯片。常用的硅压阻芯片根据膜片截面形状可分为两种结构:一种是周边固支的圆形硅杯膜片结构,如图 7-25(a)所示;另一种是周边固支的方形或矩形硅杯膜片结构,如图 7-25(b)所示。圆形硅杯结构多用于小型传感器,方形和矩形硅杯结构多用于尺寸较大、输出较大的传感器。硅杯膜片的结构不同,应力分布也不同。周边固支等厚度圆形膜片由于横断面为 C 形故常称为 C 形膜片,当有压力作用在其上时,在硅膜片背面产生表面径向应力 $\sigma_r$ 和切向应力 $\sigma_t$,分别为

$$\sigma_r = -\frac{3p}{8h^2}[a^2(1+\mu) - r^2(3+\mu)] \qquad \sigma_t = -\frac{3p}{8h^2}[a^2(1+\mu) - r^2(1+3\mu)] \qquad (7\text{-}49)$$

式中,$p$ 为外加压力;$a$ 为膜片有效半径;$\mu$ 为泊松比;$r$ 为计算点的半径。

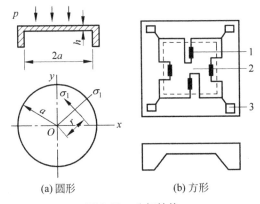

(a) 圆形　　　　(b) 方形

图 7-25　硅杯结构

1—力敏电阻;2—膜片边;3—金属压焊点

根据式(7-49)做出的圆形硅杯膜片各点上应力 $\sigma_r$、$\sigma_t$ 与 $r/a$ 之间的关系,如图 7-26 所示。由图可见,膜片的圆心和边缘部位是应力最大的部位。当 $r=0.635a$ 时,$\sigma_r=0$,仅有切向应力;$r>0.635a$ 时,$\sigma_r>0$,为拉应力;$r<0.635a$ 时,$\sigma_r<0$,为压应力。当 $r=0.812a$ 时,$\sigma_t=0$,仅有压应力 $\sigma_r$;当 $r>0.812a$ 时,$\sigma_t>0$;当 $r<0.812a$ 时,$\sigma_t<0$。为了保证膜片上应变与应力间的线性关系,应使膜片处于小挠度变形范围内。在设计硅敏芯片时,应将扩散力敏电阻条配置在应力最大的位置上,以获得最高的灵敏度。

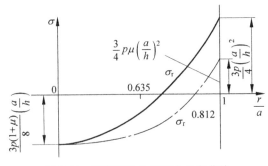

图 7-26　圆形膜片上的应力分布曲线

对于周边固支的长方形膜片和正方形膜片,当受到垂直于中面的分布载荷 $p$ 的作用时,为分析方便通常将坐标系 $O\text{-}xyz$ 的原点取在板的中心,$O_x$ 和 $O_y$ 轴取在膜的中面内,$O_z$ 轴垂直向下,如图 7-27 所示。当载荷不大时,膜发生小的形变,通常假定中面各点只发生沿 $O_z$ 方向的位移——挠度 $W$,它是中点坐标 $x$ 和 $y$ 的函数。

$$W = \frac{7p}{128\left(b^4 + a^4 + \frac{4}{7}a^2b^2\right)D}(x^2 - a^2)^2(y^2 - b^2)^2 \tag{7-50}$$

式中,$p$ 为载荷;$D$ 为膜的弯曲刚度,$D = \dfrac{Eh^2}{12(1-\mu^2)}$;$E$ 为硅的弹性模量。

对于正方形膜片,$b=a$,则挠度为

$$W = 0.0213\frac{p}{a^4 D}(x^2 - a^2)^2(y^2 - a^2)^2 \tag{7-51}$$

方形膜片的中心挠度为

$$W_{\max} = 0.0213\frac{pa^4}{D} \tag{7-52}$$

长方形膜片的应力为

$$\begin{cases} \sigma_x = -\dfrac{Eh}{2(1-\mu^2)}\left(\dfrac{\partial^2 W}{\partial x^2} + \mu\dfrac{\partial^2 W}{\partial y^2}\right) \\ \sigma_y = -\dfrac{Eh}{2(1-\mu^2)}\left(\mu\dfrac{\partial^2 W}{\partial x^2} + \dfrac{\partial^2 W}{\partial y^2}\right) \end{cases} \tag{7-53}$$

目前,对于方形或矩形膜片,应力分析一般需要利用有限元方法进行应力分布计算,以实现优化设计。某方形膜片应力分析的有限元分析结果如图 7-28 所示。

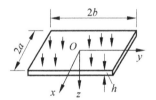 

图 7-27　矩形膜片的应力分布　　　　图 7-28　方形膜片有限元分析应力分布

### 2. 膜片上力敏电阻位置

膜片通常用 N 型单晶硅制成,在 N 型硅面上用扩散的方法,在适当的位置形成 4 个 P 型力敏电阻,组成惠斯通电桥电路,电桥可以恒压源供电或恒流源供电,如图 7-10 所示。在有应力作用时,$R_1$ 和 $R_4$ 产生正的增量,$R_2$ 和 $R_3$ 产生负的增量(或相反)。为此,必须合理选择硅膜片的晶向、扩散电阻的晶向及扩散电阻在膜片上的位置。压阻效应的选择,既可以只利用纵向压阻效应,又可以既利用纵向压阻效应又利用横向压阻效应。既可以将 4 个力敏电阻安置于同一应力区,也可分别置于正、负应力区。

1) 圆形膜片情况

圆形膜片常选取 N 型硅⟨100⟩晶面作为衬底材料,P 型硅室温下⟨001⟩晶面的纵向和横向压阻系数如图 7-29 所示,此时⟨110⟩和⟨1$\bar{1}$0⟩晶向上的压阻系数最大,对称性好。

4 个扩散电阻互相平行,电阻 $R_1$ 和 $R_4$ 沿⟨1$\bar{1}$0⟩晶向布置,$R_1$ 和 $R_4$ 为径向电阻,另两个电阻 $R_2$ 和 $R_3$ 沿⟨110⟩晶向布置,$R_2$ 和 $R_3$ 为切向电阻,如图 7-30 所示。图(a)4 个电阻做

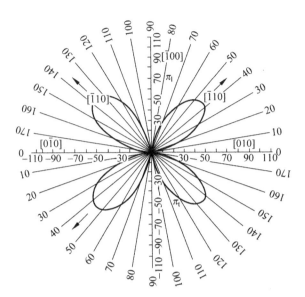

图 7-29　P 型硅室温下〈001〉晶面的纵向($\pi_l$)和横向($\pi_t$)压阻系数($\times 10^{-7}\,\mathrm{cm}^2/\mathrm{N}$)

在一起,容易保证掺杂的一致性;图(b)具有更好的对称性,电阻条分散,难以保证掺杂的一致性。

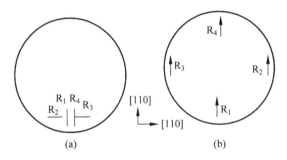

图 7-30　〈100〉晶面圆膜上电阻分布示意图

$R_1$ 和 $R_4$ 的纵向压阻系数就是〈110〉晶向的纵向压阻系数,依据式(7-46),$\pi_l \approx 1/2\pi_{44}$,〈110〉晶向的横向为〈1$\bar{1}$0〉,依据式(7-47),其横向压阻系数为 $\pi_t \approx -1/2\pi_{44}$,当膜片受力后,$R_1$ 和 $R_4$ 阻值的变化率为

$$\frac{\Delta R}{R} = \frac{\Delta R_1}{R_1} = \frac{\Delta R_4}{R_4} = \pi_l \sigma_l + \pi_t \sigma_t = \frac{1}{2}\pi_{44}(\sigma_r - \sigma_t) \tag{7-54}$$

同理,可求得〈1$\bar{1}$0〉晶向上 $R_2$ 和 $R_3$ 的纵向、横向压阻系数近似值为 $\pi_l \approx 1/2\pi_{44}$、$\pi_t \approx -1/2\pi_{44}$,膜片受力后,$R_2$ 和 $R_3$ 的阻值变化率为

$$\frac{\Delta R}{R} = \frac{\Delta R_2}{R_2} = \frac{\Delta R_3}{R_3} = \pi_l \sigma_l + \pi_t \sigma_t = -\frac{1}{2}\pi_{44}(\sigma_r - \sigma_t) \tag{7-55}$$

由式(7-54)和式(7-55)可见,这种设计方案关键是如何增加纵向应力和横向应力之差 $\sigma_r - \sigma_t$。将式(7-49)代入式(7-54)和式(7-55),可得

$$\frac{\Delta R_2}{R_2} = \frac{\Delta R_3}{R_3} = -\frac{\Delta R_1}{R_1} = -\frac{\Delta R_4}{R_4} = \frac{3pr^2}{8h^2}\pi_{44}(1-\mu) \tag{7-56}$$

由上式可见,$r$ 越大,$R_1$、$R_2$、$R_3$、$R_4$ 的变化率越大,灵敏度越高。从提高灵敏度来考虑,4 个电阻条应布置在膜片有效面积的边缘上。需要注意,膜边沿以外还有应力,不过很快衰减为零,因此,电阻条的位置布置还应考虑工艺条件。

利用 N 型硅 ⟨011⟩ 晶面为膜片衬底时,桥臂 4 个 P 型电阻均沿 ⟨01$\bar{1}$⟩ 晶向布置,如图 7-31 所示。在 ⟨011⟩ 晶面上 ⟨01$\bar{1}$⟩ 晶向的 $\pi_l \approx 1/2\pi_{44}$,⟨011⟩ 晶面上 ⟨01$\bar{1}$⟩ 晶向的横向为 ⟨100⟩ 晶向,故其横向压阻系数为 $\pi_t = \pi_{\langle100\rangle} \approx 0$,所以,受力后每个电阻的阻值变化率为

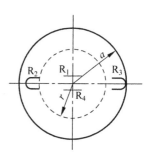

图 7-31  ⟨011⟩晶面圆形膜上电阻

$$\frac{\Delta R}{R} = \pi_l \sigma_r \qquad (7\text{-}57)$$

式(7-57)说明,电阻变化率 $\Delta R/R$ 的正、负主要取决于应力的正、负,从应力分布图 7-26 知,$0.635a$ 处是晶向正、负应力的分界。当把力敏电阻 $R_1$ 和 $R_4$ 布置在 $0.635a$ 以内的正应力区时,受力后力敏电阻 $R_1$ 和 $R_4$ 的阻值变化率为正。把力敏电阻 $R_2$ 和 $R_3$ 布置于 $0.635a$ 以外处,应力区为负,受力后力敏电阻 $R_2$ 和 $R_3$ 阻值变化率为负。由式(7-54)可得内、外电阻阻值变化为

$$\frac{\Delta R_2}{R_2} = \frac{\Delta R_3}{R_3} \approx -\frac{1}{2}\pi_{44}\sigma_r, \qquad \frac{\Delta R_1}{R_1} = \frac{\Delta R_4}{R_4} \approx \frac{1}{2}\pi_{44}\sigma_r \qquad (7\text{-}58)$$

2) 方形或矩形膜的情况

随着 MEMS 技术的发展,使硅压力传感器由圆膜片发展到方形和矩形膜片。对于方形或矩形膜片,靠近膜片边缘时,垂直膜长边的应力比平行膜长边的应力大,也比垂直膜短边的应力大,可以通过有限元模拟分析得到证明,电阻排布如图 7-32 所示。

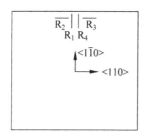 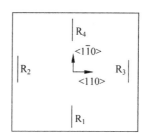

图 7-32  ⟨001⟩晶面方形膜片上的电阻分布

膜片受力后,$R_1(R_4)$ 和 $R_2(R_3)$ 的阻值变化率为

$$\left(\frac{\Delta R_1}{R_1}\right) = \pi_{l[1\bar{1}0]}\sigma_{[1\bar{1}0]} + \pi_{t[1\bar{1}0]}\sigma_{[110]} \approx \frac{1}{2}\pi_{44}\sigma_{[1\bar{1}0]} \qquad (7\text{-}59)$$

$$\left(\frac{\Delta R_2}{R_2}\right) = \pi_{l[1\bar{1}0]}\sigma_{[1\bar{1}0]} + \pi_{t[1\bar{1}0]}\sigma_{[110]} \approx -\frac{1}{2}\pi_{44}\sigma_{[1\bar{1}0]} \qquad (7\text{-}60)$$

对于 ⟨001⟩ 晶面矩形膜片,电阻排布如图 7-33 所示,电阻条在中央或靠近膜边。同样,$\sigma_{\langle1\bar{1}0\rangle} \gg \sigma_{\langle110\rangle}$,$\pi_l = -\pi_t = 1/2\pi_{44}$,$R_1(R_3)$ 和 $R_2(R_4)$ 的阻值变化率同式(7-59)和式(7-60)。

⟨110⟩ 晶面电阻排布如图 7-34 所示。仅利用纵向压阻效应,边缘应力 $\sigma_{\langle1\bar{1}0\rangle}$ 和中心应力 $\sigma_{\langle1\bar{1}0\rangle}$ 大,符号相反。$\pi_{t\langle001\rangle}$ 和 $\sigma_{\langle001\rangle}$ 都比较小。$R_1(R_4)$ 和 $R_2(R_3)$ 的阻值变化率为

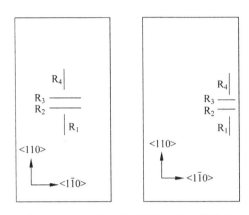

图 7-33 〈001〉晶面矩形膜片上的电阻分布

$$\left(\frac{\Delta R_1}{R_1}\right) = \pi_{l\langle 1\bar{1}0\rangle}\sigma_{\langle 1\bar{1}0\rangle} + \pi_{t\langle 001\rangle}\sigma_{\langle 001\rangle} \approx \frac{1}{2}\pi_{44}\sigma_{\langle 1\bar{1}0\rangle} > 0 \tag{7-61}$$

$$\left(\frac{\Delta R_2}{R_2}\right) = \pi_{l\langle 1\bar{1}0\rangle}\sigma_{\langle 1\bar{1}0\rangle} + \pi_{t\langle 001\rangle}\sigma_{\langle 001\rangle} \approx -\frac{1}{2}\pi_{44}\sigma_{\langle 1\bar{1}0\rangle} < 0 \tag{7-62}$$

**3. 掺杂类型和浓度**

N 型硅的压阻系数非线性比较大,且与应力值及受拉还是受压状态有关,因此一般电阻条都选用 P 型硅。掺杂浓度不仅影响压阻系数值,还影响压阻系数随温度变化的剧烈程度。设计的力敏电阻纵向、横向压阻系数主要取决于剪切压阻系数 $\pi_{44}$ 的情况。$\pi_{44}$ 随表面掺杂浓度及温度变化,表面掺杂浓度越高,$\pi_{44}$ 值越小;不过,$\pi_{44}$ 值随温度变化小,虽然灵敏度减小,但灵敏度温度系数可以改善。压阻系数具有负温度系数,而力敏电阻具有正温度系数。因此,当电桥用恒流源激励时,选择合适的掺杂浓度,可实现灵敏度温度系数自补偿。压阻系数温度系数、电阻温度系数与 $N_S$ 关系曲线如图 7-35 所示,可以看到电阻温度在表面掺杂浓度在 $2 \times 10^{19}/\mathrm{cm}^3$ 左右有一个最小值。电阻温度系数与压阻系数温度系数曲线分别在表面杂质浓度 $N$ 为 $3 \times 10^{18}/\mathrm{cm}^3$ 和 $2 \times 10^{20}/\mathrm{cm}^3$ 处相交于 $A$、$B$ 两点。若选用这两点所对应的表面杂质浓度,则可使电阻和压阻系数的温度得到相互补偿。从灵敏度角度出发希望压阻系数大些,因此选择掺杂浓度低的 $A$ 点;如果单纯考虑传感器的温度特性就要牺牲灵敏度,从而选择 $B$ 点。

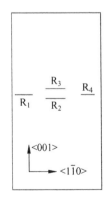

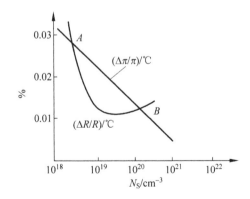

图 7-34 〈110〉晶面矩形膜片上的
电阻分布

图 7-35 压阻系数温度系数、电阻
温度系数与 $N_S$ 关系曲线

N型硅膜片晶向的选取,要考虑高灵敏度和各向异性腐蚀形成硅杯的工艺要求,一般选取〈100〉或〈110〉晶向硅膜片。N型硅膜片的电阻率一般选用 8~15Ω·cm,这样P型扩散电阻与N型膜片间的PN结耐压较高。

**4. 力敏电阻的设计**

1) 力敏电阻的阻值

硅压阻芯片是在N型硅杯膜片上扩散 4 个 P 型电阻,并将其连接成惠斯通电桥构成。电阻条阻值和尺寸按下述原则进行设计。电桥输出端要接负载电阻 $R_L$(也可以是后接放大器的输入电阻),$R_L$ 上获得的电压为

$$U_L = U_o \frac{R_L}{R_o + R_L} = U_o \frac{1}{1 + \dfrac{R_o}{R_L}} \tag{7-63}$$

式中,$U_o$ 为电桥空载时输出电压;$R_o$ 为电桥输出电阻,即电桥各臂电阻串、并联后的等效值。

只有当 $R_o/R_L \ll 1$ 时,才有 $U_L \approx U_o$,使输出电压最大。因此,电桥桥臂电阻不宜过大。一般取电桥桥臂阻值为 0.5~5kΩ。

2) 电桥的设计

随着信号处理技术的进步,力敏电阻电桥多采用闭环形式,如图 7-36(a)所示。优点是引出线少;缺点是测定桥臂电阻时,测量值比实际值小,而且受其他桥臂影响。如果设计成开环形式,如图 7-36(b)所示,引出线虽多了一根,但除了可用桥臂并联(串联)电阻调平衡,而且补偿热零点漂移和灵敏度漂移也方便得多,也可用仪表直接测桥臂力敏电阻的阻值。

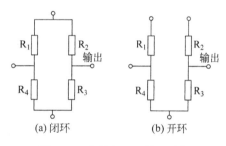

图 7-36　力敏电阻电桥的结构

3) 电阻的形状

扩散电阻的形状分为胖形、瘦形和弯形,分别如图 7-37(a)、图 7-37(b)和图 7-37(c)所示。力敏电阻值一般为 $10^3 Ω$ 量级,通常选择弯形的电阻,因为拐弯处的压阻效应是负效应,应尽量减小其阻值,拐弯段加宽以减小拐弯处的阻值,如图 7-37(d)所示,薄膜受压力时,有

$$\frac{\Delta R}{R} = \frac{\Delta R_1 - \Delta R_2}{R_1 + R_2} = \frac{(R_1 - R_2)\pi\sigma}{R_1 + R_2} = \frac{1 - \dfrac{L_2}{L_1}\dfrac{W_1}{W_2}}{1 + \dfrac{L_2}{L_1}\dfrac{W_1}{W_2}}\pi\sigma \tag{7-64}$$

当 $L_1 > 6L_2$,$W_2 > 3W_1$ 时,$\Delta R/R \approx 0.90\pi\sigma$,这是对拐弯处几何尺寸的要求。图 7-37(e)的方案是拐弯处用金属条取代,避免负压阻效应。

4) 力敏电阻的条宽

一般单位表面积最大功耗为 $P_{max} = 5 \times 10^{-3}$ mW/$\mu m^2$。当电阻上有钝化膜时,影响散热,$P_{max}$ 还应该更小。实际单位面积功耗按下式计算:

$$P = \frac{I^2 R}{LW} = \left(\frac{I}{W}\right)^2 R_{\square} \tag{7-65}$$

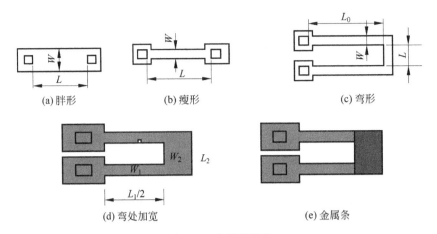

图 7-37　电阻的形状

式中，$L$ 为电阻条的长；$W$ 为电阻条宽；$R_\square$ 为扩散层的薄层电阻，$R_\square$ 等于长、宽相等的正方形扩散层的电阻，因此又称方块电阻。

单位条宽的最大工作电流为

$$I_{w\max} = \frac{I_{\max}}{W} = \left(\frac{P_{\max}}{R_\square}\right)^{1/2} \tag{7-66}$$

当 $R_\square=100\Omega/\square$ 或 $8\Omega/\square$ 时，$I_{w\max}=0.22\text{mA}/\mu m$ 或 $0.8\text{mA}/\mu m$。若桥臂电流为 1mA 时，电阻条宽为 $5\mu m$ 或 $1.5\mu m$。结合光刻工艺水平，来确定条宽。电阻条越宽，电阻越长，对板图设计及掺杂均匀性有利。电阻条过窄时，电阻值误差会增大（取决于工艺水平），电桥零点输出会增大。

5）电阻的长度

$$R = R_\square\left(\frac{L_1}{W_1} + \frac{L_2}{W_2} + 2K_1 + nK_2\right) \tag{7-67}$$

式中，$K_1$ 为端头因子，$K_1=0.35\sim0.65$；$K_2$ 为拐角因子，$K_2=0.5$；$n$ 为拐角数。

通常 $L_1 \gg L_2$，$W_1 \ll W_2$，因此

$$L_1 = W_1\left(\frac{R}{R_\square} - 2K_1 - nK_2\right) \tag{7-68}$$

例如，电阻阻值 3kΩ，当 $R_\square=100\Omega/\square$ 或 $8\Omega/\square$ 时，$L_1=27W_1$ 或 $380W_1$。

6）引线孔尺寸

电阻条间用金属条连接，因此硅片氧化后需光刻出引线孔。引线孔尺寸可以取 $20\sim 30\mu m$。引线孔太小，接触电阻增加，可靠性降低；引线孔太大，增加了电阻条末端宽度，图形所占面积增大。

7）膜片厚度

硅杯的尺寸即有效半径 $a$ 和厚度 $h$ 的选择，应保证膜片的应力与外加压力有良好的线性关系。其条件是硅杯膜片的有效半径 $a$ 与厚度 $h$ 应满足下列关系式：

$$\frac{a}{h} \leqslant \sqrt{\frac{4}{3} \times \frac{\sigma_e}{p}} \tag{7-69}$$

式中，$p$ 为外加压力；$\sigma_e$ 为弹性极限，$\sigma_e=8\times10^7\text{Pa}$。

在给定压力 $p$ 的情况下,由上式可以求出 $\dfrac{a}{h}$ 的值,选定有效半径 $a$ 后,即可求得膜片最小的厚度 $h$,膜片厚度越薄,灵敏度越高,抗过载能力越差。

压力传感器在动态条件下应用时,要求其有一定的固有频率 $f_0$。固有频率 $f_0$ 与膜片的有效半径 $a$ 和厚度 $h$ 有关,因此在选择 $a$ 和 $h$ 时,除要满足式(7-69)外,还要满足固有频率 $f_0$ 的要求,$f_0$ 与 $a$、$h$ 的关系为

$$f_0 = \frac{2.566h}{\pi a^2} \sqrt{\frac{E}{3\phi(1-\mu^2)}} \tag{7-70}$$

式中,$E$ 为硅的弹性模量;$\mu$ 为泊松比;$\phi$ 为硅材料的密度。

当有效半径 $a$ 一定时,可由式(7-69)和式(7-70)求得满足线性特性与固有频率要求的硅膜片厚度。

## 7.3.3　压阻式压力传感器的制备工艺

压阻式压力传感器的制备,主要有敏感元件(芯片)的制备和外壳封装两大部分。

**1. 芯片的制备**

芯片的制备工艺流程如下:单晶衬底制备→氧化→光刻电阻条→硼扩散→光刻引线孔→蒸铝→光刻铝电极→挖硅杯。

(1) 单晶衬底制备:选择电阻率和晶向合适的 N 型单晶,进行定向、切割、双面研磨和抛光,加工成一定形状的衬底基片。

(2) 氧化:在衬底硅片一面生长一层二氧化硅薄层,为扩散 P 型电阻作掩蔽。

(3) 光刻电阻条:用光刻的方法将电阻条上的 $SiO_2$ 腐蚀掉,形成电阻扩散窗口。

(4) 硼扩散:在光刻去掉 $SiO_2$ 的电阻条上扩散硼,形成 P 型电阻条。

(5) 光刻引线孔:通过光刻的方法将需要用铝条连接的地方的氧化层腐蚀掉。

(6) 蒸铝:在光刻出引线孔的硅片表面蒸发一层铝膜。

(7) 光刻铝电极:用光刻的方法将除了连线以外的铝膜腐蚀掉,使 4 个力敏电阻连成一个电桥电路,并与外电路相连引出线的压焊点。

(8) 挖硅杯:按需要的形状用研磨或腐蚀的方法形成周边固支的力敏膜片(硅杯)。

**2. 装配工艺**

经测试合格的硅杯芯片,装配成传感器。如图 7-38 所示,压力传感器可用来测量与一个密封的参照空腔相对的压力或测量两个端口输入的压差。对于密封的空腔,必须注意到,真空为首选,因为其参照压力不会随温度而变化。

金属封装结构如图 7-39 所示。

封装工艺流程如下:静电封接→划片→装配→压焊引线→焊接装配。

(1) 静电封接:采用静电封接技术将硅片和玻璃封接在一起。

(2) 划片:一个大硅片上有多个硅压力敏感芯片,划开成单个硅压力敏感芯片。

(3) 装配:将硅压力敏感芯片装配在底座上。

(4) 压焊引线:将芯片上的压焊点用导线引出到底座的管脚上。

(5) 焊接装配:采用氩弧焊、等离子焊等工艺焊接隔离膜片,然后充灌硅油,密封。

下面对传感器底座、外引线、隔离膜片、隔离液充灌工艺等内容进行详细介绍。

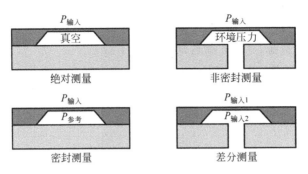

图 7-38　常见的压力传感器装配类型

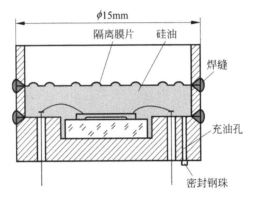

图 7-39　金属封装结构图

1) 底座和外引线

在烧结玻璃绝缘子的底座结构中,最佳材料为 4J32 可伐合金,可伐合金由 54% 的 Fe、28% 的 Ni、18% 的 Co 组成,它的性质取决于成分的比例。在 $-20 \sim 300℃$ 的温区内,该材料平均线膨胀系数为 $3.2×10^{-6}/℃$。外引线采用直径为 0.8~1.0mm 镀镍的 4J29 可伐丝。

2) 隔离膜片

隔离膜片的设计和加工是实现固态隔离封装的关键因素。隔离膜片应具有抗腐蚀、厚度小、韧性好等特点。要使膜片无损耗地传递压力,则必须消除自身变形应力的影响。波纹形膜片可以通过波纹间的结构形变和自调整来减小自身变形应力,从而提高传感器的线性度和响应灵敏度。波纹数量越多,承受的压力越大。隔离膜片被焊接在中环和上环之间,并与壳体焊接在一起。为避免焊接高温对芯片的热冲击造成芯片特性劣化或失效,可选择高温熔压很小的钨极脉冲氩弧焊技术。焊接过程中适当调节电压、脉宽和频率,可达到最佳焊接效果。不锈钢传感器壳体的熔深为 1mm,焊缝光亮、焊区应力小,可以承受 60MPa 的压力。

3) 充灌工艺

选用高密度、高纯度和表面光洁的陶瓷填充物,在焊接好膜片后,即可充灌硅油。可采用浸灌方法,浸灌要在真空中进行。将焊接好芯片和底座的密封腔浸入置于真空钟罩的硅油净化室中,抽真空至 $6×10^{-2}$Pa 以上,打开阀门,使硅油浸没传感器。由于负压的作用,硅油将通过注油净化室孔充入传感器的芯片与隔离膜片间的腔体,然后钟罩注油阀放气,大气压力将剩余硅油压入回收容器中,再将注油孔密封,完成充灌。浸灌过程如图 7-40 所示。

传感器充灌硅油由电磁阀系统控制,该系统与硅油加热系统和真空机组形成闭环控制。当真空度达到可充灌真空度,同时硅油加热处理达到要求时,电磁阀控制系统开始工作,控制硅油释放的电磁阀打开,使已充分净化好的硅油充灌到同样已被处理好的传感器内,完成净化和充灌全过程。

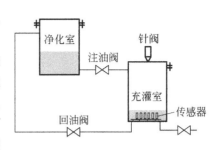

图 7-40 浸灌法充硅油装置

根据用途不同,压力传感器也可以采用塑料封装结构,如图 7-41 所示。

图 7-41 塑料封装结构图

**3. 老化处理**

为确保压力传感器的准确度和性能的长期稳定性,消除弹性敏感元件在机械加工和热处理中产生的残余内应力以及装配形成的应力集中等不稳定因素十分必要。通常采用温度老化、通电老化、反复加载和机械振动等老化工艺消除残余内应力和应力集中,尤以反复加载老化工艺最为有效。反复加载老化工艺就是将新装配的压力传感器在额定负载下,加载/卸载循环数千次,加速内应力的释放,使压力传感器性能趋于稳定。加载方式有气压和液压两种,气压加载主要用于小量程的传感器,液压加载适用量程范围广。

机械冲击工艺条件:冲击压力取决于量程,冲击次数为 3000 次;通电老化工艺条件:供电电压 10V DC,供电时间 72h,每 3h 变换一次频率;温度老化工艺条件:低温 $-45℃$,高温 $150℃$,恒温条件 $>3h$,循环次数 $>3$ 次。

## 7.3.4 硅压阻式传感器的测量电路

硅压阻式传感器芯片上的 4 个扩散电阻一般接成电桥形式。为使电桥的灵敏度最大,应将受力后电阻值增大和电阻值减小的 2 个电阻相邻连接,如图 7-42 和图 7-43 所示。图中电阻箭头向上表示受力后阻值增大,箭头向下表示受力后阻值减小。电桥的供电有两种方式:恒压源供电和恒流源供电。

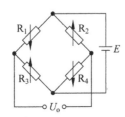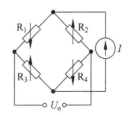

图 7-42 恒压源供电的电桥      图 7-43 恒流源供电的电桥

### 1. 恒压源供电的电桥

恒压源供电时,电桥输出为

$$U_o = \frac{R_1 R_4 - R_2 R_3}{(R_1 + R_2)(R_3 + R_4)} E \tag{7-71}$$

4 个扩散电阻不受力时应相等,即 $R_1 = R_2 = R_3 = R_4 = R$,则 $U_o = 0$,电桥处于平衡状态。当膜片受力后 $R_1$ 和 $R_4$ 均增大为 $R + \Delta R$;$R_2$ 和 $R_3$ 均减小为 $R - \Delta R$,则电桥输出为

$$U_o = \frac{\Delta R}{R} E \tag{7-72}$$

由式(7-72)可见,电桥输出电压 $U_o$ 与 $\frac{\Delta R}{R}$ 成正比,即与被测的压力成正比,同时还与电源电压成正比。

### 2. 恒流源供电的电桥

恒流源供电的电桥电路如图 7-43 所示,电桥输出为

$$U_o = \frac{R_1 R_4 - R_2 R_3}{R_1 + R_2 + R_3 + R_4} I \tag{7-73}$$

式中,$I$ 为恒流源电流。

电桥平衡时,即 $R_1 = R_2 = R_3 = R_4 = R$,则 $U_o = 0$。

当膜片受力后,$R_1$ 和 $R_4$ 增大为 $R + \Delta R$,$R_2$ 和 $R_3$ 均减小为 $R - \Delta R$,则电路输出为

$$U_o = I \Delta R \tag{7-74}$$

电桥的输出与电阻的变化量成正比,即与被测的压力成正比,同时还与供电电流成正比。

### 3. 测量电路

压阻式传感器常用的测量电路如图 7-44 所示。图中电阻电桥由压阻式膜片上扩散电阻组成。晶体管 $T_1$ 和 $T_2$ 组成复合管,与 $D_1$、$D_2$、$R_1$ 和 $R_2$ 组成恒流源电路。恒流源电路为电桥提供不随温度变化的恒定的工作电流。$T_3$、$T_4$ 是结型场效应管,它们与 $R_4$ 和 $R_5$ 构成两个源级跟随器,将传感器电路的前、后级隔离,使后级运放 A 的闭环增益不受电桥输出电阻影响。同时,由于场效应管源级输出器输入阻抗很高,使电桥的负载接近无穷大,近似于开路输出。运放 A 构成的是差动放大器。

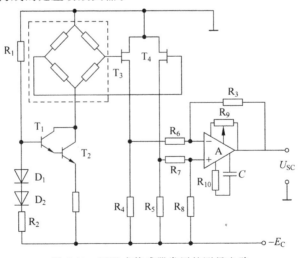

图 7-44　压阻式传感器常用的测量电路

### 7.3.5　压阻式压力传感器的温漂补偿技术

半导体压阻式力敏器件与其他半导体器件一样,其特性受温度影响大,主要表现形式是零点温漂和灵敏度温漂。

**1. 零点温漂及补偿**

引起零点温漂的原因包括扩散电阻具有温度系数、弹性元件上的钝化层存在热膨胀系数。P 型扩散电阻的电阻率 $\rho$ 为

$$\rho = 1/qp\mu_P \tag{7-75}$$

式中,$p$ 为 P 型硅中空穴浓度;$\mu_P$ 为空穴的迁移率;$q$ 为电子的电荷。

在室温下,掺杂半导体中杂质基本上已全部电离,故器件在使用温度范围内半导体中载流子浓度 $p$ 基本保持不变,所以电阻率 $\rho$ 随温度的变化,主要取决于迁移率 $\mu_P$ 随温度的变化。当温度升高时,晶格振动的振幅增大,载流子在漂移过程中碰撞和散射的概率增加,使迁移率下降,引起电阻增加,呈现正温度系数。半导体的表面杂质浓度高,薄层电阻小,温度系数也小;表面杂质浓度低,薄层电阻大,温度系数也大。由于工艺上很难做到使 4 个扩散电阻的温度系数完全相等,因此不可避免地要产生零漂。提高表面杂质浓度,虽可减小电阻的温度系数,从而减小零漂,但同时会降低传感器的灵敏度。

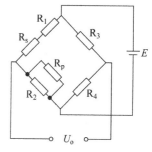

在制作压阻式压力敏感芯片时,其上都要生长一层起保护作用的钝化层,这层钝化层往往是用热生长法或 CVD 法制备的二氧化硅和氮化硅膜。由于 Si 的热膨胀系数大于 SiO₂ 的热膨胀系数,在热生长过程中氧化物应力分布在 Si-SiO₂ 界面上,使弹性膜有轻微变形,因此,使桥路在无外力作用时产生输出,且温度不同这个输出量也不同,即产生零点温漂。

图 7-45 零点温漂的补偿

传感器的零漂一般用串、并联电阻的方法来进行补偿,如图 7-45 所示。串联电阻 $R_s$ 串联在扩散电阻值最小的桥臂上,并联电阻 $R_P$ 并联在扩散电阻值最大的桥臂上。$R_s$ 主要起调零作用,$R_P$ 主要起温度补偿作用。

设在某一标定温度下,电桥中各电阻值分别为 $R_1$、$R_2$、$R_3$、$R_4$、$R_s$、$R_P$,电桥平衡时,$U_o = 0$,则应满足下列关系:

$$\frac{R_p R_2}{R_p + R_2} R_3 = R_4(R_1 + R_s) \tag{7-76}$$

当温度变化 $\Delta T$ 后,电桥中各电阻值分别变为 $R_1'$、$R_2'$、$R_3'$、$R_4'$、$R_s'$、$R_p'$,若要电桥仍平衡,即 $U_o = 0$,则须满足下列关系:

$$\frac{R_p' R_2'}{R_p' + R_2'} R_3' = R_4'(R_1' + R_s') \tag{7-77}$$

设 $R_s$ 和 $R_p$ 温度系数分别为 $\alpha$ 和 $\beta$,则

$$R_s' = R_s(1 + \alpha\Delta T) \tag{7-78}$$

$$R_p' = R_p(1 + \beta\Delta T) \tag{7-79}$$

通过选用不同的 $\alpha$ 和 $\beta$,可计算出补偿电阻 $R_s$ 和 $R_p$ 的阻值。

**2. 灵敏度温漂及补偿**

灵敏度温度漂移主要由硅单晶的压阻系数随温度变化而引起。温度升高,压阻系数减小;温度降低,压阻系数增大。由此引起的传感器灵敏度的温度系数为负。灵敏度温漂的

补偿方法有以下几种。

1）用热敏电阻进行补偿

用热敏电阻进行灵敏度温度补偿,适用于恒压源供电,电路如图 7-46(a)所示。$R_T$ 是负温度系数的热敏电阻。为了改善其线性,在热敏电阻上并联一个温度系数很小的电阻 $R_0$。恒压源供电时,热敏电阻的阻值随温度增加而减小,引起桥路电流增加,补偿压阻系数随温度升高而减小所引起的灵敏度下降。这种补偿方法精度低,只适用于精度要求不高的场合。

用热敏电阻进行补偿的另一种方法是将热敏电阻和运放结合起来组成补偿电路,可提高补偿精度。电路如图 7-46(b)所示,图中运放 A 接成电压跟随器,运放输出电压 $U$ 即为桥路供电电压,而 $U$ 又等于热敏电阻 $R_T$ 上的电压。$R_T$ 是正温度系数的热敏电阻,温度升高阻值增大。$R_T$ 上电压升高,运放的输出电压 $U$ 升高,即电桥供电电压升高,补偿因温度而引起的灵敏度下降。

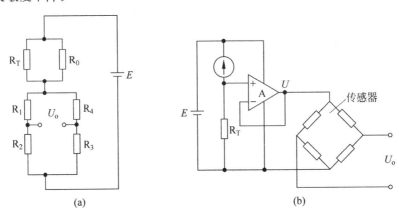

图 7-46　热敏电阻补偿灵敏度温漂电路

2）利用晶体管进行补偿

恒压源供电时,压阻全桥的输出灵敏度随温度升高而下降。晶体管的发射结正向压降 $V_{be}$ 具有负温度系数,其值约为 $-2\mathrm{mV}/℃$,利用这一特性可以补偿灵敏度的下降,温度补偿的电路如图 7-47 所示。电路采用恒定电压 $V_C$ 供电,其中电阻 $R_5$、$R_6$ 和晶体管 $T$ 构成温度补偿电路,当晶体管 $T$ 的集电极到发射极的电压降 $V_{ce}$ 为

$$V_{ce} = V_{be}(1 + R_5/R_6) \tag{7-80}$$

压阻全桥的实际供电电压为

$$V_B = V_C - V_{be}(1 + R_5/R_6) \tag{7-81}$$

假定电阻 $R_5$、$R_6$ 工艺相同,具有相同温度系数,所以 $R_5/R_6$ 不随温度变化。当温度升高时,晶体管 $T$ 的发射结压降 $V_{be}$ 减小,提高电桥供电电压,输出增大,从而补偿了灵敏度随温度升高而下降的缺点。

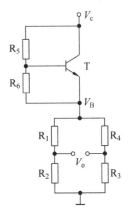

图 7-47　用晶体管进行灵敏度补偿电路

传感器的输出为

$$V_{out} = \pi_0(1 + \beta T)\sigma V_B \tag{7-82}$$

式中,$T$ 为温度;$\pi_0$ 为基准温度下的压阻系数;$\beta$ 为压阻系数的温度系数。

由式(7-81)，得

$$V_B = V_C - V_{be0}(1+\alpha T)(1+R_5/R_6) \tag{7-83}$$

式中，$T$ 为温度；$V_{be0}$ 为基准温度下的 $V_{be}$ 值；$\alpha$ 为 $V_{be}$ 的温度系数。

联立式(7-82)和式(7-83)，得

$$V_{out} = \pi_0(1+\beta T)\sigma[V_C - V_{be0}(1+\alpha T)(1+R_5/R_6)] \tag{7-84}$$

将式(7-84)对温度 $T$ 微分，可得

$$dV_{out}/dT = \pi_0\sigma\{(1+\beta T)[-V_{be0}\alpha(1+R_5/R_6)] + \beta[V_C - V_{be0}(1+\alpha T)(1+R_5/R_6)]\} \tag{7-85}$$

当 $dV_{out}/dT = 0$ 时，$V_{out}$ 不随温度变化，可得

$$R_5/R_6 = \beta V_C/V_{be0}(\alpha+\beta+2\alpha\beta T) - 1 \tag{7-86}$$

因 $\alpha$、$\beta$ 很小，略去 $2\alpha\beta T$，得

$$R_5/R_6 = \beta V_C/V_{be0}(\alpha+\beta) - 1 \tag{7-87}$$

实际电阻 $R_5$、$R_6$ 很难具有相同温度系数，电阻 $R_5$、$R_6$ 和晶体管 $T$ 构成温度补偿电路，并与压阻全桥制作在同一芯片上。随着信号处理技术的进步，压力传感器性能的温漂多采用软件补偿技术实现。

## 7.3.6　差压传感器结构

典型的差压压力传感器结构如图 7-48 所示，硅膜片的两边有两个压力腔，一个是与被测压力相连接的高压腔，另一个是低压腔，通常以小管和大气相通。为了能使压力传感器敏感膜片与被测介质有效隔离开，压力传感器常常采用隔离膜片技术，隔离膜片和敏感膜片之间充灌硅油。硅油具有不可压缩、刚度大的性质，隔离膜片除起到隔离作用外，还可以将压力无损耗地传递给敏感元件，完成力—电转换目的。在实际应用中，也可以采用两只压力传感器完成差压测量。如果由于某种原因造成单方向加压或压力差超过膜片所能承受的压差时，就有压碎硅膜片的危险。利用压力变换结构(受压部)来实现保护，如图 7-49 所示，由于结构中有中央膜片，中央膜片一般当压力超过 2 倍量程时开始产生位移。假设左半部分没有加压，只有右半部分加很高静压，这时压力过大右边密封膜片靠到主体膜上，压力被隔离，外部压力加不到硅膜上，此时已加过来的压力通过硅油传到中央膜片上，使中央膜片向左位移，左半部分硅油受到中央膜片的挤压力，立即将压力传到膜片的反面，此时达到力平衡的作用，压力隔离、压力平衡过程瞬间完成。

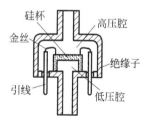

图 7-48　固态压力传感器结构原理图

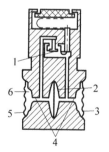

图 7-49　双侧隔离膜片受压部结构
1—半导体膜片；2—中心膜片；3，5—密封膜片；
4—封入膜片；6—主体膜

### 7.3.7　压阻式加速度传感器

加速度传感器是将物体的加速度转换成电信号的传感器,其基本结构为悬臂梁。悬臂梁结构如图 7-50 所示。悬臂梁为硅材料,其一端黏接在底座上。在靠近梁的根部,扩散4个力敏电阻,构成电桥。硅梁的自由端上、下面各粘接一个钨钢圆柱形质量块。

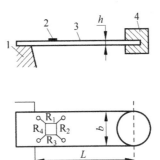

图 7-50　悬臂梁加速度传感器的结构
1—硅梁基座；2—压阻元件；3—硅梁；4—质量块

当加速度作用于自由端质量块上时,质量块将加速度转变为惯性力 $F=ma$,使硅梁发生弯曲变形,产生与加速度成正比的应力和应变,硅梁根部上的扩散电阻阻值发生变化,电桥失去平衡而输出与外界加速度成正比的电压信号。传感器在加速度 $a$ 作用下产生的惯性力为 $F=ma$。悬臂梁根部所受的应力为

$$\sigma = \frac{6mL}{bh^2}a \tag{7-88}$$

式中,$m$ 为质量块的质量；$b$ 为悬臂梁宽度；$h$ 为悬臂梁厚度；$L$ 为质量块中心至悬臂梁根部的距离；$a$ 为加速度。

由式(7-88)可知,当梁的结构确定后,$\dfrac{6mL}{bh^2}$ 为一常数,此时应力与加速度成正比。这就是悬臂梁加速度传感器的基本工作原理。梁的长度 $L$ 越长,宽度 $b$ 越小,厚度 $h$ 越薄,质量块质量 $m$ 越大,其根部应力就越大,此时悬臂梁根部产生的应变为

$$\varepsilon = \frac{6mL}{Ebh^2}a \tag{7-89}$$

式中,$E$ 为单晶硅的弹性模量。

为了保证传感器有良好的线性输出,设计时一般悬臂梁根部的应变值不应超过(400～500)ε。根据悬臂梁根部所能承受的最大应变 $\varepsilon_{max}$,可以计算出相应的最大作用力为

$$F_{max} = \varepsilon_{max}\frac{Ebh^2}{6L} \tag{7-90}$$

此时自由端的挠度为

$$W_{max} = \frac{2L^2}{3h}\varepsilon_{max} \tag{7-91}$$

加速度传感器芯片材料一般选用 N 型单晶硅(100)晶面为悬臂梁衬底。在〈110〉晶向

和⟨1$\bar{1}$0⟩晶向上各扩散两个 P 型电阻,构成电桥电路,如图 7-51 所示。当惯性力作用于悬臂梁自由端时,其根部电阻的阻值变化率分别为

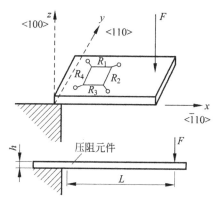

$$\left(\frac{\Delta R}{R}\right)_{\langle 110\rangle} = \pi_{\mathrm{L}}\sigma_{\mathrm{L}} + \pi_{\mathrm{t}}\sigma_{\mathrm{t}} \tag{7-92}$$

$$\left(\frac{\Delta R}{R}\right)_{\langle 1\bar{1}0\rangle} = \pi_{\mathrm{L}}\sigma_{\mathrm{L}} + \pi_{\mathrm{t}}\sigma_{\mathrm{t}} \tag{7-93}$$

将 ⟨110⟩ 晶向横向压阻系数 $\pi_{\mathrm{t}} \approx -\frac{1}{2}\pi_{44}$ 和式(7-89)代入式(7-92),其中纵向应力为 0,将 ⟨1$\bar{1}$0⟩ 晶向的纵向压阻系数 $\pi_{\mathrm{L}} \approx \frac{1}{2}\pi_{44}$ 和式(7-89)代入式(7-93),其中横向应力为 0,得

图 7-51 硅悬臂梁晶向分布

$$\left(\frac{\Delta R}{R}\right)_{\langle 110\rangle} = -\pi_{44}\,\frac{3mL}{bh^2}a \tag{7-94}$$

$$\left(\frac{\Delta R}{R}\right)_{\langle 1\bar{1}0\rangle} = \pi_{44}\,\frac{3mL}{bh^2}a \tag{7-95}$$

由以上两式可见

$$\left|\left(\frac{\Delta R}{R}\right)_{\langle 110\rangle}\right| = \left|\left(\frac{\Delta R}{R}\right)_{\langle 1\bar{1}0\rangle}\right| \tag{7-96}$$

由于惯性力的作用,当压阻元件上产生的应变为 $\varepsilon$ 时,由式 $\frac{\Delta R}{R}=K\varepsilon$($K$ 为力敏电阻灵敏系数)可知,电桥输出电压为

$$U_{\mathrm{o}} = E_{\mathrm{c}}K\varepsilon \tag{7-97}$$

式中,$E_{\mathrm{c}}$ 为电桥的电源电压。

将式(7-89)代入上式得

$$U_{\mathrm{o}} = K\,\frac{6mL}{Ebh^2}aE_{\mathrm{c}} \tag{7-98}$$

式中,$K$ 值的大小除了与晶向有关外,主要由半导体掺杂浓度决定,掺杂浓度越高,$K$ 值就越小,同时 $K$ 的温度系数也越小。实验证明,表面杂质浓度 $N_{\mathrm{s}}$ 为 $3\times 10^{18}\ \mathrm{cm}^{-3}$ 和 $2\times 10^{20}\ \mathrm{cm}^{-3}$ 时,扩散电阻的温度系数与 $K$ 值的温度系数在数值上相等而符号相反。利用这一特性,可以通过适当控制表面杂质浓度的方法,使扩散电阻和 $K$ 值的温度系数得到相互补偿,提高传感器的稳定性。

加速度传感器的悬臂梁可以近似地认为是作单自由度振动的系统,其固有频率可由下式计算:

$$f_0 = \frac{1}{2\pi}\sqrt{\frac{Ebh^3}{4mL^3}} \tag{7-99}$$

## 7.3.8 集成压力传感器

集成压力传感器分为单片集成式和混合集成式。单片集成式是把力敏电阻、信号处理电路和温度补偿电路集成在一块芯片上,由于半导体平面工艺的限制,元件参数的控制和调

整有一定困难,难以使不同元件的性能都做得很理想。混合集成式是采用二次集成工艺,将力敏部分和其他电路分为几个芯片,然后再混合集成为一体,完成力—电转换及信号放大、补偿等信号处理功能。混合集成工艺克服了单片集成工艺的限制,可使元件的性能参数按需要进行制备和调整,因此,实现了集成和高性能的要求。

一种集成压阻式压力传感器方框图如图 7-52 所示,芯片内集成了压阻电桥、恒流源电路、温度补偿电路、信号放大和调零电路。电路采用双电源供电。电路中,$R_1 \sim R_4$ 是力敏电阻全桥,由于单晶硅的压阻系数具有负的温度系数,因此,电桥的输出电压 $U_o$ 会随温度的升高而下降,电路中采用了正温度系数的恒流源 $I_s$ 进行温度补偿。在设计上使

$$R_1 = R_2 = R_3 = R_4 = R \qquad (7\text{-}100)$$

受力后
$$\Delta R_1 = \Delta R_2 = \Delta R_3 = \Delta R_4 = \Delta R \qquad (7\text{-}101)$$

电桥的输出电压为
$$U_o = I_s \Delta R \qquad (7\text{-}102)$$

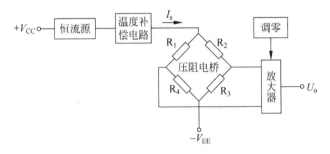

图 7-52 集成压阻式压力传感器方框图

由于压阻系数的数值很小,一般不超过 $10^{-10}\,\mathrm{m^2/N}$,即使在满量程情况下,力敏电阻的变化量还不到其固有电阻值的 1%,因此桥路输出的电压仍然很小,必须经过信号放大处理。放大电路采用运算放大器,力敏全桥与运算放大器之间通过无源元件用混合集成工艺集成在一起,通过调整电阻值可以将传感器的参数调整到规范值,例如满量输出 5V。

一种集成压力传感器的内部电路原理图如图 7-53 所示。$A_1$、$A_2$ 为同相并联差动运算放大器,$A_3$ 为差动放大器,$A_4$ 为电压跟随器。$I_s$ 为具有温度补偿的恒流源电路。

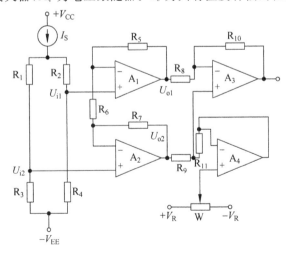

图 7-53 集成压力传感器电路原理图

**1. 信号放大电路**

图 7-53 中,$A_1$、$A_2$ 组成同相并联差动放大电路,流经 $R_5$、$R_6$、$R_7$ 中的电流必然相等,即

$$\frac{U_{o2}-U_{i2}}{R_7} = \frac{U_{i2}-U_{i1}}{R_6} = \frac{U_{i1}-U_{o1}}{R_5} \tag{7-103}$$

由于 $A_1$、$A_2$ 并联连接,可以求出

$$U_{o2} = \left(1+\frac{R_7}{R_6}\right)U_{i2} - \frac{R_7}{R_6}U_{i1} \tag{7-104}$$

$$U_{o1} = \left(1+\frac{R_5}{R_6}\right)U_{i1} - \frac{R_5}{R_6}U_{i2} \tag{7-105}$$

将式(7-104)减去式(7-105)得 $A_1$、$A_2$ 差动输出为

$$U_o = U_{o2}-U_{o1} = \left(1+\frac{R_7+R_5}{R_6}\right)(U_{i2}-U_{i1}) \tag{7-106}$$

差动放大器的电压增益 $A$ 为

$$A = 1+\frac{R_7+R_5}{R_6} \tag{7-107}$$

为了抵消电路失调和温漂的影响,在电阻取值上采用对称结构,即 $R_5=R_7$,$R_8=R_9$。

**2. 输出电路与调零电路**

图 7-53 中,$A_3$ 为差动放大输出电路,它可以将 $A_1$、$A_2$ 双端输出信号 $U_o$ 变为单端输出,并将信号进一步放大。取 $R_8=R_9$,$R_{10}=R_{11}$,则 $A_3$ 的电压增益 $A_V$ 为

$$A_V = \frac{U_o}{U_{o2}-U_{o1}} = \frac{R_{10}}{R_8} \tag{7-108}$$

$A_3$ 还减小由 $A_1$、$A_2$ 同相输出所引入的共模信号,以适应负载的需要。

$A_4$ 组成电压跟随器,构成调零电路,在双电源供电情况下,调节 W 就可以调节零位输出。这种调零电路调节范围宽,使用方便。

**3. 电流源电路**

力敏电阻电桥用电流源供电时,电桥输出电压为

$$U_o = I\Delta R = IR\pi\sigma \tag{7-109}$$

由于硅单晶压阻系数 $\pi$ 是温度的函数,$\pi$ 随温度上升而减小,引起电桥输出电压减小。而电阻 $R$ 具有正的温度系数,在电路中采用恒定电流源 $I_s$,通过选择合适的掺杂浓度,可以实现温度补偿目的。

## 7.3.9　表面微机械压阻式压力传感器

表面微机械压阻式压力传感器采用较小的表面微机械结构,可以大幅度节约成本,不过,目前尚没有这类产品的批量生产与销售。该传感器主要由单一材料组成,从而避免热不匹配问题,采用一个表面微机械加工空腔("弹丸盒")来提供固有过压停止保护,如图 7-54 所示。

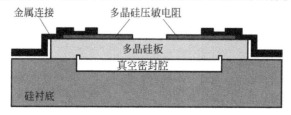

图 7-54　表面微机械压阻式压力传感器

工艺如下：首先在起始晶片上形成几乎完全平面的充满氧化物的腔，然后腐蚀形成密封的参照腔，该工艺利用从硅上生长的每一微米的 $SiO_2$，必须消耗 $0.43\mu m$ 的硅。（用氮化硅做掩膜）在将要形成常腔的区域上热生长大约 750nm 的 $SiO_2$，这大约需要 1/2 厚度的硅，$SiO_2$ 在 HF 中溶解，生长出另一层 750nm 的 $SiO_2$。由于 $SiO_2$ 的密度约为硅的 1/2，第二次氧化以后氧化物表面几乎与晶片表面平齐。压阻元件是由多晶硅掺杂而成，位于空腔上构造的多晶硅板的顶部，多晶硅板夹在两层氧化硅之间，除去多晶硅板下的 $SiO_2$ 牺牲层得到空腔。

## 7.4　电容式压力传感器

以金属电容或陶瓷元件为活动极板的常规电容传感器，很早就在工业领域广泛应用，电容式传感器主要是将被测量非电量的变化转换为电容量的变化。电容式传感器具有灵敏度高、温度稳定性好等显著优点，不足之处在于易受干扰和寄生电容的影响。随着微电子技术的不断发展，这些缺点已经能够得到很好的解决，使得电容式传感器的优点得到了发挥。

### 7.4.1　工作原理及类型

电容器是由两块平行的极板构成。若对边缘效应忽略不计，其电容量可表示为

$$C = \frac{\varepsilon A}{d} = \frac{\varepsilon_r \varepsilon_0 A}{d} \tag{7-110}$$

式中，$\varepsilon$ 为两个极板间介质的介电常数；$A$ 为极板面积；$d$ 为两个极板间的距离；空气相对介电常数 $\varepsilon_r \approx 1$；$\varepsilon_0 = 8.85 \times 10^{-12}$（F/m）。

通过控制 $A$、$d$、$\varepsilon$。三个变量中任意两个不变，改变另一个量，电容量 $C$ 都会产生变化。据此可以将电容式传感器分为变极距型电容传感器、变面积型电容传感器以及变介电常数型电容传感器三种基本类型。

**1. 变极距型电容传感器**

变极距型电容传感器结构如图 7-55 所示，当动极板未作移动时，初始的电容值为

$$C_0 = \frac{\varepsilon_0 \varepsilon_r A}{d_0} \tag{7-111}$$

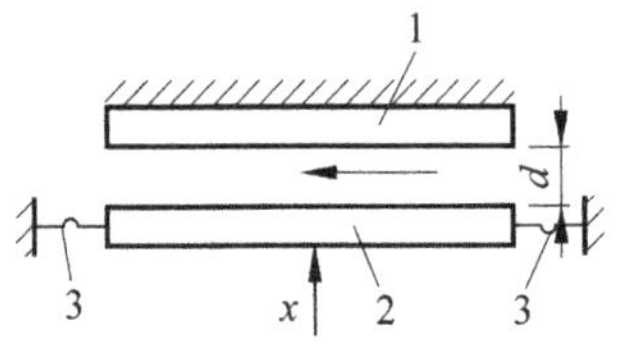

图 7-55　变极距型电容传感器
1—定极板；2—动极板；3—弹性膜片

当动极板向上移动 $\Delta d$ 时，间距减小，电容值增大为 $d = d_0 - \Delta d$，$C = C_0 + \Delta C$。

$$C = C_0 + \Delta C = \frac{\varepsilon_0 \varepsilon_r A}{d_0 - \Delta d} = \frac{C_0}{1 - \dfrac{\Delta d}{d_0}} = C_0 \left[ 1 + \frac{\Delta d}{d_0} + \left( \frac{\Delta d}{d_0} \right)^2 + \left( \frac{\Delta d}{d_0} \right)^3 + \cdots \right]$$

$$\tag{7-112}$$

当 $\Delta d / d_0 \ll 1$ 时，

$$C = C_0 + C_0 \frac{\Delta d}{d_0} \tag{7-113}$$

电容值与极板间距变化近似成线性关系，如图 7-56 所示。一般起始电容在 20～

100pF，板间距 $25\sim200\mu m$，最大位移应小于间距的 $1/10$。变极距型电容传感器在微位移测量中应用最广。

**2. 变面积型电容传感器**

变面积型电容传感器结构如图 7-57 所示，当动极板移动时，上、下两片极板间的相对面积发生改变，从而两个极板间的电容值也发生改变。当相对面积变小时，有

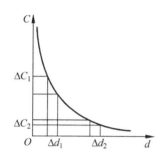

图 7-56 电容值 $C$ 与极板间距 $d$ 的特性关系

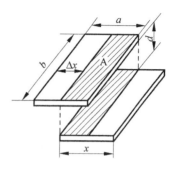

图 7-57 变面积型电容传感器

$$C = C_0 - \Delta C = \frac{\varepsilon_0 \varepsilon_r (a - \Delta x) b}{d} \tag{7-114}$$

可知，$C$ 与 $\Delta x$ 间成线性关系。电容式角位移传感器结如图 7-58 所示，当极板移动角位移 $\theta$ 时，两极板相对面积发生改变，从而改变电容值。

当 $\theta \neq 0$ 时，

$$C = \frac{\varepsilon_0 \varepsilon_r \left(1 - \dfrac{\theta}{\pi}\right)}{d_0} = C_0 - C_0 \frac{\theta}{\pi} \tag{7-115}$$

可知，电容 $C$ 与角位移 $\theta$ 间成线性关系。

**3. 变介质型电容传感器**

变介质型电容传感器结构如图 7-59 所示，电容值与被测值的关系为

$$C = C_1 + C_2 = \varepsilon_0 b_0 \frac{\varepsilon_{r1}(L_0 - L) + \varepsilon_{r2} L}{d_0} \tag{7-116}$$

当 $L \neq 0$ 时，有

$$\frac{\Delta C}{C_0} = \frac{C - C_0}{C_0} = \frac{(\varepsilon_{r2} - \varepsilon_{r1})L}{L_0} \tag{7-117}$$

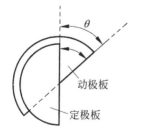

图 7-58 电容式角位移传感器

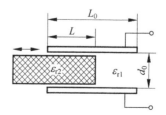

图 7-59 变介质型电容传感器

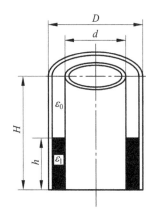

图 7-60 电容式液位传感器

可知,电容变化量与电介质移动量 $L$ 成线性关系。利用此方法可以测量纸张、绝缘薄膜等的厚度。

电容式液位传感器结构如图 7-60 所示,初始电容为

$$C_0 = \frac{2\pi\varepsilon_0 H}{\ln \dfrac{D}{d}} \tag{7-118}$$

电容与液位的关系为

$$c = \frac{2\pi\varepsilon_1 h}{\ln \dfrac{D}{d}} + \frac{2\pi\varepsilon_0 (H-h)}{\ln \dfrac{D}{d}} = \frac{2\pi\varepsilon_0 H}{\ln \dfrac{D}{d}} + \frac{2\pi h(\varepsilon_1 - \varepsilon_0)}{\ln \dfrac{D}{d}}$$

$$= C_0 + \frac{2\pi h(\varepsilon_1 - \varepsilon_0)}{\ln \dfrac{D}{d}} \tag{7-119}$$

因此,电容的增量正比于被测液位的高度,可以用于测量液位高度。

## 7.4.2 电容式传感器主要性能

### 1. 静态灵敏度

被测量缓慢变化时,传感器电容变化量与引起其变化的被测量变化之比。由式(7-112)可以得出

$$\frac{\Delta C}{C_0} = \frac{\Delta d}{d_0}\left[1 + \frac{\Delta d}{d_0} + \left(\frac{\Delta d}{d_0}\right)^2 + \left(\frac{\Delta d}{d_0}\right)^3 + \cdots\right] \tag{7-120}$$

当 $|\Delta d/d_0| \ll 1$ 时,变极距型电容传感器的静态灵敏度为

$$K = \frac{\Delta C/C_0}{\Delta d} = \frac{1}{d_0} \tag{7-121}$$

可以看出,变极距型电容传感器的静态灵敏度与间距相关,并随着被测量的变化而变化。要想提高灵敏度,可以通过减小间距来实现。但是间距不宜过小,否则会导致电容击穿。在极板间加云母片或者塑料膜可提高电容的耐压性能。

变面积型电容传感器的静态灵敏度是一个常数,即

$$K = \frac{C_0}{a} = \frac{\varepsilon b}{d} \tag{7-122}$$

变面积型电容传感器的静态灵敏度与极板的宽度 $b$ 和极板间距 $d$ 都有关,与极板初始长度 $a$ 无关,但 $a$ 必须远远大于 $d$,否则边缘电场的影响将会加大,从而影响传感器的线性。

采用差动式结构可以提高传感器静态灵敏度,差动式结构如图 7-61 所示。

$$\frac{\Delta C_1}{C_0} + \frac{\Delta C_2}{C_0} = \frac{\Delta C}{C_0} = 2\frac{\Delta d}{d_0}\left[1 + \left(\frac{\Delta d}{d_0}\right)^2 + \left(\frac{\Delta d}{d_0}\right)^4 + \cdots\right] \tag{7-123}$$

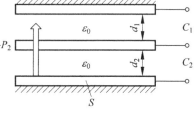

图 7-61 差动式结构

差动式结构的静态灵敏度为

$$K = \frac{\Delta C}{\Delta dC_0} \approx \frac{2}{d_0} \tag{7-124}$$

可以看出,差动式电容传感器的灵敏度提高了一倍。

**2. 非线性**

变极距型电容传感器的两个极板间距离±$\Delta d$时,相应的电容量也会发生变化,可知

$$\Delta C = C_0 \frac{\Delta d}{d \pm \Delta d} = C_0 \frac{\Delta d}{d}\left(\frac{1}{1 \pm \Delta d/d}\right) \tag{7-125}$$

当$|\Delta d/d_0| \ll 1$时,有

$$\Delta C = C_0 \frac{\Delta d}{d_0}\left[1 \mp \frac{\Delta d}{d_0} \mp \left(\frac{\Delta d}{d_0}\right)^2 \mp \left(\frac{\Delta d}{d_0}\right)^3 + \cdots\right] \tag{7-126}$$

所以,电容输出量$\Delta C$与被测量$d$成非线性关系,省略各非线性项,得到近线性关系,即

$$\frac{\Delta C}{C_0} = \frac{\Delta d}{d_0}\left(1 + \frac{\Delta d}{d_0}\right) \tag{7-127}$$

变极距型电容传感器的非线性误差为

$$\delta = \frac{(\Delta d/d_0)^2}{|\Delta d/d_0|} \times 100\% = \left|\frac{\Delta d}{d_0}\right| \times 100\% \tag{7-128}$$

采用差动形式,假设将中间的动极板上移$\Delta d$,则上方的电容量增大,下方的电容量减小,其差值$\Delta C$为

$$\Delta C = 2C_0 \frac{\Delta d}{d_0}\left(1 + \left(\frac{\Delta d}{d_0}\right)^2 + \cdots\right) \tag{7-129}$$

差动式结构传感器的非线性误差为

$$\delta = \frac{2|(\Delta d/d_0)^3|}{2|\Delta d/d_0|} \times 100\% = \left(\frac{\Delta d}{d_0}\right)^2 \times 100\% \tag{7-130}$$

比较式(7-121)、式(7-124)、式(7-129)、式(7-130),差动结构灵敏度增加一倍,非线性误差也大大降低。如果取$(C_1 - C_2)/(C_1 + C_2)$信号,得到

$$\frac{C_1 - C_2}{C_1 + C_2} = \frac{(d_0 + \Delta d) - (d_0 - \Delta d)}{(d_0 + \Delta d) + (d_0 - \Delta d)} = \frac{\Delta d}{d_0} \propto (p_1 - p_2) \tag{7-131}$$

理论上,输出信号与压力为线性关系。但在实际应用中,会存在很多非线性因素,如传感器结构的不对称性;电容两极板的电场分布在中心部分均匀,但到了边缘部分不均匀,会产生边缘效应;电容式传感器除了极板间的电容外,极板还可能与周围物体间产生电容联系,这种电容称为寄生电容,寄生电容的存在会使传感器输出特性产生非线性误差。

## 7.4.3　硅电容压力传感器

与硅压阻式传感器相比,硅电容压力传感器的工作原理、工艺路线和整体结构都有着相当大的差异,拥有独特的优点,是现代微机械压力传感器的一个重要分支和组成部分。日本富士公司和美国罗斯蒙特公司等都已经将硅电容压力传感器商品化,并且逐步将金属电容传感器淘汰。

硅电容压力传感器采用的是变间隙法,结构如图 7-62 所示,采用 MEMS 工艺制作硅弹性敏感元件,构成电容器的一个可动极板;在固定部分的玻璃材料上用溅射方法制备金属电极,构成电容器的另一个固定极板,玻璃与硅之间通过静电封接工艺实现连接;上、下敏感电容的电极通过玻璃上的导气孔中涂敷导电层引出,采用超声打孔技术形成玻璃上的导

气孔,器件通过金属导压管连接到金属基座上,通过金属基座上的管脚直接将敏感芯片上的电信号引出。外加压力引起作为可动极板的中心极板的变形移动,这种变形将使得两极板的间隙改变,从而电容发生变化,通过检测电容的变化来检测外加压力的大小。

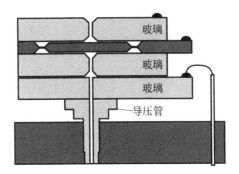

图 7-62    硅电容压力传感器结构示意图

敏感器件采用 MEMS 加工工艺制作,体积小,质量轻,加工精度高,适合批量生产。与通用的硅压阻式压力传感器相比较,硅电容压力传感器精度高,长期稳定性好。

## 7.4.4    电容式传感器典型测量电路

### 1. 调频电路

调频测量电路如图 7-63 所示,把电容式传感器作为整个谐振回路的一部分,接入振荡器。当输入的电容量变化时,振荡频率也会随之变化,再将变化的频率经鉴频电路转换为振幅的变化。

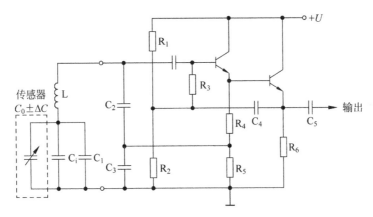

图 7-63    调频测量电路原理图

被测信号不为零时,$\Delta C \neq 0$,振荡器的固有频率 $f$ 为

$$f = \frac{1}{2\pi \sqrt{(C_1 + C_i + (C_0 \mp \Delta C))L}} = f_0 \pm \Delta f \tag{7-132}$$

电路频率输出,易得到数字量输出,不需 A/D 转换;灵敏度较高,输出信号大,可获得伏特级的直流信号,便于实现计算机连接;抗干扰能力强,可实现远距离测量。不过,其稳定性差,使用时,要求元件参数、直流电源电压稳定,并要消除温度和电缆电容的影响,其输出非线性大,需误差补偿。

### 2. 运算放大器式测量电路

运算放大器式测量电路能够解决变极距型电容传感器的非线性问题。运算放大器式测量电路原理如图 7-64 所示,电容式传感器跨接在高增益运算放大器的输入端与输出端之间,运算放大器的输入阻抗很高,可认为它是一个理想运算放大器,其输出电压为

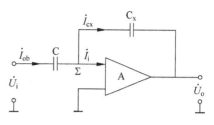

图 7-64 运算放大器式测量电路原理图
$C$—固定电容;$C_x$—传感器电容;
$\dot{U}_o$—输出电压信号

$$\dot{U}_o = -\dot{U}_i \frac{C}{\varepsilon S} d \qquad (7\text{-}133)$$

可以看出,输出电压 $\dot{U}_o$ 与电源电压 $\dot{U}_i$ 反相,与极板间的距离 $d$ 成线性关系,实际应用时,要保证放大器的开环放大倍数 $A$ 和输入阻抗 $Z_i$ 足够大。

### 3. 二极管双 T 型电路

二极管双 T 型电路如图 7-65(a)所示,该电路的供电电压是周期为 $T$、占空比为 $50\%$、电压幅值为 $\pm U_E$ 的方波。当电源电压处于正半周期时,则将该电路等效成如图 7-65(b)所示的一阶等效电路(正半周)。

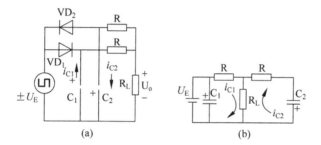

图 7-65 二极管双 T 型电路与其一阶等效电路(正半周)

正半周时,电路等效成一阶电路

$$\begin{cases} i_{C1}R + i_{C1}R_L - i_{C2}R_L = U_E \\ i_{C2}R + i_{C2}R_L - i_{C1}R_L = U_E - \dfrac{1}{C_2}\displaystyle\int_{-\infty}^{t} i_{C2}(\xi)\,\mathrm{d}\xi \end{cases} \qquad (7\text{-}134)$$

$$i_{C2} = \left( \frac{U_E + \dfrac{R_L}{R+R_L}U_E}{R + \dfrac{RR_L}{R+R_L}} \right) \mathrm{e}^{\frac{-t}{(R+\frac{RR_L}{R+R_L})C_2}} \qquad (7\text{-}135)$$

$[R + (RR_L)/(R+R_L)]C_2 \ll T/2$ 时,$i_{C2}$ 的平均值 $I_{C2}$ 为

$$I_{C2} = \frac{2}{T}\int_0^{\frac{T}{2}} i_{C2}\,\mathrm{d}t \approx \frac{2}{T}\int_0^{\infty} i_{C2}\,\mathrm{d}t = \frac{2}{T}\frac{R+2R_L}{R+R_L}U_E C_2 \qquad (7\text{-}136)$$

平均电流 $I_{C1}$ 为

$$I_{C1} = \frac{U_E + \dfrac{2}{T}\dfrac{R+2R_L}{R+R_L}U_E C_2 R_L}{R+R_L} \qquad (7\text{-}137)$$

同理,可知负半周时平均电流 $I_{C1}$ 和 $I_{C2}$。整个周期内,平均电流 $I_{C1}$ 为

$$I_{C1} = 1/2 \left( \frac{U_E}{R + R_L} + \frac{2}{T} \frac{(R + 2R_L)}{(R + R_L)^2} U_E (R_L C_2 + RC_1 + R_L C_1) \right) \qquad (7\text{-}138)$$

在负载 $R_L$ 上产生电压为

$$U_o = R_L (I_{C1} - I_{C2}) = \frac{RR_L(R + 2R_L)}{(R + R_L)^2} \frac{U_E}{T} (C_1 - C_2) \qquad (7\text{-}139)$$

可以看出，$VD_1$ 与 $VD_2$ 特性相同，无外加压力时，$C_1 = C_2$，在一个周期内，流过负载 $R_L$ 的平均电流为零，负载无电压输出。在外加压力情况下，$C_1 \neq C_2$，负载有电压输出。输出电压大小除与电容的差值有关，还与电源电压幅值和频率有关。

**4. 差动脉宽调制电路**

差动脉宽调制电路利用对电容的充放电，使电容量发生改变，电路输出脉冲的宽度随之改变，通过低通滤波器得到对应被测量变化的直流信号。差动脉冲调宽电路如图 7-66 所示，$A_1$、$A_2$ 为比较器，$U_r$ 为其参考电压，$C_1$ 和 $C_2$ 两个电容构成差动形式。接通直流电源，双稳态触发器的 $Q$ 端（$A$ 点）变为高电位，$\bar{Q}$ 端（$B$ 点）变为低电位，由 $A$ 点经过 $R_1$ 向电容 $C_1$ 充电，直到 $F$ 点的电位与参考电压 $U_r$ 相等，比较器 $A_1$ 输出脉冲，使双稳态触发器发生翻转；$Q$ 端变为低电位，$\bar{Q}$ 端变为高电位，翻转后 $C_1$ 经由二极管 $VD_1$ 迅速放电至零，同时由 $B$ 点经过 $R_2$ 向电容 $C_2$ 充电，直到 $G$ 点电位与 $U_r$ 相等，比较器 $A_2$ 输出脉冲，使双稳态触发器再次翻转，$Q$ 端（$A$ 点）再次变为高电位，$\bar{Q}$ 端（$B$ 点）再次变为低电位。如此循环，$A$ 点与 $B$ 点的电位分别受 $C_1$ 与 $C_2$ 的调制。当 $C_1 = C_2$ 相等时，$A$ 和 $B$ 点输出矩形脉冲的宽度相等，输出电压 $U_{AB}$ 的平均值为零，如图 7-67(a) 所示。当 $C_1 > C_2$ 时，$A$ 点输出脉冲宽度大于 $B$ 点输出脉冲宽度，输出电压 $U_{AB}$ 的平均值不为零，如图 7-67(b) 所示。

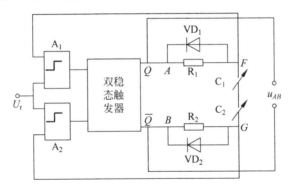

图 7-66　差动脉冲调宽电路原理图

$U_{AB}$ 经低通滤波后，直流电压 $U_o$ 为

$$U_o = U_A - U_B = \frac{T_1}{T_1 + T_2} U_1 - \frac{T_2}{T_1 + T_2} U_1 = \frac{T_1 - T_2}{T_1 + T_2} U_1 \qquad (7\text{-}140)$$

$A$ 点与 $B$ 点的直流分量分别用 $U_A$ 和 $U_B$ 表示，$U_1$ 是双稳态触发器输出的高电位，$C_1$ 和 $C_2$ 的充电时间分别用 $T_1$ 和 $T_2$ 表示，则

$$T_1 = R_1 C_1 \ln \frac{U_1}{U_1 - U_r} \qquad (7\text{-}141)$$

$$T_2 = R_2 C_2 \ln \frac{U_1}{U_1 - U_r} \qquad (7\text{-}142)$$

若 $R_1 = R_2 = R$，则有

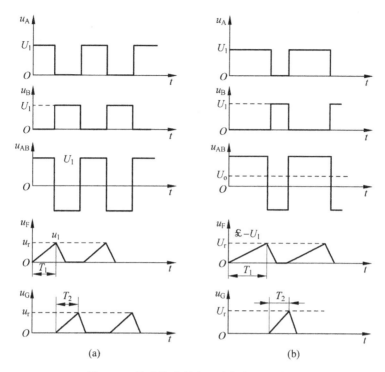

图 7-67　差动脉冲调宽电路各点电压波形

$$U_o = \frac{C_1 - C_2}{C_1 + C_2} U_1 \tag{7-143}$$

可以看出,输出电压与传感器两差动电容的差和商成正比。此电路要求直流电源电压稳定性高,输出电压信号一般为 $0.1 \sim 1\text{MHz}$ 的矩形波,再配一低通滤波器就可以得到直流信号。

## 7.5　压电式力学量传感器

压电式力学量传感器是利用某些晶体的压电效应制作的一种传感器,它是一种典型的自发电式传感器,可检测最终变换为力的那些非电量,例如力、压力、加速度、扭矩等。

### 7.5.1　压电效应

对于某些物质,当沿一定的方向对它施加压力或拉力时,会产生变形,其内部产生极化现象,同时在它的两个外表面上产生符号相反的电荷。当外力去掉后,它又恢复不带电状态,这种现象称为压电效应。当作用力的方向改变时,电荷的极性也随之改变,这种将机械能转变为电能的现象,有时称为"顺压电效应";相反,当在某物质的极化方向上施加电场时,不仅产生极化现象,同时产生应变和应力,当外加电场去掉后,该物质的应变和应力随之消失,这种现象称为"逆压电效应"。具有压电效应的电介质称为压电材料,在自然界中,具有压电效应的物质很多,然而大多数物质的压电效应都十分微弱,只有少数材料,例如石英晶体和人造压电陶瓷钛酸钡、锆钛酸铅等是性能优良的压电材料,常用压电材料的性能见表 7-4。

**表 7-4　常用压电材料性能**

| 性　　能 | 石　英 | 钛酸钡 | 锆钛酸铅 PZT-4 | 锆钛酸铅 PZT-5 | 锆钛酸铅 PZT-8 |
|---|---|---|---|---|---|
| 压电常数/(pC/N) | $d_{11}=2.31$ $d_{14}=0.73$ | $d_{15}=260$ $d_{31}=-78$ $d_{33}=190$ | $d_{15}=410$ $d_{31}=-100$ $d_{33}=200$ | $d_{15}=410$ $d_{31}=-185$ $d_{33}=415$ | $d_{15}=410$ $d_{31}=-90$ $d_{33}=200$ |
| 相对介电常数 $\varepsilon_r$ | 4.5 | 1200 | 1050 | 2100 | 1000 |
| 居里点温度/℃ | 573 | 115 | 310 | 260 | 300 |
| 密度/($10^3$ kg/$m^3$) | 2.65 | 5.5 | 7.45 | 7.5 | 7.45 |
| 弹性模量/($10^9$ N/$m^2$) | 80 | 110 | 83.3 | 117 | 123 |
| 机械品质因数 | $10^5 \sim 10^6$ | — | $\geqslant 500$ | 80 | $\geqslant 800$ |
| 最大安全应力/($10^6$/$m^2$) | $95 \sim 100$ | 81 | 76 | 76 | 83 |
| 体积电阻率/(Ω·m) | $>10^{12}$ | $10^{10}$(25℃) | $>10^{10}$ | $10^{11}$(25℃) | — |
| 最高允许温度/℃ | 550 | 80 | 250 | 250 | 250 |
| 最高允许湿度/%RH | 100 | 100 | 100 | 100 | 100 |

## 7.5.2　石英晶体的压电效应

晶体的压电效应与晶体结构中不存在对称中心密切相关。压电晶体压电效应示意图 7-68 所示。从图 7-68(a)可以看出,当晶体不受外力作用时,晶体中的正、负电荷中心相重合,晶体对外不呈现极性,单位体积中的电矩(即极化强度)等于零。但在外力作用下,在晶体发生变形时,正、负电荷的中心不再重合,这时单位体积内的电矩不再等于零,故晶体对外表现出极性。在图 7-68(b)中,由于晶体结构中存在对称中心,无论有无外力作用,晶体中的正、负电荷中心总是重合,不会出现压电效应。因此,晶体结构不存在对称中心是产生压电效应的必要条件。

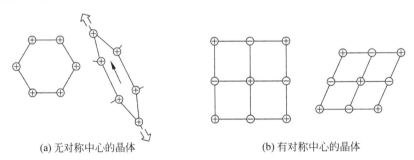

(a) 无对称中心的晶体　　　　　　　　(b) 有对称中心的晶体

图 7-68　晶体压电效应示意图

石英晶体的化学成分为二氧化硅($SiO_2$),是单晶体结构,其形状为六角形晶柱,两端成六棱锥形状,如图 7-69(a)所示。石英晶体是各向异性的晶体,在晶体学中把它的 3 个互相垂直的轴用 $x$、$y$、$z$ 来表示,如图 7-69(b)所示。$z$ 轴称为光轴,它与六棱锥的棱线一致,是晶体的对称轴,当光线沿 $z$ 轴方向通过晶体时不发生双折射,沿 $z$ 轴方向施加作用力时,不会产生压电效应。$x$ 轴称为电轴,它通过六棱锥的两个相对的棱线且垂直于 $z$ 轴,显然 $x$ 轴共有 3 个,把沿电轴方向施加作用力的压电效应称为纵向压电效应。$y$ 轴称为机械轴,垂直于

$xz$ 平面,显然 $y$ 轴也有 3 个,把沿机械轴方向施加作用力产生的压电效应称为横向压电效应。

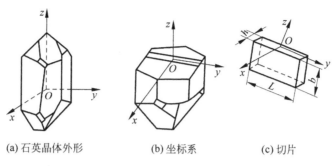

(a) 石英晶体外形　　　(b) 坐标系　　　(c) 切片

图 7-69　石英晶体

若在石英晶体上沿 $y$ 方向切下一块如图 7-69(c)所示的晶体片,称为压电晶体片。当晶体片在沿 $x$ 轴方向上受到应力 $\sigma_x$ 作用时,在与电轴垂直的平面上将产生极化电荷 $q_x$,在晶体的线性弹性范围内,其极化强度 $P_x$ 与应力 $\sigma_x$ 成正比,即

$$P_x = d_{11}\sigma_x = d_{11}\frac{f_x}{Lb} \tag{7-144}$$

式中,$f_x$ 为沿 $x$ 晶轴方向施加的作用力;$L$、$b$ 分别为石英晶体片的长度和宽度;$d_{11}$ 为 $x$ 轴方向受力时的压电系数。

压电系数 $d_{ij}$ 的第一个下标 $i$ 表示电位移或极化强度的取向;第二个下标 $j$ 表示应力性质(法向或切向)和取向,$i$、$j$ 分别取 1、2、3 对应 $x$、$y$、$z$ 三个轴向方向。极化强度 $P_x$ 等于晶片表面的电荷密度,即

$$P_x = \frac{q_x}{Lb} \tag{7-145}$$

式中,$q_x$ 为垂直于电轴平面上的电荷量。

因此有

$$q_x = d_{11}f_x \tag{7-146}$$

由式(7-146)可知,当晶体片受到 $x$ 轴方向的作用力时,$q_x$ 与作用力 $f_x$ 成正比,与晶体片几何尺寸无关,电荷的极性如图 7-70 所示。在 $x$ 轴方向施加压力时,左旋石英晶体的 $x$ 轴正向带正电荷,如图 7-70(a)所示;如果作用力 $f_x$ 为拉力,则垂直于 $x$ 轴的面上仍然出现与上述等量的电荷,如图 7-70(b)所示,但极性相反。

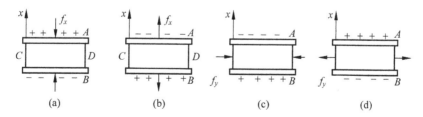

图 7-70　石英晶体片上电荷极性与受力方向的关系

如果在同一晶体片上,作用力沿机械轴 $y$ 轴方向,其电荷仍在与 $x$ 轴垂直的平面上产生,其极性如图 7-70(c)和图 7-70(d)所示,此时电荷量的大小为

$$q_x = d_{12} \frac{Lb}{hb} f_y = d_{12} \frac{L}{h} f_y \qquad (7\text{-}147)$$

式中，$d_{12}$ 为石英晶体在 $y$ 轴方向上受力时的压电系数；$h$ 为晶体片的厚度。

因石英晶体轴对称，所以 $d_{12} = -d_{11}$。负号表示沿 $y$ 轴方向的压缩力产生的电荷与 $x$ 轴施加的压缩力产生的电荷极性相反。由式(7-147)可知，沿 $y$ 轴方向对晶体片施加作用力时，产生的电荷量与晶体片的几何尺寸有关。此外，压电晶体除了有纵向压电效应和横向压电效应外，在切向应力作用下也会产生压电效应。

石英晶体的压电效应与内部结构分不开，石英晶体的化学分子式为 $SiO_2$，在每一晶体单元中，它有 3 个硅离子和 6 个氧离子，后者成对。硅离子有 4 个正电荷，氧离子有 2 个负电荷，1 个硅离子和 2 个氧离子交替排列。为了讨论方便，将硅离子和氧离子在垂直于 $z$ 轴的 $xy$ 平面上投影排列等效为图 7-71(a)所示的正六边形排列。图中"⊕"代表 $Si^{4+}$，"⊖"代表 $2O^{2-}$。

在未受外力作用时，带有 4 个正电荷的硅离子和带有 $2 \times 2$ 个负电荷的氧离子正好分布在正六边形的顶角上，形成 3 个大小相等、互成 $120°$ 夹角的电偶极矩 $\boldsymbol{P}_1$、$\boldsymbol{P}_2$、$\boldsymbol{P}_3$，如图 7-71(a)所示。此时正、负电荷中心重合，电偶极矩的矢量和为零，即 $\boldsymbol{P}_1 + \boldsymbol{P}_2 + \boldsymbol{P}_3 = 0$，电荷平衡，晶体表面不产生电荷即呈电中性。

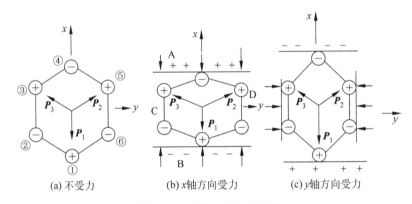

(a) 不受力      (b) $x$ 轴方向受力      (c) $y$ 轴方向受力

图 7-71　石英晶体压电模型

当石英晶体受到沿 $x$ 轴方向的压力 $f_x$ 作用时，将产生沿 $x$ 方向的压缩变形，正、负离子的相对位置也随之变动，正、负电荷中心不再重合，如图 7-71(b)所示。硅离子①被挤入氧离子②和⑥之间，氧离子④被挤入硅离子③和硅离子⑤之间，电偶极矩在 $x$ 轴方向的分量 $(\boldsymbol{P}_1 + \boldsymbol{P}_2 + \boldsymbol{P}_3)_x > 0$，即在 $x$ 轴的正向出现正电荷，结果在晶体 A 表面呈现正电荷，B 表面呈现负电荷，电偶极矩在 $y$ 方向的分量之和仍为零，$y$ 方向不出现电荷，如果在 $x$ 轴方向施加拉力，则情况正好相反，A 表面电荷和 B 表面电荷符号与图 7-71(b)相反，如图 7-71(c)所示。由于 $\boldsymbol{P}_1$、$\boldsymbol{P}_2$、$\boldsymbol{P}_3$ 在 $z$ 方向上的分量都为零，$z$ 方向也不出现电荷。这种沿 $x$ 轴施加作用力，而在垂直于 $x$ 轴的晶面上产生电荷的现象，即为前面所说的纵向压电效应。

当石英晶体受到沿 $y$ 轴方向的压力作用时，晶体产生如图 7-71(c)所示的变形。电偶极矩在 $x$ 轴方向的分量 $(\boldsymbol{P}_1 + \boldsymbol{P}_2 + \boldsymbol{P}_3)_x < 0$，即硅离子③和氧离子②以及硅离子⑤和氧离子⑥都向内移动同样数值，硅离子①和氧离子④向 A、B 面扩伸，电偶极距在 $y$ 方向分量仍为零，C、D 面上不带电荷，$z$ 轴方向也不出现电荷，而 A、B 面上分别呈现正、负电荷。如果在 $y$

方向施加拉力,结果在 A、B 面上产生与图 7-71(c)所示相反的电荷,这种沿 $y$ 方向施加作用力,而在平行于 $y$ 轴的晶面上产生电荷的现象称为横向压电效应。

如果沿 $z$ 轴方向(即图 7-71 中与纸面垂直的方向)上施加压力,因为晶体在 $x$ 方向上和 $y$ 方向上不产生变形,所以正、负电荷中心始终保持重合,电偶极矩在 $x$ 方向和 $y$ 方向矢量和等于零。这表明沿 $z$ 轴(光轴)方向施加作用力,晶体不会产生压电效应。如果在围绕 $x$、$y$、$z$ 轴上施加剪切力或扭力,同样在 $x$ 面上产生电荷。如果在石英晶体的各个方向同时施加相等的力(如液体压力、热应力等),石英晶体不会产生压电效应,所以石英晶体没有体积变形的压电效应。

如果在石英晶体的两个电极表面上加交流电压,那么晶体片将产生机械振动,即在电极方向有伸长和缩短的现象,这种电致伸缩现象即为逆压电效应。

### 7.5.3　压电陶瓷的压电效应

压电陶瓷是人工制造的多晶压电材料,压电陶瓷材料内的晶粒有许多自发极化的电畴(自发极化的小区域)。这些电畴有一定的极化方向,从而存在一定的电场。在刚烧制好的压电陶瓷内电畴的排列无规则,它们的极化效应互相抵消,不具有压电性质,如图 7-72(a)所示。

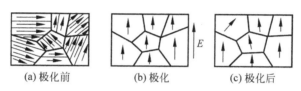

图 7-72　压电陶瓷极化示意图

为了使压电陶瓷具有压电性质,需要进行极化处理。极化处理是在 $100 \sim 170 ℃$ 的温度下,对压电陶瓷施加外电场($1 \sim 4 \mathrm{kV/mm}$),使电畴的极化方向发生转动,趋向于外电场的方向排列,从而使材料得到极化。在极化电场撤除后,电畴基本保持不变,其内部存在很强的剩余极化,如图 7-72(b)、图 7-72(c)所示。同时,陶瓷片极化的两端出现束缚电荷,一端为正,另一端为负,由于束缚电荷的作用,在陶瓷片的极化两端很快吸附一层来自外界的自由电荷,这时的束缚电荷与自由电荷数值相等,极性相反,因此陶瓷片对外不呈现极性。但经极化处理后的压电陶瓷具有压电特性。

当在压电陶瓷片上加上一个与极化方向平行的压力时,陶瓷片产生压缩变形,片内的束缚电荷间的距离变小,电畴发生偏转,极化强度变小,因此吸附在其表面的自由电荷,有一部分被释放而出现放电,使压电陶瓷对外呈现带电现象。

当撤除压力时,压电陶瓷片恢复原状,极化强度增大,因此又吸附一部分自由电荷而出现充电现象,宏观带电现象消失。通常将压电陶瓷的极化方向取作 $z$ 轴方向,在垂直于 $z$ 轴的平面上任何直线都可看作 $x$ 轴或 $y$ 轴,对于 $x$ 轴或 $y$ 轴,其压电效应等效。这种因受力产生机械能转变为电能的效应,就是压电陶瓷的正压电效应。放电电荷 $q$ 的多少与外力成正比关系。即

$$q = d_{33} f \tag{7-148}$$

式中,$d_{33}$ 为压电陶瓷的压电系数;$f$ 为外加作用力。

### 7.5.4 压电元件的等效电路和结构形式

**1. 压电元件的等效电路**

当压电元件受到外力作用时,就会在晶体片的两个表面上聚集等量的正、负电荷。晶体片的两个表面相当于一个电容的两个极板,两个表面间的物质相当于电容器极板间的介质,因此,压电元件可以看作一个电荷发生器。同时它又相当于一个平行板电容器,其电容值为

$$C_a = \frac{\varepsilon_r \varepsilon_0 S}{h} \tag{7-149}$$

式中,$S$ 为压电陶瓷片的表面积;$\varepsilon_r$ 为压电材料的相对介电常数;$\varepsilon_0$ 真空介电常数,$\varepsilon_0 = 8.85 \times 10^{-12}$ F/m;$h$ 为压电片的厚度。

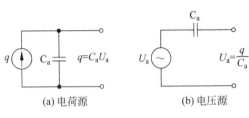

(a)电荷源  (b)电压源

图 7-73　压电元件的等效电路图

可以把压电元件等效成一个电荷源和电容器并联电路,如图 7-73(a)所示,电容器上电压 $U_a$ 电荷量 $q$ 与电容 $C_a$ 之间关系为

$$U_a = \frac{q}{C_a} \tag{7-150}$$

压电元件还可以等效为一个电压源 $U_a$ 和一个电容 $C_a$ 的串联电路,如图 7-73(b)所示。电压源电压也由式(7-150)给出,可知,只有外接负载 $R_L$ 阻值为无穷大,且压电片的内部无漏电时,受力产生的电压 $U_a$ 才能长期保持不变;否则,电路要以时间常数 $R_L C_a$ 按指数规律放电。

在实际应用中,压电元件总是要与测量电路相连接组成压电传感器。因此,在实际应用中还必须考虑连接电缆的等效电容 $C_c$、放大器的输入电阻 $R_i$ 和输入电容 $C_i$ 的影响。这样,压电传感器的等效电路就如图 7-74 所示,图中,$R_a$ 为压电元件的漏电阻。

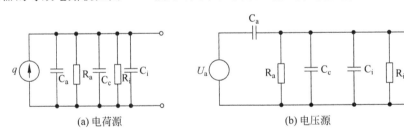

(a)电荷源  (b)电压源

图 7-74　压电传感器的等效电路

**2. 压电元件常用的结构形式**

制作压电传感器时,为了提高灵敏度,常采用两片或两片以上具有相同性能的压电晶体片粘贴在一起使用。由于压电晶体片具有极性,因此,几个晶体片间的接法有并联和串联两种,如图 7-75 所示。

并联连接时,压电传感器的输出电容 $C$ 和极板上的电荷 $q'$ 分别为单块晶体片的电容 $C_a$ 和电荷 $q$ 的 2 倍,而输出电压 $U$ 与单片上的电压 $U_a$ 相等,即

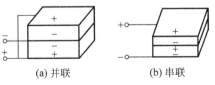

(a)并联  (b)串联

图 7-75　两块晶体片的连接方式

$q' = 2q, C = 2C_a, U = U_a$。

串联连接时,输出总电荷 $q'$ 等于单片上的电荷 $q$,输出电压 $U$ 为单片上电压 $U_a$ 的 2 倍,总电容 $C$ 为单片电容 $C_a$ 的 $1/2$,即 $q' = q, C = C_a/2, U = 2U_a$。

由以上分析可知,并联接法输出电荷量大,但本身电容也大,因此,时间常数大,适用于测量缓慢变化的信号,并以电荷作为输出量的场合。串联接法输出电压高,本身电容小,适用于以电压为输出信号和测量电路输入阻抗很高的场合。

在制作和使用压电传感器时,必须使压电晶体片有一定的预应力。这样可以保证整个表面在作用力变化时,压电片始终受到作用力。其次是保证压电元件的输出电压与作用力成线性关系。这是因为压电片在加工时,即使研磨得很好,也很难保证接触面的绝对平坦。如果没有足够的压力就不能保证全面地均匀接触,接触电阻在最初阶段将不是常数,而是随压力变化。但预应力也不能过大,否则将影响其灵敏度。

压电传感器的灵敏度在出厂时已做了标定,但随着使用时间的增加会有些变化,主要原因是元件的性能发生了变化。实验表明,压电陶瓷的压电常数随着使用时间的增加而减小。因此,为了保证传感器的测量精度,最好每隔半年进行一次灵敏度校正。石英晶体的长期稳定性很好,灵敏度不变,故无须经常进行校正。

## 7.5.5　压电传感器的测量电路

### 1. 压电传感器对测量电路的要求

由于压电传感器产生的电荷量其微,除要求自身的绝缘电阻极高外,测量电路的输入极也应有足够高的阻抗,以免电荷快速泄漏而产生测量误差。

假定有一恒定的力作用在压电元件上,元件表面产生电量 $q$,由如图 7-74(a)所示的等效电路可知,此时元件两外表面间的电压 $U_a$ 应为

$$U_a = \frac{q}{C} \tag{7-151}$$

式中,$C = C_a + C_c + C_i$。

由于压电元件的电阻 $R_a$ 和测量电路的输入电阻 $R_i$ 阻值不可能无限大,因此,将有电荷通过 $R_a$ 和 $R_i$ 泄漏,压电元件上的电压将不断下降。这与电容 $C$ 通过电阻 $R$ 放电相似,这里电阻 $R$ 是 $R_a$ 和 $R_i$ 的并联电阻,即 $R = R_a R_i/(R_a + R_i)$,压电元件上的电压变化为

$$u = U_a e^{-\frac{t}{\tau}} \tag{7-152}$$

式中,$\tau = RC$,称为电路的时间常数。

由式(7-152)可知,输出电压衰减的快慢由时间常数 $RC$ 决定。为了减小漏电产生的测量误差,$RC$ 应尽量大,但由于电容还与传感器的灵敏度有关,故 $RC$ 也不能太大,否则灵敏度下降,且 $R_i \ll R_a$,因此,应尽量增大测量电路的输入电阻。由上述分析可知,压电传感器的前置放大器有两个作用:①将压电元件输出的微弱信号进行放大;②把压电元件的高内阻变换成低的输出电阻,即阻抗变换的作用。其后可以采用一般的放大和显示电路。

### 2. 压电传感器的测量电路

压电传感器前置放大器有两种形式:电压放大器和电荷放大器。

1) 电压放大器

压电传感器的前置放大器又称阻抗变换器,它的功能是把压电元件的高输出阻抗变为

低阻抗,同时将微弱信号进行放大。图 7-74(b)所示为压电元件与放大电路连接的等效电路。设 $R$ 为 $R_a$ 和 $R_i$ 并联等效电阻,$C$ 为 $C_c$ 和 $C_i$ 并联等效电容,则 $R = R_a R_i / (R_a + R_i)$,$C = C_c + C_i$。压电元件的开路输出电压 $U_a = q/C_a$,若对压电元件沿电轴方向施加交变力 $f = F_m \sin\omega t$,则产生的电荷和电压将按正弦规律变化,其电压为

$$U_a = \frac{q}{C_a} = d\frac{f}{C_a} = \frac{dF_m \sin\omega t}{C_a} = U_m \sin\omega t \tag{7-153}$$

式中,$C_a$ 为压电元件等效电容;$d$ 为压电材料压电系数;$U_m = dF_m/C_a$,为压电元件输出电压幅值。

送到放大器输入端的电压(复数形式)为

$$U_i = U_a \frac{\dfrac{R}{1 + j\omega RC}}{\dfrac{1}{j\omega C_a} + \dfrac{R}{1 + j\omega RC}} = dF\frac{\dfrac{R}{1 + j\omega RC}}{\dfrac{1}{j\omega} + \dfrac{RC_a}{1 + j\omega RC}} = dF\frac{R}{(1 + j\omega RC)\dfrac{1}{j\omega} + RC_a}$$

$$= dF\frac{j\omega R}{1 + j\omega RC + j\omega RC_a} = dF\frac{j\omega R}{1 + j\omega R(C + C_a)} \tag{7-154}$$

将 $C = C_i + C_c$ 代入上式得

$$U_i = dF\frac{j\omega R}{1 + j\omega R(C_i + C_c + C_a)} \tag{7-155}$$

前置放大器输入电压的幅值 $U_{im}$ 为

$$U_{im} = \frac{dF_m \omega R}{\sqrt{1 + (\omega R)^2 (C_i + C_c + C_a)^2}} \tag{7-156}$$

输入电压与作用力之间的相位差为

$$\varphi = \frac{\pi}{2} - \arctan[\omega R(C_i + C_c + C_a)] \tag{7-157}$$

令 $\tau = R(C_i + C_c + C_a)$,$\tau$ 称为测量电路的时间常数。式(7-156)又可写成

$$K_v = \frac{U_{im}}{F_m} = \frac{d\omega R}{\sqrt{1 + (\omega R)^2 (C_i + C_c + C_a)^2}} \tag{7-158}$$

式中,$K_v$ 为压电传感器的电压灵敏度。

由上述分析可知,当作用力的频率 $\omega$ 与电路的时间常数 $\tau$ 足够大时,使式(7-158)中的 $(\omega R)^2 (C_i + C_c + C_a)^2 \gg 1$,则放大器输入端的电压幅值 $U_{im}$ 与传感器的灵敏度 $K_v$ 分别为 $U_{im} = dF_m/(C_i + C_c + C_a)$,$K_v = d/(C_i + C_c + C_a)$。

此时,放大器输入端输入电压幅值和传感器的灵敏度与被测量的频率无关。但是,当作用于压电元件上的是静态力($\omega = 0$)时,由式(7-156)和式(7-158)可知,$U_{im}$ 和 $K_v$ 都等于零。这是由于压电元件上微弱的电量会通过 $R_i$ 和 $R_a$ 漏掉,所以从理论上讲,压电传感器不能测量静态物理量。如果被测物理量变化缓慢而回路的时间常数 $\tau$ 又不大,将造成传感器的灵敏度下降。如果要保持较高的灵敏度,则应加大时间常数,使 $(\omega R)^2 (C_i + C_c + C_a)^2 \gg 1$。但根据式(7-158)可知,加大电容将引起灵敏度下降。切实可行的方法是提高测量回路的电阻 $R = R_a R_i / (R_a + R_i)$,$R_a$ 一般很大,所以提高前置放大器的输入阻抗 $R_i$ 是关键所在。$R_i$ 越大,$\tau$ 越大,压电传感器的低频响应越好。

为了满足阻抗匹配要求,压电传感器一般都采用专门的前置放大器,其输入阻抗在 1GΩ 以上,输出阻抗小于 100Ω。一个高输入阻抗的电压放大器电路如图 7-76 所示,其输

入级采用 MOS 场效应管,第二级用锗 PNP 管构成对输入级的负反馈,使输入阻抗大于 $10^9$ Ω。$R_3 \geqslant 100$ MΩ,$R_4$ 既是 $VT_1$ 管的源极接地电阻,也是 $VT_2$ 的负载电阻,$R_4$ 上的交流电压信号,经 $C_2$ 和 $R_2$ 反馈到 $VT_1$ 的输入端,使 $A$ 点电位提高,保证高的交流输入阻抗。由 $VT_1$ 构成的输入极,不考虑 $VT_2$ 负反馈时,其输入阻抗 $R_i = (R_3 + R_1 R_2)/(R_1 + R_2)$。

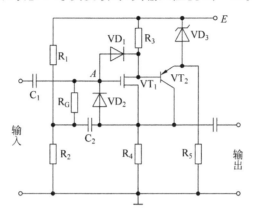

图 7-76　高输入阻抗电压放大器

再考虑由 $VT_2$ 构成的第二级负反馈后,其输入阻抗变为

$$R_{if} = \frac{R_i}{1 - A_V} \tag{7-159}$$

式中,$A_V$ 为 $VT_1$ 源极跟随器的电压增益。$A_V \approx 1$,故 $R_{if}$ 可以提高到几百至几千 MΩ。

由 $VT_1$ 构成的源极跟随器的输出阻抗为

$$R_o = (1/g_m)//R_4 \tag{7-160}$$

式中,$g_m$ 为场效应管 $VT_1$ 的跨导。由于引入了负反馈,使输出阻抗进一步减小。

由集成运算放大器构成的电压比例放大器如图 7-77 所示,该高输入阻抗放大器接成同相输入方式,因此,电路输入阻抗极高,输出阻抗极小,是一种比较理想的石英压电晶体电压放大器。

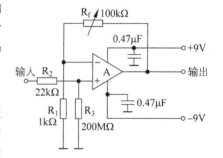

图 7-77　由集成运算放大器
构成的电压放大器

2) 电荷放大器

电荷放大器是一种输出电压与输入电荷量成正比的前置放大器。电荷放大器是带反馈电容 $C_f$ 的高输入阻抗、高增益的运算放大电路。压电传感器常用的电荷放大器原理电路如图 7-78(a)所示,图中忽略了压电元件内阻 $R_a$ 和运放输入电阻 $R_i$。若由压电元件的电荷引起的放大器输入电压为 $U_i$,则 $C_a$、$C_c$、$C_i$ 和 $C_f$ 上的电荷总和为 $q$,则

$$(U_i - U_o)C_f + U_i C = q \tag{7-161}$$

式中,$C = C_c + C_a + C_i$。

设放大器的电压增益为 $A_v$,即 $U_o = -A_v U_i$,上式变为

$$\left(-\frac{U_o}{A_V} - U_o\right)C_f - \frac{U_o C}{A_V} = q \tag{7-162}$$

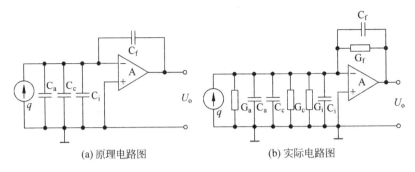

(a) 原理电路图　　　　　(b) 实际电路图

图 7-78　电荷放大器

$$U_o\left[\left(\frac{-1}{A_V}-1\right)C_f-\frac{C}{A_V}\right]=q \tag{7-163}$$

因 $A_V\gg1$，$(1+A_V)C_f\gg C$，故有

$$U_o=-\frac{q}{C_f} \tag{7-164}$$

式中，负号表示输出信号与输入信号反相。

式(7-164)说明电荷前置放大电路输出电压与电荷成正比，与反馈电容 $C_f$ 成反比，传感器自身电容等其他因素可忽略不计。该电路的输入端不需要提供电流，向输入信号源索取的电流几乎为零，对外部信号来说，相当于电路具有很高的输入阻抗。

电荷放大器的实际电路如图 7-78(b)所示，图中 $G_a$、$G_c$、$G_i$ 分别为压电元件、连接电缆、放大器输入端电导，$G_f$ 为反馈电容 $C_f$ 的漏电导。放大器输出电压 $U_o$ 为

$$U_o=\frac{-A_Vj\omega q}{(G+j\omega C)+(1+A_V)(G_f+j\omega C_f)} \tag{7-165}$$

式中，$G=G_a+G_c+G_i$；$C=C_a+C_c+C_i$。

由于 $(1+A_V)G_f\gg G$；$(1+A_V)C_f\gg C$；$A_V\gg1$，则上式简化为

$$U_o=\frac{q}{C_f+\dfrac{G_f}{j\omega}} \tag{7-166}$$

由式(7-166)可知，$U_o$ 不仅与输入电荷 $q$ 有关，而且与负反馈网络 $C_f$ 和 $G_f$ 及信号频率 $\omega$ 有关。

当频率很高时，$C_f\gg G_f/j\omega$，则 $U_o$ 与频率无关，此时 $U_o$ 为

$$U_o=\frac{q}{C_f} \tag{7-167}$$

放大器的上限频率由运算放大器的频率响应决定。

当频率变低时，$G_f/\omega$ 增大，当增大到等于 $C_f$ 时，$U_o$ 下降至原来的 0.707 倍，这时的频率称为下限频率 $f_{min}$。

$$\omega_{min}=\frac{G_f}{C_f}=\frac{1}{C_fR_f} \tag{7-168}$$

$$f_{min}=\frac{1}{2\pi R_fC_f} \tag{7-169}$$

从式(7-168)和式(7-169)可以看出，$C_f$ 和 $R_f$ 对输出电压及下限频率影响很大，为了提

高 $U_o$，就要减小 $C_f$ 值，而这又影响下限频率，所以应根据下限频率来确定 $C_f$ 的大小。

## 7.5.6 压电传感器的结构与应用

压电式传感器的应用范围很广，在各种应用类型中，力学量检测类型应用最多，可直接利用压电传感器测量力、压力、加速度和位移等物理量。下面介绍压电式加速度传感器和压电式压力传感器的结构和工作原理。

### 1. 压电式加速度传感器

压电式加速度传感器是一种常用的加速度计。因其固有频率高，高频响应好（几 kHz 至十几 kHz），再配以电荷放大器，其低频特性也很好。一种压缩式压电加速度传感器结构原理图如图 7-79 所示，图中压电元件由两个单片压电元件（石英晶体片或压电陶瓷片）组成，采用并联接法，一根引线接至两压电片中间的导电片上，另一端直接与基座相连。压电元件上放置一块重金属制成的质量块，用一弹簧片对压电元件施加一个预压缩负载。静态压缩载荷的大小应远大于传感器在振动、冲击测试中可能承受的最大动应力。传感器的整个组件装在一个厚基座上，并用金属壳体加以封罩。为了隔离试件的应变传递到压电元件上去而产生虚假信号，应加厚底座或选用刚度较大的材料，如钛合金、不锈钢等。壳体和基座的质量应占整个传感器质量的 1/2。

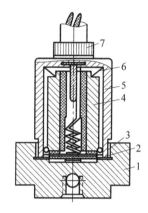

图 7-79 压电加速度传感器
1—基座；2—压电元件；
3—导电片；4—重块组件；
5—壳体；6—弹簧片；7—插头

测量时，将传感器与试件刚性地固定在一起，传感器感受与试件相同的振动，质量块也就受到一个与加速度方向相反的惯性力的作用。这样质量块就产生一个正比于加速度的交变力作用在压电元件上，因此在压电元件的两个表面上产生与作用力成正比的交变电荷（或电压），传感器的输出电荷（或电压）就与作用力成正比，即与试件的加速度成正比，$q = d_{ij}f$，由于 $f = ma$，于是有

$$q = d_{ij}ma \tag{7-170}$$

式中，$d_{ij}$ 为压电元件的压电系数；$m$ 为有效质量；$a$ 为试件的振动加速度。

由式(7-170)可知，测出传感器的输出电荷即可知道试件的加速度。

### 2. 压电式压力传感器

压电式压力传感器的结构很多，可以适应各种不同场合的要求，但其工作原理基本上相

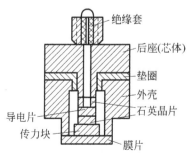

图 7-80 膜片式压电压力传感器

同。一种片式压电压力传感器的结构原理图如图 7-80 所示，这种传感器主要由本体、弹性敏感元件和压电转换元件组成，它结构紧凑、小巧轻便，系全密封结构。膜片式压电压力传感器的本体，由于用途不同，大小和形状也各不同。其压电元件常用的材料有石英晶体或压电陶瓷，以石英晶体片应用得最为广泛。石英压电元件是由两片 $x0°$ 切型石英晶片并联连接而成。为了消除因接触不良而引起的非线性误差，以保证传感器在交变力的作用下正常工作，装配时要通过拧紧芯体施加一预压

缩力。当膜片上受到压力 $p$ 作用后,通过传力块加到石英晶片上,两片石英压电晶片输出的总电荷量 $q$ 为

$$q = d_{11}Ap \tag{7-171}$$

式中,$d_{11}$ 为石英晶体的压电系数;$A$ 为膜片的有效面积。

这种结构的压力传感器优点是具有较高的灵敏度和分辨率,有利于小型化。缺点是压电元件的预压缩应力通过拧紧芯体施加,这将使膜片产生弯曲,造成传感器的线性度和动态性能变坏;此外,当膜片受环境影响发生变形时,压电元件的预压缩应力将发生变化,这将使输出出现不稳定现象。要解决上述问题,可以采取预紧筒加载结构,克服压电元件在预加载过程中引起的膜片变形。克服温度对传感器的影响可采用温度补偿。

## 7.5.7 压电式力学量传感器的主要性能

### 1. 灵敏度

压电式力学量传感器的灵敏度是指其输出量(电荷或电压)与被测力学量的比值。被测的力学量可以是力、压力、加速度、扭矩等。当压电式传感器与电荷放大器联用时,须给出传感器的电荷灵敏度 $K_q$,即

$$K_q = \frac{q}{J} \tag{7-172}$$

式中,$q$ 为传感器输出电荷;$J$ 为被测的力学量[力$(f)$、压力$(p)$、加速度$(a)$等]。

当压电式传感器与电压放大器连用时,则应给出电压灵敏度 $K_u$:

$$K_u = \frac{u_o}{J} = \frac{q/C_a}{J} = \frac{K_q}{C_a} \tag{7-173}$$

式中,$u_o$ 为传感器的输出电压;$C_a$ 为压电元件的电容。

对于压电式加速度传感器,传感器输出的电荷与试件的加速成正比,即 $q = d_{ij}ma$。所以,压电式加速度传感器的电荷灵敏度与电压灵敏度分别为

$$K_q = \frac{q}{a} = \frac{d_{ij}ma}{a} = d_{ij}m \tag{7-174}$$

$$K_u = \frac{d_{ij}m}{C_a} \tag{7-175}$$

可见,压电式加速传感器的灵敏度与压电系数和有效质量成正比,由于压电式力和压力传感器多与电荷放大器联用,其电荷灵敏度分别为

$$K_q = \frac{q}{F} = nd_{11} \tag{7-176}$$

$$K_q = \frac{q}{p} = nd_{11}A \tag{7-177}$$

式中,$n$ 为晶体片的片数;$d_{11}$ 为纵向压电效应的压电系数;$A$ 为传感器膜片有效受力面积;$F$ 为作用力;$p$ 为压力。

晶体的压电系数随温度的变化而变化,晶体元件间的电容也随温度而变化,这种变化将导致压电式传感器灵敏度的改变:当温度接近晶体元件居里点温度时,其灵敏度下降趋势骤然增加。这就要求使用压电元件时温度不可太高。

### 2. 频响特性

压电式力学量传感器的频响特性,是指能保证一定测量精度的频率范围。压电式力学

量传感器的频响特性所涉及的因素基本相同,以压电式加速度传感器为例进行讨论。

压电式加速度传感器是由惯性质量块和压电转换元件组成的二阶质量—弹簧系统,如图 7-80 所示,它的幅频特性和相频特性分别由下式给出:

$$\left| \frac{x}{a} \right| = \frac{1}{\omega_0^2} \frac{1}{\sqrt{\left[ 1 - \left( \frac{\omega}{\omega_0} \right)^2 \right]^2 + \left( 2\xi \frac{\omega}{\omega_0} \right)^2}} \tag{7-178}$$

$$\varphi = \arctan \frac{2\xi \frac{\omega}{\omega_0}}{1 - \left( \frac{\omega}{\omega_0} \right)^2} \tag{7-179}$$

式中,$x$ 为质量块相对于传感器壳体相对位移的振幅;$\omega$ 为振动体振动角频率;$\omega_0$ 为传感器固有角频率;$\xi$ 为无量纲阻尼比;$\varphi$ 为质量块的位移滞后于加速度的相位角;$a$ 为振动体加速度振幅。

因为质量块与传感器壳体(即振动体)间的相对位移 $x$ 就是压电元件的变形量,在弹性限度内 $F = K_y x$,$F$ 为作用在压电元件上的力;$K_y$ 为压电元件的弹性系数。因此,$q = d_{ij}F = d_{ij}K_y x$,于是可得压电式加速度传感器灵敏度与频率的关系为

$$\frac{q}{a} = \frac{d_{ij}K_y/\omega_0^2}{\sqrt{\left[ 1 - \left( \frac{\omega}{\omega_0} \right)^2 \right]^2 + \left( 2\xi \frac{\omega}{\omega_0} \right)^2}} \tag{7-180}$$

式(7-180)为加速度传感器频响特性的数学表达式,其曲线如图 7-81 所示。由图可见,当 $\omega/\omega_0$ 相当小时,式(7-180)可写为

$$\frac{q}{a} \approx \frac{K_y d_{ij}}{\omega_0^2} \tag{7-181}$$

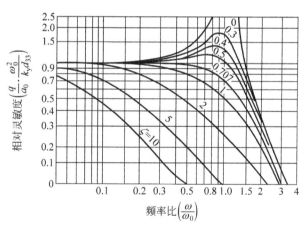

图 7-81　压电式加速度传感器的频响特性

由式(7-181)可见,当传感器的固有频率远大于振动物体频率时,传感器灵敏度 $K_q = q/a$ 近似为一常数,基本上不随频率而变化,此为压电式传感器的理想工作频带。由于压电式传感器具有很高的固有频率,只要放大器高频截止频率远大于传感器的固有频率,其频率上限由其固有频率决定。所以一般情况下压电式传感器高频响应特别好,频率范围很宽。压电式传感器的固有频率可由下式给出:

$$\omega_0 = K/m \tag{7-182}$$

只用压电元件的弹性系数来计算加速度传感器的固有频率,所得结果往往偏高。这是由于压电式传感器力学模型中的 $K$ 值,除了与压电转换元件弹性系数 $K_y$ 有关外,还受质量块、压电元件与导电片间的接触刚性的影响,因此式(7-182)中 $K$ 为加速度传感器的组合刚度,它低于元件的 $K_y$ 值。

## 7.6  典型的声波质量传感器

### 1. 体声波质量传感器

石英晶体微天平(Quartz Crystal Microbalance,QCM)的结构如图 7-82 所示,它是由上下金属电极和夹于其中的某种切型的石英晶片所构成的三明治结构,其实是一种厚度切变模式的体声波质量传感器。它的制作过程大致如下:

(1) 采用切割技术将一块石英晶体切成所需厚度的石英晶片,其切割图如图 7-83(a)所示。

(2) 在石英晶片的两面涂敷金层作为上下金属电极。

(3) 在上下电极上各焊一根引线接到对应的管脚上,再对其进行封装便形成了石英晶体微天平,其产品如图 7-83(b)所示。

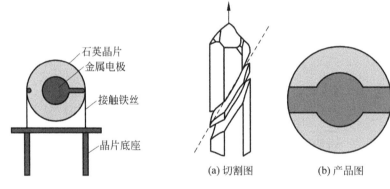

图 7-82  石英晶体微天平的结构图    图 7-83  石英晶体切割图和 QCM 产品图

QCM 微质量传感器的主要特点是制作成本低、结构相对简单,因此在众多领域中应用广泛,尤其是在过去的 20 年里,随着生物科学的迅速发展,QCM 的生物传感器受到广泛的关注。

1959 年 Sauerbrey 首次推出了石英晶体微天平的谐振频率变化与其表面附着的质量变化之间的关系:

$$\Delta f = \frac{-2f_0^2 \Delta m}{A(\mu_q \rho_q)^{1/2}} \tag{7-183}$$

式中,$\Delta f$ 为谐振频率变化量;$\Delta m$ 为谐振器表面质量负载的变化量;$f_0$ 为谐振器未吸附质量时的谐振频率;$\rho_q$、$\mu_q$、$A$ 分别为石英晶体的密度、剪切模量以及有效面积。

值得注意的是,只有当最大质量负载没有超过谐振器质量的 2% 且质量负载是刚性材料时,Sauerbrey 公式才成立。

从 Sauerbrey 公式可以明显地看出，QCM 的谐振频率变化与所吸附的质量变化成正比，因此 QCM 可用于质量传感器；同时也可以看到，QCM 谐振频率的变化量 $\Delta f$ 正比于 QCM 的谐振频率 $f_0$ 的平方，所以 QCM 的谐振频率越高，其质量灵敏度越大，通常 QCM 的质量检测下限可达到 $10^{-9}$g。

**2. 表面声波质量传感器**

声表面波(Surface Acoustic Wave,SAW)技术是在 20 世纪 60 年代末发明叉指换能器(Interdigital Transducer，IDT)之后才发展起来的一门新兴技术，是声学、电子学以及 MEMS 技术相结合的一门学科。此后，声表面波器件在通信、导航、电子对抗以及雷达等领域中应用广泛。所谓的声表面波，就是一种沿物体表面传播的弹性波。图 7-84 所示为表面声波传感器的结构及符号，与之前介绍的 QCM 一样，SAW 的结构也是由压电晶体和两个电极组成，只不过它的电极在压电晶体的同一面内，且电极是两个叉指换能器。它的制作过程大致如下：

(1) 选取压电基片并对其进行抛光处理。

(2) 在压电基片的抛光面上淀积一定厚度的铝。

(3) 在铝膜上光刻、腐蚀出两个叉指换能器的结构，分别作为输入换能器和输出换能器。

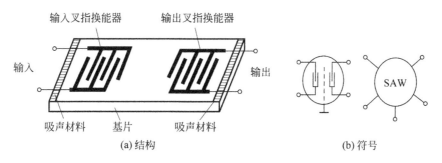

(a) 结构        (b) 符号

图 7-84 表面声波传感器的结构及符号

声表面波器件的工作原理如下：当给输入叉指换能器施加交流电压时，压电基片由于逆压电效应而发生振动，进而激励出声表面波，此声波沿着基片的表面进行传播，最后由基片上的输出叉指换能器通过压电效应将声表面波转换成电信号输出。

声表面波传感器主要是利用声表面波器件的谐振频率因外界因素的影响而变化的机理来实现对被测参量检测的一种传感器。而对于 SAW 质量传感器来说，当其表面的质量负载改变时，输入和输出换能器之间的声表面波速度因扰动而发生改变，因此质量传感器的谐振频率会发生偏移，所以可以通过检测其谐振频率的变化来得到相应质量的改变。

SAW 质量传感器的灵敏度同样随着谐振频率的增加而增大，而其谐振频率又与叉指电极间的间距有关，因此提高 SAW 传感器的质量灵敏度主要是通过改进传感器的自身结构、优化叉指换能器的形状来实现的。与 QCM 相比，SAW 传感器的谐振频率有较大的提高，目前能达到 1GHz 水平。

## 小结

本章主要阐述了电阻应变片、压阻式、电容式和压电式力敏元件和传感器。从力学的基本概念入手,介绍了金属和半导体电阻应变片基本原理、简单结构、类型、测量电路和温度误差及补偿等。对于压阻式压力传感器,介绍了压阻系数及其影响因素、结构设计、制备工艺、测量电路和温漂补偿技术等概念,以差压传感器结构、压阻式加速度传感器、集成压力传感器、表面微机械压阻式压力传感器为例,详细介绍了其结构与应用。对于电容式压力传感器,从其工作原理及类型、主要性能参数、典型测量电路方面进行了叙述。对于压电式力传感器,从压电效应的原理入手,对石英晶体和压电陶瓷的压电效应、压电元件的等效电路和结构形式、压电式力传感器测量电路及其结构与应用、主要性能等方面进行了论述。在力敏传感器的基础上,进行技术拓展,提升其信息化水平,形成具有数字化、无线化、智能化、网络化功能的新型智能化网络力敏传感器是未来发展方向。

## 习题

1. 填空题

(1) 扩散硅压阻压力传感器芯片通常采用的是硅杯结构,硅杯为周边固定的圆形膜片或方形膜片,由于_____型电阻的压阻系数大、灵敏度高、温度系数小,通常采用该类型的电阻作为敏感电阻。

(2) 电容传感器常采用差容结构,该结构将引起传感器灵敏度_____,非线性误差_____。

(3) 半导体应变片通常是由 P 型单晶硅经切割、研磨加工成_____晶向的薄片矩形条,因此在晶向上压阻系数最大。

(4) 压电石英晶体的化学成分为二氧化硅,是单晶体结构,压电效应与结构中不存在对称中心密切相关。如果受到_____轴方向作用力时,不会产生压电效应。

(5) 电阻应变片式传感器按制造材料可分为金属材料和半导体材料,在受到外力作用时,电阻发生变化,其中金属材料的电阻变化主要由_____变化引起,而半导体材料的电阻变化主要由_____变化引起,半导体材料应变片的灵敏度较大。

(6) 压电式力传感器既可以测量静态力,也可以测量动态力。_____(注:对该表述进行判断,填写"正确"或"错误")

(7) 晶体结构不存在_____是晶体产生压电效应的必要条件。

(8) 压电式传感器可等效为一个_____和一个电容并联,也可等效为一个与电容相串联的电压源。

(9) 压阻式压力传感器的输出随温度变化而变化,主要会引起_____和_____漂移。

(10) 压电式传感器的输出须先经过前置放大器处理,此放大电路有_____和_____两种形式。

2. 选择题

(1) 压电式加速度传感器是( )传感器。

    A. 结构性                      B. 适于测量直流信号的

    C. 适于测量缓变信号的            D. 适于测量动态信号的

(2) $100\Omega$ 的应变片在外力作用($\varepsilon = 0.05$)下,电阻变化了 $1\Omega$,则该应变片的灵敏度系数 $K$ 为( )。

    A. 2             B. 1.5             C. 2.5             D. 4

(3) 变间隙式电容传感器两极板间的初始距离 $d$ 增加时,将引起传感器( )。

    A. 灵敏度增加                  B. 灵敏度减小

    C. 非线性误差增加             D. 非线性误差减小

(4) 石英晶体测量加速度基于哪种物理效应?( )

    A. 热电效应       B. 压电效应       C. 横向效应       D. 霍尔效应

(5) 影响金属导电材料应变灵敏度系数 $K$ 的主要因素是( )。

    A. 导电材料电阻率的变化         B. 导电材料几何尺寸的变化

    C. 导电材料物理性质的变化       D. 导电材料化学性质的变化

(6) 沿石英晶体的机械轴 $y$ 的方向施加作用力时,( )。

    A. 晶体不产生压电效应          B. 在电轴 $x$ 方向产生电荷

    C. 在机械轴 $y$ 方向产生电荷       D. 在光轴 $z$ 方向产生电荷

(7) 为减少变极距型电容传感器的非线性误差,应选用( )类型的传感器。

    A. 大间距       B. 高介电常数       C. 差动式       D. 小间距

(8) 将电阻应变片粘贴到各种弹性敏感元件上,可构成测量各种参数的电阻应变式传感器,这些参数包括( )。

    A. 位移       B. 加速度       C. 力       D. 力矩

(9) 为了减小电容式传感器的测量非线性误差,应该将两个相同的电容式传感器,连接成( )形式。

    A. 串联       B. 并联       C. 混合连接       D. 差动

(10) 引起电容传感器本身固有误差的原因有( )。

    A. 温度对结构尺寸的影响         B. 电容电场边缘效应的影响

    C. 分布电容的影响             D. 后继电路放大倍数的影响

(11) 电容式传感器中输入量与输出量的关系为线性的有( )。

    A. 变面积型电容传感器          B. 变介质型电容传感器

    C. 变电荷型电容传感器          D. 变极距型电容传感器

(12) 关于差动脉冲宽度调制电路的说法正确的是( )。

    A. 适用于变极板距离和变介质型差动电容传感器

    B. 适用于变极板距离差动电容传感器且为线性特性

    C. 适用于变极板距离差动电容传感器且为非线性特性

    D. 适用于变面积型差动电容传感器且为线性特性

(13) 石英晶体和压电陶瓷的压电效应对比正确的是( )。

    A. 压电陶瓷比石英晶体的压电效应明显,稳定性也比石英晶体好

    B. 压电陶瓷比石英晶体的压电效应明显,稳定性不如石英晶体好

    C. 石英晶体比压电陶瓷的压电效应明显,稳定性也比压电陶瓷好

    D. 石英晶体比压电陶瓷的压电效应明显,稳定性不如压电陶瓷好

（14）压电式传感器不能用于静态力的测量,是因为(　　　)。

    A. 静态的力不能产生压电效应

    B. 压电晶体的压电效应丧失了

    C. 后继放大电路的输入阻抗太大了

    D. 产生的电荷通过后继放大电路放电了

（15）应变片两端用较粗的银丝短接,其目的是(　　　)。

    A. 减小温度误差               B. 减小横向效应

    C. 改善动态响应               D. 减小工作电流

3. 有一测力传感器利用等强度梁制成,梁的上下面各粘贴两片相同的电阻应变片,并构成桥路,如图 7-85 所示。若 $l=50\text{mm}$,$b=5\text{mm}$,$t=1\text{mm}$,$E=1\times10^5\,\text{N/mm}^2$,应变片的灵敏度系数 $K=2$,供桥电压 $U=6\text{V}$,问当输出电压 $U_\circ=36\text{mV}$ 时,力 $F$ 为多少？（提示：$\sigma=6Fl/(bt^2)$。）

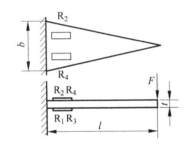 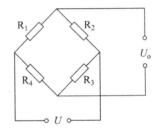

图 7-85   等强度梁及电桥

    4. 电阻应变片的灵敏度定义为 $k=\Delta R/R\varepsilon^{-1}$,其中 $\Delta R$ 为作用应变 $\varepsilon$ 后应变片电阻的变化,$R$ 为应变片的电阻。如果一阻值 $120\Omega$ 的应变片灵敏 $k=2.0$,将该应变片用总电阻值为 $12\Omega$ 的导线连接到测量系统,求此时应变片的灵敏度。

    5. 有一只变极距电容传感元件,两极板重叠有效面积为 $8\times10^{-4}\,\text{m}^2$,两极板间的距离为 $1\text{mm}$,已知空气的相对介电常数是 $1.0006$,试计算传感器的位移灵敏度。

    6. 有一 $0°X$ 切的纵向石英晶体,其面积 $S=20\text{mm}^2$,厚度 $d=10\text{mm}$,当受到压力 $p=10\text{MPa}$ 作用时,求产生的电荷量 $Q$ 及输出电压。（提示：$d_{11}=2.3\times10^{-12}\,\text{C/N}$,石英相对介电常数 $\varepsilon_r=4.5$,真空介电常数 $\varepsilon_0$ 为 $8.85\times10^{-12}\,\text{C/m}$。）

# 第8章

**CHAPTER 8**

# 半导体光敏元件与传感器

半导体光电传感器是把光和电这两种物理量联系起来,把光信号转换成电信号的半导体器件。传感器工作时,先将被测量转换为光量的变化,然后通过光电传感器再把光量的变化转换为相应的电量变化,从而实现非电量的测量。光电检测方法具有精度高、反应快、非接触等优点,而且可测参数多,传感器的结构简单,形式灵活多样。因此,光电传感器在检测和控制中应用非常广泛。

## 8.1 半导体的光吸收

光吸收是光(电磁辐射)通过材料时,与材料发生相互作用,电磁辐射能量被部分地转化为其他能量形式的物理过程。光在导电媒介中传播时具有衰减现象,即产生光的吸收。半导体材料通常能强烈地吸收光能,具有量级为 $10^{-5}\,\mathrm{cm}^{-1}$ 的吸收系数。材料吸收辐射能导致电子从低能级跃迁到较高的能级。对于半导体材料,自由电子和束缚电子的吸收都很重要。

实验证明,价带电子跃迁是最重要的吸收过程。当一定波长的光照射半导体材料时,电子吸收足够的能量,从价带跃迁入导带。电子从低能带跃迁到高能带,相当于原子中的电子从能量较低的能级跃迁到能量较高能级。其区别在于:原子中的能级不连续,两能级间的能量差是定值,电子的跃迁只能吸收一定能量的光子,出现的是吸收线;而在晶体中,与原子能级相当的是一个由很多能级组成,实际上是连续的能带,因而光吸收也就表现为连续的吸收带。

### 8.1.1 本征吸收

在绝对零度时,理想半导体价带完全被电子占满,价带内的电子不可能被激发到更高的能级。唯一可能的吸收是足够能量的光子使电子激发,跃迁到空的导带,在价带中留下一个空穴,形成电子—空穴对。这种由于电子在价带与导带间的跃迁所形成的吸收过程称为本征吸收,如图 8-1 所示。

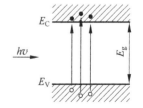

图 8-1 本征吸收示意图

显然,要发生本征吸收,光子能量必须等于或大于禁带宽带 $E_g$,即

$$h\nu \geqslant h\nu_0 = E_g \tag{8-1}$$

式中,$h$ 为普朗克常量;$\nu$ 为光子频率。

对应于本征吸收光谱,必然存在一个频率界限 $\nu_0$,或者存在一个波长界限 $\lambda_0$。当频率低于 $\nu_0$ 或波长大于 $\lambda_0$ 时,不可能产生本征吸收,吸收系数迅速下降。这种吸收系数显著下降的特定频率 $\nu_0$ 或特定波长 $\lambda_0$,称为半导体的本征吸收限。根据式(8-1),并应用关系式 $\nu = c/\lambda$,可得到本征吸收长波限为

$$\lambda_0 = \frac{1240}{E_g(\mathrm{eV})}(\mathrm{nm}) \tag{8-2}$$

根据半导体材料不同的禁带宽度,可算出相应的本征吸收长波限。例如,Si 的 $E_g = 1.12\mathrm{eV}$,$\lambda_0 \approx 1.1\mu\mathrm{m}$;GaAs 的 $E_g = 1.43\mathrm{eV}$,$\lambda_0 \approx 0.867\mu\mathrm{m}$,两者吸收限都在红外区;CdS 的 $E_g = 2.42\mathrm{eV}$,$\lambda_0 \approx 0.513\mu\mathrm{m}$,在可见光区。几种常用半导体材料本征吸收限和禁带宽度的对应关系如图 8-2 所示。

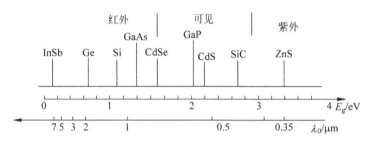

图 8-2　$E_g$ 和 $\lambda_0$ 的对应关系

## 8.1.2　直接跃迁和间接跃迁

在光照下,电子吸收光子的跃迁过程,除了能量必须守恒外,还必须满足动量守恒,即满足选择定则。设电子原来的波矢量是 $\boldsymbol{k}$,要跃迁到波矢是 $\boldsymbol{k}'$ 的状态。由于对于能带中的电子,$h\boldsymbol{k}$ 具有类似动量的性质,在跃迁过程中,$\boldsymbol{k}$ 和 $\boldsymbol{k}'$ 必须满足如下条件:

$$h\boldsymbol{k}' - h\boldsymbol{k} = 光子动量 \tag{8-3}$$

由于一般半导体所吸收的光子,其动量远小于能带中电子的动量,光子动量可忽略不计,式(8-3)可近似地写为 $\boldsymbol{k}' = \boldsymbol{k}$,表明电子吸收光子产生跃迁时,波矢保持不变(电子能量增加)。

一维的 $E(\boldsymbol{k})$ 曲线如图 8-3 所示,为了满足电子在跃迁过程中波矢保持不变,则原来在价带中状态 $A$ 的电子只能跃迁到导带中的状态 $B$。$A$ 态与 $B$ 态在 $E(\boldsymbol{k})$ 曲线上位于同一垂线上,这种跃迁称为直接跃迁。在 $A$ 态到 $B$ 态直接跃迁中所吸收光子的能量 $h\nu$ 与垂直距离 $AB$ 相对应。对应于不同的 $\boldsymbol{k}$,垂直距离各不相等。任何一个 $\boldsymbol{k}$ 值的不同能量的光子都有可能被吸收,而吸收的光子最小能量应等于禁带宽度 $E_g(OO')$。本征吸收形成一个连续吸收带,并具有一吸收限 $\nu_0 = E_g/h$。在常用半导体中,Ⅲ-Ⅴ族的 GaAs、InSb 及 Ⅱ-Ⅵ族等材料,导带极小值和价带极大值对应于相同的波矢,称为直接带隙半导体。这种半导体在本征吸收过程中,产生电子的直接跃迁。

理论计算可得,在直接跃迁中,如果对于任何 $\boldsymbol{k}$ 值的跃迁都允许,$h\nu \geqslant E_g$ 时,吸收系数与光子能量的关系为

$$\alpha(h\nu) = A(h\nu - E_g)^{1/2} \tag{8-4}$$

式中,$\alpha$ 为吸收系数;$A$ 基本为一常数。$h\nu < E_g$ 时,吸收系数为 0。

理论和实验都证明,不少半导体的导带和价带极值并不像图 8-3 所示,对应于相同的波矢。例如,Ge、Si 一类半导体,价带定位于 $k$ 空间原点,而导带低则不在 $k$ 空间原点,这类半导体称为间接带隙半导体。Ge 的能带结构示意图如图 8-4 所示。显然,任何直接跃迁所吸收的光子能量都比禁带宽度 $E_g$ 大,这和直接跃迁的本征吸收有矛盾。

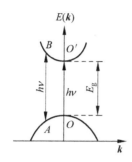
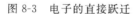
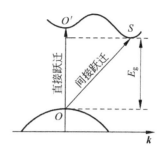

图 8-3　电子的直接跃迁　　　　　图 8-4　直接跃迁和间接跃迁

这种矛盾实际上指出,本征吸收中,除了符合 $k'=k$ 选择定则的直接跃迁外,还存在非直接跃迁过程,如图 8-4 中 $O \rightarrow S$。在非直接跃迁过程中,电子不仅吸收光子,同时还和晶格交换一定的振动能量,即放出或吸收一个声子。严格地讲,能量转换关系不再是直接跃迁所满足的式(8-1),还应考虑声子的能量。非直接跃迁过程是电子、光子和声子三者同时参与的过程,能量关系应该是

$$h\nu_0 \pm E_p = 电子能量差\ \Delta E \qquad (8\text{-}5)$$

式中,$E_p$ 为声子的能量,"+"号是吸收声子,"−"号是发射声子。

声子的能量非常小,数量级在百分之几电子伏特以下,可忽略不计。粗略地讲,电子在跃迁前后的能量差就等于所吸收的光子能量。所以,由非直接跃迁得出和直接跃迁相同的关系,即

$$\Delta E = h\nu_0 = E_g \qquad (8\text{-}6)$$

声子具有的准动量,波矢为 $q$ 的格矢,声子的准动量是 $hq$。在非直接跃迁过程中,伴随声子的吸收或发射,动量守恒关系得到满足,可写为

$$(hk' - hk) \pm hq = 光子动量 \qquad (8\text{-}7)$$

略去光子动量,得

$$k' - k = \mp q \qquad (8\text{-}8)$$

式中,$q$ 为声子的波矢;"∓"号分别表示电子在跃迁过程中发射或吸收一个声子。

式(8-8)表明,在非直接跃迁过程中,伴随发射或吸收适当的声子,电子的波矢 $k$ 可以改变。例如,在图 8-4 中,电子吸收光子而实现有价带顶跃迁到导带底 $S$ 状态时,必须吸收一个 $q=k_s$ 的声子,或发射一个 $q=-k_s$ 的声子。这种除了吸收光子外,还参与晶格交换能量的非直接跃迁,也称间接跃迁。

总之,在光的本征吸收过程中,如果只考虑电子和电磁波的相互作用,仅根据动量守恒要求,只可能发生直接跃迁;如果还考虑电子与晶格的相互作用,则非直接跃迁也可能发生,通过发射或吸收一个声子,使动量守恒原则仍然满足。

### 8.1.3 其他光吸收过程

实验证明,波长比本征吸收限 $\lambda_0$ 长的光波在半导体中往往也能被吸收。这说明,除了本征吸收外,还存在着其他的光吸收过程,主要有激子吸收、杂质吸收、自由载流子吸收等。

**1. 激子吸收**

在本征吸收限 $h\nu_0 = E_g$,光子的吸收恰好形成一个在导带底的电子和一个在价带顶的空穴。这样形成的电子是完全摆脱了正电中心束缚的"自由"电子,空穴也同样是"自由"空穴。由于本征吸收产生的电子和空穴之间没有互相作用,它们能互不相关地受到外加电场的作用而改变运动状态,因而使电导率增大。实验证明,当光子能量 $h\nu \geqslant E_g$ 时,本征吸收形成连续光谱。但在低温时发现,某些晶体在本征连续吸收光谱出现以前,即 $h\nu < E_g$ 时,就已出现一系列吸收线;并且发现,对应于这些吸收线并不伴有光电导。可见这种吸收并不引起价带电子直接激发到导带,而形成所谓"激子吸收"。

理论和实验都证明,如果光子能量 $h\nu < E_g$,价带电子受激发后虽然跃出了价带,但还不足以进入导带而成为自由电子,仍然受到空穴的库仑场作用。实际上,受激电子和空穴互相束缚而结合在一起成为一个新的系统,这种系统称为激子,这样的光吸收称为激子吸收,如图 8-5(a)所示。激子在晶体中某一部分产生后,并不停留在该处,可以在整个晶体中运动。由于它作为一个整体电中性,因此不形成电流。激子在运动过程中可以通过两种途径消失:一种是通过热激发或其他能量的激发使激子分离成为自由电子或空穴;另一种是激发中的电子和空穴通过复合,使激子消失而同时放出能量(发射光子或同时发射光子和声子)。激子中电子与空穴之间的作用类似氢原子中电子与质子之间的相互作用,如图 8-5(b)所示。因此,激子的能态也与氢原子相似,由一系列能级组成。

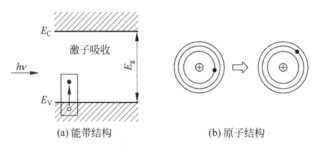

(a)能带结构          (b)原子结构

图 8-5  激子吸收

**2. 自由载流子吸收**

对于一般半导体材料,当入射光子的频率不够高,不足以引起电子从带到带的跃迁或形成激子时,仍然存在着吸收,而且其强度随波长增大而增加。这种在本征吸收限以外长波方面不断增强的吸收作用如图 8-6 所示。这种吸收由自由载流子在同一带内的跃迁所引起,称为自由载流子吸收。

与本征跃迁不同,自由载流子吸收中,电子从低能态到较高能态的跃迁是在同一能带内发生,如图 8-7 所示。但这种跃迁过程同样必须满足能量守恒和动量守恒关系。和本征吸收的非直接跃迁相似,电子的跃迁也必须伴随着吸收或发射一个声子。

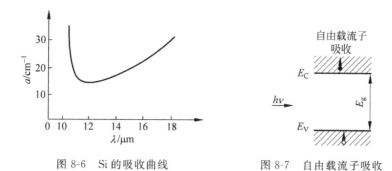

图 8-6　Si 的吸收曲线　　　　　　图 8-7　自由载流子吸收

### 3. 杂质吸收

束缚在杂质能级上的电子或空穴也可以引起光的吸收。电子可以吸收光子跃迁到导带能级；空穴也同样可以吸收光子而跃迁到价带(或者说电子离开价带填补了束缚在杂质能级上的空穴)，这种光吸收称为杂质吸收。由于束缚状态并没有一定的准动量，在这样的跃迁过程中，电子(空穴)跃迁后的状态的波矢并不受到限制。电子(空穴)可以跃迁到任意的导带(价带)能级，因而应当引起连续的吸收光谱。引起杂质吸收的最低的光子能量 $h\nu_0$ 显然等于杂质上电子或空穴的电离能 $E_1$(图 8-8 中 $a$ 和 $b$ 的跃迁)，杂质吸收光谱也具有长波吸收限 $\nu_0$，$h\nu_0 = E_1$。一般，电子跃迁到较高的能级，或空穴跃迁到较低的价带能级(图 8-8 中 $c$ 和 $d$ 的跃迁)，概率逐渐变得很小，因此，吸收光谱主要集中在吸收限 $E_1$ 的附近。由于 $E_1$ 小于禁带宽度 $E_g$，杂质吸收一定在本征吸收限以外长波方面形成吸收带，如图 8-9 所示。显然，杂质能级越深，能引起杂质吸收的光子能量也越大，吸收峰比较靠近本征吸收限。对于大多数半导体，多数施主和受主能级很接近于导带和价带，因此相应的杂质吸收出现在远红外区。另外，杂质吸收也可以是电子从电离受主能级跃迁入导带，或空穴从电离施主能级跃迁入价带，如图 8-8 中 $f$ 和 $e$ 的跃迁。

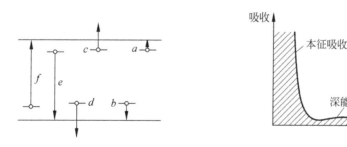

图 8-8　杂质吸收中的电子跃迁(f,e,d,c,b,a)　　　图 8-9　杂质吸收曲线

### 4. 晶格振动吸收

在晶格吸收光谱的远红外区，有时还发现一定的吸收带，这是晶格振动吸收形成的。在这种吸收中，光子能量直接转换为晶体振动动能。

## 8.2　半导体的光电效应

光电传感器是以光为媒介，以光电效应为基础的传感器。光照射到半导体材料上，引起电学性质发生变化，称为半导体的光电效应，即半导体中束缚电子在吸收光子后所产生的电学效应。半导体的光电效应可分为外光电效应和内光电效应。

## 8.2.1 外光电效应

在光线作用下使物体的电子逸出表面的现象称为外光电效应,也称为光电发射效应,其中向外发射的电子称为光电子。物体中的电子吸收了入射光光子的能量 $h\nu$ 后,当此能量大于该物体的表面电子逸出功 $A_0$ 时,电子就逸出物体表面,产生光电子发射。能量 $h\nu$ 中超过逸出功的那部分能量转化为电子的动能。根据能量守恒定律,有

$$h\nu = A_0 + \frac{1}{2}mV_0^2 \tag{8-9}$$

式中,$m$ 为电子质量;$V_0$ 为电子的逸出速度。

式(8-9)称为爱因斯坦光电效应方程。由式(8-9)可知:

(1) 光电子能否产生,取决于入射光光子的能量是否大于该物体表面电子逸出功 $A_0$。当光子的能量恰好等于逸出功时,则光子在此能量下的频率为 $\nu_0$,即

$$h\nu_0 = A_0 \tag{8-10}$$

式中,$\nu_0$ 为光电材料产生光电效应的红限频率。

不同物质具有不同的红限频率,能引起光电效应光的频率必须大于红限频率 $\nu_0$。如果入射光的频率低于 $\nu_0$,不论光的强度多大,照射时间多长,都不会产生光电子发射。反之,入射光频率高于 $\nu_0$,即使光线微弱也会有光电子逸出。某一金属(或某一物质)产生光电效应时,有一定的光频阈值存在。

(2) 当入射光的频谱成分不变时,产生的光电流与光强成正比,即光强越大,单位时间里入射到金属上的光子数也越多,吸收光子后,从金属表面逸出的光电子数也越多。

(3) 光电子逸出物体表面具有初始动能 $\frac{1}{2}mV_0^2$,因此外光电效应器件(如光电管)即使没有加阳极电压,也会有光电流产生。为使光电流为 0,必须加负电压使其截止,截止电压与入射光频率成正比。

(4) 光电子初始动能取决于光的频率。从光电效应方程可以看出,对于一定的物体来说,电子的逸出功一定。因此,光的能量 $h\nu$ 越大,光电子的初始动能就越大。光电子的初始动能和频率成线性关系,与入射光的强度无关。

基于外光电效应工作的典型光电器件是光电管、光电倍增管。此类器件中发射电子的阴极可以用半导体材料制作,但大部分阴极采用非半导体材料制作。

## 8.2.2 内光电效应

### 1. 光电导效应

在光线作用下,光生载流子仍在物质内部运动,使物体电导率改变或产生光生伏特的现象称为内光电效应。光辐射使物体电导率发生变化的现象,称为光电导效应。基于这种效应的元件主要是光敏电阻器。

当光照射到本征半导体材料上时,若光的辐射能量足够大,半导体中价带上的电子被激发到导带上去,从而使导带中电子和价带中空穴浓度增加,引起半导体的电导率变大,这就是半导体材料的本征光电导效应。为了能实现电子在能带间跃迁,入射光的能量必须大于

或等于半导体材料的禁带宽度 $E_g$。对于一种半导体材料,存在一个照射光的波长限 $\lambda_c$,只有波长小于 $\lambda_c$ 的光照射该半导体材料,才能发生本征光电导效应。实际上,也存在光把光电材料中杂质和晶格缺陷所形成的能级上的电子激发到导带上的情况,这些能级与导带间的宽度要比禁带宽度小得多,意味着材料对波长比波长限 $\lambda_c$ 长的光也有响应,在晶体中掺杂可以使材料的光谱响应向长波方向发展。光的波长越短,光子能量也越大,越容易产生光电效应。由于材料对波长短的光吸收系数大,几乎在进入表面层附近处波长短的光就已被吸收,故激发的表面载流子浓度高,使表面载流子复合速度加快。因此,波长过短的光,光电效应反而减弱。

对于掺杂的 N 型或 P 型半导体。当照射光的光子能量小于禁带宽度 $E_g$ 时,光子可能将 P 型半导体价带中的电子激发到受主能级中或将 N 型半导体中施主能级中的电子激发到导带上,杂质光电导会使半导体电导率变大,称为杂质光电导效应。

**2. 光生伏特效应**

若半导体样品沿光照方向足够厚,当光照射到其上时,光生载流子将沿光照方向出现浓度梯度,使光生电子和光生空穴都沿光照方向扩散,但由于电子和空穴的扩散系数不同,电子扩散快,跑在前面;空穴扩散慢,跟在后面。于是,在光照方向上就会出现电位差,光照面电位高,背光面电位低。在稳态开路条件下,半导体内就会出现一个电动势,这种效应称为半导体的光扩散效应或丹倍效应。在有 PN 结或肖特基结等具有内建电场的半导体中,光生电子或光生空穴将受结的内建电场作用,作互为相反方向运动,能够使半导体产生一定方向的电动势,这种现象称为光生伏特效应。

基于光生伏特效应的器件主要有光电池、光敏二极管和光敏三极管等。基于内光电效应的器件一般都属于半导体器件。

# 8.3　外光电效应器件

## 8.3.1　光电管

**1. 光电管的结构和工作原理**

光电管的典型结构如图 8-10 所示,由玻璃壳、两个电极(光电阴极 K 和阳极 A)、引出管脚等组成。将球形玻璃壳抽成真空,在内半球面上涂上一层光电材料作为阴极 K,球心放置小球形或小环形金属作为阳极 A。当阴极 K 受到光线照射时,便发射电子,电子被带正电位的阳极 A 吸引,朝阳极 A 方向移动,这样就在光电管内产生了电子流,从而在外电路中便产生了电流。

光电管分为真空光电管和充气光电管两种。充气光电管的结构与真空光电管的结构基本相同,所不同的仅仅是在玻璃泡内充以少量的惰性气体,如氩或氖。当阴极被光线照射时,光电子在飞向阳极的过程中与气体分子碰撞而使气体电离,从而使阳极电流急速增加,因此增加了光电管的灵敏度。

**2. 光电管的特性参数**

1)伏安特性

当入射光的频谱和光通量一定时,光电管输出电流与阳极电压之间的关系曲线,称为光电管的伏安特性。真空光电管的伏安特性曲线如图 8-11 所示,在一定的阳极电压范围内,

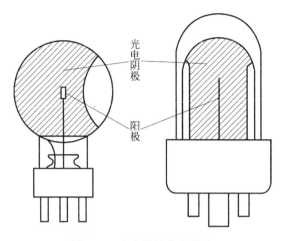

图 8-10　光电管的典型结构

阳极电流不随阳极电压的变化而变化,阳极电流随光通量的增大而增大。

　　光电管的工作点应选在光电流与阳极电压无关的区域内。充气光电管的伏安特性曲线图 8-12 所示,可以看到阳极电压增加到一定程度,就会发生电离导电,阳极电流随阳极电压的增加而增大。充气光电管的优点是灵敏度高,但其灵敏度随电压显著变化的稳定性、频率特性等都比真空光电管差。所以在测试中一般选择真空光电管。

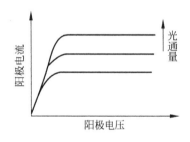

图 8-11　真空光电管的伏安特性曲线

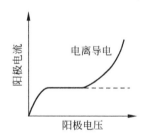

图 8-12　充气光电管的伏安特性曲线

　　2）光照特性

　　当光电管的阳极和阴极之间施加的电压一定时,光通量与光电流之间的关系称为光电管的光照特性。其特性曲线如图 8-13 所示,曲线 1 表示氧铯阴极光电管的光照特性,光电流与光通量成线性关系;曲线 2 表示锑铯阴极光电管的光照特性,光电流与光通量成非线性关系。光照特性曲线的斜率称为光电管的灵敏度。

　　3）光谱特性

　　对于不同光电阴极材料的光电管,有不同的红限频率,用于不同的光谱范围。除此之外,即使照射在阴极上的入射光的频率高于红限频率,并且强度相同,随着入射光频率的

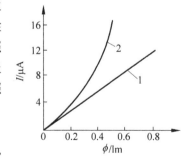

图 8-13　光电管光照特性曲线

不同,阴极发射的光电子数量也不同,即同一光电管对于不同频率光的灵敏度不同,这就是光电管的光谱特性。所以,对各种不同波长区域的光,应选用不同材料的光电阴极。

### 8.3.2 光电倍增管

**1. 光电倍增管工作原理**

在入射光极为微弱时,光电管产生的光电流很小,在这种情况下即使光电流能被放大,但信号与噪声也同时被放大了,为了克服这个缺点,就要采用光电倍增管。光电倍增管是一种常用的灵敏度很高的光探测器。顾名思义,光电倍增管是把微弱光信号转变成电信号且进行放大的器件。光电倍增管工作原理示意图如图 8-14 所示,光电倍增管由光电阴极、若干倍增板和阳极三部分组成。

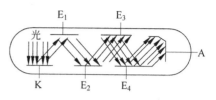

图 8-14 光电倍增管的工作原理示意图

光电阴极通常由逸出功较小的锑铯或钠钾锑铯的薄膜组成,光阴极接负高压,各倍增极的加速电压由直流高压电源经分压电阻分压供给,灵敏检流计或负载电阻接在阳极 A 处,当有光子入射到光电阴极 K 上,只要光子的能量大于光电阴极材料的逸出功,就会有电子从阴极的表面逸出而成为光电子。在 K 和 $E_1$ 之间的电场作用下,光电子被加速后轰击第一倍增极 $E_1$,从而使 $E_1$ 产生二次电子发射。每一个电子的轰击可产生 3~5 个二次电子,这样就实现了电子数目的放大。$E_1$ 产生的二次电子被 $E_2$ 和 $E_1$ 之间的电场加速后轰击 $E_2$……这样的过程一直持续到最后一级倍增极 $E_n$,每经过一级倍增极,电子数目便被放大一次,倍增极的数目有 8~13 个,最后一级倍增极 $E_n$ 发射的二次电子被阳极 A 收集,其电子数目可达光电阴极 K 发射光电子数的 $14^6$ 倍以上。这样就使光电倍增管的灵敏度比普通光电管要高得多,可用来检测微弱光信号。光电倍增管高灵敏度和低噪声的特点,使它成为在红外、可见和紫外波段检测微弱光信号最灵敏的器件之一,被广泛应用于微弱光信号的测量、核物理领域及频谱分析等方面。

**2. 光电倍增管的特性参数**

1) 暗电流

光电倍增管接上工作电压后,在没有光照的情况下阳极仍会有一个很小的电流输出,此电流称为暗电流。光电倍增管在工作时,其阳极输出电流由暗电流和信号电流两部分组成。当信号电流比较大时,暗电流的影响可以忽略;但是当光信号非常弱,以至于阳极信号电流很小甚至和暗电流在同一数量级时,暗电流将严重影响对光信号测量的准确性。所以暗电流的存在决定了光电倍增管可测量光信号的最小值。暗电流主要由热电子发射引起,随温度的增加而增加,通常可以用补偿电路加以消除。一只好的光电倍增管,要求其暗电流小并且稳定。

2) 光电阴极灵敏度和光电倍增管总灵敏度

一个光子入射在阴极上能够打出的平均电子数称为光电阴极灵敏度。一个光子入射在阴极上,最后在阳极上能收集到的平均电子数称为光电倍增管的总灵敏度。

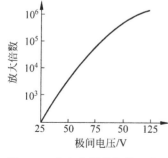

图 8-15 光电倍增管的特性曲线

光电倍增管的实际放大倍数或灵敏度如图 8-15 所示。它的最大灵敏度可达 10A/lm,极间电压越高,灵敏度越高。但极间电压也不能过高,过高会使阳极电流不稳。另外,由于光电倍增管的灵敏度很高,所以不能受强光照射,否则容易损坏。

## 8.4 光电导效应器件——光敏电阻器

光敏电阻器又称为光敏电导管,光敏电阻器几乎都采用半导体材料制成。

### 8.4.1 光电导管的工作原理

光敏电阻是一种基于光电导效应制成的光电器件,没有极性,纯粹是一个电阻器件。光电导管及其测量电路如图 8-16 所示,光敏电阻的两端加直流或交流工作电压的条件下,当无光照时,光敏电阻值(暗电阻)很大,电路中电流很小。当光敏电阻受到一定波长范围的光照时,由于产生了光生载流子,导致光敏电阻中载流子浓度增加,导致它的阻值(亮电阻)急剧减小,因此电路中电流迅速增加。

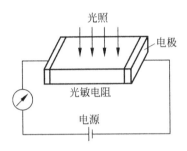

图 8-16 光电导管及其测量电路

设无光照射时半导体的电导率(暗电导率)为

$$\sigma_0 = n_0 q \mu_n + p_0 q \mu_p \tag{8-11}$$

式中,$n_0$ 为电子的热平衡浓度;$p_0$ 为空穴的热平衡浓度;$\mu_n$ 为电子迁移率;$\mu_p$ 为空穴迁移率。

在一定波长的光照射下,半导体中出现光生电子和光生空穴,设它们的浓度分别为 $\Delta n$ 和 $\Delta p$,则这时电子和空穴的总浓度分别为

$$\begin{cases} n = n_0 + \Delta n \\ p = p_0 + \Delta p \end{cases} \tag{8-12}$$

当载流子刚被激发到导带时,可能比原来的导带中的热平衡电子有较大的能量;但光生电子通过与晶格的碰撞,在极短的时间内,就以发射声子的形式丢失多余的能量,变成热平衡电子。因此,可以认为在整个光电导过程中,光生电子与热平衡电子具有相等的迁移率。因而在光照下,半导体的电导率变为

$$\sigma = (n_0 + \Delta n)q \mu_n + (p_0 + \Delta p)q \mu_p = \sigma_0 + \Delta \sigma_{pn} \tag{8-13}$$

式中,$\Delta \sigma_{pn} = \Delta n q \mu_n + \Delta p q \mu_p$ 称为光电导。

从式(8-11)和式(8-13)可得光电导的相对值为

$$\frac{\Delta \sigma}{\sigma_0} = \frac{\Delta n \mu_n + \Delta p \mu_p}{n_0 \mu_n + p_0 \mu_p} \tag{8-14}$$

从式(8-14)可以看出,要制成(相对)光电导高的光敏电阻,应该使 $n_0$ 和 $p_0$ 有较小的数值。因此,光敏电阻一般由高阻材料制成或在低温下使用。

在本征光电导中,光激发的电子和空穴数相等;但是在它们复合消失以前,只有其中一种光生载流子在较长时间存在于自由状态,而另一种则往往被一些能级(陷阱)束缚。这样,$\Delta n \gg \Delta p$ 或 $\Delta p \gg \Delta n$。附加电导率应为

$$\Delta \sigma = \Delta n \mu_n q \quad \text{或} \quad \Delta \sigma = \Delta p \mu_p q \tag{8-15}$$

除本征光电导外,光照也能使束缚在杂质能级上的电子或空穴受激电离而产生杂质光电导。由于杂质原子数比晶体本身的原子数小很多个数量级,因此,杂质吸收系数比本征吸

收系数小得多,同本征光电导相比,杂质光电导很微弱。

## 8.4.2  定态光电导及其弛豫过程

在恒定光照下产生的光电导,称为定态光电导。电子—空穴对的产生率可写为

$$Q = \beta I \alpha \tag{8-16}$$

式中,$\beta$ 代表每吸收一个光子产生的电子—空穴对数,称为量子产额,每吸收一个光子产生一个电子—空穴对,则 $\beta = 1$;但当光子还由于其他原因被吸收,如形成激子等,则 $\beta < 1$;$I$ 表示单位时间通过单位面积的光子数;$\alpha$ 为吸收系数。

设在某一时刻开始以强度 $I$ 的光照射半导体表面,假设除激发过程外,不存在其他任何过程,则经 $t$ 秒后,光生载流子浓度应为

$$\Delta n = \Delta p = \beta \alpha I t \tag{8-17}$$

如光照保持不变,光生载流子浓度将随 $t$ 线性增大,如图 8-17 中的虚线所示。但事实上,由于光激发的同时,还存在复合过程,因此,$\Delta n$ 和 $\Delta p$ 不可能直线上升。光生载流子浓度随时间的变化如图 8-17 中曲线所示,$\Delta n$ 最后达到一稳定值 $\Delta n_s$,这时附加电导率 $\Delta \sigma$ 也达到稳定值 $\Delta \sigma_s$。达到定态光电导时,电子的复合率等于产生率,即 $R = Q$。

设光生电子和空穴的寿命分别为 $\tau_n$ 和 $\tau_p$,根据式(8-17),得定态光生载流子浓度为

$$\Delta n_s = \beta \alpha I \tau_n, \quad \Delta p_s = \beta \alpha I \tau_p \tag{8-18}$$

因此,定态光电导率为

$$\Delta \sigma_s = q \beta \alpha I (\mu_n \tau_n + \mu_p \tau_p) \tag{8-19}$$

式(8-19)表明,定态光电导率与 $\mu$、$\tau$、$\beta$ 和 $\alpha$ 四个参量有关,其中 $\beta$ 和 $\alpha$ 表征光和物质的相互作用,决定着光生载流子的激发过程;而 $\tau$ 和 $\mu$ 则表征载流子与物质之间的相互作用,决定着载流子运动和非平衡载流子的复合过程。

光照后经过一段的时间才到达定态光电导率 $\Delta \sigma_s$。同样,当光照停止后,光电流也是逐渐地消失,如图 8-18 所示。在光照下光电导率逐渐上升和光照停止后光电导率逐渐下降的现象,称为光电导的弛豫现象。

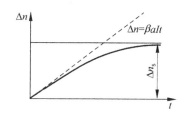

图 8-17  光生载流子浓度随时间的变化

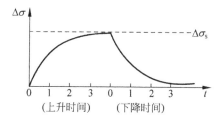

图 8-18  光电导的弛豫过程

为简单起见,采用一种载流子起作用的情况讨论光电导的弛豫过程。

**1. 小注入情况**

设 $t = 0$ 时开始光照,光强度为 $I_0$。在小注入时,光生载流子寿命 $\tau$ 是定值,复合率 $R$ 等于 $\Delta n / \tau$。在光照过程中,$\Delta n$ 的增加率应为

$$\frac{\mathrm{d}(\Delta n)}{\mathrm{d}t} = Q - R = \beta \alpha I - \frac{\Delta n}{\tau} \tag{8-20}$$

初始条件:$t=0,\Delta n=0$,得方程的解为

$$\Delta n = \beta\alpha I\tau(1-\mathrm{e}^{-\frac{t}{\tau}}) \tag{8-21}$$

可见,小注入情况下,光电导率按指数规律上升,如图 8-18 中的上升曲线。当 $t\gg\tau$ 时,有

$$\Delta n = \beta\alpha I\tau = \Delta n_s \tag{8-22}$$

这就是光生载流子的定态值。

光照停止后,$Q=0$,决定光生载流子下降的方程应为

$$\frac{\mathrm{d}(\Delta n)}{\mathrm{d}t} = -\frac{\Delta n}{\tau} \tag{8-23}$$

设 $t=0$ 时,停止光照。这时光生载流子浓度已经达到定态值,即 $t=0$ 时,$\Delta n=\Delta n_s$,由式(8-23)得

$$\Delta n = \beta\alpha I\tau\mathrm{e}^{-\frac{t}{\tau}} = \Delta n_s\mathrm{e}^{-\frac{t}{\tau}} \tag{8-24}$$

因此,小注入情况下,光电导上升和下降函数分别为

$$上升 \quad \Delta\sigma = \Delta\sigma_s(1-\mathrm{e}^{-\frac{t}{\tau}}) \tag{8-25}$$

$$下降 \quad \Delta\sigma = \Delta\sigma_s\mathrm{e}^{-\frac{t}{\tau}} \tag{8-26}$$

曲线见图 8-18,把 $\tau$ 称为弛豫时间。

**2. 强注入情况**

在光注入很强,$\Delta n\gg n_0$ 和 $p_0$ 的情况下,载流子寿命 $\tau$ 不再是定值,这时复合率为 $r(\Delta n)^2$。$\Delta n$ 上升和下降的微分方程和式(8-20)及式(8-23)相似,只需把复合率 $\Delta n/\tau$ 改为 $r(\Delta n)^2$,即

$$上升 \quad \frac{\mathrm{d}(\Delta n)}{\mathrm{d}t} = \beta\alpha I - r(\Delta n)^2 \tag{8-27}$$

$$下降 \quad \frac{\mathrm{d}(\Delta n)}{\mathrm{d}t} = -r(\Delta n)^2 \tag{8-28}$$

利用起始条件:上升时,$t=0,\Delta n=0$;下降时,$t=0,\Delta n=\Delta n_s=(\beta a I/r)^{1/2}$。同样可解出强注入情况下,$\Delta n$ 的弛豫曲线方程:

$$上升 \quad \Delta n = \left(\frac{\beta\alpha I}{r}\right)^{1/2}\tanh[(\beta\alpha Ir)^{1/2}t] \tag{8-29}$$

$$下降 \quad \Delta n = \frac{1}{\left(\frac{r}{\beta\alpha I}\right)^{1/2}+rt} = \left(\frac{\beta\alpha I}{r}\right)^{1/2}\left[\frac{1}{1+(\beta\alpha Ir)^{1/2}t}\right] \tag{8-30}$$

可见,在强注入情况下,光电导弛豫过程比较复杂,寿命 $\tau$ 不再是定值,而是光照强度和时间的函数,即 $\tau=f(I,t)$。

常用的光电导材料如表 8-1 所列。

表 8-1 常用的光电导材料

| 单    质 | Se | Ge | Si |
|---|---|---|---|
| 氧化物 | ZnO | PbO | |
| 镉化合物 | CdS | CdSe | CdTe |
| 铅化合物 | PbS | PbSe | PbTe |
| 其他 | | InSb | SbS₃ |

### 8.4.3　光敏电阻的结构

硫化镉(CdS)光敏电阻是很早就商品化的光电元件。硫化镉光敏电阻的典型结构如图 8-19(a)所示,它是在绝缘基底陶瓷片上淀积上一层掺杂半导体 CdS 薄膜,然后在薄膜上蒸镀金或铟等金属形成电极制成。光导体吸收光子而产生的光电效应,只限于光照的表面薄层。虽然产生的载流子也有少数扩散到导体内部,但扩散深度有限,因此光电导体一般都做成薄层。为了获得高的灵敏度,光敏电阻的电极一般采用叉指式梳状图形,如图 8-19(b)所示。这种结构可以增加电极和光敏面结合部分的长度,增大元件的电流容量,使在间距很近的电极之间得到尽可能大的灵敏面积,提高器件灵敏度。

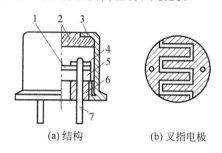

(a) 结构　　　　　(b) 叉指电极

图 8-19　CdS 光敏电阻的结构

1—光导层;2—玻璃窗口;3—金属外壳;4—电极;5—陶瓷基座;6—黑色绝缘玻璃;7—电极引线

由于光敏电阻极易受潮湿影响使灵敏度降低,因此,把整个管芯封闭于带玻璃窗的金属或塑料壳之内。在可见光谱区及近红外区使用的光敏电阻中,硫化镉是最广泛使用的材料之一。硫化镉光敏材料,有单晶 CdS 和多晶 CdS 等。单晶 CdS 材料是在可见光区灵敏度最高的材料,它对 X 射线、γ 射线和 α 射线也很灵敏。多晶 CdS 光敏材料制造方法有烧结法、粉末法和真空镀膜法等。

### 8.4.4　光敏电阻的种类

按最佳工作波长分类,光敏电阻可分为三类:第一类,对紫外光(波长 300~400nm)灵敏的光敏电阻,它是由 ZnO、ZnS、CdS 和 CdSe 等材料制作的光敏电阻;第二类是对可见光(波长 400~760nm)灵敏的光敏电阻,这类元件所用材料有 Se、TiS、BiS、CdSe、Si 和 Ge 等;第三类是对红外光(760~6000nm)灵敏的光敏电阻,制造这类元件用的材料主要有 PbS、PbTe、PbSe、InSb 和 Te 等。

光敏电阻具有灵敏度高、可靠性好以及光谱特性好、精度高、体积小、性能稳定、价格低廉等特点,因此,广泛应用于光探测和光自控领域。

### 8.4.5　光敏电阻的特性和参数

**1. 光电流**

光敏电阻在不受光照射时的阻值称为"暗电阻",此时流过光敏电阻的电流称为"暗电流",光敏电阻在受到光照射时的阻值称为"亮电阻",此时流过光敏电阻的电流称为"亮电流"。亮电流与暗电流之差称为"光电流"。显然,亮电阻与暗电阻的差值越大,光电流越大,灵敏度也越高。光敏电阻的暗电阻一般在兆欧量级,亮电阻在几千欧以下。暗电阻与亮电

阻之比一般在 $10^2 \sim 10^6$，这个数值相当可观。

### 2. 光电增益

光敏电阻的灵敏度表示在一定光强的光照射下其光电导的强弱。用光电增益来表示光电导器件的灵敏度，光电增益 $G$ 为

$$G = \frac{I_p}{qN_{pha}} \tag{8-31}$$

式中，$I_p$ 为光电流；$N_{pha}$ 为每秒吸收的光子总数。

若一块均匀 N 型 CdS 半导体，稳态条件下，光电导主要由电子贡献，则电子的产生率 $g$ 为

$$g = \beta \Delta N_{pha} \tag{8-32}$$

式中，$\Delta N_{pha}$ 为光电管单位体积每秒吸收光子数；$\beta$ 为量子产额。

稳态条件时，电子产生率等于复合率，可以得到

$$\Delta n = \beta \Delta N_{pha} \tau_n \tag{8-33}$$

将式(8-33)代入式(8-31)，得

$$G = \frac{\beta \tau_n \mu_n V}{L^2} \tag{8-34}$$

考虑自由电子和空穴均参与导电，光电增益为

$$G = (\beta \tau_n \mu_n + \beta \tau_p \mu_p) \frac{V}{L^2} \tag{8-35}$$

式(8-35)表明，光电材料的载流子寿命越长，迁移率越大，光敏电阻的光谱灵敏度越高。另外，光敏电阻的光谱灵敏度还与两电极间距的平方成反比，这在设计光敏电阻电极时有很重要的参考意义。

### 3. 光谱响应特性

对不同频率的入射光，光敏电阻器件灵敏度不同。光敏电阻的相对灵敏度与入射波长的关系曲线，称为光敏电阻的光谱响应特性曲线。对应于一定敏感程度光的波长范围，称为光电导器件的光谱响应范围。对光谱响应最敏感的波长数值称为光谱响应峰值波长。峰值波长取决于制造光敏元件的半导体材料禁带宽度。几种光敏电阻的光谱响应曲线如图 8-20 所示。由图可见，不同材料制造的光敏电阻，其光谱特性差别很大，一种材料制造的光敏电阻

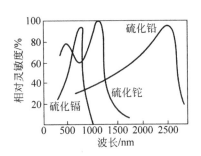

图 8-20　光电导元件光谱响应特性曲线

只对某一波长的入射光具有最高的灵敏度。硫化镉的峰值波长在可见光区域，而硫化铅的峰值波长则在红外区域，在选用光电导元件时，和光源结合起来考虑才可获得满意的效果。

### 4. 伏安特性

在光电导元件的两端所加的电压与通过电流之间的关系特性曲线称为伏安特性曲线，如图 8-21 所示。由曲线可知，所加的电压 $U$ 越高，光电流 $I$ 也越大，而且不饱和。在外加电压一定时，光电流的大小随光照的增强而增加。在使用时光敏电阻受耗散功率的限制，其两端的电压不能超过最高工作电压，图中虚线为允许功耗曲线，由它可以确定光敏电阻的正常工作电压。

**5. 光照特性**

光电导元件的光电流 $I_p$ 和光强度 $F$ 的关系称为光照特性。不同元件的光照特性不同，绝大多数元件光照特性非线性，其光照特性曲线类似于如图 8-22 所示的特性曲线，在光照度很低时，光照特性曲线为线性。而提高光照度，光照特性曲线为非线性。这种非线性光敏元件不适宜作线性测量元件，一般用作开关式光电转换器。

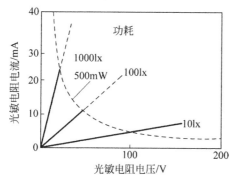

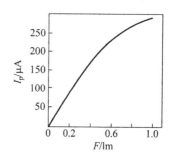

图 8-21　光电导元件伏安特性曲线　　　　图 8-22　光电导元件光照特性曲线

**6. 响应时间与频率特性**

光电导元件在突然受光照射或光被遮挡时，流过其上的电流并不能随光照的变化而立即变化，而是具有一定的时间延迟，这就是光电导的弛豫现象。它通常用响应时间 $t$ 表示。响应时间又分为上升时间 $t_r$ 和衰减时间 $t_f$，如图 8-23 所示。上升时间 $t_r$ 是指从光照射到光敏元件上开始，到光电流达到其正常值的 63% 时所经历的时间。衰减时间 $t_f$ 是指从照射在光敏元件上的光被遮断的时刻开始，到光电流值衰减为光照时电流的 37% 所经历的时间。$t_r$ 和 $t_f$ 是表征光敏电阻的重要参数之一。$t_r$ 和 $t_f$ 短，表示光敏电阻的惯性小，对光信号响应快。一般光敏电阻的响应时间都较长（几十至几百毫秒），这是它的缺点之一。光敏电阻的响应时间除了与组件的材料有关外，还与光照的强弱有关，光照越强，响应时间越短。

由于不同材料的光敏电阻具有不同的响应时间，所以它们的频率特性也不同，如图 8-24 所示。

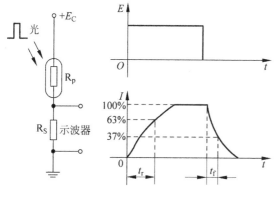

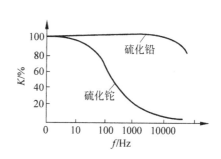

图 8-23　响应时间测试电路和波形　　　　图 8-24　光敏电阻频率特性曲线

### 7. 温度特性

光敏元件与其他半导体器件一样,其特性受温度影响很大。在一定的光照下,光敏电阻的阻值、灵敏度或光电流随温度的变化而变化。CdSe 和 CdS 光敏电阻在不同光照下的温度特性曲线如图 8-25 所示,室温(25℃)时的相对光电导率为 100%。显然,光敏电阻的相对电导率随温度的升高而下降,而且照度越低,其下降速度越快。因此,在温度变化大的情况,常采用制冷措施以提高光敏电阻的工作稳定性。温度变化时,光敏元件的电阻值发生变化,光谱特性也发生变化。因此,光敏元件的温度特性包括电阻的温度系数 $a_T$ 和光谱的温度特性。

光敏元件的电阻温度系数 $a_T$ 定义为:在光的某一照度下,温度每变化 1℃时,电阻值相对变化的百分比。即

$$a_T = \frac{R_2 - R_1}{R_1(T_2 - T_1)} \tag{8-36}$$

式中,$R_1$、$R_2$ 分别为一定的光照条件下,某照度下在温度为 $T_1$ 和 $T_2$ 时的亮电阻。显然,光敏电阻的温度系数越小越好,不同材料的光敏电阻,温度系数不同。

硫化铅光敏元件的光谱温度特性如图 8-26 所示,可见,它的峰值波长随温度上升向短波方向移动。因此,有时为了提高元件的灵敏度或为了能接收远红外光而采取降温措施。

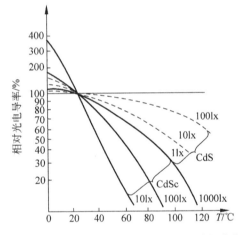

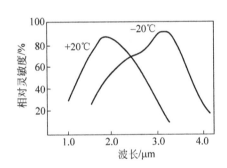

图 8-25  CdSe 和 CdS 光敏电阻的温度特性曲线    图 8-26  硫化铅光敏元件的光谱温度特性曲线

### 8. 稳定性

光敏电阻由于其内部组织的不稳定性及其他原因,其光电特性不稳定。当受到光照和外接负载后,灵敏度有明显下降。在人为地加温、光照和加负载情况下,经过 1~2 周的老化,光电性能逐渐趋向稳定以后就基本上不变。这也是光敏电阻的优点。

各种光敏电阻的特性如表 8-2 所列。

表 8-2  光敏电阻的特性

| 光 敏 电 阻 | 灵敏度/(A/lm) | | 响应时间/$\mu$s | 光谱响应范围/nm |
|---|---|---|---|---|
| CdS[①] | 单晶 | 0.1 | $10^3 \sim 10^6$ | 500~800(常温) |
| | 多晶 | 50 | | |
| CdSe | 50 | | $500 \sim 10^6$ | 500~800(常温) |

| 光 敏 电 阻 | 灵敏度/(A/lm) | 响应时间/μs | 光谱响应范围/nm |
|---|---|---|---|
| Se | $10^{-3}$ | 100 | 700(峰值) |
| PbS | 在约 $10^{-12}$ W 时, $S=N$② | 100 | 1000～3000(常温) |
| PbSe | 在约 $10^{-11}$ W 时, $S=N$ | 100 | 90K 时 ≈7; 1000～5000 (常温) |
| PbTe | 在约 $10^{-12}$ W 时, $S=N$ | 10 | 90K 时≈7000; 4(常温) |
| InSb | 在约 $10^{-11}$ W 时, $S=N$ | 0.4 | 77K 时常温 5000～7000 |
| Ge：Hg | | 30～1000 | |
| Ge：Au | 在约 $10^{-13}$ W 时, $S=N$ | 10 | 27K 时约为 14 000 |
| HgCdTe | | <1 | 77K 时约为 10 000 |
| PbSbTe | | $15\times10^{-3}$ | 77K 时约为 8000～14 000 |
| Ge | 在约 $10^{-13}$ W 时, $S=N$ | 10 | 77K 时约为 11 000～20 000 |

注：① CdS 还对 α、β、γ、X 射线敏感。
　　② $S=N$ 即电阻器外接负载中产生的信号等于内部噪声。

## 8.5　光生伏特效应器件

### 8.5.1　光电二极管

光敏二极管是重要的光敏传感器,与光敏电阻相比有许多优点。光敏二极管有很快的响应速度、频率响应好,某些光敏二极管(如雪崩二极管)的灵敏度很高,而且具有可靠性高、体积小、重量轻等优点,广泛应用于可见光和远红外光的探测,以及自动控制和自动报警等领域。

**1. 光电二极管的结构**

PN 结光电二极管与普通 PN 结二极管一样,也是由一个 PN 结组成的半导体器件,具有单方向导电特性,能够把光信号转换成电信号。管芯封装在透明玻璃外壳中,引出两根电极引线,PN 结装在管顶,可直接受光照射,如图 8-27 所示。与普通二极管不同的是光敏二极管 PN 结面积做得较大,电极面积较小,以增加受光面积,结深较浅(≤100nm),以提高光电转换效率。为了保证器件稳定性,减小暗电流和防止光的反射,在器件表面需制作减反射层。按材料分,光电二极管有硅、锗、砷化镓和锑化铟等多种,在可见光区应用最广的是硅光电二极管。国产硅光电二极管按衬底材料不同,分为 2CU 和 3DU 系列。2CU 系列以 N 型 Si 为衬底,2DU 系列以 P 型 Si 为衬底。

**2. 工作原理**

光电二极管的光照特性为线性,在电路中光电二极管工作时处于反向偏置。工作电路图如图 8-28(b)所示,光敏二极管工作时,外加反向工作电压,在没有光照时,光敏二极管处于截止状态,此时只有少数载流子在反向偏压作用下,渡越空间电荷区,形成微小的反向电流即暗电流。当有光照时,不同波长的光在光敏二极管的不同区域被吸收,波长较短的光被表面 P 型层吸收。此区域因光照产生的少数载流子(电子)一旦扩散到势垒区界面,将在空间电荷区电场的作用下,很快被拉到 N 区。波长较长的光透过 P 型层到达空间电荷区(光

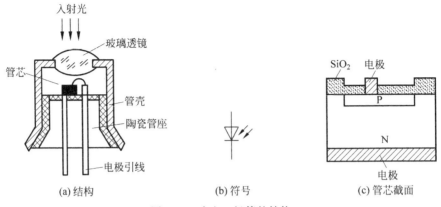

图 8-27  光电二极管的结构

生载流子最主要区域），并激发出电子和空穴对，在电场作用下分别到达 N 区和 P 区。波长
更长的红光或红外光，将透过 P 区和空间电荷区，在 N 区中被吸收。当 N 区中产生的少数
载流子（空穴）一旦扩散到势垒区界面时，就被结电场拉向 P 区。因此，总的光生电流为这
三部分的光生电流之和，此时光敏二极管处于导通状态，如图 8-28 所示。光生电流随入射
光强度的变化而相应变化。于是，在负载电阻上就可以得到随入射光强度变化的电压信号。

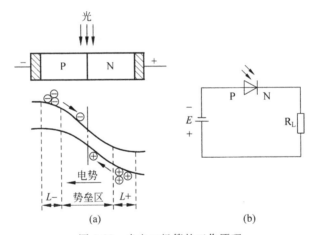

图 8-28  光电二极管的工作原理

### 3. 光电二极管的特性参数

表征光敏二极管特性的主要参数有伏安特性、
光谱响应特性、暗电流、光电流、噪声特性、响应时间
和温度特性等。

1）伏安特性

光电二极管的伏安特性是指光电二极管两极间
所加的电压与通过其上的电流之间的关系特性。光
电二极管的伏安特性曲线如图 8-29 所示。从曲线
可以看出，在零偏压时，二极管仍有光电流输出，这
是由于光电二极管存在光生伏特效应的缘故。反向

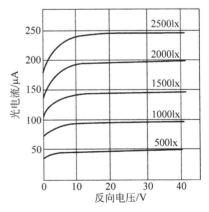

图 8-29  硅光敏二极管的伏安特性曲线

偏压较低时,光电流随电压的变化比较明显,这是由于反向偏压加大了耗尽层的宽度和电场强度,提高了光吸收效率及对载流子的收集系数。随着偏压的增加,对光生载流子的收集达到极限,光生电流趋于饱和。此时,光生电流与所加偏压几乎无关。

2) 光谱响应特性

光电二极管的光谱响应特性是指光电二极管对不同频率光的响应特性。光敏器件都具有光谱选择性。光谱响应主要取决于:①表面层(包括半导体薄层或金属薄层)的反射和吸收;②材料的禁带宽度 $E_g$;③表面减反射层的性质与厚度;④器件结构。硅光电二极管的光谱响应曲线如图8-30所示,可以看出,光子能量的大小与光的波长有关系。波长越长,光子的能量越小;波长越短,光子的能量也越小。因此,光敏二极管对入射光的波长有一个响应范围,如锗管的响应范围在 $0.6 \sim 1.8\mu m$ 波长附近;而硅管的响应范围在 $0.4 \sim 1.2\mu m$ 波长附近。

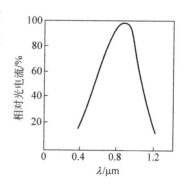

图 8-30 硅光电二极管的
光谱响应曲线

在常温下,硅光电二极管的长波限为 1100nm,而 GaAs 光电二极管的长波限为 700nm。但是对光电二极管,由于入射光的波长越短,管芯表面的反射损失越大,并且表面激发的电子空穴对不能达到 PN 结。因此,光电二极管存在一个短波限,一般硅光电二极管的短波限为 400nm。在 400~1100nm 的范围内,硅光电二极管对不同波长入射光的响应灵敏度不同。最高响应灵敏度所对应的峰值波长为 900nm。

需要指出的是,选用高电阻率($>500\Omega \cdot cm$)的硅单晶制造的硅光电二极管,可使管芯的 PN 结耗尽区在加上反向偏压后扩展到几十 $\mu m$,从而可以吸收长波光,提高管子的长波光响应灵敏度。

3) 噪声及探测灵敏度

噪声是限制光敏二极管探测灵敏度的主要因素。除 $1/f$ 噪声和其他外电路所造成的噪声外,光敏器件的主要噪声源有:①光子噪声,由背景光引起的统计起伏造成;②热噪声,由载流子无规则的热运动造成;③散粒噪声,由越过势垒区的载流子数统计起伏造成,也包括在势垒区中的复合所产生的噪声。噪声决定了光敏二极管所能探测的最小功率。因此,引用等效噪声功率(NEP)表示光敏二极管的探测灵敏度。当照射到探测器上的入射光功率 $P_D$ 正好使它的输出电压等于它本身的噪声电压时,此功率称为等效噪声功率。或者定义为在负载上实现单位信噪比所需要的入射功率。等效噪声功率表示可探测的最低功率。因为入射光功率 $P_D$ 小于 NEP 时,探测器的输出被噪声所掩盖而无法识别,只有入射光功率 $P_D$ 大于 NEP 时,方可探测。等效噪声功率可用下式表示:

$$\text{NEP} = \frac{P_D A}{S/N} \qquad (8\text{-}37)$$

式中,$S$ 为测量条件下的信号;$N$ 为测量条件下的噪声;$A$ 为探测器面积,$P_D$ 为由黑体到达探测器辐射功率密度。

NEP 与测试条件有关,一般必须指明测试条件,如辐射源温度、调制频率和放大器带宽等。

4）响应速度

光电二极管的响应速度是指它的光电转换速度，取决于三方面因素：①耗尽区光生载流子的渡越时间；②耗尽区外光生载流子的扩散时间；③光电二极管以及相关的电路 $RC$ 时间常数。耗尽区内产生光生载流子的渡越时间为

$$t_{\mathrm{d}} = \frac{w}{\nu_{\mathrm{d}}} \tag{8-38}$$

式中，$w$ 为耗尽区宽度；$\nu_{\mathrm{d}}$ 为载流子漂移速度。

一般在耗尽区高电场的情况下，光生载流子可以达到极限速度。例如，耗尽层为 $10\mu\mathrm{m}$ 的硅光电二极管，电场强度为 $20\,000\mathrm{V/cm}$，电子最大速度可以达到 $8.4 \times 10^{6}\mathrm{cm/s}$，空穴最大速度可以达到 $4.4 \times 10^{6}\mathrm{cm/s}$，极限响应时间约为 $0.1\mathrm{ns}$。耗尽区外产生的光生载流子向耗尽区扩散，然后在耗尽区内漂移到电极，扩散速度远小于漂移速度，扩散时间较长，影响光电二极管的响应速度。

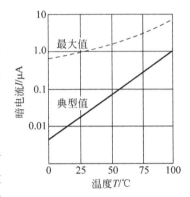

5）温度特性

由于反向饱和电流与温度密切相关，因而光敏二极管的暗电流对温度变化敏感。典型光敏二极管的温度特性曲线如图 8-31 所示。图中实线表示典型值，虚线表示最大值。光电二极管在使用时，必须考虑温度的影响。

图 8-31　光电二极管暗电流与温度的关系

某些 2CU 型光敏二极管的参数如表 8-3 所列。

表 8-3　2CU 型光敏二极管的参数

| 参数 | 光谱响应范围/nm | 光谱峰值波长/nm | 最高工作电压 $U_{\max}$/V | 暗电流 $I_{\mathrm{d}}$/$\mu$A | 光电流 /$\mu$A | 灵敏度 /($\mu$A/$\mu$W) | 响应时间 /s | 结电容 /pF |
|---|---|---|---|---|---|---|---|---|
| 型号测试条件 | | | $I_{\mathrm{d}} < 0.1\mu$A $E < 0.1$ $\mu$W/cm$^2$ | $U = U_{\max}$ | $U = U_{\max}$ | $U = U_{\max}$ 入射光波长 900nm | $U = U_{\max}$ 负载电阻为 1000$\Omega$ | $U = U_{\max}$ |
| 2CU1C | 400~1100 | 860~900 | 30 | <0.2 | >80 | ≥0.5 | $10^{-7}$ | <5 |
| 2CU1D | 400~1100 | 860~900 | 40 | <0.2 | >80 | ≥0.5 | $10^{-7}$ | <5 |
| 2CU1E | 400~1100 | 860~900 | 50 | <0.2 | >80 | ≥0.5 | $10^{-7}$ | <5 |
| 2CU2A | 400~1100 | 860~900 | 10 | <0.1 | ≥30 | ≥0.5 | $10^{-7}$ | <5 |
| 2CU2B | 400~1100 | 860~900 | 20 | <0.1 | ≥30 | ≥0.5 | $10^{-7}$ | <5 |
| 2CU2C | 400~1100 | 860~900 | 30 | <0.1 | ≥30 | ≥0.5 | $10^{-7}$ | <5 |
| 2CU2D | 400~1100 | 860~900 | 40 | <0.1 | ≥30 | ≥0.5 | $10^{-7}$ | <5 |
| 2CU2E | 400~1100 | 860~900 | 50 | <0.1 | ≥30 | ≥0.5 | $10^{-7}$ | <5 |
| 2CU5A | 400~1100 | 860~900 | 10 | <0.1 | ≥10 | ≥0.5 | $10^{-7}$ | <2 |
| 2CU5B | 400~1100 | 860~900 | 20 | <0.1 | ≥10 | ≥0.5 | $10^{-7}$ | <2 |
| 2CU5C | 400~1100 | 860~900 | 30 | <0.1 | ≥10 | ≥0.5 | $10^{-7}$ | <2 |

#### 4. 光敏二极管的应用

光电路灯控制电路如图8-32所示,无光照时,光敏二极管反向截止,$R_1$ 上的压降 $V_A$ 很小,$VT_1$ 和 $VT_2$ 截止,继电器 J 不动作,路灯保持亮;有光照时,光敏二极管反向电阻下降,$V_A$ 上升 $VT_1$ 和 $VT_2$ 导通,J 动作常闭端打开,路灯保持暗。白天灯灭,晚上灯亮,起到自动控制的作用。

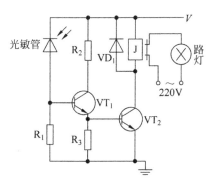

图 8-32 光电路灯控制电路

### 8.5.2 高速 PIN 硅光电二极管

简单 PN 结光电二极管有两个主要缺点:①响应速度慢;②量子效率低,响应度低。为提高 PN 结光电二极管的响应速度,消除在 PN 结外光生载流子的扩散运动时间,在 $P^+$ 层和 $N^+$ 层之间增加一层一定厚度的高电阻率本征半导体(I 层),称为 PIN 二极管,如图 8-33 所示。在热平衡、无外加偏压和无光照时,分别在 $P^+$-I 界面和 I-$N^+$ 界面建立起由电离受主和正电荷以及电离施主与负电荷构成的自建电场。对于整个 I 层可以分为正电荷区、中性区、负电荷区三部分,此时整个管子等效于"$P^+$ I 二极管—电阻—I$N^+$ 二极管"的串联。

外加反向偏压时,在 $P^+$ I 结和 I$N^+$ 结上形成方向与内建电场一致的电场。此时,I 区两端的电子和空穴在电场的作用下分别向 $N^+$ 和 $P^+$ 区漂移,同时势垒区的宽度也随电压增大而变宽。相对于 $P^+$ 和 $N^+$ 区,I 区是高阻区,它承受了绝大部分的外加电压,使耗尽层加大。当电压值达到一定值时,整个本征区全部变成耗尽区,如图 8-34 所示。PIN 二极管在加反偏电压时,很厚的耗尽层扩展了光电转换的有效工作区,可以对入射光信号充分吸收,有利于提高光电转换效率。

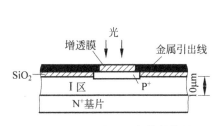

图 8-33 PIN 光电二极管结构图

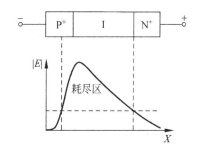

图 8-34 反向偏压下 PIN 光电二极管电场分布

当光照射到 $P^+$ 层时,由于 $P^+$ 层做得很薄,大量的光子透过 $P^+$ 区被较厚的 I 层吸收,激发产生电子空穴对。两侧 $P^+$ 层和 $N^+$ 层很薄,吸收入射光的比例很小,I 层几乎占据整个耗尽层,因而光生电流中漂移分量占支配地位,从而大大提高了光电二极管的响应速度。

### 8.5.3 雪崩型光电二极管

PIN 结光电二极管提高了响应速度,但对器件的灵敏度提高有限。为进一步提高光电二极管的灵敏度,设计了雪崩型光电二极管(APD)。雪崩型光电二极管是具有内增益的一种光伏器件,除了和 PIN 相同部分外,多了一个雪崩增益区,光生电流会被放大,结构和电场分布如图 8-35 所示。大量的光子透过 $P^+$ 区被较厚的 I 层吸收,激发产生电子空穴对,在内部加速电场作用下,电子高速通过 P 层,使 P 层发生碰撞电离而产生电子—空穴对。而它们又从强的电场获得足够能量,再次与晶格原子碰撞,又产生出新的电子—空穴对。这种过程不断重复,使 $PN^+$ 结内电流急剧倍增放大(雪崩),形成强大的光电流。因而,雪崩型光电二极管具有高光电流增益和响应速度。

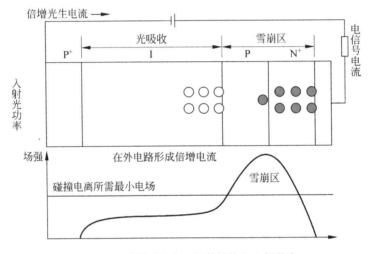

图 8-35 雪崩型光电二极管结构和电场分布

通常雪崩型光电二极管反向偏压略低于击穿电压,其光电流增益为 $100\sim1000$。雪崩型光电二极管因是内部电流增益、灵敏度高、响应速度快(只有 0.5ns),响应频率可达 100GHz,是目前响应最快的一种光敏二极管。APD 是最有希望的固态光电探测器,可在微弱辐射信号的探测方面被广泛应用。在设计雪崩型光敏二极管时,要保证载流子在整个光敏区的均匀倍增,需要选择无缺陷的材料,必须保证工艺质量和保证结面的平整。同时在结构上采用保护环结构,保护环的作用是增加高阻区宽度,减小表面漏电流,避免边缘过早击穿,这种雪崩型光敏二极管也称为保护环雪崩型光敏二极管,如图 8-36 所示。雪崩型光敏二极管对工艺要求高,受温度影响大。

### 8.5.4 硅光电晶体三极管

#### 1. 光电三极管结构与工作原理

光电三极管在把光信号变为电信号的同时又将信号电流放大。光电三极管结构与等效电路如图 8-37 所示,N 型硅作为光电三极管的集电极,然后在 N 型硅上生长一层 P 型硅,

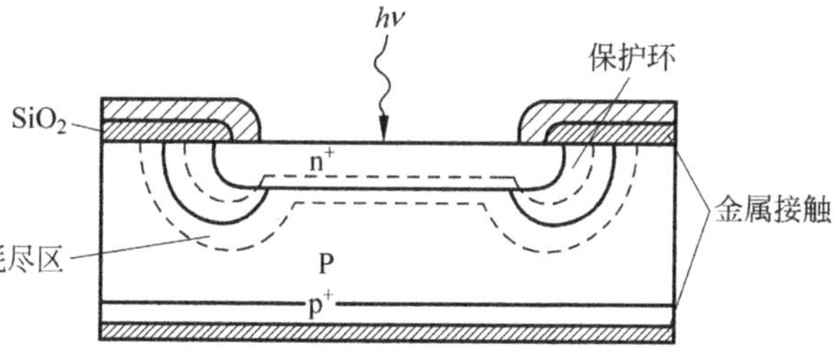

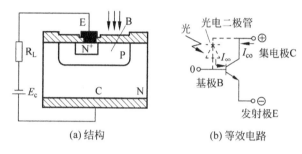

图 8-36　具有保护环的雪崩型光电二极管结构

作为三极管的基区。在基区的一部分区域再形成一个小的 N$^+$ 区作为发射区,以基极与集电极 PN 结作为受光结。因此,基区比发射区要大得多,以便使较多的光照射到基区上。光电三极管不引出基极电极,只引出发射极和集电极,可将光电三极管看成是一个光电二极管连在一个普通三极管的 BC 结上。

図 8-37　硅光敏三极管

(a) 结构　　　(b) 等效电路

在工作时,三极管的集电极上相对于发射极加上正电位,这样和普通三极管一样其基极—发射极 PN 结处于正偏,基极—集电极 PN 结处于反偏。没有光照时,由于热激发而产生少数载流子。电子从基极进入集电极,空穴从集电极移向基极,在外电路有很小的暗电流流过。当有光照射到 P 型基区上时,在基极—集电极 PN 结附近被吸收,产生电子和空穴对,如图 8-37(b)所示,形成集电结区域的光生载流子。由于集电结处于反偏,内建电场加强,在结电场作用下光生电子向集电极漂移,因无基极引出线,使光生空穴留在基区并向发射极方向移动,使基极电位升高,即 BE 结正向电压升高,促使发射极有大量电子注入基区,其中一部分电子在基区与空穴复合,这部分电子形成基极电流 $I_{co}$(相当于光电二极管的光电流),大部分电子经基区到达集电极而被集电极收集形成放大的光电流。集电极电流为 $I_c = \beta I_{co}$,$I_{co}$ 为基极—发射极二极管的光电流;$I_c$ 为集电极电流;$\beta$ 为光电三极管的电流放大倍数。

为了增大光电三极管的电流放大倍数,可以制成达林顿型复合光敏三极管,如图 8-38所示,其电流放大倍数 $\beta \times \beta$,输出电流可直接驱动继电器等。

**2. 光电三极管的特性参数**

1) 伏安特性

光电三极管的伏安特性是指其在不同的光照度下的电压—电流特性,伏安特性曲线如图 8-39 所示。伏安特性曲线犹如普通晶体管在不同基极电流下的输出特性曲线,只要把入射光在基极和发射极间所产生的光电流看作基极电流,

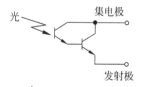

图 8-38　达林顿型光敏三极管

就可将光电三极管看成与普通晶体管一样。

2）光谱特性

光电三极管的光谱特性是其对不同波长的光的响应特性。光电三极管的光谱特性曲线如图 8-40 所示。可以看出，光电三极管存在一个最灵敏的峰值波长，同光电二极管一样，硅的峰值波长为 $0.9\mu m$，锗为 $1.5\mu m$。当入射光的波长增大时，光电三极管的相对灵敏度下降，这是因为光子能量变小不足以激发电子空穴对。当入射光的波长缩短时，光电三极管的相对灵敏度也下降，这是由于光子在半导体表面附近被吸收，并且在表面激发的电子、空穴对难以到达 PN 结，因此使相对灵敏度下降。锗管的暗电流通常比硅管的大，在探测可见光或赤热状态的物体时应选用硅管。而在对红外线进行探测时，则宜采用锗管。

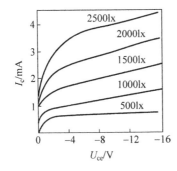

图 8-39 光电三极管伏安特性曲线

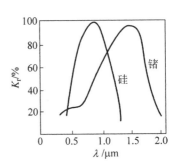

图 8-40 光电三极管光谱特性曲线

3）光照特性

光电三极管的光照特性是指光电三极管的输出电流和光照度之间的关系。光电三极管的光照特性曲线如图 8-41 所示。输出电流和光照之间近似线性关系，光敏三极管的光照特性曲线的线性不如光敏二极管，但是，光敏三极管的光电流比光敏二极管大，因为光敏三极管具有电流放大倍数。光电三极管既可作为线性转换元件，又可作开关元件使用。

4）温度特性

光电三极管的温度特性是指其暗电流和光电流与温度之间的关系。光电三极管的温度特性曲线如图 8-42 所示。从特性曲线可以看出，温度的变化对光电流影响较小，对暗电流影响较大。所以电子线路中应该对暗电流进行温度补偿，否则将会导致输出误差。

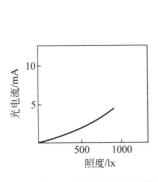

图 8-41 光电三极管光照特性曲线

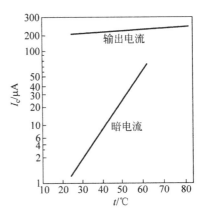

图 8-42 光电三极管温度特性曲线

5) 频率特性

光电三极管的频率特性曲线如图 8-43 所示。光电三极管的频率特性主要受负载电阻的影响,减小负载电阻可以提高频率响应。通常情况下,光电三极管的频率响应比光电二极管差。实验表明,光电三极管的截止频率和基区厚度成反比关系,如果要求截止频率高,基区就要薄。但基区太薄光电灵敏度就会降低。对于锗管,入射光的调制频率要求在 5kHz以下,而硅管的频率响应要比锗管好。光敏二极管的响应时间在 100ns 以下,而光敏三极管为 $5\sim10\mu s$。因此,当工作频率较高时,应选用光敏二极管;只有在工作频率较低时,才选用光敏三极管。

## 8.5.5 光电池

光电池的主要功能是在不加偏置的情况下将光信号转换成电信号。按用途,光电池可分为太阳能电池和测量光电池两大类。太阳能电池主要用作电源,由于结构简单、体积小、质量轻、可靠性高、寿命长、能直接将太阳能转换成电能,因而不仅成为航天器上的重要电源,还被广泛地应用于人们日常生活中。测量光电池的主要功能是作为光电探测用,对它的要求是线性范围宽、灵敏度高、光谱响应合适、稳定性好、寿命长,它广泛地应用在光度、色度、光学精密计量和测试中。

**1. 光电池原理**

采用半导体的能带理论来说明光电池的工作原理。在热平衡状态下,未受光照时 PN结中 P 区和 N 区的费米能级相同,如图 8-44 所示。图中 $L_n$、$L_p$ 分别为电子和空穴的扩散长度,$E_g$ 为禁带宽度,$L$ 为耗尽区宽度。在光激发下多数载流子浓度一般改变很小,而少数载子浓度却变化很大,因此应主要研究光生少数载流子的运动。

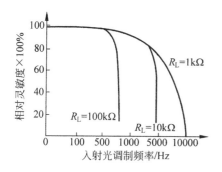

图 8-43　光电三极管频率特性曲线

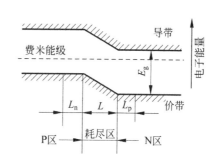

图 8-44　热平衡状态下无光照射时的 PN 结能带图

由于 PN 结势垒区内存在较强的内建场(自 N 区指向 P 区),光生少数载流子受该场的作用,各自向相反的方向运动:P 区的电子穿过 PN 结进入 N 区;N 区的空穴进入 P 区,使P 端电势升高,N 端电势降低,于是在 PN 结两端形成了光生电动势。由于光照产生的载流子各自向相反的方向运动,从而在 PN 结内部形成自 N 区向 P 区的光生电流 $I_L$,如图 8-45所示。由于光照在 PN 结两端产生光生电动势,相当于在 PN 结两端加正向电压 $V$,使势垒降低为 $qV_D-qV$,产生正向电流 $I_F$。在 PN 结开路情况下,光生电流和正向电流相等时,PN结两端建立起稳定的电势差 $V_{oc}$(P 区相对于 N 区是正的),这就是光电池的开路电压。如将 PN 结与外电路接通,只要光照不停止,就会有源源不断的电流通过电路,PN 结起了电源的作用。

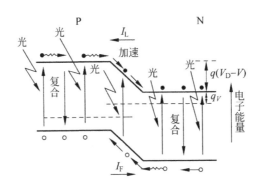

图 8-45　受光照射时的 PN 结能带图

**2. 光电池的电流电压特性**

光电池工作时共有三股电流：光生电流 $I_L$，在光生电压 $V$ 作用下的 PN 结正向电流 $I_F$，流经外电路的电流 $I$。$I_L$ 和 $I_F$ 都流经 PN 结内部，但方向相反。

根据 PN 结整流方程，在正向偏压 $V$ 作用下，通过结的正向电流为

$$I_F = I_S(e^{qV/k_0 T} - 1) \tag{8-39}$$

式中，$V$ 为光生电压；$I_S$ 为反向饱和电流。

光电池的表示符号、基本电路及等效电路如图 8-46 所示。光电池与负载电阻接成通路，通过负载的电流为

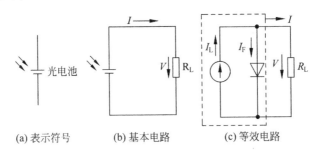

(a) 表示符号　　　(b) 基本电路　　　(c) 等效电路

图 8-46　光电池符号及等效电路

$$I = I_L - I_F = I_L - I_S(e^{qV/k_0 T} - 1) \tag{8-40}$$

式(8-40)为负载电阻上电流与电压的关系，也是光电池的伏安特性，其曲线如图 8-47 所示。曲线(1)和(2)分别为无光照和有光照时光电池的伏安特性。

从式(8-40)可得

$$V = \frac{k_0 T}{q}\ln\left(\frac{I_L - I}{I_S} + 1\right) \tag{8-41}$$

在 PN 结开路情况下($R = \infty$)，两端的电压即为开路电压 $V_{oc}$。这时，流经 $R$ 的电流 $I = 0$，即 $I_L = I_F$。将 $I = 0$ 代入式(8-41)，得开路电压为

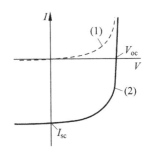

图 8-47　光电池的伏安特性曲线

$$V = \frac{k_0 T}{q} \ln\left(\frac{I_L - I}{I_S} + 1\right) \tag{8-42}$$

如将 PN 结短路($V=0$),因而 $I_F=0$,这时所得的电流为短路电流 $I_{sc}$。依据式(8-40),显然短路电流等于光生电流,即

$$I_{sc} = I_L \tag{8-43}$$

$V_{oc}$ 和 $I_{sc}$ 是光电池的两个重要参数,其数值可由图 8-47 曲线(2)在 $V$ 和 $I$ 轴上的截距求得。开路电压 $V_{oc}$ 随光照强度增强成对数式增大,$V_{oc}$ 并不随光照强度无限地增大。当光生电压 $V_{oc}$ 增大到 PN 结势垒消失时,即得到最大光生电压 $V_{max}$,与材料掺杂程度有关。实际情况下,$V_{max}$ 与禁带宽度 $E_g$ 相当。短路电流 $I_{sc}$ 随光照强度线性上升,而且受光面积越大,短路电流越大,如图 8-48 所示。

硒光电池在不同负载电阻时的光照特性曲线如图 8-49 所示。可以看出,负载电阻 $R_L$ 越小,光电流与光强度的线性关系越好,而且线性范围越宽。光电池在不同照度下,其内阻也不同,应选取适当的外接负载近似满足"短路条件"。当光电池作为测量元件时,应取短路电流形式。所谓光电池的短路电流,是指外接负载相对于光电池内阻而言很小。

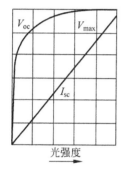

图 8-48　$V_{oc}$ 和 $I_{sc}$ 随光照的变化曲线

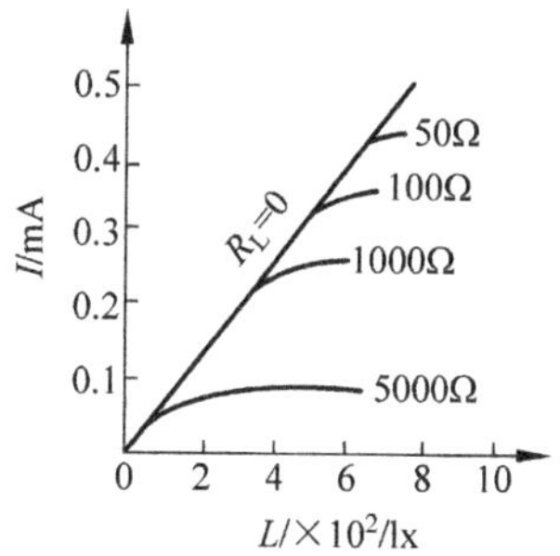

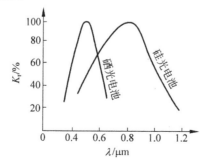

图 8-49　不同负载电阻时硒光电池的光照特性曲线

### 3. 光电池的特性参数

1) 光电池的光谱特性

光电池的光谱特性是指相对灵敏度和入射光波长之间的关系。硒光电池和硅光电池的光谱特性曲线如图 8-50 所示。可以看出,不同材料的光电池的光谱峰值位置不同,光电池的选用要和光源相结合。例如,硅光电池可在 $0.45 \sim 1.1 \mu m$ 范围内使用,而硒光电池只能在 $0.34 \sim 0.57 \mu m$ 范围内应用。

图 8-50　硒光电池和硅光电池的光谱特性曲线

2）光电池的频率特性

光电池的频率特性是指光的调制频率和输出电流之间的关系，调制频率和输出电流的关系曲线如图 8-51 所示。可以看出，硅光电池具有较高的频率响应，而硒光电池较差。因此，在高速计数的光电转换中，一般采用硅光电池。

3）光电池的温度特性

光电池的温度特性是指光电池的开路电压和短路电流随温度变化的关系，如图 8-52 所示。光电池的温度特性是描述光电池的开路电压、短路电流随温度变化的曲线。可以看出，开路电压随温度增加而下降的速度较快，而短路电流随温度上升而增加的速度却很缓慢。因此，用光电池作为敏感元件时，在自动检测系统设计时就应考虑到温度的漂移，需采取相应的措施进行补偿或保证温度恒定。

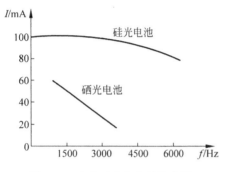

图 8-51　光电池的频率特性曲线

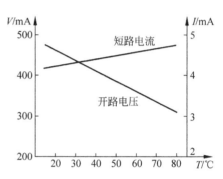

图 8-52　光电池的温度特性曲线

4）光电池的转换效率及最佳负载匹配

光电池的最大输出功率和输入光功率的比值，称为光电池的转换效率。在一定负载电阻下，光电池的输出电压 $U$ 与输出电流 $I$ 的乘积，即为光电池输出功率，记为 $P$，其表达式为

$$P = IU \tag{8-44}$$

在一定的光照强度下，当负载电阻 $R_L$ 由无穷大变到零时，输出电压的值将从开路电压值变到零，而输出电流将从零增大到短路电流值。显然，只有在某一负载电阻 $R_i$ 下，才能得到最大输出功率 $P_i$。$R_i$ 称为光电池在一定辐照下的最佳负载电阻，同一光电池的 $R_i$ 值随光照强度的增加而稍微减少。

硅光电池转换效率的理论值最大可达 24%，而实际上只能达到 10%～15%。可以利用光电池的输出特性曲线直观表示出输出功率值，如图 8-53 所示。通过原点、斜率为 $\tan\theta = I_H/U_H = 1/R_L$ 的直线，就是光电池的负载线。此负载线与某一照度下的伏安特性曲线交于 $P_H$ 点。$P_H$ 点在 $I$ 轴和 $U$ 轴上的投影即分别为负载电阻 $R_L$ 时的输出电流 $I_H$ 和输出电压 $U_H$。此时，输出功率等于矩形 $OI_HP_HU_H$ 的面积。为了求取某一照度下最佳负载电阻，可以分别从该照度下的电压—电流特性曲线与两坐标轴交点（$U_{oc}, I_{sc}$）作该特性曲线的切线，两切线交于 $P_m$ 点，连接 $P_mO$ 的直

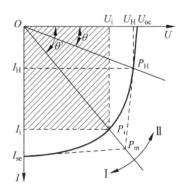

图 8-53　光电池负载线

线即为负载线。此负载线所确定的阻值($R_i = 1/\tan\theta'$)即为取得最大功率的最佳负载电阻 $R_i$。上述负载线与特性曲线交点 $P_i$ 在两坐标轴的投影 $U_i$、$I_i$ 分别为相应的输出电压和电流值。图中画阴影线部分的面积等于最大输出功率。可以看出,负载线把电压—电流特性分成 I、II 两部分,第一部分中,$R_L < R_i$,负载变化将引起输出电压大幅度变化,而输出电流变化却很小,在第 II 部分,$R_L > R_i$,负载变化将引起输出电流大幅度的变化,而输出电压几乎不变。

应该指出,光电池的最佳负载电阻随入射光照度的增大而减小,由于在不同照度下的电压—电流曲线不同,对应的最佳负载线也不同。因此,每个光电池的最佳负载线不是一条,而是一簇。

5) 稳定性

当光电池密封良好、电极引线可靠、应用合理时,光电池的性能稳定性高,使用寿命很长。而硅光电池的性能比硒光电池更稳定。光电池的性能和寿命除了与光电池的材料及制造工艺有关外,在很大程度上还与使用环境条件密切相关。例如,在高温和强照射使用环境下,光电池性能降低明显,而且其使用寿命会缩短。

## 8.6　电荷耦合器件

电荷耦合器件(Charge Coupled Device,CCD)是一种光电图像传感器,它在 MOS 集成电路技术基础上发展起来,是半导体技术的一次重大突破。CCD 自 1970 年问世以来,使得固体自扫描摄像器件得到飞速发展,被广泛应用。CCD 具有体积小、质量轻、结构简单、功耗小、成本低等优点,已成为光电器件的一个重要分支。

### 8.6.1　CCD 的基本工作原理

电荷耦合器件的突出特点是以电荷作为信号,而不同于其他大多数器件是以电流或者电压为信号。CCD 的基本功能是电荷的存储和电荷的转移。因此,CCD 工作过程的主要问题是信号电荷的产生、存储、传输和检测。

**1. CCD 的结构与电荷存储原理**

1) CCD 结构

CCD 可以说是 MOS 电容的一种应用,它由按照一定规律排列的 MOS 电容阵列组成,其基本单元的 MOS 电容结构如图 8-54 所示。采用能够透过一定波长范围光的多晶硅薄膜作为上电极(栅极),P 型或 N 型衬底作为底电极,两电极之间夹有 $SiO_2$ 绝缘层。

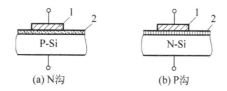

(a) N沟　　　　　　　　(b) P沟

图 8-54　MOS 电容结构

1—多晶硅栅(上电极);2—$SiO_2$ 绝缘层

理想情况下(不考虑功函数差、氧化层中电荷及界面态电荷的影响),MOS 电容上无外加电压时,从界面层到内部能带都一样,即所谓的平带条件,如图 8-55(a)所示。对于 P 型半导体,若在栅电极上相对于半导体加正电压 $U_G$,当 $U_G$ 较小时,P 型半导体表面的多数载流子空穴受到栅极中正电荷的排斥,离开表面而留下电离的受主杂质离子,在半导体表面层中形成带负电荷的耗尽层(无载流子的本征层)。由于半导体内电位相对于栅电极为负,在半导体内部的电子能量高,因此,在耗尽层中电子的能量从体内到表面由高到低变化,能带呈弯曲形状,如图 8-55(b)所示。当栅电压 $U_G$ 增大超过到某一特征值 $U_{th}$(阈值电压)时,能带进一步弯曲,致使半导体表面处的费米能级高于禁带中央的能级,半导体表面聚集电子浓度大大增加,形成反型层,如图 8-55(c)所示。由于电子大量聚集在栅电极下的半导体处,并具有较低的势能,可以形象地说半导体表面形成对电子的势阱,能容纳聚集电荷如图 8-56 所示。

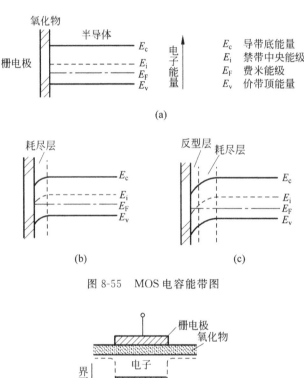

图 8-55  MOS 电容能带图

图 8-56  信号电荷势阱

2) 电荷存储原理

当一束光照射到 MOS 管电容上时,光子穿过透明电极及氧化层进入衬底,如果光子能量大于半导体禁带宽度,光子被吸收后会产生电子—空穴对,当 CCD 的电极加有栅电压时,由光照产生的电子被收集在电极下的势阱中,而空穴被赶入衬底。势阱中能容纳多少电子,取决于势阱的"深浅",即表面势的大小。势阱能够存储的最大电荷量称为势阱容量,与所加栅电压近似成正比。

显然,势阱容纳电荷的多少和该处照射光的强弱成正比,图像景物的不同明暗程度,便转换成 CCD 中积累电荷的多少。

**2. 电荷转移工作原理**

CCD 的电极结构按所加脉冲电压的相数可分为二相系统、三相系统和四相系统,现仍以三相系统为例来介绍其电极结构。

三相 CCD 如图 8-57(a)所示,阵列中的 MOS 电容分成三组,每组栅极连在一起,每一组栅极上加一个时钟电压脉冲,相邻栅极的间距小于 $2.5\mu m$,以保证相邻势阱耦合及电荷转移。3 个时钟电压 $\varphi_1$、$\varphi_2$ 和 $\varphi_3$ 相位相差 1/3 时钟脉冲周期,如图 8-57(b)所示。

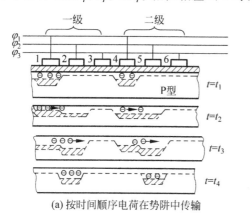
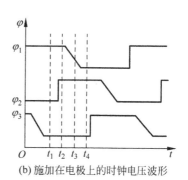

(a) 按时间顺序电荷在势阱中传输　　　　(b) 施加在电极上的时钟电压波形

图 8-57　电荷转移示意图

在 $t=t_1$ 时刻,$\varphi_1$ 上加有正的阶梯脉冲电压,$\varphi_1$ 上电压高于 $\varphi_2$、$\varphi_3$ 上的电压,这时在 1,4,7,……,MOS 电容的电极下面将形成势阱,在这些势阱中可以存储信号电荷,形成"电荷包",势阱中的"电荷包"大小与入射光强度成正比。

在 $t=t_2$ 时刻,将正阶梯电压再加到 $\varphi_2$ 上,此时 $\varphi_1$ 和 $\varphi_2$ 电极下面势阱具有相同的深度,于是 $\varphi_1$ 电极下面势阱所存储的"电荷包"向 $\varphi_2$ 电极下面的势阱扩展,在 $\varphi_2$ 电极上加上正脉冲之后,$\varphi_1$ 上电压开始下降,即 $\varphi_1$ 的电极势阱慢慢开始上升,提供了有利于信号电荷向右转移的电势分布。

在 $t=t_3$ 时刻,电极 1 势阱中电荷已大部分进入电极 2 势阱中。

在 $t=t_4$ 时刻,信号电荷已转移到 $\varphi_2$ 电极下的势阱中,此时 $\varphi_3$ 电极下的势垒阻止电荷向右运动。

重复上述同样的程序,按图 8-57(b)所示三相电极引线上施加的时钟脉冲电压,可以把信号电荷从 $\varphi_2$ 电极下势阱中转移到 $\varphi_3$ 电极下的势阱中,然后再转移到下一级 $\varphi_1$ 电极下的势阱中。当整个三相时钟脉冲电压循环一次后,"电荷包"则向右前进一级。依次进行,信号电荷就可以从左到右传输,最后到达右端的输出端。

在三相 CCD 中,势阱对称,所以电荷可以向右也可向左传输。只要改变三相时钟脉冲的时序关系,电荷就可以向左传输。

**3. 电荷的注入**

CCD 中的信号电荷可以通过光注入和电注入两种方式得到。CCD 在用作图像传感器时,信号电荷由光生载流子得到,即光注入。CCD 在用作信号处理或存储器件时,电荷输入采用电注入。所谓电注入就是 CCD 通过输入结构对信号电压或电流进行采样,将信号电压或电流转换为信号电荷。常用的输入结构采用一个输入二极管、一个或几个控制输入栅来实现电输入。

### 4. 电荷的检测(输出方式)

CCD 输出结构的作用是将 CCD 中的信号电荷变换为电流或电压输出,以检测信号电荷的大小。一种简单的输出结构如图 8-58(a)所示,由输出栅 $G_o$、输出反偏二极管、复位管 $V_1$ 和输出跟随器 $V_2$ 组成,这些器件均集成在 CCD 芯片上。$V_1$、$V_2$ 为 MOS 场效应晶体管,其中 MOS 管的栅电容起到对电荷积分的作用。当在复位管栅极上加一正脉冲时,$V_1$ 导通,其漏极直流偏压 $U_{RD}$ 预置到 $A$ 点。当 $V_1$ 截止后,$\varphi_3$ 变为低电平时,信号电荷被送到 $A$ 点的电容上,使 $A$ 点的电位降低。输出 $G_o$ 上可以加上直流偏压,以使电荷通过。$A$ 点的电压变化可从跟随器 $V_2$ 的源极测出。$A$ 点的电压变化量 $\Delta U_A$ 与 CCD 输出电荷量的关系为

$$\Delta U_A = \frac{Q}{C_A} \tag{8-45}$$

式中,$C_A$ 为 $A$ 点的等效电容,为 MOS 管电容和输出二极管电容之和;$Q$ 为输出电荷量。

由于 MOS 管 $V_2$ 为源极跟随器,其电压增益为

$$A_U = \frac{g_m R_2}{1 + g_m R_2} \tag{8-46}$$

式中,$g_m$ 为 MOS 场效应晶体管 $V_2$ 的跨导。故输出信号与电荷量的关系为

$$\Delta U = \frac{Q}{C_A} \frac{g_m R_2}{1 + g_m R_2} \tag{8-47}$$

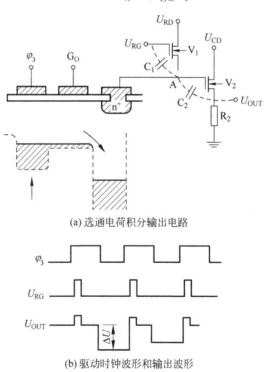

(a) 选通电荷积分输出电路

(b) 驱动时钟波形和输出波形

图 8-58　CCD 的信号输出结构

若要检测下一个电荷包,则必须在复位管 $V_1$ 的栅极再加一正脉冲,使 $A$ 点电位恢复。因此,检测一个电荷包,在输出端就得到一个负脉冲,该负脉冲的幅度正比于电荷包的大小,

这相当于信号电荷对输出脉冲幅度进行调制。所以,在连续检测从 CCD 中转移出来的信号电荷包时,输出为脉冲调幅信号。

输出波形中还包含有与复位脉冲同步的正脉冲,如图 8-58(b)所示,这是由于复位脉冲通过寄生电容 $C_1$、$C_2$ 耦合到输出端的结果。为了消除复位脉冲引入的干扰,可以采用如图 8-59 所示的相关双取样的检测方法。其中 $Q_1$ 为钳位开关,$Q_2$ 为采样开关,控制 $Q_1$ 和 $Q_2$ 分别在 $t_1$、$t_3$、$t_5$、……和 $t_2$、$t_4$、$t_6$、……时刻接通,则可以得到与电荷成正比的输出波形,而滤取了复位脉冲的噪声。

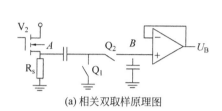

(a) 相关双取样原理图

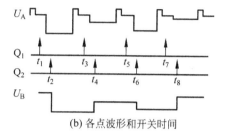

(b) 各点波形和开关时间

图 8-59　相关双取样原理图

## 8.6.2　CCD 图像传感器

**1. CCD 图像传感器原理**

CCD 具有光电转换、信号存储及信号传输(自扫描)的能力,是一种全固体自扫描摄像器件。当一定波长的入射光照射 CCD 时,若 CCD 的电极下形成势阱,则光生少数载流子就积聚在势阱中,其数目与光照强度和时间成正比。使用时钟控制将 CCD 的每一位的光生电荷依次转移出来,分别从同一输出电路上检测出,则可以得到幅度与各光生电荷包成正比的电脉冲序列,从而将照射在 CCD 上的光学图像转移成了电信号"图像"。由于 CCD 能实现低噪声的电荷转移,并且所有光生电荷都通过一个输出电路检测,具有良好的一致性,因此,对图像的传感具有优越的性能。

CCD 图像传感器可以分为线阵和面阵两大类,它们各具有不同的结构和用途。

**2. 线阵 CCD 摄像器件**

CCD 作摄像器件使用时,光从正面射入,要求采用透光的导电材料制作栅电极,铝电极不宜采用。透明导电膜都是通过半导体掺杂贡献载流子来降低其电阻率,可以采用的透明导电材料有 $In_2O_3$:$Sn$(ITO),$SnO_2$:$F$,$ZnO$:$Al$,$CdO$:$In$ 等。其中,$CdO$:$In$ 虽然有电阻率 $10^{-5}\Omega\cdot cm$ 的优异电学性能,但由于其有毒,因此从环保角度,其应用受到限制。ITO 是应用最为广泛的透明导电材料,具有透光性好、电阻率低、易刻蚀和易低温制备等优点。典型的 ITO 膜电阻率在 $10^{-4}\Omega\cdot cm$ 量级上,可见光的透射率>80%。

线阵 CCD 摄像器件有单通道和双通道两种方式。

1) 单通道线阵 CCD 摄像器件

单通道线阵 CCD 摄像器件的结构如图 8-60 所示,由感光区和传输区两部分组成,感光区由一列光敏单元组成,传输区由转移栅及一列移位寄存器组成。光照产生的信号电荷存储于感光区的势阱中,接通转移栅,信号电荷流入传输区。传输区遮光,以防因光生噪声电荷干扰导致图像模糊。

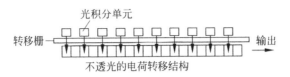

图 8-60　单通道线阵 CCD 摄像器件的结构

2）双通道线阵 CCD 摄像器件

在双通道线阵 CCD 摄像器件中，将光敏区与存储区、传输区分开，在它们之间设有一个转移控制栅，如图 8-61 所示。通过转移控制栅的控制可以同时将一幅图像所对应的电荷包由光敏区转移到存储区。它只能摄取一行图像信息，适合于对运动物体的摄像，也可以作传真遥感、文字或图像信息的判别、工件尺寸的自动检测等。光敏区的栅电极材料用透明材料，存储区的栅极材料可用 Al 电极，且整个存储区要用铝层覆盖，以避免光照射到存储区。由于光连续照射，若直接从光敏区输出信号，在同一幅图像信号的输出过程中，尚未读出的部分还在继续收集光生电荷，使信息电荷增多，这样会改变开始读出时同一幅图像的信号分布，使图像失真或模糊。将光敏区与存储区分开后，可认为转移到存储区的信号电荷是在同一短暂时间内光敏区的信号电荷。存储区遮光，在存储区的信息读出过程中，信号电荷的分布不受连续入射光照的影响，提高了图像质量。把摄像区中的信号电荷传输到存储区两个平行的移位寄存器中，然后再按图 8-61 箭头所指的方向将信号电荷输出，这样可以把每个电荷包的传输次数减少一半，加速信息的传递速度，减少图像信息失真。

**3. 面阵 CCD 摄像器件**

面阵 CCD 摄像器件有多种构成方式，如帧转移（FT）方式、内线转移（ILT）方式、线转移（LT）方式和电荷注入（CID）方式等。内线转移方式结构如图 8-62 所示，在这里仍分为光敏区与存储区，而且光敏区与存储区相间设置，每个光敏区单元的信息通过转移栅脉冲作用转移到对应的存储区单元中，再由垂直移位寄存器逐行转移到水平移位寄存器中沿水平方向依次输出。

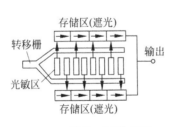

图 8-61　线阵双通道 CCD

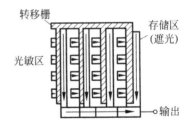

图 8-62　面阵内线转移 CCD

面阵 CCD 摄像器件集成度高，占用芯片面积也较大，随着集成技术的发展，单元数目不断增多，为了提高图像的质量，CCD 必须以较高的频率工作。提高 CCD 的工作频率成为推动 CCD 发展的一个重要因素。

**4. CCD 图像传感器的特性参数**

1）转移效率

由于 CCD 是一种电荷传输转移器件（CTD），电荷传输效率最重要，设原有信号电荷量为 $Q_0$，转移到下一个电极下的电荷量为 $Q_1$，$Q_1$ 与 $Q_0$ 的比值称为转移效率 $\eta$，即

$$\eta = \frac{Q_1}{Q_0} \times 100\% \tag{8-48}$$

没有被转移的电荷量 $Q'$ 与 $Q_0$ 之比称为转移损失率 $\varepsilon$。

$$\varepsilon = \frac{Q'}{Q_0} \times 100\% \tag{8-49}$$

显然，$\eta + \varepsilon = 1$，当信号电荷转移 $n$ 个电极后的电荷量为 $Q_n$，则总转移效率为

$$\frac{Q_n}{Q_0} \times 100\% = \eta^n = (1-\varepsilon)^n \tag{8-50}$$

在实际的 CCD 中，信号电荷往往要转移几千次，为了保证总效率为 90% 以上，则要求每次转移效率必须达 99.99%～99.999%。要减小转移损失，提高转移效率，应当采用较短的栅电极、较大的信号电荷、高的表面迁移率和低掺杂的衬底材料以及减少 Si-SiO₂ 界面对电荷的俘获等。

2) 暗电流特性

CCD 器件在既无光注入又无电注入的情况下的输出信号称为暗信号，由暗电流引起。产生暗电流的原因在于半导体的热激发，主要包括三部分：①耗尽层产生复合中心的热激发；②耗尽层边缘少数载流子的热扩散；③界面上产生中心的热激发。其中第 1 部分主要，暗电流受温度的影响强烈，而且与积分时间成正比。

由于暗电流的存在，每时每刻加入信号电荷包中，与图像信号电荷一起积分，形成一个暗信号图像，称为固定图像噪声，叠加到光信号图像上会降低图像的分辨率。暗电流的存在会占据 CCD 势阱的容量，降低器件的动态范围。为减小暗电流的影响，应当尽量缩短信号电荷的积分时间和转移时间。

3) 工作频率

决定工作频率下限的因素是少子寿命 $\tau$。为了避免少子复合对注入信号的干扰，注入电荷从一个电极转移到另一个电极所用的时间 $\tau_{转}$ 必须小于少子的寿命 $\tau$，否则信号电荷将被复合掉。在正常工作条件下，对于三相 CCD，$\tau_{转} = T/3 = 1/(3f)$，于是有

$$\frac{1}{3f} < \tau \quad \text{或} \quad f > \frac{1}{3\tau} \tag{8-51}$$

上式说明，少子寿命越长，工作频率的下限也越低。

CCD 的上限工作频率主要受电荷转移快慢限制。电荷在 CCD 相邻像元间移动所需要的平均时间，称为转移时间。为了使电荷有效转移，对于三相 CCD，其转移时间应为

$$t \leqslant \frac{T}{3} = \frac{1}{3f} \quad \text{即} \quad f \leqslant \frac{1}{3t} \tag{8-52}$$

电荷的转移运动包括在电场作用下的漂移运动和浓度梯度产生的扩散运动，在电荷转移后期，热扩散起主要作用，最终限制了电荷转移速度。

除上述三个特性外，针对不同的应用情况，CCD 器件的特性还要考虑信噪比、线性度、功耗及光灵敏度等参数。

# 8.7 光电位置敏感器件

半导体位置探测器（Position Sensitive Detector，PSD）能连续准确地给出入射光点在光敏面上的位置。PSD 分为一维 PSD 和二维 PSD，分别可确定光点的一维位置坐标和二维位

置坐标。

**1. PSD 的工作原理**

位置敏感元件利用半导体的横向光电效应工作,其工作原理如图 8-63(a)所示。位置敏感元件大多在反偏压下工作,无光照时,表面各处的电位相同,两个电极输出微小的暗电流。

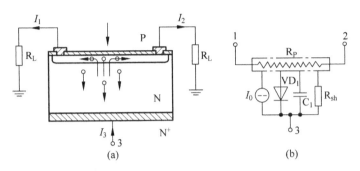

图 8-63 位敏元件的工作原理及等效电路

位置敏感元件工作时,要在 PN 结上加足够大的反偏压,防止受强光照射时转成正偏。当入射光照射到表面时,光生电子和光生空穴在耗尽区强电场的作用下,分别向 N 区和 P 区漂移。P 区的空穴被分成两部分从两极输出,每个电极输出电流的大小与光斑和电极间的电导成正比。

假若一维位敏元件的衬底和掺杂层均匀,各处的结深也相同,电极是理想的欧姆接触,没有任何附加阻抗,设两极间的距离是 $l$,入射光斑的位置为 $x$,光斑到电极间的距离分别是 $x$ 和 $l-x$。光斑和两极间的电阻分别是 $R_1$ 和 $R_2$,则

$$R_1 = \rho x / x_j a \tag{8-53}$$

$$R_2 = \rho(l-x)/x_j a \tag{8-54}$$

式中,$\rho$ 为掺杂薄层的电阻率;$a$ 为掺杂薄层的宽度。

位敏元件等效电路图如图 8-63(b)所示,其中 $VD_1$ 为理想的二极管,$C_1$ 为结电容,$R_{sh}$ 为并联电阻,$R_p$ 为感光层(P 层)的等效电阻。可以看出

$$R = R_1 \mathbin{/\mkern-5mu/} R_2 \tag{8-55}$$

由于两电极与公共极之间的电位差相等,所以光斑处到两极的电位差也相等,即

$$V_D = V_1 = V_2 = IR \tag{8-56}$$

$$V_1 = I_1 R_1, \quad V_2 = I_2 R_2 \tag{8-57}$$

将式(8-53)、式(8-54)代入式(8-55)得到总电阻

$$R = \rho(l-x)x / x_j a \tag{8-58}$$

由式(8-54)、式(8-56)和式(8-57)可得到

$$x = \frac{l}{2}\left(1 - \frac{I_1 - I_2}{I_1 + I_2}\right) \tag{8-59}$$

式(8-59)表明,只要测定两极的输出电流 $I_1$ 和 $I_2$,就可以确定入射光斑的位置,而且光斑的位置与两极电流之差与其之和的比值是线性关系。

**2. 二维 PSD 的结构**

二维 PSD 用于测定入射光点的二维坐标,即在一个方形结构 PSD 上有两对互相垂直

的输出电极。由于电极的引出方法不同,二维 PSD 可分为由同一面引出两对电极的表面分流型二维 PSD 和由上下两面分别引出一对电极的两面分流型二维 PSD。其结构及等效电路分别如图 8-64 和图 8-65 所示。

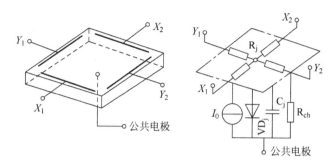

图 8-64　表面分流型二维 PSD 的结构及等效电路

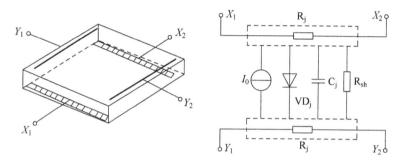

图 8-65　两面分流型二维 PSD 的结构及等效电路

图中,$X_1$、$X_2$、$Y_1$、$Y_2$ 分别为各电极的输出信号光电流,$x$、$y$ 为入射光点的位置坐标。表面分流型 PSD 暗电流小,但位置输出非线性误差大;两面分流型 PSD 线性好,但暗电流大,且由于无法引出公共电极而较难加上反偏电压。

对于表面分流型和两面分流型 PSD,其输出与入射光点位置的关系如图 8-66 所示,其关系式为

$$P_x = \frac{X_2 - X_1}{X_2 + X_1} = \frac{x}{L} \tag{8-60}$$

$$P_y = \frac{Y_2 - Y_1}{Y_1 + Y_2} = \frac{y}{L} \tag{8-61}$$

**3. PSD 的特性**

PSD 与 CCD 都可以用于光点位置的探测,但 PSD 有自身的特点,在许多情况下,更适合做专用的位置探测器。其突出的特点如下:

1) 入射光强度和光斑大小对位置探测影响小

如前所述,PSD 的位置探测输出信号和入射光点强度、光斑大小都无关。入射光强增大有利于信噪比,从而有利于提高位置分辨率。但入射光强度不能太大,否则会引起器件的饱和。PSD 的位置输出只与入射光点的"重心"位置有关,而与光点尺寸大小无关。这一显著优点给使用带来很大的方便,但应注意当光敏面边缘时,部分落在光敏面外,就会产生误差,光点越靠近边缘,误差就越大。为了减小边缘效应,应尽量将光斑缩小,且最好使用敏感

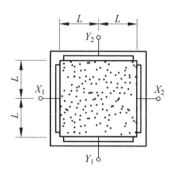

图 8-66　表面分流型和两面分流型二维 PSD 输出与入射光点位置的关系

面中央部分。

2）反偏压对 PSD 的影响

反偏压有利于提高感光灵敏度和动态响应,但会使暗电流有所增加。

3）背景光强的影响

背景光强度变化会影响位置输出。消除背景光影响的方法有两种,即光学法和电学法。光学法是在 PSD 感光面上加上一个透过波长与信号光源匹配的干涉滤光片,滤去大部分的背景光。电学法可以先检测出信号光源熄灭时的光强大小,然后点亮光源,将检测出的输出信号减去背景光的成分,或采用调制脉冲光作光源,对输出信号进行锁相放大,用同步检波的办法滤去背景光的成分。

4）环境温度的影响

使用环境温度上升时,暗电流将增大。实验表明,温度上升 1℃,暗电流增大 1.15 倍。除采用温度补偿方法外,还可采用光源调制、锁相放大解调的方式滤去暗电流的影响。

## 8.8　光控晶闸管

光控晶闸管是一种用光信号或光电信号进行触发的晶闸管,光控晶闸管为三端四层结构,如图 8-67 所示,在四层结构中共有三个 PN 结,图中用 $J_1$、$J_2$ 和 $J_3$ 表示,G 为门极,A 为阳极,K 为阴极。若入射光照射在 $J_2$ 附近的光敏区上,产生的光电流通过 $J_2$,当光电流大于某一阈值时,晶闸管便由断开状态迅速变为导通状态。

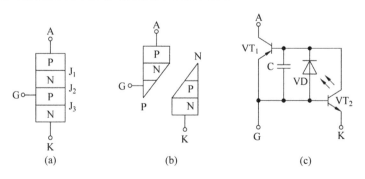

图 8-67　光控晶闸管及其等效电路

四层结构可视为一个 PNP 型和一个 NPN 型三极管的连接,如图 8-67(b)所示,等效电路如图 8-67(c)所示。无光照时,光敏二极管 VD 无光电流,三极管 $VT_2$ 的基极电流仅仅是 $VT_1$ 的反向饱和电流,在正常的外加电压下(阳极加上正向电压,阴极加上负向电压)处于关断状态。一旦有光照,光电流将作为 $VT_2$ 的基极电流。如果 $VT_1$、$VT_2$ 的放大倍数分别为 $\beta_1,\beta_2$,则 $VT_2$ 的集电极得到的电流将是光电流 $I_P$ 的 $\beta_2$ 倍,即 $\beta_2 I_P$。此电流实际上又是 $VT_1$ 的基极电流,因而在 $VT_1$ 的集电极上又将产生一个 $\beta_1\beta_2 I_P$ 的电流,这一电流又成为 $VT_2$ 的基极电流。这样循环反复,产生强烈的正反馈,整个器件就变成导通状态。能使光控晶闸管导通的最小光照度,称为导通光照度。光控晶闸管与普通晶闸管一样,一经触发,即成导通状态。只要有足够强度的光源照射一下管子的受光窗口,它就立即成为导通状态,而后即使撤离光源也能维持导通,除非加在阳极和阴极之间的电压为零或反相,才能关闭。

如果在 G 和 K 之间接一个电阻,将分去一部分由光敏二极管产生的光电流,这时要使晶闸管导通就必须施加更强的光照。可见,用这种办法可以调整触发灵敏度。

光控晶闸管的伏安特性如图 8-68 所示。图(a)表示单向晶闸管;(b)为双向晶闸管;图中 $E_1$、$E_2$、$E_3$ 代表依次增大的照度。曲线 0~1 段为高阻状态,表示器件尚未导通;1~2 代表由关断到导通的过渡状态;2~3 为导通状态。随着光照的加强,由断到通的转折电压变小。

在光控晶闸管出现以前,往往要用光电耦合器件或各种光敏元件和普通晶闸管组成光控无触点开关,光控晶闸管问世之后,这类无触点开关的实际应用更为方便。它和发光二极管配合可构成固态继电器,体积小、无火花、寿命长、动作快,并且有良好的电路隔离作用,在自动化领域得到广泛应用。

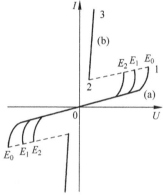

图 8-68　光控晶闸管伏安特性

## 8.9　光电耦合器件

光电耦合器件是把发光器件和光接收器件组装在同一个密封管壳内,或用一根光导纤维把两部分连接起来的器件。输入的电信号加到发光器件上,发光器件发出的光照射到光接收器件时,后者输出的电信号作为输出信号。这样就完成了以光为媒介的电信号的传输,发光器件和光接收器件之间电绝缘。

根据构造和分类,光耦合器件分为两类,一类为光隔离器,以在电路之间传送信息为目的,可实现电路间的电气隔离和去除噪声影响的器件;另一类为光传感器,是一种固体传感器,用以检测物体的位置或物体的有无或数量。

### 1. 光隔离器

光隔离器由一发光元件和一光电敏感元件组装密封在一个外壳内构成。它有两种封装结构,即金属密封型和塑料密封型,如图 8-69 所示。在光隔离器中发光管和光电管两者管芯相互配合,相互靠近,除光路部分外,其余部分都要完全遮光,以提高灵敏度。

光隔离器中采用的发光元件多为 GaAs 发光二极管,它是一种半导体发光器件。和普通二极管一样,管芯是一个 PN 结,具有单向导电性。当给 PN 结加上正向电压以后空间电荷区中势垒下降,引起载流子注入,P 区空穴注入到 N 区,注入的空穴和电子相遇复合释放能量。发光二极管中复合时放出的能量大部分以光的能量出现。GaAs 发光二极管发出单色光,波长为 900~940nm。随所加正向电压的提高,正向电流增加,发光二极管产生的光通量也增加,其最大值受发光二极管最大允许电流限制。

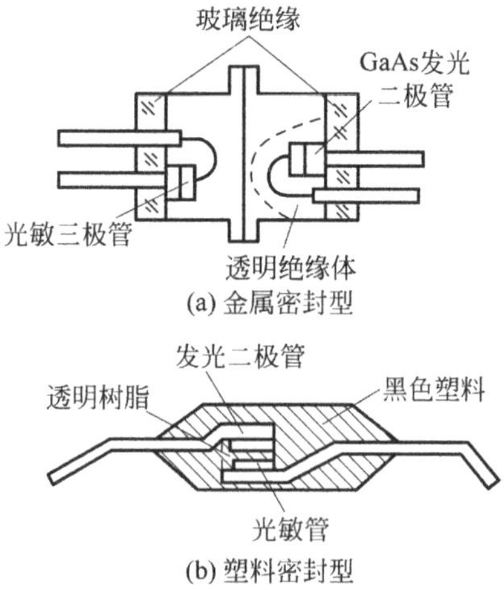

光隔离器中光电敏感器件大多数采用硅光电器件,其响应峰值波长与 GaAs 发光二极管的发光波长相吻合,可获得较高的信号传输效率。

图 8-69　光电耦合器的结构

**2. 光传感器**

按结构不同,光传感器分为透过型和反射型两种,结构如图 8-70 所示。透过型光传感器通过将相互之间保持一定距离的发光器件和光敏器件相对组装而成,可以检测物体通过两器件之间时引起的光量的变化。反射型光传感器则通过把发光器件和光敏器件按相同方向并联组装而制成,可以检测物体反射光量的变化。

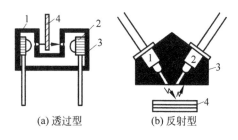

图 8-70　光传感器结构

1—发光器件;2—光敏器件;3—基座;4—被测物体

透过型光传感器主要用于在数字控制系统中组成光编码器;反射型光传感器主要应用于传真、复印机等的纸张检测或色彩浓度的调整。

光电开关是一种利用感光元件对变化的入射光加以接收,并进行光电转换,同时加以某种形式的放大和控制,从而获得最终的控制输出"开""关"信号的器件。典型的光电开关结构图如图 8-71 所示。图 8-71(a)所示是一种透射型光电开关,它的发光元件和接收元件的光轴重合。当不透明的物体位于或经过它们之间时,会阻断光路,使接收元件接收不到来自发光元件的光,这样起到检测作用。图 8-71(b)所示是一种反射型光电开关,它的发光元件和接收元件的光轴在同一平面且以某一角度相交,交点一般即为待测物所在处。当有物体经过时,接收元件将接收到从物体表面反射的光,没有物体时则接收不到。光电开关的特点是小型、高速、非接触,而且与 TTL、MOS 等电路容易结合。

用光电开关检测物体时,大部分只要求其输出信号有"高—低电平"(1—0)之分即可。基本电路的示例如图 8-72 所示。图 8-72(a)、(b)表示负载为 CMOS 比较器等高输入阻抗电路时的情况,图 8-72(c)表示用晶体管放大光电流的情况。

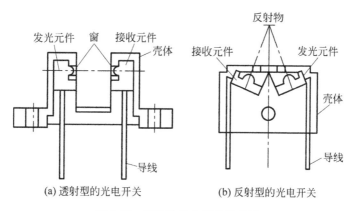

图 8-71　典型的光电开关结构图

(a) 透射型的光电开关　　(b) 反射型的光电开关

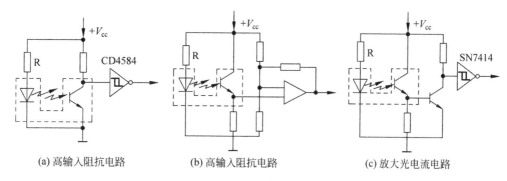

(a) 高输入阻抗电路　　(b) 高输入阻抗电路　　(c) 放大光电流电路

图 8-72　光电开关的基本电路

　　光电开关广泛应用于工业控制、自动化包装线及安全装置中,用作光控制和光探测装置,可在自控系统中用作物体检测、产品计数、料位检测、尺寸控制、安全报警及计算机输入接口等用途。

### 3. 光电耦合器的特性和主要参数

　　光电隔离器和光传感器在特性参数方面没有本质区别,只是对个别特性参数要求有所侧重。

　　1)光电流

　　光电耦合器输入端注入一定的工作电流(约 10mA),使发光二极管发光,在其输出端加一定的电压(约 10V)和负载电阻(约 500Ω )时,流过输出端的电流称为光电流。以光电三极管为光敏器件的光耦合器光电流为几 mA,以光电二极管为光敏器件的光耦合器光电流为几十至几百 $\mu A$。

　　2)饱和压降 $V_{ce0}$

　　输入端注入一定电流(20mA),输出端加一电压(10V)和负载电阻,调节负载电阻使输出电流为一定值(2mA),此时,光电耦合器两输出端的电压称为饱和压降 $V_{ce0}$。

　　3)输出特性曲线

　　以输入电流 $I_F$ 为参变量(类似晶体管的 $I_B$)的输出电压和输出电流之间的关系特性曲线,如图 8-73 所示。图 8-73(a)是用光电二极管作为光敏器件,图 8-73(b)是用光电三极管作为光敏器件。以光电二极管为光敏器件的光电耦合器,其输出特性曲线的线性度很好。

即使输出端无外加电压时只要有输入电流 $I_F$，输出端就有信号输出（$I_L \neq 0$），此时光电管相当于一个光电池。以光电三极管为光敏器件的光电耦合器与普通晶体三极管输出特性曲线相同，只是参变量不同，其工作区域也分为截止、饱和与线性三个区。

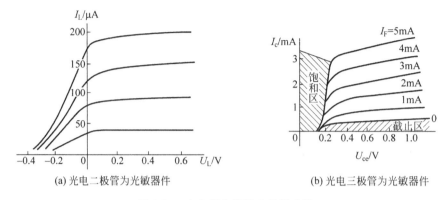

(a) 光电二极管为光敏器件    (b) 光电三极管为光敏器件

图 8-73    光电耦合器输出特性曲线

4）电流传输比 $\beta_1$

在直流工作状态下，光电耦合器的输出电流 $I_c$（或 $I_L$）与输入电流 $I_F$ 之比，称为直流电流传输比（或转换效率）$\beta_1$。$\beta_1$ 的值与器件工作点有关，有时用某一工作点下的输出电流增量 $\Delta I_c$ 与输入电流增量 $\Delta I_F$ 之比来表示 $\beta_1$，称为电流传输比。

$$\beta_1 = \frac{\Delta I_c}{\Delta I_F} \tag{8-62}$$

## 小结

本章从半导体的光吸收理论入手，阐述了本征吸收、直接跃迁与间接跃迁以及其他形式的吸收形式。半导体的光电效应有外光电效应和内光电效应，内光电效应又包含光电导效应和光生伏特效应。对于外光电效应器件，主要介绍了光电管的结构、原理、性能参数和光电倍增管。对于光电导效应器件中的光敏电阻器，主要介绍了光电导管的工作原理，光敏电阻的结构、种类、特性和参数。对于光生伏特效应器件，主要介绍了光电二极管、高速 PIN 硅光电二极管、雪崩型光电二极管、硅光电晶体三极管以及光电池等器件。对于电荷耦合器件，主要介绍了 CCD 的基本工作原理与 CCD 图像传感器。简要介绍了光电位置敏感器件、光控晶闸管与光耦合器件的相关内容。未来随着物联网技术的发展和普及，光电传感器应用将渗透到人类生活的方方面面。

## 习题

1. 填空题

（1）当入射光的波长大于 $\lambda_0$ 时，不可能产生本征吸收，吸收系数急剧下降，这种吸收系数显著下降的特定波长，称为半导体的_____。

（2）对于 CCD 器件，势阱中电荷主要通过_____、_____和硅本身热激发产生。

（3）光电效应可分成外光电效应和内光电效应两类,内光电效应按其工作原理可分为_____和_____两种。

（4）光电导效应的强弱可用光电导和暗电导的比值表示,通过公式可以看出,选择_____材料,采取_____措施来增强光电导效应。

（5）光生伏特效应是指半导体在受到光照射时产生电动势的现象。光电池、光敏二极管和光敏三极管都基于该原理工作,不同之处在于光敏二极管在测光电路中应处于_____偏置状态,而光电池通常处于_____偏置状态。

（6）光电耦合器件是把_____和_____组装在同一个密封管壳内,或用一根光导纤维把两部分连接起来的器件。根据结构和用途,光电耦合器件分为_____和_____两类。

2. 选择题

（1）光敏二极管在测光电路中应处于（　　　）偏置状态。

　　　A. 正向　　　　　　B. 反向　　　　　　C. 零　　　　　　D. 任意

（2）下面的哪些传感器不属于内光电传感器?（　　　）

　　　A. 光电管　　　　　B. 光电池　　　　　C. 光敏电阻　　　　D. 光电二极管

（3）光敏三极管工作时（　　　）。

　　　A. 基极开路、集电结反偏、发射结正偏

　　　B. 基极开路、集电结正偏、发射结反偏

　　　C. 基极接电信号、集电结正偏、发射结反偏

　　　D. 基极接电信号、集电结反偏、发射结正偏

（4）以下说法不正确的是（　　　）。

　　　A. 石英晶体沿光轴方向受力时不产生压电效应

　　　B. 光敏二极管在不受光照时处于导通状态

　　　C. 测量结果与其约定真值之差即为误差

　　　D. 对于金属导体材料,其压阻效应极小,而对于半导体材料,其几何效应较小

（5）光敏电阻的工作原理是基于（　　　）。

　　　A. 光生伏特效应　　　　　　　　　B. 光电导效应

　　　C. 二次电子释放效应　　　　　　　D. 外光电效应

（6）光电池在测光电路中应处于（　　　）偏置状态。

　　　A. 正向　　　　　　B. 反向　　　　　　C. 零　　　　　　D. 任意

（7）构成 CCD 的基本单元是（　　　）。

　　　A. P 型硅　　　　　B. PN 结　　　　　C. 光敏二极管　　　D. MOS 电容器

（8）下列关于光敏二极管和光敏晶体管的对比不正确的是（　　　）。

　　　A. 光敏二极管的光电流很小,光敏晶体管的光电流则较大

　　　B. 光敏二极管与光敏晶体管的暗电流相差不大

　　　C. 工作频率较高时,应选用光敏二极管;工作频率较低时,应选用光敏晶体管

　　　D. 光敏二极管的线性特性较差,而光敏晶体管有很好的线性特性

（9）下列说法正确的是（　　　）

　　　A. 要产生外光电效应,应该使入射光子的能量小于逸出功

    B. 若入射光能产生光电效应,则入射光强度相同的条件下,入射光的频率越高,打出的光电子数越多

    C. 要形成光电流,光电倍增管的阴极应该接电源的负极

    D. 若入射光能产生光电效应,则入射光强度相同的条件下,入射光的频率越高,打出的光电子数越少

(10) 在光线作用下,半导体的电导率增加的现象属于(　　)。

    A. 外光电效应　　　　B. 内光电效应　　　　C. 光电发射　　　　D. 光导效应

3. 光照到半导体材料上,通常会发生哪几种光吸收,其中哪种光吸收对半导体光电导起主要作用?

4. 一个 n 型 CdS 正方形晶片,边长 1mm,厚 0.1mm,其长波吸收限为 510nm。今用强度为 $1mW/cm^2$ 的紫色光($\lambda=409.6nm$)照射正方形表面,量子产额 $\beta=1$。设光生空穴全部被陷,光生电子寿命 $\tau_n=10^{-3}s$,电子迁移率 $\mu_n=100cm^2/(V \cdot s)$,并设光照能量全部被晶片吸收,求下列各值:(1)样品中每秒产生的电子—空穴对数;(2)样品中增加的电子数;(3)样品的电导增量 $\Delta g$;(4)当样品上加以 50V 电压时的光生电流;(5)光电导增益因子 $G$。

5. 用光子能量为 1.5eV,强度为 2mW 的光照射一硅光电池。已知反射系数为 25%,量子产额 $\beta=1$,并设全部光生载流子都能到达电极。(1)求光生电流;(2)当反向饱和电流为 $10^{-8}$A 时,求 $T=300K$ 时的开路电压。

6. 一光电管与 5kΩ 的电阻串联,若光电管的灵敏度为 30$\mu$A/lm,试计算当输出电压为 2V 时的入射光通量。

# 第 9 章　半导体离子敏传感器与生物传感器

CHAPTER 9

电化学和半导体理论的相互渗透,微电子技术的迅速发展,为研制半导体电化学传感器创造了条件。其中,离子敏场效应晶体管(ISFET)是一种对离子具有选择敏感作用的FET,兼有离子选择电极(ISE)响应敏感离子和 FET 的特性,综合采用了离子选择电极制造技术和微电子制造技术。ISFET 是最早开发应用的一种电化学敏感器件,可在复杂的被测物质中迅速、灵敏、定量地测出离子或中性分子的浓度,在化学、医药、食品以及生物工程中有着广泛的用途。

## 9.1　离子敏感元件的基本知识

### 1. 离子的活度

在强电解质溶液中,离子间及离子与溶剂分子之间存在着一定的相互作用,使离子参加化学反应或离子交换时的有效浓度小于真实浓度。溶液中真正参加化学反应(或离子交换)离子的有效浓度称为离子的活度。当溶液浓度极稀时,离子之间、离子与溶剂分子间的相互作用可忽略不计,这时的活度可认为是离子的浓度。

### 2. 电极电势

德国化学家能斯特(H. W. Nernst)提出了双电层理论解释电极电势产生的原因。以金属电极为例,金属中有金属离子和自由电子存在。将金属电极浸入含有该种金属离子的溶液时,如果金属离子在电极中与在溶液中的化学势不相等,则必然会发生转移,即金属离子会从化学势较高处转移到化学势较低处。可能发生的情况有两种,一种是金属离子由电极进入溶液而将电子留在电极上,导致电极上带负电荷而溶液带正电荷;另一种是金属离子由溶液进入电极,使电极上带正电荷而溶液带负电荷。无论哪种情况,都破坏了电极和溶液的电中性,出现电势差。由于静电引力的作用,这种金属离子的转移很快就会停止,达到平衡状态,于是电势差趋于稳定。

电极所带的电荷集中在电极表面,溶液中带异号电荷的离子,一方面受到电极表面电荷的吸引,趋向于排列在紧靠电极表面附近;另一方面,由于热运动,这种集中的离子又会向远离电极的方向分散。当静电吸引与势分散平衡时,在电极与溶液界面处就形成了一个双电层。以电极上负电荷为例,双电层的结构如图 9-1

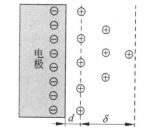

图 9-1　双电层结构示意图

所示。双电层由电极表面电荷层与溶液中过剩的反号离子层所构成,而溶液中分为紧密层和分散层两部分。紧密层厚度 $d$ 约为 $10^{-10}\,\mathrm{m}$,而分散层厚度 $\delta$ 稍大。双电层的厚度虽然很小,却在金属和溶液之间产生了电势差。通常把产生在金属和盐溶液间的电势差称为金属的电极电势,并以此描述电极得失电子能力的相对强弱。电极电势的大小主要取决于电极的本性,并受温度、介质和离子浓度等因素的影响。

为了获得各种电极的电极电势数值,通常以某种电极的电极电势作标准,与其他各待测电极组成电池,通过测定电池的电动势,确定各种不同电极的相对电极电势值。1953 年国际纯粹化学与应用化学联合会(IUPAC)建议,采用标准氢电极作为标准电极,并人为规定标准氢电极的电极电势为零。

**3. 液接电势**

两种含有不同溶质或溶质相同而浓度不同的溶液直接接触时,溶液界面上产生的微小电势差,简称液接电势。它产生的条件是相互接触的两液面间存在浓差梯度,由各种离子具有不同扩散速率所引起,又称扩散电势,一般可达几十毫伏。

**4. 参比电极**

由于氢电极在制备和使用过程中要求很严格,如氢气需经多次纯化以除去微量氧,溶液中不能有氧化性物质存在,铂黑表面易被玷污等原因,因此使用氢电极很不方便。在实际测量电极电势时,经常使用一种易于制备、使用方便、电势稳定的电极作为"参比电极"。其电极电势已经与氢电极相比,求出了比较精确的数值,只要将此参比电极与待测电极组成电池,测量其电动势,就可求出待测电极的电势值。常用的参比电极有甘汞电极、银-氯化银电极和硫酸亚汞电极等,其中甘汞电极电势稳定且易重现,因此使用较为广泛。

## 9.2 ISFET

1970 年 P. Bergeld 将普通 MOSFET 去掉金属栅极,让绝缘体($SiO_2$)与溶液直接接触,得到漏源电流与响应离子的浓度成线性关系,这就是第一个 ISFET,从此揭开了 ISFET 研制的序幕。P. Bergeld 的这一重大发现不仅是对电子学的发展,而且对化学、生物医学等方面都无疑是一个杰出的贡献,至今已发展成为一种具有强大生命力的化学传感器。ISFET 在 MOSFET 的基础上发展起来,其区别仅在于:绝缘栅上生长离子敏感膜替代金属栅电极,敏感膜可以根据需要进行制备,已经制成了 $H^+$、$K^+$、$Ca^{2+}$、$Na^+$、$F^-$、$Cl^-$、$Br^-$、$I^-$、$Ag^+$、$CN^-$、$NH_4^+$ 等离子敏感的器件,在此基础上,还发展了 $NH_3$、$H_2S$、$CO_2$ 等气体敏感器件,并且已有集成化的 ISFET 器件出现。近年来,ISFET 相关研究发展非常迅速,已经应用到生物医疗、食品以及环境监测等领域。生物医学工程与半导体技术相结合,使人类进入了生物电子学传感器时代。

ISFET 是一种离子选择性敏感元件,兼有电化学和晶体管的双重特性,与传统离子选择电极相比,具有以下优点:①灵敏度高,响应快,检测仪表简单方便,输入阻抗高,输出阻抗低,兼有阻抗变换和信号放大的功能,可避免外界感应与次级电路的干扰作用;②体积小,重量轻,适用于生物体内的动态监测;③具有微型化、集成化的发展潜力;④易于与外电路匹配,可实现在线控制和实时监测;⑤ISFET 的敏感材料具有广泛性。

### 9.2.1　ISFET 的结构

依据采用栅的结构和敏感膜材料不同,ISFET 分为无机绝缘栅 ISFET、固态敏感膜 ISFET 和有机高分子 PVC 膜 ISFET 三种类型。

**1. 无机绝缘栅 ISFET**

无机绝缘材料如 $SiO_2$、$Al_2O_3$、$Si_3N_4$、$Ta_2O_5$ 等在 ISFET 中可以起到栅介质和离子敏感膜双重作用,无机绝缘栅 ISFET 结构如图 9-2 所示。图中,在 P 型硅衬底上扩散两个 $N^+$ 区作为 MOSFET 的源和漏,通过金属化工艺引出源、漏电极,栅介质层与被测液体接触。源、漏电极采用绝缘材料保护,防止导电溶液使源、漏电极短路。绝缘敏感栅一般应该具备以下三个性质:①钝化硅表面,减少界面态和固定电荷;②具有抗水化和阻止离子通过栅材料向半导体表面迁移的特性;③对所检测离子具有选择性和一定灵敏度。采用一种材料很难满足 ISFET 对栅介质的要求,不可避免地需要采用双层或三层材料作栅极。采用的复合介质膜如 $Si_3N_4/SiO_2$、$Al_2O_3/SiO_2$ 或 $Ta_2O_5/SiO_2$ 作绝缘栅,会提高器件的离子选择性和长期稳定性。对 $H^+$ 的敏感程度 $Ta_2O_5 > Al_2O_3 > Si_3N_4 > SiO_2$,选择性很好,几乎没有碱金属离子的影响。

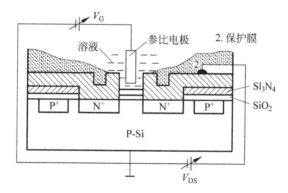

图 9-2　$Si_3N_4/SiO_2$ 为绝缘层的 ISFET 结构

**2. 固态敏感膜 ISFET**

固态敏感膜 ISFET 是将某种难溶电解质盐,如 AgBr、硅酸铝、硅酸硼和 $LaF_3$ 等分散在适当稀释的橡胶基体中,固态敏感膜可以采用集成电路工艺制备,如真空蒸发、溅射以及化学气相沉积等,将敏感膜淀积在 ISFET 的绝缘栅上,制成固态膜 ISFET。利用不同的固态膜,可以检测不同的离子,如用于检测 Ag 离子的 AgBr-ISFET,结构如图 9-3 所示。固态膜 ISFET 的界面电位的产生与无机绝缘栅的不同。采用在 ISFET 栅绝缘层上覆盖一层难溶无机盐 AgBr,作为离子交换剂,它们与溶液中的待测离子建立可逆的化学平衡,如

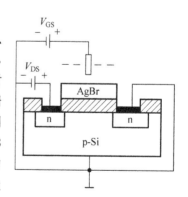

图 9-3　$Ag^+$-ISFET 管芯截面图

$$AgX \leftrightarrow Ag^+ + X^- \tag{9-1}$$

由于固液两相界面中存在着相应离子的交换,以及膜内离子具有不同的迁移率,这些因素会引起膜界面的电荷分离,形成双电层,产生界面电位。这种界面离子的交换属于可逆反

应,满足能斯特方程。

### 3. 有机高分子 PVC 膜 ISFET

固态膜的种类较少,制作比较困难,目前对液体离子交换剂膜的兴趣日趋浓厚。将离子活性物质与增塑剂和聚氯乙烯(PVC)混合在一起涂覆在栅极上,其中 PVC 起基体作用,离子活性物质常为液体离子交换剂,含有带正、负电荷的有机离子或络离子,它们与相应的金属离子组成离子交换剂盐,分散在 PVC 中,同待测液体接触时,与溶液中的待测离子形成中性络合物,也会改变栅极电势。

## 9.2.2  ISFET 的工作原理

当器件放置在被测溶液中时,栅介质(或离子敏感膜)直接与待测溶液接触,在溶液中设置参考电极,通过它施加电压以使 ISFET 合理地工作。待测溶液相当于一个溶液栅,它与栅介质界面处产生的电化学势将对 ISFET 的沟道电导起调制作用,改变 ISFET 的漏极电流。ISFET 对溶液中离子活度的响应由栅介质与待测溶液界面处的电化学势对阈值电压 $V_{th}^{*}$ 的影响来表征。

$$V_{th}^{*} = \varphi_1 + V_r - \left( \frac{Q_{ox}}{C_{ox}} - 2\varphi_F + \frac{Q_D}{C_{ox}} \right) \tag{9-2}$$

式中,$\varphi_1$ 为溶液与栅介质界面处的电化学势;$V_r$ 为参比电极和溶液间的结电势;$Q_{ox}$ 为氧化层和等效界面态的电荷密度;$Q_D$ 为耗尽层中单位面积的电荷;$\varphi_F$ 为衬底体费米势;$C_{ox}$ 为单位面积栅电容。

对于确定的 ISFET,除 $\varphi_1$ 外,其余项为常数,$V_{th}^{*}$ 的变化只取决于 $\varphi_1$ 的变化,而 $\varphi_1$ 的大小取决于敏感膜的性质和溶液中离子活度(在稀溶液中,离子的活度与浓度相等),根据能斯特关系:

$$\varphi_1 = \varphi_0 \pm \frac{RT}{Z_i F} \ln a_i \tag{9-3}$$

式中,$\varphi_0$ 为常数;$R$ 为气体常数,$R=8.314 \text{J} \cdot \text{K}^{-1} \cdot \text{mol}^{-1}$;$F$ 为法拉第常数,$F=9.694 \times 10^4 \text{C} \cdot \text{mol}^{-1}$;$a_i$ 为溶液中离子活度;$Z_i$ 为离子价数;$T$ 为绝对温度。

将式(9-3)代入(9-2)中,得到

$$V_{th}^{*} = \varphi_0 + V_r - \left( \frac{Q_{ox}}{C_{ox}} - 2\varphi_F + \frac{Q_D}{C_{ox}} \right) \pm \frac{RT}{Z_i F} \ln a_i \tag{9-4}$$

对于给定的 ISFET 和参考电极,式(9-4)可以简化为

$$V_{th}^{*} = C \pm S \ln a_i \tag{9-5}$$

式中,$S = \frac{RI}{Z_i F}$。由式(9-5)可知,当 ISFET 参数一定,参比电极恒定,则 ISFET 的 $V_{th}^{*}$ 与待测溶液中离子活度的对数成线性关系。

根据定义,栅源电压 $V_{GS}$ 大于或等于阈值电压 $V_{th}^{*}$ 时,则 ISFET 的沟道发生强反型,形成导电沟道(对于增强型 N 型 ISFET),器件处于工作状态,此时加上漏源电压 $V_{DS}$,沟道中就会有电流形成。

当 ISFET 工作在线性区时,有

$$I_{DS} = \frac{1}{2} \mu_n C_{ox} \frac{W}{L} (V_{GS} - V_{th}^{*})^2 \tag{9-6}$$

式中，$\mu_n$ 为电子迁移率；$W/L$ 为 FET 宽长比。

当 ISFET 工作在饱和区时，则有

$$I_{DS} = \mu_n C_{ox} \frac{W}{L} \left[ (V_{GS} - V_{th}^*)V_{DS} - \frac{1}{2} V_{DS}^2 \right] \tag{9-7}$$

从式(9-4)、式(9-6)和式(9-7)可以看出，ISFET 器件沟道电流 $I_{DS}$ 的大小与电解液的离子活度有直接关系。也就是说，ISFET 是通过栅极敏感表面与溶液产生的界面势影响半导体的表面，进而使强反型层中的载流子电荷密度发生变化，调制流过 ISFET 的沟道电流。敏感膜与液体间的界面势大小与溶液中离子活度有关，在不同离子活度的溶液中会形成不同的界面势，由此可以通过 ISFET 沟道电流的不同来检测溶液中的离子活度。

对于 ISFET 固态 pH 传感器，检测的是溶液中 $H^+$ 离子活度，则

$$V_{th}^* = C + 2.303RT/F \cdot \lg a_{H^+} \tag{9-8}$$

如果用 pH 值表示，则阈值电压为

$$V_{th}^* = C + S \cdot pH \tag{9-9}$$

对式(9-9)微分得

$$S = \frac{dV_{th}^*}{dpH} \tag{9-10}$$

$S$ 称为 ISFET 的灵敏度。

## 9.2.3 ISFET 的特性参数

**1. ISFET 的阈值电压**

ISFET 的金属栅极或被敏感膜代替，其栅极电压由参比电极通过被测溶液施加。若参比电极所加电压使半导体表面势等于 2 倍费米电势，则半导体表面反型，形成导电沟道。当源漏电极施加电压 $V_{DS}$，就有电流通过，参比电极上所加电压称为 ISFET 的阈值电压。

**2. 漏源击穿电压**

在一般的工作情况下，ISFET 的源极与衬底相连并处于地电位。当栅压 $V_{GS}=0$，漏源电压 $V_{DS}$ 使漏扩散区与衬底间的 PN 结处于反向偏置，当反偏使耗尽层中的电场达到临界电场，高掺杂的漏区与衬底间就会发生雪崩击穿。击穿特性如图 9-4 所示。

对于性能良好的 ISFET，要求漏源极之间的击穿特性为硬击穿特性。漏源间击穿电压的大小由衬底的电阻率、漏结扩散深度等因素决定。一般要求击穿电压为 6V 能满足要求。

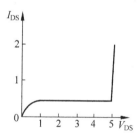

图 9-4 ISFET 的漏源击穿特性曲线

**3. 转移特性**

在一定的漏源电压下，ISFET 的漏源电流与栅源电压之间的关系称为转移特性。转移特性的测量电路如图 9-5 所示，在 pH=2 的缓冲溶液中，$Si_3N_4/SiO_2$ 无机绝缘栅 ISFET 的转移特性曲线如图 9-6 所示。

**4. 输出特性**

ISFET 的输出特性是指在一定的栅压下，漏源电流和漏源电压之间的关系。没有金属栅极，不能单独测量其输出特性，要在与参比电极组成测量电池的状态下测量。把 $V_{GS}$ 固定

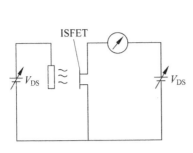

图 9-5  ISFET 转移特性测量电路

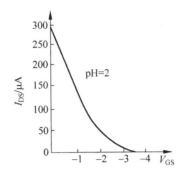

图 9-6  ISFET 转移特性曲线

在不同的值下,测量 $I_{DS}$ 与 $V_{GS}$ 的关系,就可以得到一族曲线,$Na^+$-ISFET 的输出特性曲线族(静态测试结果)如图 9-7 所示。

### 5. ISFET 可逆特性曲线

当溶液中的离子浓度由低到高变化时和由高到低变化时,ISFET 的响应特性相重合,说明离子浓度的变化过程可逆。这时,ISFET 的响应符合能斯特电位方程。$Na^+$-ISFET 的典型可逆特性曲线如图 9-8 所示,图中箭头表示浓度的变化方向。

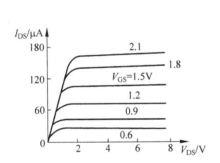

图 9-7  $Na^+$-ISFET 的输出特性曲线族

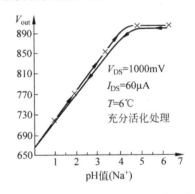

图 9-8  $Na^+$-ISFET 的典型可逆特性曲线

### 6. ISFET 的阶跃响应特性

阶跃响应特性标志着 ISFET 对溶液离子浓度变化的反应能力。当 ISFET 作为敏感器件用于溶液中离子浓度的检测时,阶跃响应特性是一个很重要的特性。$Na^+$-ISFET 的阶跃响应特性曲线如图 9-9 所示。

### 7. ISFET 的跨导

ISFET 是一种电压控制器件,通过参比电极和待测溶液施加到栅极上的电压来控制输出电流。跨导 $g_m$ 是反映输出电流 $I_{DS}$ 与栅压 $V_{GS}$ 之间关系的参量。跨导的定义是当栅源电压变化 1V 时所引起的漏源电流的变化,即

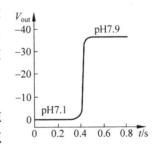

图 9-9  $Na^+$-ISFET 的阶跃响应特性曲线

$$g_m = \left| \frac{\partial I_{DS}}{\partial V_{GS}} \right|_{V_{DS}=\text{const}}$$

(9-11)

当 ISFET(N 沟)工作在非饱和区时,其跨导为

$$g_m = \frac{W}{L} C_{ox} \mu_n V_{DS} \tag{9-12}$$

由式(9-12)可以看出,跨导 $g_m$ 随漏源电压 $V_{DS}$ 的增加而增加。当 ISFET(N 沟)工作在饱和区时,其跨导为

$$g_m = \frac{W}{L} C_{ox} \mu_n (V_{GS} - V_{th}^*) \tag{9-13}$$

### 8. 响应与能斯特响应

ISFET 的漏极电流(或输出电压)随溶液中离子活性的变化而变化的现象称作响应。若在一定的离子活度范围内,溶液中离子活度的负对数与 ISFET 的漏电流(或输出电压)成线性关系(符合能斯特方程),这种响应称为能斯特响应。ISFET 的能斯特响应主要依靠离子敏感膜上某种响应离子的交换反应和膜内电荷的迁移率来完成。

### 9. 选择性系数

固体膜和有机 PVC 膜 ISFET 的能斯特响应主要是靠离子敏感膜某种响应离子的交换反应和膜内电荷的迁移率来完成,无机绝缘栅膜 ISFET 的响应机理用表面络合—电离模型解释。在实际体系中,一般存在着多种离子,它们对待测离子的响应产生干扰。因此,采用更为普遍的能斯特方程来描述共存离子的干扰程度。

$$\varphi_1 = \varphi_0 \pm \frac{2.303RT}{Z_i F} \lg \left( a_i + \sum_j k_{ij} a_j^{Z_i/Z_j} \right) \tag{9-14}$$

式中, $k_{ij}$ 为离子 $j$ 相对于离子 $i$ 的选择性系数,它表示实际体系溶液中干扰离子所引起的干扰,选择性系数是判断 ISFET 对各种离子选择性能好坏的标准; $Z_i/Z_j$ 为待测离子与干扰离子带电量之比; $a_j$ 为干扰离子的活度。

根据选择性系数 $k_{ij}$ 可粗略估计各种干扰离子在某种浓度下对响应离子的响应所产生的百分误差,其计算公式如下:

$$误差 \% = \frac{k_{ij} a_j^{Z_i/Z_j}}{a_i} \times 100\% \tag{9-15}$$

当 $k_{ij} \ll 1$ 时,表示 ISFET 对响应离子的选择性好,干扰离子的影响小;当 $\sum_j k_{ij} a_j^{Z_i/Z_j}$ 可忽略时,ISFET 对离子 $i$ 呈现较好的响应功能和较高的响应灵敏度。当 $k_{ij} = 1$ 时,表示 ISFET 对主要离子 $i$ 和干扰离子 $j$ 的响应相等,选择性差。当 $k_{ij} \gg 1$ 时,表示 ISFET 对干扰离子 $j$ 的响应优于离子 $i$,ISFET 不能有效地检测离子 $i$。显然,ISFET 选择性系数的大小是决定其性能好坏的一个主要因素。

选择性系数越小,表示电极的选择性越好。例如,$K^+$-ISFET 对 $Ni^{2+}$ 的选择性系数为 $1.07 \times 10^{-5}$,表示 $K^+$-ISFET 对 $K^+$ 的响应灵敏度比对 $Ni^{2+}$ 的响应灵敏度高 $10^5$ 倍,也表示当 $Ni^{2+}$ 的浓度为 $K^+$ 浓度的 $10^5$ 倍时,$K^+$-ISFET 对 $K^+$ 和 $Ni^{2+}$ 的响应电位相等。ISFET 的选择性系数可以用两种方法来求,即分别溶液法和混合溶液法。由于分别溶液法误差较大,在此仅介绍混合溶液法。

混合溶液法是在固定干扰离子活度为 $a_j$ 时,改变溶液中响应离子的活度 $a_i$,用 ISFET 测量响应电位,作出电位和活度 $a_i$ 的关系曲线,如图 9-10 所示。可知,随着响应离子活度 $a_i$ 的下降,曲线逐渐发生弯曲,出现干扰,这时电位完全由干扰离子 $a_j$ 决定。作响应离子的

能斯特曲线的延长线,与曲线弯曲部分的水平切线相交于 $A$ 点,该点所对应的响应离子和干扰离子的响应电位相等,所对应的待测离子的活度 $a_x$,称为截距活度,则选择性系数为

$$k_{ij} = a_x/a_j^{z_i/z_j} \tag{9-16}$$

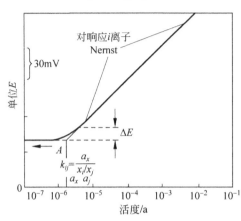

图 9-10　固定干扰离子的 $k_{ij}$ 求法

### 10. 斜率与响应时间

ISFET 在能斯特响应范围内,当待测溶液中响应离子的活度变化 10 倍时,所引起的电位变化值称为 ISFET 的斜率,它反映了 ISFET 的灵敏度,一般用 $S$ 表示。

响应时间一般定义为由 ISFET 和参比电极接触到样品试液起,直至器件电流(或输出电压)达到比稳定值相差 $l$mV 所需要的时间,有时也用达到器件输出稳定值的 $95\%$ 所需要的时间表示。实际上,这个时间由组成某测量电池后测量,受参比电极的稳定性、液接电位的稳定性及溶液的搅拌速度等因素影响。

### 11. 稳定性和寿命

ISFET 的稳定性和寿命至关重要,直接影响着 ISFET 的使用。所谓 ISFET 的稳定性是指在保持恒定条件下,$\varphi_0$ 值可多长时间内保持不变。ISFET 的稳定性与测量电池中 ISFET、参比电池、液接电位的稳定性有关。ISFET 的稳定性还包含另外两种意义,即 ISFET 的漂移和重现性。漂移是指 ISFET 插入被测溶液后在 $24$h 内移动的毫伏数。重现性是 ISFET 在离子强度为 $10^{-3} \sim 10^{-2}$mol/L 往复 3 次所测得的平均偏差。

ISFET 的寿命是指器件能在多长时间内保持其能斯特响应功能,目前 ISFET 的寿命还没有达到 ISE 的水平。

## 9.2.4　ISFET 的应用

通常测量离子活度有两种方法,第一种测试方法如图 9-11 所示,首先,在确定的电压 $U_{DS}$ 下,通过改变 $U_G$ 测量 $I_D$ 随 $U_G$ 的变化,得出 $I_D = f(U_G)|_{U_{DS}=\text{const}}$ 的曲线,然后,在固定 $U_G$ 的条件下,根据输出电流 $I_D$ 的变化就可以从已知的曲线上查出界面电势的变化。根据已知的 ISFET 的阈值电压和离子活度的关系,就可以确定被测溶液中离子的活度。

第二种测量方法,首先,在某一标准溶液中调节 $U_G$,使 $I_D$ 为某一特定值,记下 $U_G$ 值。在 ISFET 浸入待测溶液中后,由于和标准溶液相比,离子活度发生变化,$I_D$ 也将变化,这时

可以改变 $U_G$ 使 $I_D$ 变回到原来的值。$U_G$ 改变就是用来补偿溶液引起的 $U_{th}$ 变化。测试电路如图 9-12 所示。只要知道运放的输出端电压变化就可以得到阈值电压的变化 $\Delta U_T$，从而得到溶液中离子的活度。图 9-12 中，$R_2$ 和 $R_p$ 用来设定 $I_D$ 值。

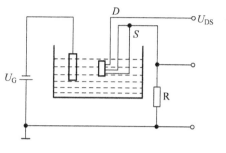

图 9-11　ISFET 测试电路 1

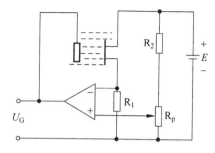

图 9-12　ISFET 测试电路 2

## 9.3　半导体生物传感器

生物传感器(Biosensors)是一种特殊的化学传感器,它以生物活性单元(如酶、抗体、核酸、接收器等)作为敏感基元,被测物与敏感基元间发生相互作用,然后将作用的程度用离散或连续的信号表达出来,得出被测物的种类和含量。半导体生物传感器由半导体传感器与生物分子功能膜、识别器件所组成,20 世纪 70 年代初开始将酶或抗体物质(抗原或抗体)加以固定制成功能膜,并把它紧贴于 FET 的栅极绝缘膜上,构成 BioFET。现已发展了葡萄糖氧化酶 FET、青霉素酶 FET、尿素酶 FET 以及抗体 FET 等。

与电化学生物传感器相比,BioFET 具有以下优点:①可以实现微型化,既可检测微量样品又可埋入体内进行监测;②用酶量少,使传感器价格低廉;③可在一块硅片实现传感器集成化,实现多种物质的同时测定;④本身阻抗低,减少了噪声及放大器所造成的不稳定性;⑤灵敏度高,响应快。

### 9.3.1　酶 FET

酶是生物体内产生的、具有催化活性的一类蛋白质,酶的催化具有高度的专一性,即一种酶只能作用于一种或一类物质,产生一定的产物,如淀粉酶只能催化淀粉水解,而非酶催化剂对作用物没有如此严格的选择性。酶场效应管(Enzyme-based FET,ENFET)最早由 Janata 于 1977 年推出,1980 年制成了青霉素场效应管传感器。酶 FET 由酶膜和 FET 两部分构成,结构如图 9-13 所示。其中 FET 多为 pH-FET(或 ISFET),酶膜固定在栅极绝缘膜($Si_3N_4$-$SiO_2$)上。

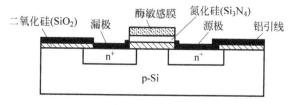

图 9-13　酶 FET 的结构示意图

进行测量时,由于酶的催化作用,使待测的有机分子反应生成 FET 能够响应的离子。当 $Si_3N_4$ 表面离子浓度发生变化时,表面电荷将发生变化。FET 栅极对表面电荷非常敏感,引起栅极电位的变化,导致漏极电流的变化。这样,通过检测电流的变化即可知待测溶液的浓度。如将 pH-FET 与不同酶有机物固定化膜组合,就可构成多种生物传感器。

**1. 葡萄糖氧化酶 FET**

葡萄糖是一切生物的能源,人体血液中都含有一定浓度的葡萄糖。正常人空腹血糖浓度是 $3.89 \sim 6.1 \mathrm{mmol/L}$,对糖尿病患者来说,如血液中葡萄糖浓度升高约 $0.17\%$ 时尿中就会出现葡萄糖。而测定血液或尿中葡萄糖浓度对于糖尿病患者做临床检查非常重要。

葡萄糖氧化酶(GOD)FET 的电化学基础器件可以选用 $H^+$-ISFET。葡萄糖氧化酶是对葡萄糖氧化反应起特异催化作用的酶,在栅极上固定化酶之前,为防止固定化酶膜从栅极氮化硅表面脱落,用偶联剂 A174 对栅极表面进行化学修饰。固定化酶方法如下:首先将 20mg 的葡萄糖氧化酶加到用 $0.1\mathrm{mol/L}$ pH=5.6 的磷酸盐缓冲液配制好的丙烯酰胺单体和甲叉双丙烯酰胺的混合溶液中搅拌均匀,再加入聚合加速剂四甲基乙二胺及催化剂过硫酸铵,迅速混匀并用注射器注到 $H^+$-ISFET 栅极表面,在氮气保护下进行聚合反应 10min,然后用 $0.1\mathrm{mol/L}$ pH=5.6 的磷酸盐缓冲液适当冲洗,并保持在同样的缓冲液中。

当栅极上有固定化葡糖糖氧化酶的 FET 放入葡萄糖溶液中之后,溶液中的氧分子及葡萄糖分子就不断向凝胶中扩散,葡萄糖在凝胶中 GOD 作用下被氧化,其反应式为

$$C_6H_{12}O_6 + O_2 \xrightarrow{GOD} C_6H_{10}O_6 + H_2O_2 \tag{9-17}$$

从反应式可看出,葡萄糖经酶催化生成葡萄糖酸内酯和过氧化氢,葡萄糖酸内酯在溶液中可电离出氢离子,氢离子可使溶液与栅极间的能斯特电位发生改变,用 FET 即可测出电位的改变,由此便可得知葡萄糖的浓度。式(9-17)反应中,所消耗氧随葡萄糖量的变化而变化,同时有过氧化氢生成。因此,可采用氧电极测量氧消耗量,或采用过氧化氢电极测量过氧化氢生成量,通过换算来测量葡萄糖的浓度。

**2. 尿素酶 FET**

血液中尿素浓度是表示肾功能的指标,临床上用尿素氮(BUN)表示,其正常值为 $3.6 \sim 8.9\mathrm{mmol/L}$。

1) 尿素酶 FET 工作原理

尿素酶 FET 的管芯采用硅平面工艺制作,在栅区 $Si_3N_4$ 绝缘层上固定含有尿素酶的敏感膜,制成尿素酶 FET。尿素在尿素酶($UE_n$)催化反应下进行水解,其反应如下:

$$(NH_2)_2CO + H_2O \xrightarrow{(UE_n)} 2NH_3 + CO_2 \tag{9-18}$$

尿素经尿素酶水解反应生成氨和二氧化碳。根据 Briggs-Haldame 提出的稳定态理论,$UE_n$ 在催化尿素水解反应的过程有如下三个步骤:

$$UE_n + (NH_2)_2CO \rightleftharpoons UE_n(NH_2)_2CO \tag{9-19}$$

$$UE_n(NH_2)_2CO + H_2O \rightleftharpoons UE_n + 2NH_3 + CO_2 \tag{9-20}$$

$$CO_2 + 2NH_3 + H_2O \rightleftharpoons 2NH_4^+ + HCO_3^- + OH^- \tag{9-21}$$

从化学反应方程式可知,溶液随着氨的增加,$[OH^-]$ 不断增加,而溶液中 $[OH^-] > [H^+]$ 时,引起 pH 值的变化,从而引起膜电位的变化。根据 pH 值变化可以推算出尿素量。将各种浓度的尿素溶液滴入 10mM(注:mM 即毫摩尔,为浓度单位)pH 值=7 的磷酸缓冲

溶液中做试验,15min 后读出输出电压的变化。电压变化与尿素浓度的关系曲线如图 9-14 所示,其浓度测定范围为 $10^{-4} \sim 10^{-2}\mathrm{g/mL}$。

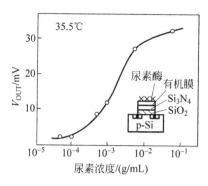

图 9-14　尿素酶 FET 的特性

在制作尿素酶 FET 时,关键是如何把尿素酶固定到 FET 栅区上。实验表明,用牛血清白蛋白-戊二醛交联法固定尿素酶,用浸渍涂敷方式在 $H^+$-ISFET 的栅区绝缘层氮化硅上直接形成有机酶膜。采用 3-氨丙基三乙氧基硅烷(APTES)对氮化硅表面进行化学处理,可提高有机酶膜同氮化硅间的黏性。首先用丙酮、甲醇清洗管芯,用甲苯将 APTES 稀释,然后用涂敷的方法将 APTES 涂在氢离子 FET 的栅区上,最后用戊二醛把多余的 APTES 洗掉。经过处理的氮化硅表面引入氨基(-NH₂),氨基和敏感膜中的戊二醛形成(-CN=N-)型结构,提高有机膜和氮化硅表面黏着性。

把经过 APTES 处理的管子在 4℃下冷却 10min,再浸在 4℃下保存的牛血清蛋白和戊二醛的混合液中。浸渍后的 FET 在 4℃下放置 20h,使 APTES 中的-NH₂ 与戊二醛、牛血清蛋白产生交联反应,生成甲酰基。实际上是尿素酶的氨基再和甲酰基反应,可以将尿素酶牢固地固定在有机膜上。

尿素酶 FET 在使用时与被测溶液接触,在尿素酶的催化作用下尿素发生水解反应,氢离子使 FET 栅区附近溶液的 pH 值发生变化。这样就引起栅电位变化,测出栅电位即可知道溶液中的尿素浓度。

2) 尿素酶 FET 特性参数

(1) 尿素酶 FET 的灵敏度:表示尿素浓度每改变一个数量级时,电位差计输出变化的毫伏数,其单位是 mV/PK。测量尿素溶液的浓度范围是 $10^{-4} \sim 10^{-2}\mathrm{g/mL}$,灵敏度为 $8 \sim 12\mathrm{mV/PK}$。

(2) 尿素酶 FET 的响应时间:是指将元件浸入溶液中到输出电压稳定所需要的时间。从图 9-14 可看到,在 $10^{-4} \sim 10^{-2}\mathrm{g/mL}$ 浓度范围内响应曲线近似于直线。响应时间为 1min。

(3) 尿素酶 FET 的寿命:是指传感器使用一段时间后,灵敏度将急速下降而最后失效。失效的原因是由于酶活性下降。把尿素酶 FET 能正常工作的时间称为尿素酶 FET 的寿命。

(4) 影响尿素酶 FET 灵敏度及寿命的因素:主要包括缓冲溶液的 pH 值和温度。一般用 $pH=7$,10mM $H_3PO_4$ 缓冲溶液。缓冲溶液浓度过高会使元件灵敏度变小,为了使元件工作接近实际情况,测试尿素酶 FET 所用的尿素标准溶液必须保持 $pH=7$,使其接近正常人体血液的 pH 值。如图 9-15 所示。

温度对尿素酶 FET 的影响,被测溶液的温度过高或过低都会使测试灵敏度降低。只有在接近人体体温 36℃时酶的活性正常,灵敏度最高。如图 9-16 所示。

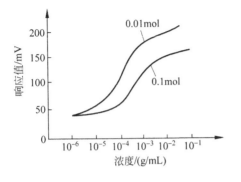

图 9-15　磷酸缓冲溶液浓度与灵敏度关系曲线

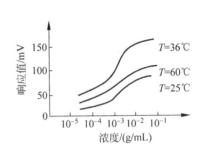

图 9-16　温度对 UE_nFET 影响

## 9.3.2　免疫 FET

### 1. 免疫 FET 的结构

免疫场效应晶体管(Immune Field-Effect Transistor,IMFET)是由 FET 和识别免疫反应的分子功能性膜所构成,如图 9-17 所示。首先,把抗体或抗原固定在有机膜上,如将抗体固定在醋酸纤维素膜上。然后,把有机膜覆在 FET 栅极上,制成 IMFET。抗体是蛋白质,蛋白质为两性电解质(正负电荷数随 pH 值而变),抗体的固定膜具有表面电荷,此膜电位随电荷变化而变化(抗原与抗体的荷电状态差别很大)。可根据抗体膜的膜电位变化测定抗体或抗原的结合量。IMFET 的测量电路如图 9-18 所示。基片与源极接地,漏极接电源,相对地电压为 $V_{DS}$。将抗原放入缓冲液中,参比电极为 Ag-AgCl。

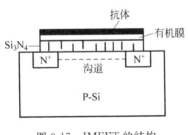

图 9-17　IMFET 的结构

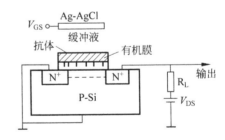

图 9-18　IMFET 的测试电路

### 2. 检测血清蛋白用的 IMFET

将抗血清蛋白抗体固定在有机膜上,然后再固定在 FET 的栅极上,在 pH=7 的磷酸缓冲液中,血清蛋白带负电,抗血清蛋白抗体带正电。血清蛋白一旦与抗体复合,栅极表面正电荷减少,电位降低,N 沟道的电导率下降,漏极电流减少。特性曲线如图 9-19 所示,图 9-19(a)表示血清蛋白滴入溶液后,漏极电流随时间变化的关系曲线。图 9-19(b)表示非抗体血清蛋白滴入溶液后,漏极电流随时间变化的关系曲线。

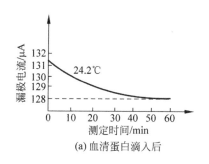
(a) 血清蛋白滴入后

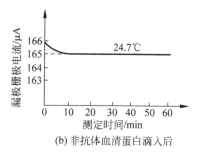
(b) 非抗体血清蛋白滴入后

图 9-19　免疫 FET 的特性

## 9.3.3　基于 MEMS 的生物传感器

随着生物微传感技术研究的不断深入,MEMS 技术在生物微传感方面的应用备受关注。基于 MEMS 技术研制的微传感器(如微悬臂梁生物传感器、微电极生物传感器等)、微执行器(如微马达、微泵、微阀以及微谐振器等)和微结构器件(如微流量器件、微电子真空器件、微光学器件和生物芯片等)为生化分析提供了微型的检测平台。

**1. 微悬臂梁生物传感器**

微悬臂梁生物传感器是基于原子力显微镜和生物传感器发展而来,具有不需要标记、快速、实时、灵敏度高等优点。

1) 工作原理

微悬臂梁是通过半导体工艺加工而成的具有微米尺寸的一类特殊传感元件,通常是由单晶硅、氧化硅或氮化硅等材料做成的一端固定、另一端悬空的结构。从尺寸上来看,常用的微悬臂梁长度为 $100\sim500\mu m$,宽度为 $50\sim200\mu m$,厚度为 $1\sim10\mu m$。从形状上来看,微悬臂梁包括三角形、矩形、T 形和 V 形等多种结构。通过在微悬臂梁的一个表面涂覆特殊的生物活性物质,被测物质经扩散进入生物敏感层,在悬臂梁表面发生物理吸附或化学吸附并产生机械响应,机械响应包括表面应力变化、热转换、质量变化等,这些响应被转换成电学信号记录下来。由于其独特的结构和极小的几何尺寸,悬臂梁对微弱力的变化非常敏感,可以高分辨率地探测微量、痕量生物分子。

2) 检测方法

微悬臂梁传感器有多种检测方法,最常用的是动态工作模式和静态工作模式。在动态模式的检测过程中,由于弹性系数、附加质量、阻尼系数的改变,会导致振动特性即振幅、频率、品质因子等特性的变化。例如,动态模式下,微悬臂梁的表面吸附物质后,其频率发生改变。通过测量微悬臂梁频率的变化,就可以得到吸附物的质量。静态模式一般用来检测外场作用或自身内应力变化导致的静态弯曲变形或应力特征,以达到物质传感检测的目的。

在动态模式的检测过程中,需要对微悬臂梁进行外部驱动。常用驱动方法包括压电激励、电热激励、光热激励、磁场激励和声波激励等。信号读出方法包括光杠杆法检测、光干涉法检测、压阻法检测、压电法、电容法和电子隧穿法等。其中,压阻法是电学方法中最具发展前景的方法,它是将微悬臂梁的偏转变化利用惠斯通电桥直接转化为电压信号读出。压阻法一般用于静态模式,与光学检测相比较,压阻检测的读出系统可以集成在芯片上。压电法检测是在微悬臂梁表面涂上一薄层压电材料,当悬臂梁发生应变时,其表面会产生瞬时电荷,通过分析产生的电荷得出悬臂梁结构的形变情况,计算出微悬臂梁上附加待测物的多少。压电检测多用于动态模式,灵敏度高。但其易受溶液中的电解质影响,需要合适的钝化层保护,与微悬臂梁越薄灵敏度越高的要求相矛盾。

微悬臂梁传感器表面的修饰和功能化是一个非常重要的过程,影响传感器的灵敏度、线性有效范围、响应时间、重现性及使用寿命等。生物传感活性界面的修饰方法主要包括包埋法、吸附法、自组装法、交联法、共价结合法和电化学沉积法等,有时也会根据检测要求将多种修饰方法联合使用。

3）微悬臂梁生物传感器的应用

微悬臂梁生物传感器广泛运用于生物医学、环境监测、医药、食品及军事等多个领域。防化研究院刘志伟等将生物素—亲和素系统的放大效应与压阻式微悬臂梁传感技术结合起来,制作一种压阻式微悬臂梁免疫传感器,对剧毒生物毒素相思子毒素进行检测,检测限达 $8\mu g/L$。2000 年,Fritz 等报道了利用微悬臂梁传感器对 DNA 杂交过程进行监测,他们将一端经过巯基化的 DNA 单链修饰到微悬臂梁的金表面,然后与溶液中的互补单链相互作用,将 DNA 的杂交过程转化为微悬臂梁的机械偏转。利用该方法检测单链 DNA,能够识别单个碱基的差异,不需要生物标记。

**2. 微型体声波谐振器生物传感器**

微型体声波谐振器式生物传感器基于质量分析的原理检测 DNA 及蛋白质等生物分子,检测过程中无须引入标记物,简化了检测和分析过程。当 DNA 及蛋白质吸附于谐振器表面时,微小的质量变化就会引起其谐振频率的变化,通过检测频率的变化,实现对 DNA 或蛋白质等生物分子的检测。Gabl. R 等人以 Si 为基底,采用具有不同声阻抗的 ZnO 压电薄膜层与 Pt 层交替的结构作为声波反射层,硅基底上集成的 Pt 电极、压电层和 Au 电极共同组成声波谐振器。固定在 Au 电极上的具有特异性识别作用的 DNA 或蛋白质吸附相应的生物分子,引起谐振器表面微小的质量变化,使谐振频率发生变化,达到检测生物分子的目的。

**3. 基于 MEMS 的生物芯片技术**

采用 MEMS 技术制备的生物芯片是一种基于微流控系统的生物微传感分析系统,这种生物芯片技术是 20 世纪 90 年代中期以来影响最深远的重大科技进展之一,是融微电子学、生物学、物理学、化学、计算机科学为一体的高度交叉的新技术,具有重大的基础研究价值,又具有明显的产业化前景。基于 MEMS 技术的生物芯片可分为:①用于目标物分离提纯的样品制备芯片(如过滤芯片);②用于生化反应的生化反应芯片(如扩增反应芯片);③用于分析、检测、计量的检测分析芯片(如毛细管电泳芯片);④用于检测物运送与控制的输运控制芯片以及用于对检测到的信息进行放大、分类、计量的信息处理芯片。

未来的生物传感器必定与计算机技术紧密结合,自动采集数据并进行数据处理,更科学、更准确地提供结果,实现采样、进样、结果一条龙,形成检测的自动化系统。同时,芯片技术将越来越多地进入传感器领域,实现检测系统的集成化、一体化。

## 小结

本章主要阐述了离子敏感元件的基本知识,包括离子的活度、电极电势、液接电势和参比电极等内容;具体介绍了无机绝缘栅 ISFET、固态敏感膜 ISFET 有机高分子 PVC 膜

ISFET 的结构、工作原理、特性参数及应用；叙述了半导体生物传感器原理及工艺，包括酶FET 和免疫 FET；介绍了微悬臂梁生物传感器、微型体声波谐振器生物传感器及基于MEMS 的生物芯片技术的发展。离子敏与生物传感器的问世是化学学科发展中的一次革命，它的不断发展将更多的学科联系在一起，并使其融入了信息技术领域。随着新理论、新材料和新技术的进步，离子敏与生物传感器的研究与开发是一项不可能完结的工作，必将有一个光辉灿烂的未来。

## 习题

1. 填空题

（1）生物传感器利用某些生物活性物质所具有的_____，来识别待测生物化学物质，_____是生物传感器的关键元件，直接决定着传感器的功能与质量。

（2）当离子敏场效应管 ISFET 插入溶液时，被测溶液与敏感膜接触处就会产生一定的界面电势，这个电势大小取决于溶液中被测离子的_____。

（3）离子敏传感器是一种将_____的变化转化为电信号的装置，它是一种_____传感器，由_____和_____两部分构成。

2. 简述生物传感器工作原理及分类。

# Pt100 铂电阻分度表

| 温度/℃ | 0 | 1 | 2 | 3 | 4 | 5 | 6 | 7 | 8 | 9 |
|---|---|---|---|---|---|---|---|---|---|---|
| | 电阻值/Ω | | | | | | | | | |
| −200 | 18.52 | | | | | | | | | |
| −190 | 22.83 | 22.40 | 21.97 | 21.54 | 21.11 | 20.68 | 20.25 | 19.82 | 19.38 | 18.95 |
| −180 | 27.10 | 26.67 | 26.24 | 25.82 | 25.39 | 24.97 | 24.54 | 24.11 | 23.68 | 23.25 |
| −170 | 31.34 | 30.91 | 30.49 | 30.07 | 29.64 | 29.22 | 28.80 | 28.37 | 27.95 | 27.52 |
| −160 | 35.54 | 35.12 | 34.70 | 34.28 | 33.86 | 33.44 | 33.02 | 32.60 | 32.18 | 31.76 |
| −150 | 39.72 | 39.31 | 38.89 | 38.47 | 38.05 | 37.64 | 37.22 | 36.80 | 36.38 | 35.96 |
| −140 | 43.88 | 43.46 | 43.05 | 42.63 | 42.22 | 41.80 | 41.39 | 40.97 | 40.56 | 40.14 |
| −130 | 48.00 | 47.59 | 47.18 | 46.77 | 46.36 | 45.94 | 45.53 | 45.12 | 44.70 | 44.29 |
| −120 | 52.11 | 51.70 | 51.29 | 50.88 | 50.47 | 50.06 | 49.65 | 49.24 | 48.83 | 48.42 |
| −110 | 56.19 | 55.79 | 55.38 | 54.97 | 54.56 | 54.15 | 53.75 | 53.34 | 52.93 | 52.52 |
| −100 | 60.26 | 59.85 | 59.44 | 59.04 | 58.63 | 58.23 | 57.82 | 57.41 | 57.01 | 56.60 |
| −90 | 64.30 | 63.90 | 63.49 | 63.09 | 62.68 | 62.28 | 61.88 | 61.47 | 61.07 | 60.66 |
| −80 | 68.33 | 67.92 | 67.52 | 67.12 | 66.72 | 66.31 | 65.91 | 65.51 | 65.11 | 64.70 |
| −70 | 72.33 | 71.93 | 71.53 | 71.13 | 70.73 | 70.33 | 69.93 | 69.53 | 69.13 | 68.73 |
| −60 | 76.33 | 75.93 | 75.53 | 75.13 | 74.73 | 74.33 | 73.93 | 73.53 | 73.13 | 72.73 |
| −50 | 80.31 | 79.91 | 79.51 | 79.11 | 78.72 | 78.32 | 77.92 | 77.52 | 77.12 | 76.73 |
| −40 | 84.27 | 83.87 | 83.48 | 83.08 | 82.69 | 82.29 | 81.89 | 81.50 | 81.10 | 80.70 |
| −30 | 88.22 | 87.83 | 87.43 | 87.04 | 86.64 | 86.25 | 85.85 | 85.46 | 85.06 | 84.67 |
| −20 | 92.16 | 91.77 | 91.37 | 90.98 | 90.59 | 90.19 | 89.80 | 89.40 | 89.01 | 88.62 |
| −10 | 96.09 | 95.69 | 95.30 | 94.91 | 94.52 | 94.12 | 93.73 | 93.34 | 92.95 | 92.55 |
| 0 | 100.00 | 99.61 | 99.22 | 98.83 | 98.44 | 98.04 | 97.65 | 97.26 | 96.87 | 96.48 |
| 0 | 100.00 | 100.39 | 100.78 | 101.17 | 101.56 | 101.95 | 102.34 | 102.73 | 103.12 | 103.51 |
| 10 | 103.90 | 104.29 | 104.68 | 105.07 | 105.46 | 105.85 | 106.24 | 106.63 | 107.02 | 107.40 |
| 20 | 107.79 | 108.18 | 108.57 | 108.96 | 109.35 | 109.73 | 110.12 | 110.51 | 110.90 | 111.29 |
| 30 | 111.67 | 112.06 | 112.45 | 112.83 | 113.22 | 113.61 | 114.00 | 114.38 | 114.77 | 115.15 |
| 40 | 115.54 | 115.93 | 116.31 | 116.70 | 117.08 | 117.47 | 117.86 | 118.24 | 118.63 | 119.01 |
| 50 | 119.40 | 119.78 | 120.17 | 120.55 | 120.94 | 121.32 | 121.71 | 122.09 | 122.47 | 122.86 |
| 60 | 123.24 | 123.63 | 124.01 | 124.39 | 124.78 | 125.16 | 125.54 | 125.93 | 126.31 | 126.69 |
| 70 | 127.08 | 127.46 | 127.84 | 128.22 | 128.61 | 128.99 | 129.37 | 129.75 | 130.13 | 130.52 |
| 80 | 130.90 | 131.28 | 131.66 | 132.04 | 132.42 | 132.80 | 133.18 | 133.57 | 133.95 | 134.33 |
| 90 | 134.71 | 135.09 | 135.47 | 135.85 | 136.23 | 136.61 | 136.99 | 137.37 | 137.75 | 138.13 |

续表

| 温度/℃ | 0 | 1 | 2 | 3 | 4 | 5 | 6 | 7 | 8 | 9 |
|---|---|---|---|---|---|---|---|---|---|---|
| | 电阻值/Ω | | | | | | | | | |
| 100 | 138.51 | 138.88 | 139.26 | 139.64 | 140.02 | 140.40 | 140.78 | 141.16 | 141.54 | 141.91 |
| 110 | 142.29 | 142.67 | 143.05 | 143.43 | 143.80 | 144.18 | 144.56 | 144.94 | 145.31 | 145.69 |
| 120 | 146.07 | 146.44 | 146.82 | 147.20 | 147.57 | 147.95 | 148.33 | 148.70 | 149.08 | 149.46 |
| 130 | 149.83 | 150.21 | 150.58 | 150.96 | 151.33 | 151.71 | 152.08 | 152.46 | 152.83 | 153.21 |
| 140 | 153.58 | 153.96 | 154.33 | 154.71 | 155.08 | 155.46 | 155.83 | 156.20 | 156.58 | 156.95 |
| 150 | 157.33 | 157.70 | 158.07 | 158.45 | 158.82 | 159.19 | 159.56 | 159.94 | 160.31 | 160.68 |
| 160 | 161.05 | 161.43 | 161.80 | 162.17 | 162.54 | 162.91 | 163.29 | 163.66 | 164.03 | 164.40 |
| 170 | 164.77 | 165.14 | 165.51 | 165.89 | 166.26 | 166.63 | 167.00 | 167.37 | 167.74 | 168.11 |
| 180 | 168.48 | 168.85 | 169.22 | 169.59 | 169.96 | 170.33 | 170.70 | 171.07 | 171.43 | 171.80 |
| 190 | 172.17 | 172.54 | 172.91 | 173.28 | 173.65 | 174.02 | 174.38 | 174.75 | 175.12 | 175.49 |
| 200 | 175.86 | 176.22 | 176.59 | 176.96 | 177.33 | 177.69 | 178.06 | 178.43 | 178.79 | 179.16 |
| 210 | 179.53 | 179.89 | 180.26 | 180.63 | 180.99 | 181.36 | 181.72 | 182.09 | 182.46 | 182.82 |
| 220 | 183.19 | 183.55 | 183.92 | 184.28 | 184.65 | 185.01 | 185.38 | 185.74 | 186.11 | 186.47 |
| 230 | 186.84 | 187.20 | 187.56 | 187.93 | 188.29 | 188.66 | 189.02 | 189.38 | 189.75 | 190.11 |
| 240 | 190.47 | 190.84 | 191.20 | 191.56 | 191.92 | 192.29 | 192.65 | 193.01 | 193.37 | 193.74 |
| 250 | 194.10 | 194.46 | 194.82 | 195.18 | 195.55 | 195.91 | 196.27 | 196.63 | 196.99 | 197.35 |
| 260 | 197.71 | 198.07 | 198.43 | 198.79 | 199.15 | 199.51 | 199.87 | 200.23 | 200.59 | 200.95 |
| 270 | 201.31 | 201.67 | 202.03 | 202.39 | 202.75 | 203.11 | 203.47 | 203.83 | 204.19 | 204.55 |
| 280 | 204.90 | 205.26 | 205.62 | 205.98 | 206.34 | 206.70 | 207.05 | 207.41 | 207.77 | 208.13 |
| 290 | 208.48 | 208.84 | 209.20 | 209.56 | 209.91 | 210.27 | 210.63 | 210.98 | 211.34 | 211.70 |
| 300 | 212.05 | 212.41 | 212.76 | 213.12 | 213.48 | 213.83 | 214.19 | 214.54 | 214.90 | 215.25 |
| 310 | 215.61 | 215.96 | 216.32 | 216.67 | 217.03 | 217.38 | 217.74 | 218.09 | 218.44 | 218.80 |
| 320 | 219.15 | 219.51 | 219.86 | 220.21 | 220.57 | 220.92 | 221.27 | 221.63 | 221.98 | 222.33 |
| 330 | 222.68 | 223.04 | 223.39 | 223.74 | 224.09 | 224.45 | 224.80 | 225.15 | 225.50 | 225.85 |
| 340 | 226.21 | 226.56 | 226.91 | 227.26 | 227.61 | 227.96 | 228.31 | 228.66 | 229.02 | 229.37 |
| 350 | 229.72 | 230.07 | 230.42 | 230.77 | 231.12 | 231.47 | 231.82 | 232.17 | 232.52 | 232.87 |
| 360 | 233.21 | 233.56 | 233.91 | 234.26 | 234.61 | 234.96 | 235.31 | 235.66 | 236.00 | 236.35 |
| 370 | 236.70 | 237.05 | 237.40 | 237.74 | 238.09 | 238.44 | 238.79 | 239.13 | 239.48 | 239.83 |
| 380 | 240.18 | 240.52 | 240.87 | 241.22 | 241.56 | 241.91 | 242.26 | 242.60 | 242.95 | 243.29 |
| 390 | 243.64 | 243.99 | 244.33 | 244.68 | 245.02 | 245.37 | 245.71 | 246.06 | 246.40 | 246.75 |
| 400 | 247.09 | 247.44 | 247.78 | 248.13 | 248.47 | 248.81 | 249.16 | 249.50 | 245.85 | 250.19 |
| 410 | 250.53 | 250.88 | 251.22 | 251.56 | 251.91 | 252.25 | 252.59 | 252.93 | 253.28 | 253.62 |
| 420 | 253.96 | 254.30 | 254.65 | 254.99 | 255.33 | 255.67 | 256.01 | 256.35 | 256.70 | 257.04 |
| 430 | 257.38 | 257.72 | 258.06 | 258.40 | 258.74 | 259.08 | 259.42 | 259.76 | 260.10 | 260.44 |
| 440 | 260.78 | 261.12 | 261.46 | 261.80 | 262.14 | 262.48 | 262.82 | 263.16 | 263.50 | 263.84 |
| 450 | 264.18 | 264.52 | 264.86 | 265.20 | 265.53 | 265.87 | 266.21 | 266.55 | 266.89 | 267.22 |
| 460 | 267.56 | 267.90 | 268.24 | 268.57 | 268.91 | 269.25 | 269.59 | 269.92 | 270.26 | 270.60 |
| 470 | 270.93 | 271.27 | 271.61 | 271.94 | 272.28 | 272.61 | 272.95 | 273.29 | 273.62 | 273.96 |
| 480 | 274.29 | 274.63 | 274.96 | 275.30 | 275.63 | 275.97 | 276.30 | 276.64 | 276.97 | 277.31 |
| 490 | 277.64 | 277.98 | 278.31 | 278.64 | 278.98 | 279.31 | 279.64 | 279.98 | 280.31 | 280.64 |

| 温度/℃ | 0 | 1 | 2 | 3 | 4 | 5 | 6 | 7 | 8 | 9 |
|---|---|---|---|---|---|---|---|---|---|---|
| | 电阻值/Ω | | | | | | | | | |
| 500 | 280.98 | 281.31 | 281.64 | 281.98 | 282.31 | 282.64 | 282.97 | 283.31 | 283.64 | 283.97 |
| 510 | 284.30 | 284.63 | 284.97 | 285.30 | 285.63 | 285.96 | 286.29 | 286.62 | 286.85 | 287.29 |
| 520 | 287.62 | 287.95 | 288.28 | 288.61 | 288.94 | 289.27 | 289.60 | 289.93 | 290.26 | 290.59 |
| 530 | 290.92 | 291.25 | 291.58 | 291.91 | 292.24 | 292.56 | 292.89 | 293.22 | 293.55 | 293.88 |
| 540 | 294.21 | 294.54 | 294.86 | 295.19 | 295.52 | 295.85 | 296.18 | 296.50 | 296.83 | 297.16 |
| 550 | 297.49 | 297.81 | 298.14 | 298.47 | 298.80 | 299.12 | 299.45 | 299.78 | 300.10 | 300.43 |
| 560 | 300.75 | 301.08 | 301.41 | 301.73 | 302.06 | 302.38 | 302.71 | 303.03 | 303.36 | 303.69 |
| 570 | 304.01 | 304.34 | 304.66 | 304.98 | 305.31 | 305.63 | 305.96 | 306.28 | 306.61 | 306.93 |
| 580 | 307.25 | 307.58 | 307.90 | 308.23 | 308.55 | 308.87 | 309.20 | 309.52 | 309.84 | 310.16 |
| 590 | 310.49 | 310.81 | 311.13 | 311.45 | 311.78 | 312.10 | 312.42 | 312.74 | 313.06 | 313.39 |
| 600 | 313.71 | 314.03 | 314.35 | 314.67 | 314.99 | 315.31 | 315.64 | 315.96 | 316.28 | 316.60 |
| 610 | 316.92 | 317.24 | 317.56 | 317.88 | 318.20 | 318.52 | 318.84 | 319.16 | 319.48 | 319.80 |
| 620 | 320.12 | 320.43 | 320.75 | 321.07 | 321.39 | 321.71 | 322.03 | 322.35 | 322.67 | 322.98 |
| 630 | 323.30 | 323.62 | 323.94 | 324.26 | 324.57 | 324.89 | 325.21 | 325.53 | 325.84 | 326.16 |
| 640 | 326.48 | 326.79 | 327.11 | 327.43 | 327.74 | 328.06 | 328.38 | 328.69 | 329.01 | 329.32 |
| 650 | 329.64 | 329.96 | 330.27 | 330.59 | 330.90 | 331.22 | 331.53 | 331.85 | 332.16 | 332.48 |
| 660 | 332.79 | | | | | | | | | |

# K 型热电偶分度号表

| 温度/℃ | K 型镍铬—镍硅(镍铬—镍铝)热电动势/mV(JJG 351-84)参考端温度为 0℃ | | | | | | | | | |
|---|---|---|---|---|---|---|---|---|---|---|
| | 0 | 1 | 2 | 3 | 4 | 5 | 6 | 7 | 8 | 9 |
| −50 | −1.889 | −1.925 | −1.961 | −1.996 | −2.032 | −2.067 | −2.102 | −2.137 | −2.173 | −2.208 |
| −40 | −1.527 | −1.563 | −1.600 | −1.636 | −1.673 | −1.709 | −1.745 | −1.781 | −1.817 | −1.853 |
| −30 | −1.156 | −1.193 | −1.231 | −1.268 | −1.305 | −1.342 | −1.379 | −1.416 | −1.453 | −1.490 |
| −20 | −0.777 | −0.816 | −0.854 | −0.892 | −0.930 | −0.968 | −1.005 | −1.043 | −1.081 | −1.118 |
| −10 | −0.392 | −0.431 | −0.469 | −0.508 | −0.547 | −0.585 | −0.624 | −0.662 | −0.701 | −0.739 |
| −0 | 0 | −0.039 | −0.079 | 0.118 | −0.157 | −0.197 | 0.236 | −0.275 | −0.314 | −0.353 |
| 0 | 0 | 0.039 | 0.079 | 0.119 | 0.158 | 0.198 | 0.238 | 0.277 | 0.317 | 0.357 |
| 10 | 0.397 | 0.437 | 0.477 | 0.517 | 0.557 | 0.597 | 0.637 | 0.677 | 0.718 | 0.758 |
| 20 | 0.798 | 0.838 | 0.879 | 0.919 | 0.960 | 1.000 | 1.041 | 1.081 | 1.122 | 1.162 |
| 30 | 1.203 | 1.244 | 1.285 | 1.325 | 1.366 | 1.407 | 1.448 | 1.489 | 1.529 | 1.570 |
| 40 | 1.611 | 1.652 | 1.693 | 1.734 | 1.776 | 1.817 | 1.858 | 1.899 | 1.940 | 1.981 |
| 50 | 2.022 | 2.064 | 2.105 | 2.146 | 2.188 | 2.229 | 2.270 | 2.312 | 2.353 | 2.394 |
| 60 | 2.436 | 2.477 | 2.519 | 2.560 | 2.601 | 2.643 | 2.684 | 2.726 | 2.767 | 2.809 |
| 70 | 2.850 | 2.892 | 2.933 | 2.875 | 3.016 | 3.058 | 3.100 | 3.141 | 3.183 | 3.224 |
| 80 | 3.266 | 3.307 | 3.349 | 3.390 | 3.432 | 3.473 | 3.515 | 3.556 | 3.598 | 3.639 |
| 90 | 3.681 | 3.722 | 3.764 | 3.805 | 3.847 | 3.888 | 3.930 | 3.971 | 4.012 | 4.054 |
| 100 | 4.095 | 4.137 | 4.178 | 4.219 | 4.261 | 4.302 | 4.343 | 4.384 | 4.426 | 4.467 |
| 110 | 4.508 | 4.549 | 4.590 | 4.632 | 4.673 | 4.714 | 4.755 | 4.796 | 4.837 | 4.878 |
| 120 | 4.919 | 4.960 | 5.001 | 5.042 | 5.083 | 5.124 | 5.164 | 5.205 | 5.246 | 5.287 |
| 130 | 5.327 | 5.368 | 5.409 | 5.450 | 5.490 | 5.531 | 5.571 | 5.612 | 5.652 | 5.693 |
| 140 | 5.733 | 5.774 | 5.814 | 5.855 | 5.895 | 5.936 | 5.976 | 6.016 | 6.057 | 6.097 |
| 150 | 6.137 | 6.177 | 6.218 | 6.258 | 6.298 | 6.338 | 6.378 | 6.419 | 6.459 | 6.499 |
| 160 | 6.539 | 6.579 | 6.619 | 6.659 | 6.699 | 6.739 | 6.779 | 6.819 | 6.859 | 6.899 |
| 170 | 6.939 | 6.979 | 7.019 | 7.059 | 7.099 | 7.139 | 7.179 | 7.219 | 7.259 | 7.299 |
| 180 | 7.338 | 7.378 | 7.418 | 7.458 | 7.498 | 7.538 | 7.578 | 7.618 | 7.658 | 7.697 |
| 190 | 7.737 | 7.777 | 7.817 | 7.857 | 7.897 | 7.937 | 7.977 | 8.017 | 8.057 | 8.097 |
| 200 | 8.137 | 8.177 | 8.216 | 8.256 | 8.296 | 8.336 | 8.376 | 8.416 | 8.456 | 8.497 |
| 210 | 8.537 | 8.577 | 8.617 | 8.657 | 8.697 | 8.737 | 8.777 | 8.817 | 8.857 | 8.898 |
| 220 | 8.938 | 8.978 | 9.018 | 9.058 | 9.099 | 9.139 | 9.179 | 9.220 | 9.260 | 9.300 |
| 230 | 9.341 | 9.381 | 9.421 | 9.462 | 9.502 | 9.543 | 9.583 | 9.624 | 9.664 | 9.705 |

| 温度/℃ | K型镍铬—镍硅(镍铬—镍铝)热电动势/mV(JJG 351-84)参考端温度为0℃ | | | | | | | | | |
|---|---|---|---|---|---|---|---|---|---|---|
| | 0 | 1 | 2 | 3 | 4 | 5 | 6 | 7 | 8 | 9 |
| 240 | 9.745 | 9.786 | 9.826 | 9.867 | 9.907 | 9.948 | 9.989 | 10.029 | 10.070 | 10.111 |
| 250 | 10.151 | 10.192 | 10.233 | 10.274 | 10.315 | 10.355 | 10.396 | 10.437 | 10.478 | 10.519 |
| 260 | 10.560 | 10.600 | 10.641 | 10.882 | 10.723 | 10.764 | 10.805 | 10.848 | 10.887 | 10.928 |
| 270 | 10.969 | 11.010 | 11.051 | 11.093 | 11.134 | 11.175 | 11.216 | 11.257 | 11.298 | 11.339 |
| 280 | 11.381 | 11.422 | 11.463 | 11.504 | 11.545 | 11.587 | 11.628 | 11.669 | 11.711 | 11.752 |
| 290 | 11.793 | 11.835 | 11.876 | 11.918 | 11.959 | 12.000 | 12.042 | 12.083 | 12.125 | 12.166 |
| 300 | 12.207 | 12.249 | 12.290 | 12.332 | 12.373 | 12.415 | 12.456 | 12.498 | 12.539 | 12.581 |
| 310 | 12.623 | 12.664 | 12.706 | 12.747 | 12.789 | 12.831 | 12.872 | 12.914 | 12.955 | 12.997 |
| 320 | 13.039 | 13.080 | 13.122 | 13.164 | 13.205 | 13.247 | 13.289 | 13.331 | 13.372 | 13.414 |
| 330 | 13.456 | 13.497 | 13.539 | 13.581 | 13.623 | 13.665 | 13.706 | 13.748 | 13.790 | 13.832 |
| 340 | 13.874 | 13.915 | 13.957 | 13.999 | 14.041 | 14.083 | 14.125 | 14.167 | 14.208 | 14.250 |
| 350 | 14.292 | 14.334 | 14.376 | 14.418 | 14.460 | 14.502 | 14.544 | 14.586 | 14.628 | 14.670 |
| 360 | 14.712 | 14.754 | 14.796 | 14.838 | 14.880 | 14.922 | 14.964 | 15.006 | 15.048 | 15.090 |
| 370 | 15.132 | 15.174 | 15.216 | 15.258 | 15.300 | 15.342 | 15.394 | 15.426 | 15.468 | 15.510 |
| 380 | 15.552 | 15.594 | 15.636 | 15.679 | 15.721 | 15.763 | 15.805 | 15.847 | 15.889 | 15.931 |
| 390 | 15.974 | 16.016 | 16.058 | 16.100 | 16.142 | 16.184 | 16.227 | 16.269 | 16.311 | 16.353 |
| 400 | 16.395 | 16.438 | 16.480 | 16.522 | 16.564 | 16.607 | 16.649 | 16.691 | 16.733 | 16.776 |
| 410 | 16.818 | 16.860 | 16.902 | 16.945 | 16.987 | 17.029 | 17.072 | 17.114 | 17.156 | 17.199 |
| 420 | 17.241 | 17.283 | 17.326 | 17.368 | 17.410 | 17.453 | 17.495 | 17.537 | 17.580 | 17.622 |
| 430 | 17.664 | 17.707 | 17.749 | 17.792 | 17.834 | 17.876 | 17.919 | 17.961 | 18.004 | 18.046 |
| 440 | 18.088 | 18.131 | 18.173 | 18.216 | 18.258 | 18.301 | 18.343 | 18.385 | 18.428 | 18.470 |
| 450 | 18.513 | 18.555 | 18.598 | 18.640 | 18.683 | 18.725 | 18.768 | 18.810 | 18.853 | 18.896 |
| 460 | 18.938 | 18.980 | 19.023 | 19.065 | 19.108 | 19.150 | 19.193 | 19.235 | 19.278 | 19.320 |
| 470 | 19.363 | 19.405 | 19.448 | 19.490 | 19.533 | 19.576 | 19.618 | 19.661 | 19.703 | 19.746 |
| 480 | 19.788 | 19.831 | 19.873 | 19.916 | 19.959 | 20.001 | 20.044 | 20.086 | 20.129 | 20.172 |
| 490 | 20.214 | 20.257 | 20.299 | 20.342 | 20.385 | 20.427 | 20.470 | 20.512 | 20.555 | 20.598 |
| 500 | 20.640 | 20.683 | 20.725 | 20.768 | 20.811 | 20.853 | 20.896 | 20.938 | 20.981 | 21.024 |
| 510 | 21.066 | 21.109 | 21.152 | 21.194 | 21.237 | 21.280 | 21.322 | 21.365 | 21.407 | 21.450 |
| 520 | 21.493 | 21.535 | 21.578 | 21.621 | 21.663 | 21.706 | 21.749 | 21.791 | 21.834 | 21.876 |
| 530 | 21.919 | 21.962 | 22.004 | 22.047 | 22.090 | 22.132 | 22.175 | 22.218 | 22.260 | 22.303 |
| 540 | 22.346 | 22.388 | 22.431 | 22.473 | 22.516 | 22.559 | 22.601 | 22.644 | 22.687 | 22.729 |
| 550 | 22.772 | 22.815 | 22.857 | 22.900 | 22.942 | 22.985 | 23.028 | 23.070 | 23.113 | 23.156 |
| 560 | 23.198 | 23.241 | 23.284 | 23.326 | 23.369 | 23.411 | 23.454 | 23.497 | 23.539 | 23.582 |
| 570 | 23.624 | 23.667 | 23.710 | 23.752 | 23.795 | 23.837 | 23.880 | 23.923 | 23.965 | 24.008 |
| 580 | 24.050 | 24.093 | 24.136 | 24.178 | 24.221 | 24.263 | 24.306 | 24.348 | 24.391 | 24.434 |
| 590 | 24.476 | 24.519 | 24.561 | 24.604 | 24.646 | 24.689 | 24.731 | 24.774 | 24.817 | 24.859 |
| 600 | 24.902 | 24.944 | 24.987 | 25.029 | 25.072 | 25.114 | 25.157 | 25.199 | 25.242 | 25.284 |
| 610 | 25.327 | 25.369 | 25.412 | 25.454 | 25.497 | 25.539 | 25.582 | 25.624 | 25.666 | 25.709 |
| 620 | 25.751 | 25.794 | 25.836 | 25.879 | 25.921 | 25.964 | 26.006 | 26.048 | 26.091 | 26.133 |
| 630 | 26.176 | 26.218 | 26.260 | 26.303 | 26.345 | 26.387 | 26.430 | 26.472 | 26.515 | 26.557 |
| 640 | 26.599 | 26.642 | 26.684 | 26.726 | 26.769 | 26.811 | 26.853 | 26.896 | 26.938 | 26.980 |

| 温度/℃ | K型镍铬—镍硅(镍铬—镍铝)热电动势/mV(JJG 351-84)参考端温度为0℃ | | | | | | | | | |
|---|---|---|---|---|---|---|---|---|---|---|
| | 0 | 1 | 2 | 3 | 4 | 5 | 6 | 7 | 8 | 9 |
| 650 | 27.022 | 27.065 | 27.107 | 27.149 | 27.192 | 27.234 | 27.276 | 27.318 | 27.361 | 27.403 |
| 660 | 27.445 | 27.487 | 27.529 | 27.572 | 27.614 | 27.656 | 27.698 | 27.740 | 27.783 | 27.825 |
| 670 | 27.867 | 27.909 | 27.951 | 27.993 | 28.035 | 28.078 | 28.120 | 28.162 | 28.204 | 28.246 |
| 680 | 28.288 | 28.330 | 28.372 | 28.414 | 28.456 | 28.498 | 28.540 | 28.583 | 28.625 | 28.667 |
| 690 | 28.709 | 28.751 | 28.793 | 28.835 | 28.877 | 28.919 | 28.961 | 29.002 | 29.044 | 29.086 |
| 700 | 29.128 | 29.170 | 29.212 | 29.264 | 29.296 | 29.338 | 29.380 | 29.422 | 29.464 | 29.505 |
| 710 | 29.547 | 29.589 | 29.631 | 29.673 | 29.715 | 29.756 | 29.798 | 29.840 | 29.882 | 29.924 |
| 720 | 29.965 | 30.007 | 30.049 | 30.091 | 30.132 | 30.174 | 30.216 | 20.257 | 30.299 | 30.341 |
| 730 | 30.383 | 30.424 | 30.466 | 30.508 | 30.549 | 30.591 | 30.632 | 30.674 | 30.716 | 30.757 |
| 740 | 30.799 | 30.840 | 30.882 | 30.924 | 30.965 | 31.007 | 31.048 | 31.090 | 31.131 | 31.173 |
| 750 | 31.214 | 31.256 | 31.297 | 31.339 | 31.380 | 31.422 | 31.463 | 31.504 | 31.546 | 31.587 |
| 760 | 31.629 | 31.670 | 31.712 | 31.753 | 31.794 | 31.836 | 31.877 | 31.918 | 31.960 | 32.001 |
| 770 | 32.042 | 32.084 | 32.125 | 32.166 | 32.207 | 32.249 | 32.290 | 32.331 | 32.372 | 32.414 |
| 780 | 32.455 | 32.496 | 32.537 | 32.578 | 32.619 | 32.661 | 32.702 | 32.743 | 32.784 | 32.825 |
| 790 | 32.866 | 32.907 | 32.948 | 32.990 | 33.031 | 33.072 | 33.113 | 33.154 | 33.195 | 33.236 |
| 800 | 33.277 | 33.318 | 33.359 | 33.400 | 33.441 | 33.482 | 33.523 | 33.564 | 33.606 | 33.645 |
| 810 | 33.686 | 33.727 | 33.768 | 33.809 | 33.850 | 33.891 | 33.931 | 33.972 | 34.013 | 34.054 |
| 820 | 34.095 | 34.136 | 34.176 | 34.217 | 34.258 | 34.299 | 34.339 | 34.380 | 34.421 | 34.461 |
| 830 | 34.502 | 34.543 | 34.583 | 34.624 | 34.665 | 34.705 | 34.746 | 34.787 | 34.827 | 34.868 |
| 840 | 34.909 | 34.949 | 34.990 | 35.030 | 35.071 | 35.111 | 35.152 | 35.192 | 35.233 | 35.273 |
| 850 | 35.314 | 35.354 | 35.395 | 35.435 | 35.476 | 35.516 | 35.557 | 35.597 | 35.637 | 35.678 |
| 860 | 35.718 | 35.758 | 35.799 | 35.839 | 35.880 | 35.920 | 35.960 | 36.000 | 36.041 | 36.081 |
| 870 | 36.121 | 36.162 | 36.202 | 36.242 | 36.282 | 36.323 | 36.363 | 36.403 | 36.443 | 36.483 |
| 880 | 36.524 | 36.564 | 36.604 | 36.644 | 36.684 | 36.724 | 36.764 | 36.804 | 36.844 | 36.885 |
| 890 | 36.925 | 36.965 | 37.005 | 37.045 | 37.085 | 37.125 | 37.165 | 37.205 | 37.245 | 37.285 |
| 900 | 37.325 | 37.365 | 37.405 | 37.443 | 37.484 | 37.524 | 37.564 | 37.604 | 37.644 | 37.684 |
| 910 | 37.724 | 37.764 | 37.833 | 37.843 | 37.883 | 37.923 | 37.963 | 38.002 | 38.042 | 38.082 |
| 920 | 38.122 | 38.162 | 38.201 | 38.241 | 38.281 | 38.320 | 38.360 | 38.400 | 38.439 | 38.479 |
| 930 | 38.519 | 38.558 | 38.598 | 38.638 | 38.677 | 38.717 | 38.756 | 38.796 | 38.836 | 38.875 |
| 940 | 38.915 | 38.954 | 38.994 | 39.033 | 39.073 | 39.112 | 39.152 | 39.191 | 39.231 | 39.270 |
| 950 | 39.310 | 39.349 | 39.388 | 39.428 | 39.467 | 39.507 | 39.546 | 39.585 | 39.625 | 39.664 |
| 960 | 39.703 | 39.743 | 39.782 | 39.821 | 39.861 | 39.900 | 39.939 | 39.979 | 40.018 | 40.057 |
| 970 | 40.096 | 40.136 | 40.175 | 40.214 | 40.253 | 40.292 | 40.332 | 40.371 | 40.410 | 40.449 |
| 980 | 40.488 | 40.527 | 40.566 | 40.605 | 40.645 | 40.634 | 40.723 | 40.762 | 40.801 | 40.840 |
| 990 | 40.879 | 40.918 | 40.957 | 40.996 | 41.035 | 41.074 | 41.113 | 41.152 | 41.191 | 41.230 |
| 1000 | 41.269 | 41.308 | 41.347 | 41.385 | 41.424 | 41.463 | 41.502 | 41.541 | 41.580 | 41.619 |
| 1010 | 41.657 | 41.696 | 41.735 | 41.774 | 41.813 | 41.851 | 41.890 | 41.929 | 41.968 | 42.006 |
| 1020 | 42.045 | 42.084 | 42.123 | 42.161 | 42.200 | 42.239 | 42.277 | 42.316 | 42.355 | 42.393 |
| 1030 | 42.432 | 42.470 | 42.509 | 42.548 | 42.586 | 42.625 | 42.663 | 42.702 | 42.740 | 42.779 |
| 1040 | 42.817 | 42.856 | 42.894 | 42.933 | 42.971 | 43.010 | 43.048 | 43.087 | 43.125 | 43.164 |
| 1050 | 43.202 | 43.240 | 43.279 | 43.317 | 43.356 | 43.394 | 43.432 | 43.471 | 43.509 | 43.547 |

| 温度/℃ | K 型镍铬—镍硅(镍铬—镍铝)热电动势/mV(JJG 351-84)参考端温度为 0℃ | | | | | | | | | |
|---|---|---|---|---|---|---|---|---|---|---|
| | 0 | 1 | 2 | 3 | 4 | 5 | 6 | 7 | 8 | 9 |
| 1060 | 43.585 | 43.624 | 43.662 | 43.700 | 43.739 | 43.777 | 43.815 | 43.853 | 43.891 | 43.930 |
| 1070 | 43.968 | 44.006 | 44.044 | 44.082 | 44.121 | 44.159 | 44.197 | 44.235 | 44.273 | 44.311 |
| 1080 | 44.349 | 44.387 | 44.425 | 44.463 | 44.501 | 44.539 | 44.577 | 44.615 | 44.653 | 44.691 |
| 1090 | 44.729 | 44.767 | 44.805 | 44.843 | 44.881 | 44.919 | 44.957 | 44.995 | 45.033 | 45.070 |
| 1100 | 45.108 | 45.146 | 45.184 | 45.222 | 45.260 | 45.297 | 45.335 | 45.373 | 45.411 | 45.448 |
| 1110 | 45.486 | 45.524 | 45.561 | 45.599 | 45.637 | 45.675 | 45.712 | 45.750 | 45.787 | 45.825 |
| 1120 | 45.863 | 45.900 | 45.938 | 45.975 | 46.013 | 46.051 | 45.088 | 46.126 | 46.163 | 46.201 |
| 1130 | 46.238 | 46.275 | 46.313 | 46.350 | 46.388 | 46.425 | 46.463 | 46.500 | 46.537 | 46.575 |
| 1140 | 46.612 | 46.649 | 46.687 | 46.724 | 46.761 | 46.799 | 46.836 | 46.873 | 46.910 | 46.948 |
| 1150 | 46.985 | 47.022 | 47.059 | 47.096 | 47.134 | 47.171 | 47.208 | 47.245 | 47.282 | 47.319 |
| 1160 | 47.356 | 47.393 | 47.430 | 47.468 | 47.505 | 47.542 | 47.579 | 47.616 | 47.653 | 47.689 |
| 1170 | 47.726 | 47.7628 | 47.800 | 47.837 | 47.874 | 47.911 | 47.948 | 47.985 | 48.021 | 48.058 |
| 1180 | 48.095 | 48.132 | 48.169 | 48.205 | 48.242 | 48.279 | 48.316 | 48.352 | 48.389 | 48.426 |
| 1190 | 48.462 | 48.499 | 48.536 | 48.572 | 48.609 | 48.645 | 48.682 | 48.718 | 48.755 | 48.792 |
| 1200 | 48.828 | 48.865 | 48.901 | 48.937 | 48.974 | 49.010 | 49.047 | 49.083 | 49.120 | 49.156 |
| 1210 | 49.192 | 49.229 | 49.265 | 49.301 | 49.338 | 49.374 | 49.410 | 49.446 | 49.483 | 49.519 |
| 1220 | 49.555 | 49.591 | 49.627 | 49.663 | 49.700 | 49.736 | 49.772 | 49.808 | 49.844 | 49.880 |
| 1230 | 49.916 | 49.952 | 49.988 | 50.024 | 50.060 | 50.096 | 50.132 | 50.168 | 50.204 | 50.240 |
| 1240 | 50.276 | 50.311 | 50.347 | 50.383 | 50.419 | 50.455 | 50.491 | 50.526 | 50.562 | 50.598 |
| 1250 | 50.633 | 50.669 | 50.705 | 50.741 | 50.776 | 50.812 | 50.847 | 50.883 | 50.919 | 50.954 |
| 1260 | 50.990 | 51.025 | 51.061 | 51.096 | 51.132 | 51.167 | 51.203 | 51.238 | 51.274 | 51.309 |
| 1270 | 51.344 | 51.380 | 51.415 | 51.450 | 51.486 | 51.521 | 51.556 | 51.592 | 51.627 | 51.662 |
| 1280 | 51.697 | 51.733 | 51.768 | 51.803 | 51.836 | 51.873 | 51.908 | 51.943 | 51.979 | 52.014 |
| 1290 | 52.049 | 52.084 | 52.119 | 52.154 | 52.189 | 52.224 | 52.259 | 52.284 | 52.329 | 52.364 |
| 1300 | 52.398 | 52.433 | 52.468 | 52.503 | 52.538 | 52.573 | 52.608 | 52.642 | 52.677 | 52.712 |
| 1310 | 52.747 | 52.781 | 52.816 | 52.851 | 52.886 | 52.920 | 52.955 | 52.980 | 53.024 | 53.059 |
| 1320 | 53.093 | 53.128 | 53.162 | 53.197 | 53.232 | 53.266 | 53.301 | 53.335 | 53.370 | 53.404 |
| 1330 | 53.439 | 53.473 | 53.507 | 53.642 | 53.576 | 53.611 | 53.645 | 53.679 | 53.714 | 53.748 |
| 1340 | 53.782 | 53.817 | 53.851 | 53.885 | 53.926 | 53.954 | 53.988 | 54.022 | 54.057 | 54.091 |
| 1350 | 54.125 | 54.159 | 54.193 | 54.228 | 54.262 | 54.296 | 54.330 | 54.364 | 54.398 | 54.432 |
| 1360 | 54.466 | 54.501 | 54.535 | 54.569 | 54.603 | 54.637 | 54.671 | 54.705 | 54.739 | 54.773 |
| 1370 | 54.807 | 54.841 | 54.875 | | | | | | | |

# 参考文献

[1] 王俊杰.传感器与检测技术[M].北京:清华大学出版社,2011.

[2] 格雷戈里 T. A. 科瓦奇.微传感器与微执行器全书[M].张文栋,等,译.北京:科学出版社,2003.

[3] 张维新,朱秀文.半导体传感器[M].天津:天津大学出版社,1990.

[4] 杨荫彪.特种半导体器件及其应用[M].北京:电子工业出版社,1991.

[5] 刘君华.智能传感器系统[M].西安:西安电子科技大学出版社,2010.

[6] 孟立凡,等.传感器原理与应用[M].北京:电子工业出版社,2007.

[7] 赵勇.传感器敏感材料及器件[M].北京:机械工业出版社,2012.

[8] 刘晓为.MEMS传感器接口ASIC集成技术[M].北京:国防工业出版社,2013.

[9] 李标荣.电子传感器[M].北京:国防工业出版社,1993.

[10] 何金田.智能传感器原理、设计与应用[M].北京:电子工业出版社,2012.

[11] 徐开先,钱正洪,张彤,等.传感器使用技术[M].北京:国防工业出版社,2016.

[12] 王家桢.传感器与变送器[M].北京:清华大学出版社,1996.

[13] 章吉良.微传感器——原理、技术及应用[M].上海:上海交通大学出版社,2005.

[14] 董永贵.微型传感器[M].北京:清华大学出版社,2007.

[15] 严钟豪.非电量电测技术[M].北京:机械工业出版社,2001.

[16] 宋文绪.传感器与检测技术[M].北京:高等教育出版社,2009.

[17] 刘广玉.微传感器设计、制造与应用[M].北京:北京航空航天大学出版社,2008.

[18] 唐文彦.传感器[M].北京:机械工业出版社,2006.

[19] 李科杰.现代传感技术[M].北京:电子工业出版社,2005.

[20] 刘爱华.传感器原理与应用技术[M].北京:人民邮电出版社,2006.

[21] 张治国.硅电容压力传感器敏感器件的研究[J].微纳电子技术,2004(11):39-42.

[22] 李和太,魏永广,揣荣岩.半导体敏感元件于传感器[M].沈阳:东北大学出版社,2008.

[23] 刘迎春,叶湘滨.传感器原理设计与应用[M].长沙:国防科技大学出版社,2002.

[24] 潘天明.半导体光电器件及其应用[M].北京:冶金工业出版社,1985.

[25] 齐丕智.光敏感器件及其应用[M].北京:科学技术出版社,1987.

[26] 王其生.传感器例题与习题集[M].北京:机械工业出版社,1993.

[27] 刘恩科,祝秉升,罗晋生.半导体物理学[M].北京:国防工业出版社,2013.

[28] 祝诗平.传感器与检测技术[M].北京:北京大学出版社,2015.

[29] 蒋亚东,谢光忠.敏感材料与传感器[M].成都:电子科技大学出版社,2008.

[30] 孙以材.压力传感器的设计制造与应用[M].北京:冶金工业出版社,2000.

[31] 魏永广,刘存.现代传感器技术[M].沈阳:东北大学出版社,2001.

[32] 牛德芳.半导体传感器原理及其应用[M].大连:大连理工大学出版社,1993.

[33] 全宝富,邱法斌.电子功能材料及元件[M].长春:吉林大学出版社,2001.

[34] 陈艾.敏感材料与传感器[M].北京:化学工业出版社,2004.

[35] 许媛媛,夏善红.基于MEMS的生物微传感技术[J].传感器技术,Vol24(2):5-7.

[36] 戴莹萍,嵇正平,王赪胤,胡效亚,汪国秀.微悬臂生物传感器[J].化学进展,2016,(5):697-710.

[37] A. Hierlemann.CMOS技术中的集成化学微传感器系统[M].北京:科学出版社,2007.

[38] Ghenadii Korotcenkov.传感器技术(第8册)[M].哈尔滨:哈尔滨工业大学出版社,2013.

[39] 赵常志,孙伟.化学与生物传感器[M].北京:科学出版社,2017.

[40] 左伯莉,刘国宏.化学传感器原理及应用.北京:清华大学出版社,2007.

[41] 袁希光.传感器技术手册[M].北京:国防工业出版社,1986.

[42] 黄德培.离子敏感器件及其应用[M].北京:科学出版社,1987.

[43] 康昌鹤.气、湿敏感器件及其应用[M].北京:科学出版社,1988.

[44] 莫以豪.半导体陶瓷及敏感元件[M].北京:科学出版社,1983.

[45] 钱显毅.传感器原理与应用[M].南京:东南大学出版社,2008.

[46] 崔千红.聚酰亚胺电容型湿度传感器的研制[D].兰州:兰州大学,2007.

[47] 吕鑫.高分子湿敏材料的设计、制备及性能和应用研究[D].杭州:浙江大学,2008.

[48] 魏广芬.基于微热板式气体传感器的混合气体检测及分析[D].大连:大连理工大学,2005.

[49] 吕品.室内空气质量控制中关键检测技术的研究[D].大连:大连理工大学,2008.

[50] 许高斌.ICP深硅刻蚀工艺研究[J].真空科学与技术学报,Vol33(8):832-835.

[51] 高阳.基于ICP工艺的硅基复杂微纳结构制备[D].武汉:华中科技大学,2013.

[52] 王其生.传感器例题与习题集[M].南京:东南大学出版社,1992.

[53] 张萍.CMOS集成温度传感器的研究与设计[D].西安:西安电子科技大学,2009.

[54] 徐振涛.低功耗单片集成温度传感器的研究[D].成都:电子科技大学,2016.

[55] 李钢,赵彦峰.1-Wire总线数字温度传感器DS18B20原理及应用[J].现代电子技术,2005(21):77-79.

[56] 刘振全.集成温度传感器AD590及其应用[J].传感器世界,2003(3):35-37.

[57] 张海涛,罗珊,郭涛.热电偶冷端补偿改进研究[J].仪表技术与传感器,2011(7):11-14.

[58] 伍凤娟.开关型霍尔电路芯片的设计[D].西安:西安科技大学,2015.

[59] 周德仁.单片集成光电开关ULN3330[J].集成电路应用,1985(3):64-70.

[60] 张旭,罗昕颉,侯占强,等.MEMS器件中多层金属薄膜溅射工艺研究[J].传感器与微系统,2018(1):11-14.

[61] 杨建中,尤政,刘刚,等.微型磁通门式磁敏感器[J].功能材料与器件学报,2008(2):313-318.

[62] 游余新,王东红,陈伟平,等.微型磁通门工艺的研究[J].哈尔滨工业大学学报,2003(3):381-384.

[63] 李新.SIMOX高温压力传感器关键技术研究[D].沈阳:沈阳工业大学,2008.

[64] 黄庆安.硅微机械加工技术[M].北京:科学出版社,1996.

[65] 刘沁,吕忠钢,陈艳文.扩散硅压力传感器结构设计及封装工艺研究[J].仪表技术与传感器,1996,(10):18-19.

[66] 李新,庞世信,徐开先.耐高温SOI结构压力敏感芯片研制[J].微纳电子技术,2007,(7/8):172-174.

[67] 钟灿.CMOS模拟集成温度传感器的设计[D].厦门:厦门大学,2006.

[68] 李钢,赵彦峰.1-Wire总线数字温度传感器DS18B20原理及应用[J].现代电子技术,2005(21):77-79.

[69] 吴鼎祥,姚仁梧.光控晶闸管及其应用[J].传感器技术,1987(Z1):34-35.

[70] 李晓莹,张新荣,任海果,等.传感器与测试技术[M].北京:高等教育出版社,2004.

[71] 丁镇生.传感器及感技术应用[M].北京:电子工业出版社,1998.

[72] 于永学.1 Wire总线数字温度传感器DS18B20及应用[J].电子产品世界,2003,(24):80-82.

[73] 徐开先.实用新型传感器及应用[M].沈阳:辽宁科学技术出版社,1995.

[74] Baltes H. Micromachined Thermally based CMOS Microsensors [J]. Proceedings of the IEEE,1998,86(8):1660-1678.

[75] Allison S C,Smith R L,Howard D W,et al. A Bulk Micromachined Silicon Thermopile with High Sensitivity[J]. Sensors and Actuators,2003,A(104):32-39.

[76] National Semiconductor. LM135 Precision Temperature Sensor[P]. NSC,1999:5-10.

[77] Gardner J W,Cole M,Udrea F. CMOS Gas Sensors and Smart Devices[C]. Proceedings of IEEE

Sensors,2002,1(1): 721-726.

[78] Ando M. Recent Advances in Optocbemical Sensors for the Detection of $H_2$ ,$O_2$ ,CO, $CO_2$ and $H_2O$ in air[J]. Trends in Analytical Chemistry,2006,25(10): 937-948.

[79] Tamaki J. High Sensitivity Semiconductor Gas Sensors[J]. Sensor Letters,2005,3(2): 89-98.

[80] Tressler F,Alkoy S,Newnham R E. Piezoelectric Sensors and Sensor Materials[J]. Journal of Electrocerarnics,1998,2(4): 257-272.

[81] Lee C Y,Lee G B. Humidity Sensors: A review[J]. Sensor Letters,2005,3(1): 1-15.

[82] Eaton W P,Smith J H. Micromachined Pressure Sensors: Review and Recent Develop Motes[J]. Smart Materials and Structure,1997,6(5): 530-539.

[83] Vandrisb G. Ceramic Applications in Gas and Bastasic Sensors[J]. Key Engineering Material, 1996, (122-124): 185-224.